中国核科学技术进展报告

（第八卷）

中国核学会 2023 年学术年会论文集

中国核学会◎编

第 2 册

核能动力分卷

同位素分离分卷

科学技术文献出版社

SCIENTIFIC AND TECHNICAL DOCUMENTATION PRESS

·北京·

图书在版编目（CIP）数据

中国核科学技术进展报告. 第八卷. 中国核学会2023年学术年会论文集. 第2册，核能动力、同位素分离 / 中国核学会编. —北京：科学技术文献出版社，2023.12
ISBN 978-7-5235-1043-8

Ⅰ.①中…　Ⅱ.①中…　Ⅲ.①核技术—技术发展—研究报告—中国　Ⅳ.①TL-12

中国国家版本馆 CIP 数据核字（2023）第 229715 号

中国核科学技术进展报告（第八卷）第2册

策划编辑：张　丹　责任编辑：李晓晨　公　雪　责任校对：王瑞瑞　责任出版：张志平

出　版　者　科学技术文献出版社
地　　　址　北京市复兴路15号　邮编 100038
编　务　部　（010）58882938，58882087（传真）
发　行　部　（010）58882868，58882870（传真）
邮　购　部　（010）58882873
官方网址　www.stdp.com.cn
发　行　者　科学技术文献出版社发行　全国各地新华书店经销
印　刷　者　北京厚诚则铭印刷科技有限公司
版　　　次　2023 年 12 月第 1 版　2023 年 12 月第 1 次印刷
开　　　本　880×1230　1/16
字　　　数　563千
印　　　张　20
书　　　号　ISBN 978-7-5235-1043-8
定　　　价　120.00元

版权所有　违法必究
购买本社图书，凡字迹不清、缺页、倒页、脱页者，本社发行部负责调换

中国核学会 2023 年
学术年会大会组织机构

主办单位　中国核学会

承办单位　西安交通大学

协办单位　中国核工业集团有限公司　　　　国家电力投资集团有限公司
　　　　　中国广核集团有限公司　　　　　清华大学
　　　　　中国工程物理研究院　　　　　　中国工程院
　　　　　中国科学院近代物理研究所　　　中国华能集团有限公司
　　　　　哈尔滨工程大学　　　　　　　　西北核技术研究院

大会名誉主席　余剑锋　中国核工业集团有限公司党组书记、董事长

大 会 主 席　王寿君　中国核学会党委书记、理事长

　　　　　　　卢建军　西安交通大学党委书记

大会副主席　王凤学　张　涛　邓　戈　欧阳晓平　庞松涛　赵红卫　赵宪庚

　　　　　　姜胜耀　殷敬伟　巢哲雄　赖新春　刘建桥

高 级 顾 问　王乃彦　王大中　陈佳洱　胡思得　杜祥琬　穆占英　王毅韧

　　　　　　赵　军　丁中智　吴浩峰

大会学术委员会主任　欧阳晓平

大会学术委员会副主任　叶奇蓁　邱爱慈　罗　琦　赵红卫

大会学术委员会成员　（按姓氏笔画排序）

　　　　　　于俊崇　万宝年　马余刚　王　驹　王贻芳　邓建军
　　　　　　叶国安　邢　继　吕华权　刘承敏　李亚明　李建刚
　　　　　　陈森玉　罗志福　周　刚　郑明光　赵振堂　柳卫平
　　　　　　唐　立　唐传祥　詹文龙　樊明武

大会组委会主任　刘建桥　苏光辉

大会组委会副主任　高克立　田文喜　刘晓光　臧　航

大会组委会成员　（按姓氏笔画排序）

　　　　　　丁有钱　丁其华　王国宝　文　静　帅茂兵　冯海宁　兰晓莉
　　　　　　师庆维　朱　华　朱科军　刘　伟　刘玉龙　刘蕴韬　孙　晔
　　　　　　苏　萍　苏艳茹　李　娟　李亚明　杨　志　杨　辉　杨来生
　　　　　　吴　蓉　吴郁龙　邹文康　张　建　张　维　张春东　陈　伟
　　　　　　陈　煜　陈启元　郑卫芳　赵国海　胡　杰　段旭如　昝元锋

耿建华　徐培昇　高美须　郭　冰　唐忠锋　桑海波　黄　伟
黄乃曦　温　榜　雷鸣泽　解正涛　薛　妍　魏素花

大会秘书处成员　（按姓氏笔画排序）

于　娟　王　笑　王亚男　王明军　王楚雅　朱彦彦　任可欣
邬良芃　刘　宣　刘思岩　刘雪莉　关天齐　孙　华　孙培伟
巫英伟　李　达　李　彤　李　燕　杨士杰　杨骏鹏　吴世发
沈　莹　张　博　张　魁　张益荣　陈　阳　陈　鹏　陈晓鹏
邵天波　单崇依　赵永涛　贺亚男　徐若珊　徐晓晴　郭凯伦
陶　芸　曹良志　董淑娟　韩树南　魏新宇

技术支持单位　各专业分会及各省级核学会

专业分会　核化学与放射化学分会、核物理分会、核电子学与核探测技术分会、原子能农学分会、辐射防护分会、核化工分会、铀矿冶分会、核能动力分会、粒子加速器分会、铀矿地质分会、辐射研究与应用分会、同位素分离分会、核材料分会、核聚变与等离子体物理分会、计算物理分会、同位素分会、核技术经济与管理现代化分会、核科技情报研究分会、核技术工业应用分会、核医学分会、脉冲功率技术及其应用分会、辐射物理分会、核测试与分析分会、核安全分会、核工程力学分会、锕系物理与化学分会、放射性药物分会、核安保分会、船用核动力分会、辐照效应分会、核设备分会、近距离治疗与智慧放疗分会、核应急医学分会、射线束技术分会、电离辐射计量分会、核仪器分会、核反应堆热工流体力学分会、知识产权分会、核石墨及碳材料测试与应用分会、核能综合利用分会、数字化与系统工程分会、核环保分会、高温堆分会、核质量保证分会、核电运行及应用技术分会、核心理研究与培训分会、标记与检验医学分会、医学物理分会、核法律分会（筹）

省级核学会　（按成立时间排序）

上海市核学会、四川省核学会、河南省核学会、江西省核学会、广东核学会、江苏省核学会、福建省核学会、北京核学会、辽宁省核学会、安徽省核学会、湖南省核学会、浙江省核学会、吉林省核学会、天津市核学会、新疆维吾尔自治区核学会、贵州省核学会、陕西省核学会、湖北省核学会、山西省核学会、甘肃省核学会、黑龙江省核学会、山东省核学会、内蒙古核学会

中国核科学技术进展报告
（第八卷）

总编委会

主　任　欧阳晓平

副主任　叶奇蓁　邱爱慈　罗　琦　赵红卫

委　员　（按姓氏笔画排序）

于俊崇　万宝年　马余刚　王　驹　王贻芳

邓建军　叶国安　邢　继　吕华权　刘承敏

李亚明　李建刚　陈森玉　罗志福　周　刚

郑明光　赵振堂　柳卫平　唐　立　唐传祥

詹文龙　樊明武

编委会办公室

主　任　刘建桥

副主任　高克立　刘晓光　丁坤善

成　员　（按姓氏笔画排序）

丁芳宇　于　娟　王亚男　朱彦彦　刘思岩

李　蕊　张　丹　张　闫　张雨涵　胡　群

秦　源　徐若珊　徐晓晴

核能动力分卷
编 委 会

主　任　叶奇蓁

副主任　王　侃　王晓航　邢　继　杨铁成　钱天林

委　员　（按姓氏笔画排序）

王泽平　刘　伟　李华纲　杨燕华　邱小红

何国伟　张　斌　陆道纲　郑明光　郑宝忠

赵　强　赵锦洋　荣　健　柯国土　咸春宇

顾　健　高　峰　董玉杰

同位素分离分卷
编 委 会

主　任　陈念念

副主任　徐燕生

委　员　（按姓氏笔画排序）

王黎明　吴建军　张志忠　周明胜　曾　实

前　言

　　《中国核科学技术进展报告（第八卷）》是中国核学会 2023 学术双年会优秀论文集结。

　　2023 年中国核科学技术领域取得重大进展。四代核电和前沿颠覆性技术创新实现新突破，高温气冷堆示范工程成功实现双堆初始满功率，快堆示范工程取得重大成果。可控核聚变研究"中国环流三号"和"东方超环"刷新世界纪录。新一代工业和医用加速器研制成功。锦屏深地核天体物理实验室持续发布重要科研成果。我国核电技术水平和安全运行水平跻身世界前列。截至 2023 年 7 月，中国大陆商运核电机组 55 台，居全球第三；在建核电机组 22 台，继续保持全球第一。2023 年国务院常务会议核准了山东石岛湾、福建宁德、辽宁徐大堡核电项目 6 台机组，我国核电发展迈进高质量发展的新阶段。我国核工业全产业链从铀矿勘探开采到乏燃料后处理和废物处理处置体系能力全面提升。核技术应用经济规模持续扩大，在工业、医学、农业等各领域，产业进入快速扩张期，预计 2025 年可达万亿市场规模，已成为我国核工业强国建设的重要组成部分。

　　中国核学会 2023 学术双年会的主题为"深入贯彻党的二十大精神，全力推动核科技自立自强"，体现了我国核领域把握世界科技创新前沿发展趋势，紧紧抓住新一轮科技革命和产业变革的历史机遇，推动交流与合作，以创新科技引领绿色发展的共识与行动。会议为期 3 天，主要以大会全体会议、分会场口头报告、张贴报告等形式进行，同时举办以"核技术点亮生命"为主题的核技术应用论坛，以"共话硬'核'医学，助力健康中国"为主题的核医学科普论坛，以"核能科技新时代，青年人才新征程"为主题的青年论坛，以及以"心有光芒，芳华自在"为主题的妇女论坛。

　　大会共征集论文 1200 余篇，经专家审稿，评选出 522 篇较高水平的论文收录进《中国核科学技术进展报告（第八卷）》公开出版发行。《中国核科学技术进展报告（第八卷）》分为 10 册，并按 40 个二级学科设立分卷。

《中国核科学技术进展报告（第八卷）》顺利集结、出版与发行，首先感谢中国核学会各专业分会、各工作委员会和23个省级（地方）核学会的鼎力相助；其次感谢总编委会和40个（二级学科）分卷编委会同仁的严谨作风和治学态度；最后感谢中国核学会秘书处和科学技术文献出版社工作人员在文字编辑及校对过程中做出的贡献。

《中国核科学技术进展报告（第八卷）》总编委会

核能动力
Nuclear Energy & Power

目　录

核电厂 SSC 考虑老化效应的 PSA 方法研究

王晗丁[1]，李琼哲[1]，王春辉[2]，李　刚[2]

(1. 国家核电厂安全及可靠性工程技术研究中心，江苏　苏州　215004；

2. 大亚湾核电运营管理有限责任公司，广东　深圳　518000)

摘　要： 概率安全评估（PSA）是风险指引决策最有效的工具之一，目前的标准 PSA 并没有明确地分析核电厂部件老化的原因，而老化效应可能导致系统、构筑物和部件（SSC）失效率增加，从而可能导致核电厂堆芯损伤风险增加。通过建立老化效应导致 SSC 失效的数据分析方法，分析维修或试验活动对老化失效率的影响，建立了考虑维修有效性参数等的失效率模型，并整合到标准 PSA 模型中。对某设备开展不同维修策略敏感性分析，得到设备在考虑老化效应及不同维修策略下对堆芯损伤（CDF）的影响结果。结果表明，如果老化不能通过维修或试验来检测和纠正，老化效应对部件的失效概率会产生显著的影响。老化管理方案的制定应尽可能保持设备的可靠性，并维持 CDF 增量在区域 II 以下。

关键词： 核电厂；老化；概率安全

1　背景介绍

当核电厂结构和部件的物理和运行性能下降时，就会发生老化。轻水堆中存在的一些老化效应如中子和 γ 通量引起的辐照损伤[1]，由压力和温度变化引起疲劳和材料韧性变化，以及应力腐蚀导致的开裂和断裂等。当核电厂结构和部件的性能降低时，其可靠性就会降低，核电厂的安全就会受到不利影响。但目前的标准概率安全评估（PSA）中并没有明确考虑老化效应对于重要的系统、构筑物和部件（SSC）的失效率的影响，而是假设 SSC 的失效率是不随时间变化的常数[2]。而老化效应可能导致部件失效率增加[3]。此外，对于长寿期非能动设备，其失效概率低等原因也未在标准 PSA 中考虑，因此在核电厂许可证延续运行期间可能存在忽略部分风险的可能。为了分析老化影响，在 PSA 中应建立 SSC 老化相关的模型，并考虑试验和维修对控制核电厂部件老化的影响。

因此老化 PSA 研究必须考虑 SSC 失效率随时间变化的关系及与现有 PSA 模型的整合。整合老化效应的 PSA 技术可以合理预测未来的核电厂堆芯损坏风险（CDF），可以从定量的角度为论证核电机组在许可证延续期间仍能够保持足够的安全水平提供充分的依据，证明机组满足定量安全目标的要求。此外整合老化效应的 PSA 技术可以对系统重要度随运行时间的变化趋势进行预测，进而给出系统老化管理的建议，为核电厂在许可证延续阶段的风险指引型管理奠定技术基础。

2　老化 PSA 中部件失效数据分析方法

2.1　建立 SSC 考虑老化失效率模型

根据老化效应的基本特征，可将老化失效率模化为与相关老化效应所引起的退化程度成正比。考虑一种特定的老化效应，它会导致部件随着役龄的增长而退化。退化程度从可忽略到逐渐显著，具体取决于部件在备用或运行时承受的特定应力。通常可将退化建模为在退化发生的时间和每次退化发生时对部件所造成的损坏严重程度的随机事件[4]。

作者简介： 王晗丁（1987—），男，山西长治人，硕士研究生，正高级工程师，现主要从事核电厂概率安全评价方面研究。

假设部件的失效遵循一个与时间相关的泊松过程。即

① 任何时间间隔内故障的发生与其他非重叠时间间隔内故障的存在与否无关；

② 短期内的失效概率$(t, t+\Delta t)$渐近逼近$\lambda(t)\Delta t$，为Δt趋于0时；

③ 在短时间内$(t, t+\Delta t)$发生一次以上故障的概率与发生一次故障的概率（Δt趋于0）相比可忽略不计。

因此，失效过程具有失效率$\lambda(t)$。如果$\lambda(t)$是t的增函数，则故障会随着时间的推移而变得更加频繁。可采用统计方法来判断$\lambda(t)$是否在增加。一般表达形式如下：

$$\lambda(t) = \lambda_0 h(t; \beta)。 \tag{1}$$

式中，λ_0是一个归一化常数，单位为1/时间，$h(t;\beta)$是t和β的无量纲函数。β值决定失效率函数的形状。当$\beta>0$时，失效率增加；如果$\beta=0$，则为常数；当$\beta<0$时，则呈递减趋势。

考虑线性老化失效率$\lambda(t)$，其与役龄t成正比，式（1）则可表达为：

$$\lambda(t) = \lambda_0(1+\beta t) = \lambda_0 + \lambda_a(t) = \lambda_0 + \alpha t。 \tag{2}$$

式中，λ_0是$t=0$时失效率；λ_a为老化失效率；α为老化加速率。

线性模型是最早的老化失效模型之一，NUREG/CR-5248 TIRGALEX研究的许多基础工作都是基于线性模型开展的[7]。在后来的参数老化失效率模型研究中也分析了其他模型，如指数模型等，结果表明，在电厂数据观测的时间范围内，如延寿后的20年时间，所有假设模型（线性、指数等）都产生非常相似的结果[5]。如图1和图2所示，在10年内具有相同的失效率数据，在第10～20年指数模型会略保守。

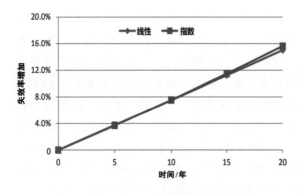

图1 不同老化模型蓄电池失效率增加对比　　图2 不同老化模型备用需求状态应急供水管道失效概率对比

2.2 考虑维修与试验的影响

维修计划和监督试验对于确保核电厂的部件在其设计寿命内的可靠运行、安全运行及延寿期间长期运行至关重要[6]。因此，应该将部件的可靠性建模为部件固有可靠性（设计原因导致的部件失效）的函数，如降低固有可靠性的部件老化速率，以及提高维修活动的有效性等。即在完美的维修活动的情况下，可将部件的可靠性恢复到其固有可靠性，但完美维修通常是不可能的。同理，与老化效应相关试验的有效性也应该考虑。

（1）考虑维修的老化失效率模型

考虑非完美维修的情况下，假定部件在第m次维修后且第$m+1$次维修前的役龄为$w_{m+1}(t)$，每次维修活动都会在一定程度上降低部件的老化，降低程度通常取决于维修活动的有效性，因此考虑了维修有效性参数ε（在区间$[0, 1]$范围内变化）。假设部件由于维修活动而停用的时间与两次连续维修活动的间隔时间相比可以忽略不计。t是部件安装后的时间，t_m是执行第m次维修后的时间。部件的役龄在维修活动第m次和第$m+1$次之间的关系如式（3）：

$$w_{m+1}(t) = t - \varepsilon \cdot t_m。 \tag{3}$$

考虑上述线性老化失效率模型式（2），部件老化失效率可以表示为如下式子：

$$\lambda[w_{m+1}(t)] = \alpha \cdot w_{m+1}(t)。 \tag{4}$$

式中，α 为线性老化加速率，将式（3）代入式（4），即在非完美维修模型下，得到了部件第 m 次维修后老化相关的失效率模型：

$$\lambda_{m+1}(t) = \lambda[w_{m+1}(t)] = \alpha \cdot (t - \varepsilon \cdot t_m)。 \tag{5}$$

连续两次维修活动之间的时间段内，平均老化失效率 $\lambda_{m+1}^*(t)$ 可用以下表达式计算：

$$\lambda_{m+1}^*(t) = \frac{1}{t_{m+1} - t_m} \int_{t_m}^{t_{m+1}} \lambda_{m+1}(t) \mathrm{d}t。 \tag{6}$$

简化可得：

$$\lambda_{m+1}^*(t) = \alpha \cdot \frac{T_M}{2} + \alpha \cdot (1 - \varepsilon) \cdot t_m。 \tag{7}$$

式（7）代表 m 和 $m+1$ 两个连续维修活动之间的平均老化失效率，考虑了线性老化加速率 α，以及维修活动的有效性参数 ε 的影响。另外，T_M 表示连续两次维修活动之间的固定周期，如定期的预防性维修。

在确定了老化失效率之后，就可以确定部件的失效概率 q_M。就失效率 $\lambda_a(t)$ 而言，失效概率 Q 由下式计算：

$$Q = 1 - \exp\left[-\int_0^t \lambda(t) \mathrm{d}t\right]。 \tag{8}$$

（2）考虑试验的老化失效率模型

试验的主要目的是检测潜在部件失效，以便部件能够保持其工作状态。需要考虑试验的有效性，例如，有些失效机理对应相关试验可以检测出，但非对应的试验可能无法检测出其失效。因此，试验有效性可以用检测到的总失效率的百分比来表示，即参数 η，η 在 ［0，1］区间内变化。式（9）表示与试验检测到的失效相关的老化失效率 λ_{m+1}^D：

$$\lambda_{m+1}^D = \eta \cdot \lambda_{m+1}^*。 \tag{9}$$

对于备用设备，其不可用性贡献可分为两类：①由于失效导致的不可用，即不可靠性影响；②由于维修或试验停闭时间导致的不可用，即停闭时间影响。考虑老化相关的失效率贡献，由不可靠性贡献造成的部件不可用可由下式进行评估：

$$Q_{m+1}^D \approx \frac{1}{2} \lambda_{m+1}^D \cdot TI。 \tag{10}$$

式中，$m+1$ 表示在维修活动 m 和 $m+1$ 之间评估的不可用贡献；Q_{m+1}^D 是由试验检测到的失效导致的不可靠性贡献；TI 为定期试验周期。

2.3 考虑老化的结果影响

基于上述线性老化失效模型，以某系统的阀门为例开展老化影响分析。考虑到阀门老化失效原因为线性堆积，并假设不执行任何定期试验和维修来检测或纠正该线性堆积影响。随机失效引起的失效概率曲线是由恒定失效率 λ_0 得出的。与标准 PSA 中的随机失效一样，假设所有故障都为随机失效而得到曲线。图 3 展示了老化率 a 为 $2 \times 10^{-4}/\mathrm{y}^2$（或 $2 \times 10^{-12}/\mathrm{h}^2$）和平均暴露时间 T 为 5 年的单个部件的失效概率 Q 与役龄的关系。

图 4 展示了老化随机导致两个部件失效的概率。由图 4 可知，25 年后老化效应变得越来越显著，当多个部件老化时，则失效概率具有乘法效应。一般而言，老化导致部件失效概率在 40 年内的某一役龄显著高于随机失效值（或标准 PSA 计算值）；役龄超过 20 年但小于 60 年的两个部件由老化导致的失效概率比随机（或标准 PSA）失效概率值大 3～30 倍。老化在不到 60 年的时间内造成这些影响，具有重要现实意义，因为核电厂的寿命普遍都是 40 年，而且各核电国家正在考虑延长这一寿命至 60 年。

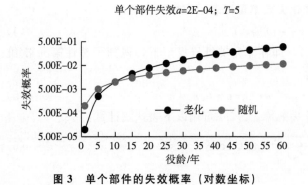

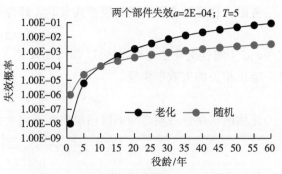

图3 单个部件的失效概率（对数坐标）　　　　**图4 两个部件的失效概率（对数坐标）**

3 案例分析

本节开展了应用实例分析，以"备用—需求"状态的设备（RIS001PO）为例，在标准PSA模型的基础上建立SSC老化失效基本事件，图5为老化失效故障树建模示意，M20表示设备随机失效概率，M2A为老化失效概率。

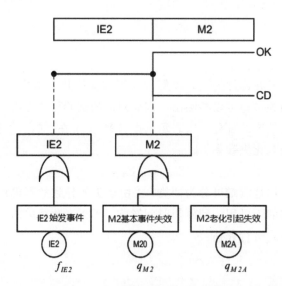

图5 老化失效故障树建模示意

重点分析核电厂单个关键部件老化的风险影响，并开展维修方案的敏感性研究。线性老化因子 a 的值参考 NUREG/CR-5248TIRGALEX 的通用老化加速数据。根据 TIRGALEX 经验，电动泵老化加速率 α 的值等于 $7.0\mathrm{E}-09\ \mathrm{h}^{-2}$，其役龄和老化失效率随时间的变化如图6和图7所示。

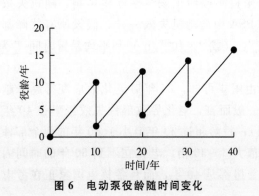

图6 电动泵役龄随时间变化　　　　**图7 电动泵老化失效率随时间变化**

以单个部件分析为例，在表1中主要分析两个部分，第一部分（案例1和案例2）为标准PSA模型（未考虑老化）与考虑老化效应的PSA分析结果对比。第二部分（案例3至案例5）考虑一些敏感性案例，分析不同的维修策略（改变维修间隔时间或改变维修有效性）对风险的影响。在"标准PSA模型"一列中数据参数使用了恒定失效率。通常这个数值会在核电厂定期更新，以反映核电厂在其设计寿命内的设计和运行特性，即通常所说的"Living-PSA"。因此，标准PSA模型和数据未明确说明设备老化、维护和试验有效性对风险的影响。

表1　电动泵老化失效案例分析

参数	描述	标准PSA模型	案例1	案例2	案例3	案例4	案例5
λ_0/h^{-1}	电动泵初始失效率	Gamma 7.49E-06	Gamma 7.49E-06	Gamma 7.49E-06	Gamma 7.49E-06	Gamma 7.49E-06	Gamma 7.49E-06
a/h^{-2}	老化加速率	0	7.00E-09	7.00E-09	7.00E-09	7.00E-09	7.00E-09
T_M/h	维修间隔	NO	NO	13 140	13 140	6570	26 280
ε	维修有效性	NO	NO	1	0.6	0.6	0.6
STI/h	试验间隔	2160	2160	2160	2160	2160	2160
η	试验有效性	1	1	1	1	1	1

案例1考虑了设备老化的影响，考虑了老化加速率但没有考虑维修活动。案例2考虑了老化及维修有效性的影响，维修有效性参数取值1。案例3维修间隔时间为13 140 h，维修有效性为0.6。案例4和案例5分别分析维修间隔缩短和延长的结果。以上案例堆芯损伤频率计算结果如表2所示。

表2　堆芯损伤频率计算结果（考虑10年期）

情景	CDF/（/堆年）	ΔCDF/（/堆年）
标准PSA	6.32E-06	0
案例1	7.67E-06	1.35E-06
案例2	6.40E-06	8.00E-08
案例3	6.89E-06	5.70E-07
案例4	6.84E-06	5.20E-07
案例5	6.99E-06	6.70E-07

PSA可对变更所带来的风险进行分析，以确定是否满足NNSA-0147[8]所确立的可接受准则。根据NNSA-0147《概率风险评价用于特定电厂许可证基础变更的风险指引决策方法》适用于特定核电厂许可证基准（Licensing Basis, LB）的变更，针对"保证风险增加量很小"的原则给出了一般性的风险可接受准则，如图8所示，风险增量控制在区域Ⅱ和区域Ⅲ都是允许的。

图9给出了各分析案例的CDF及ΔCDF结果。以RIS001PO泵为例，延寿10年期时，案例1考虑设备老化后，ΔCDF升高到区域Ⅱ；案例2考虑维修有效性为1，ΔCDF降低至区域Ⅲ；案例3至案例5考虑了老化管理的效果，即开展不同维修策略敏感性分析，得到设备在考虑老化效应及不同维修策略下对CDF的影响结果。不同的案例分析结果表明，老化的风险影响不仅取决于关键设备的老化，而且取决于维修和试验行动。老化管理方案的制定（如改进维修计划和监督要求，或其他补充措施）应尽可能保持设备的可靠性，并维持ΔCDF在区域Ⅱ以下。

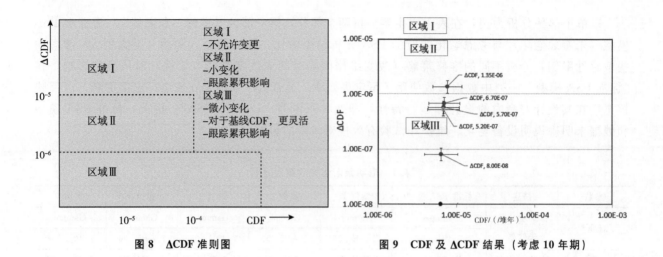

图 8　ΔCDF 准则图　　　　　　　图 9　CDF 及 ΔCDF 结果（考虑 10 年期）

4　结论

在老化 PSA 研究中建立了老化效应导致 SSC 失效的数据分析方法，可用于老化 PSA 中评估不同 SSC 老化对核电厂 SSC 可靠性的影响。采用通用老化数据，开展了 SSC 老化失效率分析，结果表明若老化不能通过维修或试验来检测和纠正，老化效应对部件的失效概率会产生显著的影响。此外，在线性老化失效率基础上建立了考虑维修有效性参数的失效率模型，并开展了不同维修策略敏感性分析，得到设备在考虑老化效应及不同维修策略下对 CDF 的影响结果。通过分析结果可知，老化管理方案的制定应尽可能保持设备的可靠性，并维持 ΔCDF 在区域 II 以下。本文提出的考虑老化效应的 SSC 失效数据分析方法具有通用性，可综合考虑各类 SSC 老化加速率参数 a、维修有效性参数 ε 等的影响，从而建立 SSC 考虑老化效应的可靠性模型。该技术成果可对国内核电厂许可证延续期间的设备老化管理中维修决策、故障分析与系统评估等相关环节提供重要技术支持。

参考文献：

[1]　U. S. NRC. Nuclear Plant Aging Research (NPAR) Programme Plan：NUREG - 1144 ［S］. Washington，D. C.：NRC，1991.

[2]　U. S. NRC. Prioritization of TIRGALEX Recommended Components for Further Aging Research：NUREG/CR - 5248 ［S］. Washington，D. C.：NRC，1988.

[3]　U. S. NRC. Generic Aging Lessons Learned (GALL) Report：NUREG - 1801 ［S］. Washington，D. C.：NRC，2010.

[4]　U. S. NRC. Evaluations of core melt frequency effects chic to component ageing and maintenance：NUREC/CR - 5510 ［S］. Washington，D. C.：NRC，1990.

[5]　U. S. NRC. Frequently Asked Questions on License Renewal of Nuclear Power Plants：NUREG - 1850 ［S］. Washington，D. C.：NRC，2006.

[6]　U. S. NRC. Survey and Evaluation of Aging Risk Assessment Methods and Applications：NUREG/CR - 6157 ［S］. Washington，D. C.：NRC，1994.

[7]　U. S. NRC. Risk Evaluations of Aging Phenomena：the Linear Aging Reliability Model and Its Extensions：NUREG/CR - 4769 ［S］. Washington，D. C.：NRC，1987.

[8]　国家核安全局. 概率风险评价用于特定电厂许可证基础变更的风险指引决策方法：NNSA - 0147 ［R］. 北京：国家核安全局，2011.

PSA method for SSC of nuclear power plant considering aging effect

WANG Han-ding[1], LI Qiong-zhe[1], WANG Chun-hui[2], LI Gang[2]

(1. National Engineering Research Center for Nuclear Power Plant Safety & Reliability, Suzhou, Jiangsu 215004, China;

2. Daya Bay Nuclear Power Operations and Management Co. , Ltd. , Shenzhen, Guangdong 518000, China)

Abstract: Probabilistic safety assessment (PSA) is one of the most effective tools for risk-inform decision-making. The current standard PSA does not explicitly analyze the causes of component aging in nuclear power plants, and the aging mechanism may lead to the increase of component failure rate, which may lead to the increase of core damage risk in nuclear power plants. By establishing the data analysis method of systems, components and structures (SSC) aging effect failure, analyzing the influence of maintenance or test activities on aging failure rate, a failure rate model considering maintenance effectiveness parameters is established and integrated into the standard PSA model. The sensitivity analysis of different maintenance strategies is carried out for a certain equipment, and the results of the influence of the equipment on the core damage (CDF) considering the aging effect and different maintenance strategies are obtained. The results show that if aging can not be detected and corrected by maintenance or test, the aging mechanism will have a significant impact on the failure probability of components. The aging management plan shall be formulated to maintain the reliability of the equipment as much as possible and maintain the CDF increment below risk area II.

Key words: Nuclear power plant; Aging; Probabilistic safety

船舶核动力装置凝水除氧影响因素研究

吴甜甜，刘琢艺，余　峰，张克强，唐远辉

（中国核动力研究设计院一所，四川　成都　610213）

摘　要： 凝水中含氧量过高会导致船舶核动力装置热力设备腐蚀从而严重影响核动力装置的安全运行，船舶核动力装置通常采用冷凝器进行真空热力除氧。本试验装置水质监督规程要求除氧后凝水含氧量（溶氧量）不大于 0.1 mg/L。为找出装置在典型工况下的理想除氧能力及影响除氧效果的主要因素，本文采用控制变量法，主要研究分析乏汽用量、冷凝器内凝水装量、凝水过冷度（欠饱和度）及凝水初始含氧量等参数对除氧效果的影响。试验结果表明，采用真空热力除氧方式，能有效降低船舶核动力装置凝水含氧量，提高船舶核动力装置运行的经济性，典型工况下除氧后凝水含氧量可达 0.019 mg/L，乏汽用量、凝水过冷度、凝水装量和凝水初始含氧量均会不同程度影响凝水除氧效果，其中凝水过冷度对除氧效果影响最大，需控制凝水过冷度在 1 ℃左右。

关键词： 冷凝器；过冷度；含氧量

凝水是参与船舶核动力装置二回路热力循环的工质，主要来源于二回路蒸汽冷凝、热井补水及用汽设备正常疏水，正常运行时，二回路系统有正常的水流失，通过热井补水及设备疏水不可避免会漏入空气，两者皆会导致凝水含氧量超标。

船舶核动力装置二回路管系的主要材料包括不锈钢和碳钢，若溶解氧控制不当，会促进二回路管道和设备的均匀腐蚀，导致更多的腐蚀产物（悬浮固体）转移到给水中。腐蚀产物进入蒸汽发生器，随后会淤塞缝隙并形成沉积物堆。沉积物堆和淤塞的缝隙形成的多孔性结构成为杂质的浓缩场所，促进蒸汽发生器传热管腐蚀。此外，传热管表面形成的水垢会降低传热管的热交换能力。

凝水含氧量超标还是造成船舶核动力装置热力设备腐蚀的主要原因。在热力系统中，水、汽的温度一般都较高，氧腐蚀速度较快，再加上腐蚀具有局部性和延续性等特点。因而它对热力设备有很大的危害[1]。凝水未除氧，会导致热力设备寿命期降低 66%～75%[2]，甚至连设备安全运行都无法保证。当腐蚀量达到 2%～5%时，就足以使设备管路遭到破坏，造成设备管道内壁出现点坑，加速垢下腐蚀，最终导致穿孔、爆裂、报废[2]。

为防止该类事件的发生，凝水水质指标中的含氧量必须受控。国内海洋核电、三门核电对二回路凝水的除氧方式主要以除氧器热力除氧和凝汽器抽真空除氧为主，联氨化学除氧为补充，要求凝水含氧量控制在 0.01 mg/L；国外"鹦鹉螺"号、"海神"号、"萨瓦娜"号及"陆奥"号要求凝水中含氧量为 0。本装置的水质要求凝水含氧量不得超过 0.1 mg/L。

1　研究背景

在核动力装置、蒸汽动力装置中广泛采用混合式除氧器，需要除氧的水与加热蒸汽直接接触，将水加热到除氧器运行压力下的饱和温度。按照结构划分，除氧器的基本类型有喷雾式、填料式、淋水盘式、旋膜式及它们的组合形式。

在船舶核动力装置中，由于环境空间和重量尺寸的限制，一般不设置专门的除氧器，常用冷凝器兼做除氧器。

作者简介： 吴甜甜（1987—），男，重庆人，副研究员，本科，主要从事反应堆运行相关工作。

冷凝器是船舶核动力装置二回路热力循环的冷源,其功能主要是接收汽轮机的排汽并将其凝结成水,构成封闭的热力循环。在循环水系统、汽轮机轴封系统及抽气器的支持下,冷凝器能建立并维持汽轮机所要求的背压,保证汽轮机安全、可靠、经济地运行。

由于冷凝器正常运行时处于真空状态,因此其相当于一个真空除氧器。当蒸汽排入冷凝器中冷凝时,凝水的温度接近冷凝器真空所对应的饱和水温度,通过控制凝水的过冷度,使凝水保持在饱和状态,就能稳定地将水中溶解的气体分离出来[3]。

本试验装置冷凝器壳体下部设有鼓泡除氧式热井,冷凝水从冷凝器壳体底部流入热井,在凝水泵的抽吸作用下,流经热井中鼓泡除氧装置,在鼓泡除氧装置中间通过相应的两级乏汽(参数约为0.1 MPa,120 ℃)加热,一部分乏汽经过主加热蒸汽管穿过填料层,另一部分乏汽经过辅加热蒸汽管穿过孔板,分别对冷凝器热井中的凝水鼓泡加热,增加凝水紊流度,从而减小或消除凝水过冷度,经分离板后有效地将其中的溶解氧和空气除去。经热力除氧后的凝水在送至蒸汽发生器二次侧前,在给水泵的抽吸作用下会流经水质处理模块除氧离子交换器进行再次除氧,以避免微量氧的存在对蒸汽发生器结构材料造成点坑腐蚀和应力腐蚀。图1为设置在该冷凝器热井中的鼓泡除氧装置原理示意。

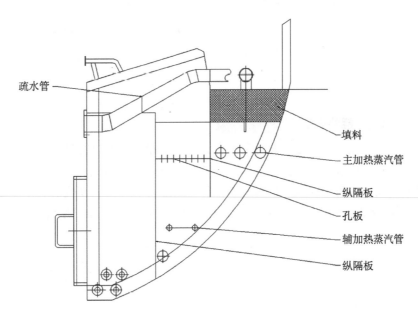

疏水管
填料
主加热蒸汽管
纵隔板
孔板
辅加热蒸汽管
纵隔板

图 1 鼓泡除氧装置原理示意

本试验以鼓泡除氧装置为研究对象,在冷凝器压力为0.023 MPa左右的典型工况下进行真空热力除氧试验,主要分析乏汽用量、冷凝器内凝水装量、凝水过冷度及凝水初始含氧量等参数对鼓泡除氧效果的影响,找出合适的乏汽用量(除氧调节阀开度),验证鼓泡除氧装置在典型工况下的理想除氧能力,确保凝水中的含氧量满足运行要求,降低二回路凝水系统和蒸汽发生器的溶氧腐蚀,延长水质处理模块除氧离子交换器使用寿命,提高装置运行经济性。

2 试验过程

2.1 乏汽用量对鼓泡后凝水含氧量的影响

试验初始时,冷凝器除氧调节阀开度为0,初始凝水含氧量为0.60 mg/L。然后,将冷凝器除氧调节阀开度逐步增加以加大乏汽用量,且在各开度台阶下稳定运行20 min,维持冷凝器水位基本不变,冷凝器压力维持在0.023 MPa左右,乏汽总管压力维持在0.1 MPa左右,记录试验数据得到相同冷凝器水位下,鼓泡后凝水含氧量与除氧调节阀开度的关系,如图2所示。

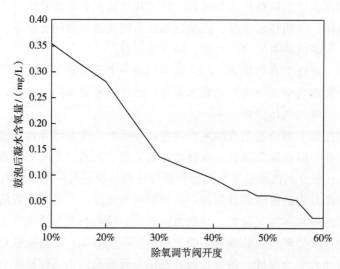

图 2 鼓泡后凝水含氧量与除氧调节阀开度的关系

由图 2 可知，在相同冷凝器液位下，冷凝器真空基本恒定时，鼓泡后凝水含氧量随乏汽用量的增大而逐渐减小，最后趋于稳定。当除氧调节阀开度为 10% 时，鼓泡后凝水含氧量为 0.353 mg/L，当除氧调节阀开度逐渐增大至 58% 时，鼓泡后凝水含氧量为 0.019 mg/L，满足水质监督要求，当除氧调节阀开度继续增大至 60% 时，鼓泡后凝水含氧量仍然为 0.019 mg/L，不再降低。

2.2 凝水过冷度对除氧性能的影响

凝水过冷度升高对除氧不利，过冷度与凝水中含氧量正相关。本研究通过调节抽气系统蒸汽流量和循环冷却水流量，确保冷凝器压力基本不变，逐步打开除氧调节阀引入乏汽对冷凝器热井除氧水箱中的凝水进行鼓泡除氧，在每个除氧调节阀开度台阶稳定运行 20 min。研究过程中，乏汽总管压力维持在 0.1 MPa 左右，冷凝器水位维持基本不变，图 3 为不同凝水过冷度对除氧性能的影响关系。

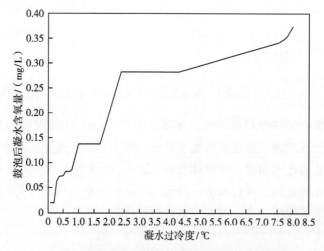

图 3 不同凝水过冷度对除氧性能的影响关系

由图 3 可知，随着凝水过冷度逐渐减小（由 8 ℃ 降至 0.1 ℃），鼓泡后凝水含氧量也逐渐减小（由 0.374 mg/L 降至 0.019 mg/L），最终趋于稳定，结果表明，通过开大除氧调节阀降低凝水过冷度在 1 ℃ 以内可使凝水含氧量降到很低水平。

2.3 凝水装量对除氧性能的影响

为研究凝水装量波动对除氧性能的影响，本研究控制冷凝器压力不变，乏汽总管压力维持在 0.1 MPa 左右，将除氧调节阀分台阶由开度为 10％逐步增大至 60％，且在每个台阶稳定运行 20 min，分别选取相同除氧调节阀开度下凝水装量最大值和最小值进行比较，具体如表 1 所示。

表 1 不同凝水装量对除氧性能的影响

序号	冷凝器水位/cm	鼓泡后凝水含氧量/（mg/L）	除氧调节阀开度
1	70	0.374	10％
2	67	0.353	10％
3	70	0.374	20％
4	67	0.344	20％
5	69	0.168	30％
6	66	0.138	30％
7	72	0.106	40％
8	65	0.096	40％
9	70	0.084	42％
10	66	0.073	42％
11	74	0.083	44％
12	69	0.073	44％
13	70	0.083	46％
14	66	0.073	46％
15	73	0.073	48％
16	72	0.063	48％
17	74	0.084	50％
18	69	0.063	50％
19	76	0.065	55％
20	71	0.055	55％
21	70	0.019	58％
22	59	0.019	58％
23	71	0.019	60％
24	58	0.019	60％

由表 1 可知，当除氧调节阀开度小于 58％开度时，凝水装量会影响冷凝器真空除氧效果，凝水装量越大（冷凝器水位越高），除氧效果越差，当除氧调节阀开度大于 58％开度时，凝水装量在波动范围内波动，鼓泡除氧效果不受影响，鼓泡后凝水含氧量均为 0.019 mg/L。

2.4 凝水初始含氧量对鼓泡后凝水含氧的影响

为探究凝水初始含氧量对鼓泡后凝水含氧量的影响，本研究维持除氧调节阀开度在 58％不变，控制冷凝器真空基本不变和水位不变，乏汽总管压力维持在 0.1 MPa 左右，只改变初始含氧量数值，在每个初始含氧量数值台阶下稳定运行，直至鼓泡后凝水含氧量不再降低。图 4 为凝水初始含氧量对除氧时间的影响关系。

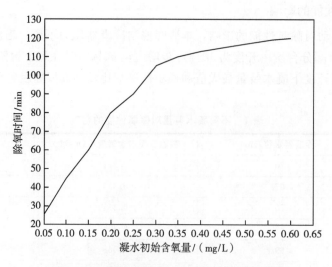

图 4 凝水初始含氧量对除氧时间的影响关系

由图 4 可知，凝水初始含氧量在试验范围内（0.05～0.60 mg/L），经过一定时间的持续鼓泡，鼓泡后凝水最低含氧量均为 0.019 mg/L，试验发现，凝水初始含氧量越高，鼓泡后凝水含氧量降至最低所需除氧时间越长。

3 结论

本文通过研究发现乏汽用量、冷凝器内凝水装量，凝水过冷度及凝水初始含氧量等因素均会影响凝水除氧效果。真空热力除氧方法能有效降低船舶核动力装置凝水含氧量，延长凝水除氧树脂使用寿命，提高船舶核动力装置运行的经济性，为装置的正常运行起到关键作用。研究结果表明：

（1）凝水过冷度对系统除氧效果影响最大，当过冷度控制在 1 ℃以内，凝水中含氧量在 0.1 mg/L 之下，除氧效果较好，同时凝水过冷度应该维持一定的余量，防止冷凝器内凝水发生闪蒸现象。

（2）冷凝器除氧调节阀开度逐渐增大至 58% 时，鼓泡后凝水含氧量为 0.019 mg/L，满足水质监督要求，当继续增大乏汽用量时，对凝水中含氧量继续减小影响不大。

（3）凝水初始含氧量对鼓泡后凝水含氧量的影响不大，经过持续鼓泡除氧，凝水中的含氧量均能下降到水质监督要求的标准。凝水初始含氧量越高，鼓泡后凝水含氧量降至最低所需除氧时间越长，当凝水初始含氧量高于 0.50 mg/L 时，系统运行达到水质要求标准，所消耗时间相差不大。

（4）在核动力装置运行过程中，采取调节主抽气器和循环水流量维持冷凝器真空相对稳定，通过将除氧调节阀开度调至合适位置充分加热凝水，维持凝水温度在 1 ℃左右，以获得最佳除氧效果。

致谢

在相关试验的进行当中，受到了中国核动力研究设计院李加刚研究员的大力支持，并获得了很多有益的数据和资料，在此向李加刚研究员的大力帮助表示衷心的感谢。

参考文献：

[1] 电力工业部生产司. 除氧器及其改造和运行经验［M］. 北京：水利电力出版社，1979.

[2] 梁经通. 锅炉给水除氧技术的发展与应用［J］. 建筑热能通风空调，2001（4）：62-64.

[3] 彭敏俊. 船舶核动力装置［M］. 北京：原子能出版社，2009：132-133.

Study on the influencing factors of condensate water deoxidization in marine nuclear power plant

WU Tian-tian, LIU Zhuo-yi, YU Feng, ZHANG Ke-qiang, TANG Yuan-hui

(The First Sub-institute of Nuclear Power Institute of China, Chengdu, Sichuan 610213, China)

Abstract: The existence of excessive dissolved oxygen in condensed water is an important reason for the corrosion of thermal equipment of marine nuclear power plant which seriously affects the safe operation of nuclear power plant, vacuum thermal deaeration is frequently used in marine nuclear power plant. A marine nuclear power plant requires that the oxygen content of condensate water should be less than 0.1 mg/L after deoxygenation. To find out the desired deaeration capacity under typical working conditions and the main factors which affecting the deaeration effect, the control variable method is used to study and analyze the influence of parameters such as the amount of exhausted steam, condensate volume in condenser, condensate subcooling degree and initial oxygen content of condensate water on the effect of oxygen removal. The test results show that the vacuum thermal deoxygenation method can effectively reduce the oxygen content of the condensate water and improve the operation economy of the marine nuclear power plant, the reachable oxygen content of condensed water after deoxygenation is 0.019 mg/L under typical working conditions, it can meet the requirements of control indicators. The test shows that the amount of exhausted steam, condensate volume in condenser, condensate subcooling degree and initial oxygen content of condensate all affect the deoxygenation the deoxygenation effect of condensed water to varying degrees, condensate subcooling degree has the greatest influence on the deoxygenation, the supercooling degree of condensed water should be controlled within 1 ℃ as far as possible.

Key words: Condenser; Degree of supercooling; Oxygen levels

某小型模块化反应堆核电站二回路系统㶲分析

王　鑫，赵　钢，曲新鹤*，王　捷

（清华大学核能与新能源技术研究院，先进核能技术协同创新中心，先进反应堆
工程与安全教育部重点实验室，北京　100084）

摘　要： 本文针对某小型模块化反应堆（small modular reactor，SMR）核电站二回路系统，基于热力学第二定律建立了主要设备的㶲数学模型，采用 EBSILON 软件完成了系统的精细建模。通过变工况仿真，在多种功率水平下对核电站二回路主要设备进行了㶲分析，并得到了二回路系统㶲损分布情况。在 100％热耗率验收工况（turbine heat acceptance，THA）下，二回路的总㶲损为 97.972 MW，发电效率和㶲效率分别为 42.980％和 68.383％。二回路主要设备中，蒸汽发生器的㶲损失最大，占系统总㶲损失的 41.911％；低压缸㶲损失居第 2 位，且㶲效率较低，存在一定的节能潜力；发电机、泵、加热器等组件在系统总㶲损失中的占比较小。此外，功率水平变化会对设备的㶲损失、㶲效率产生影响。

关键词： 小型模块化反应堆；㶲分析；变工况；EBSILON 软件

㶲最初被称为"有用能"，显示了能量在理论上的最大做功能力[1]。㶲分析方法基于热力学第二定律，可以有效描述热力系统的不可逆损失，对系统或过程的性能做出评估。20 世纪 60 年代至今，一些学者对部分核电站进行了㶲相关的研究。Siegel 等[2]对某快中子增殖反应堆进行了热力学第二定律研究。Rosen 等[3]对某 CANDU 重水堆核电厂进行了能量分析和㶲分析，结果表明该电厂提升效率的最大潜力在于反应堆。Gomez 等[4]以超高温气冷堆（VHTR）为例，研究了㶲分析在第四代核能系统优化中的应用，并提出一种量化组件㶲损失的通用方法。Talebi 等[5]对 1000 MW 的 VVER 核电站进行了熵和㶲分析，使用优化算法提出了一种提升电厂性能的策略。González Rodríguez 等[6]提出了一种与球床模块式高温气冷堆（high temperature gas-cooled reactor pebble-bed module，HTR-PM）核电站耦合的制氢与海水淡化方案，结合㶲分析方法评估了方案的可行性。

本文建立了某小型模块化反应堆（small modular reactor，SMR）核电站二回路系统主要设备的㶲数学模型，并使用 EBSILON 软件搭建了系统模型，在 50％ ～100％热耗率验收工况（turbine heat acceptance，THA）下对系统及其主要设备进行了㶲分析。本研究结果可为核电站运行优化工作提供参考。

1　模型及验证

EBSILON 软件基于质量、能量和动量守恒关系，可以对多种复杂热力系统进行高精度变工况仿真[7-8]，借助 Gauss-Seidel 迭代方法开展计算。二回路系统的 EBSILON 模型如图 1 所示。系统主要包括 2 台蒸汽发生器、汽轮机、1 台冷凝器、1 台除氧器、2 个并列布置的高压回热加热器、3 个低压回热加热器、水泵等组件。氦气和水被分别用作一、二回路的冷却剂。核岛设置有 2 个反应堆模块，分别向 2 台蒸汽发生器供热以生产过热蒸汽。2 台蒸汽发生器产生参数为 13.24 MPa 和 566 ℃的主蒸汽，在蒸汽母管内完成混合后进入汽轮机。汽轮机分高压缸和低压缸两部分，低压缸为双流反向布置。高压缸设置 2 个回热抽汽点（Ⅰ和Ⅱ），低压缸设置 3 个回热抽汽点（Ⅲ、Ⅳ和Ⅴ）。冷却水为当地海水，采用开式循环方式，以海洋为最终热阱。由于篇幅限制，模型精度验证部分未在本文中体现。

作者简介： 王鑫（1999—），男，硕士生，现主要从事高温气冷堆核电站二回路变工况特性研究。

基金项目： 国家重点研发计划资助项目（2018YFB1900500）；中核集团领创项目。

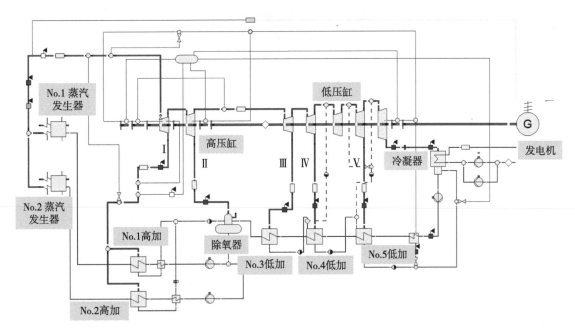

图 1   SMR 核电站二回路系统的 EBSILON 模型

2   数学模型

汽轮机相对内效率 η_{ri} 是衡量汽轮机经济性的重要指标之一，它等于有效焓降与理想焓降之比，表示为[9]：

$$\eta_{ri} = \frac{h_{in} - h_{out}}{h_{in} - h_s}, \tag{1}$$

式中，h_{in} 表示汽轮机进口蒸汽焓，kJ/kg；h_{out} 和 h_s 分别表示实际过程和等熵过程汽轮机出口蒸汽焓，kJ/kg。

一般来说，物质㶲分为 4 个部分：动能㶲、势能㶲、物理㶲和化学㶲[10]。对本文核电厂二回路热力系统来说，其相对于环境静止，故动能㶲、势能㶲为 0。化学㶲在机组热力循环中可忽略不计，因此本文主要关注物理㶲。物理㶲由工质的焓和熵确定：

$$e_{x,i} = (h_i - h_0) - T_0(s_i - s_0), \tag{2}$$

式中，T_0 为环境温度，K；h_0，h_i 分别为工质在环境条件和不同状态点下的比焓，kJ/kg；s_0，s_i 分别为工质在环境条件和不同状态点下的比熵，kJ/（kg·K）。本文选择环境条件为 20 ℃ 和 0.1 MPa。环境条件下氦气的物性参数为：$h_{0,He} = 1527.847$ kJ/kg，$s_{0,He} = 27.917$ kJ/（kg·K）；水的物性参数为：$h_{0,w} = 84.006$ kJ/kg，$s_{0,w} = 0.296$ kJ/（kg·K）。

对于稳定流动系统，㶲损失等于进入系统的㶲减去离开系统的㶲，如式（2）所示。㶲效率用于评价设备的热力学完善程度，可以分为传递㶲效率和目的㶲效率。本文采用后者进行计算，其值等于设备作为收益的㶲与外界投入的㶲的比值[11]，如式（3）所示：

$$\dot{I} = E_{x,in} - E_{x,out}, \tag{3}$$

$$\eta_{ex} = \frac{E_{x,gain}}{E_{x,invest}}, \tag{4}$$

式中，$E_{x,in}$、$E_{x,out}$、$E_{x,gain}$ 和 $E_{x,invest}$ 分别为设备的流入㶲、流出㶲、收益㶲和投入㶲，kJ/kg。由式（3）和式（4），得到蒸汽发生器、汽轮机、发电机、回热加热器、除氧器、冷凝器和泵等设备的㶲数学模型，如表 1 所示。

表 1 主要设备的㶲数学模型

设备名称	示意图	$\dot{I}$	η_{ex}
蒸汽发生器		$\dot{I}_{SG} = E_{x,1} + E_{x,3} - E_{x,2} - E_{x,4}$	$\eta_{ex,SG} = \dfrac{m_4 e_{x,4} - m_3 e_{x,3}}{m_1 e_{x,1} - m_2 e_{x,2}}$
汽轮机		$\dot{I}_T = E_{x,1} - E_{x,2} - E_{x,3} - W$	$\eta_{ex,T} = \dfrac{W}{E_{x,1} - E_{x,2} - E_{x,3}}$
发电机		$\dot{I}_G = W_1 - W_2$	$\eta_{ex,G} = \dfrac{W_2}{W_1}$
回热加热器		$\dot{I}_{RH} = E_{x,1} + E_{x,2} + E_{x,4} - E_{x,3} - E_{x,5}$	$\eta_{ex,RH} = \dfrac{m_3 e_{x,3} - m_2 e_{x,2}}{m_1 e_{x,1} + m_4 e_{x,4} - m_5 e_{x,5}}$
除氧器		$\dot{I}_{DEA} = E_{x,1} + E_{x,2} + E_{x,4} - E_{x,3}$	$\eta_{ex,DEA} = \dfrac{m_2 (e_3 - e_2)}{m_1 (e_1 - e_3) + m_4 (e_4 - e_3)}$
水泵		$\dot{I}_{Pump} = E_{x,1} + W - E_{x,2}$	$\eta_{ex,Pump} = \dfrac{E_{x,2} - E_{x,1}}{W}$
冷凝器		$\dot{I}_T = E_{x,1} + E_{x,2} + E_{x,5} - E_{x,3} - E_{x,4}$	$\eta_{ex,T} = \dfrac{E_{x,4}}{E_{x,1} + E_{x,5}}$

3 结果分析

仿真结果分为两部分，首先计算了 100% THA 工况下二回路主要设备的㶲损失和㶲效率。随后，通过改变功率水平对汽轮机和各级回热加热器进行了初步的㶲分析，选择了 100% THA、90% THA、80% THA、70% THA、60% THA、50% THA 等 6 种典型工况。

3.1 100%THA 工况的计算结果

表 2 给出了 100% THA 工况下主要设备的㶲损失和㶲效率，表中"高加""低加"分别表示高压和低压回热加热器。由表 2 可知，所列设备中冷凝器的㶲效率最低，仅为 1.185%，这是因为进入冷凝器的乏汽的热量绝大多数被循环水带入环境，不能被再次利用。与高压缸相比，低压缸㶲损失较大、㶲效率较低，分别为 18.958 MW 和 82.936%，因此低压缸存在一定的节能潜力。

表 2 100% THA 工况下主要设备的㶲损失和㶲效率

设备名称	㶲损失/MW	㶲效率	设备名称	㶲损失/MW	㶲效率
蒸汽发生器	44.000	85.443%	No.1、2 高加	0.374	92.855%
高压缸	10.119	92.335%	除氧器	0.693	91.559%
低压缸	18.958	82.936%	No.3 低加	1.205	84.517%
冷凝器	9.014	1.185%	No.4 低加	1.681	71.995%
发电机	2.140	99.000%	No.5 低加	0.485	63.076%

考虑泵的耗功，系统总㶲损失为 97.972 MW，㶲效率为 68.383%。主要组件㶲损失在系统总㶲损失中的占比如图 2 所示。可见，蒸汽发生器的㶲损失占比最大，达 44.911%，其㶲损失产生的原因主要在于有限温差传热产生的不可逆性。低压缸占比为 19.350%，居第 2 位，进一步说明低压缸在节能方面具有潜力。此外，发电机、泵、加热器等组件所占比例较小。

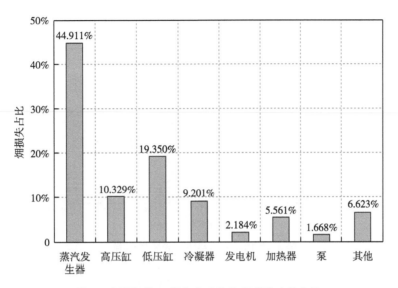

图 2　主要组件㶲损失在系统总㶲损失中的占比

3.2　不同功率水平的计算结果

图 3 展示了 100% THA 到 50% THA 功率水平下，高压缸和低压缸的㶲效率和相对内效率。可以看出，随着功率水平降低，汽轮机㶲效率和相对内效率均下降，但㶲效率始终大于相对内效率。此外，高压缸的㶲效率大于低压缸，这是因为低压缸的相对内效率较小，蒸汽在低压缸膨胀过程的不可逆损失较大。100% THA 工况下，高压缸和低压缸㶲效率达到最大值，分别为 92.355% 和 82.936%。

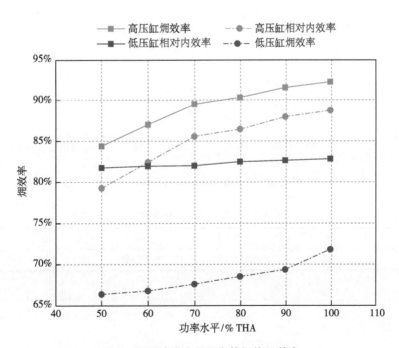

图 3　不同功率水平下汽轮机的㶲效率

从图 4 可以看出，低压缸的㶲损失随功率水平降低而减小，而高压缸的㶲损失随功率水平降低呈现出缓慢增加的趋势。二者变化趋势相反的原因，是本文研究的汽轮机组采用定压运行的方式，即不同运行工况下主蒸汽参数始终保持 13.24 MPa 和 566 ℃。变功率时，高压缸进口蒸汽的温度、压力恒定，从而比㶲也恒定，但是低压缸进口蒸汽的比㶲随功率水平降低而下降。

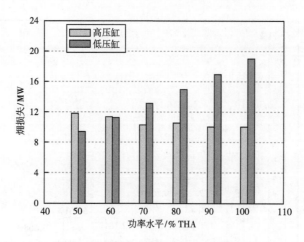

图 4　不同功率水平下汽轮机的㶲损失

各级回热加热器和除氧器的㶲损失随功率水平的变化趋势如图 5 所示。可见随着负荷降低，各级回热加热器的㶲损失均下降。在相同功率水平下，No.4 低压回热加热器的㶲损失最大，No.3 低压回热加热器的㶲损失次之。本文认为这是由于 No.4、No.3 低压回热加热器的传热量较大，有限温差换热导致的不可逆损失较大，如表 3 所示。

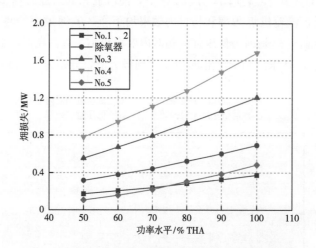

图 5　不同功率水平下各级回热加热器和除氧器的㶲损失

表 3　100% THA 工况下 5 个回热加热器的换热功率

编号	No. 1	No. 2	No. 3	No. 4	No. 5
换热功率/MW	13.459	13.459	27.476	29.116	12.802

4 结论

本文利用 EBSILON 软件对某 SMR 核电站二回路系统开展多种功率水平下的准稳态仿真。建立了系统主要组件的㶲数学模型，确定了 100% THA 工况下二回路系统的㶲损分布情况，并在 50% THA~100% THA 范围内对汽轮机和回热加热器进行了㶲分析。主要结论如下：

（1）功率水平变化会影响设备的㶲损失、㶲效率。回热加热器中 No.4 低压回热加热器的㶲损失最大，No.3 低压回热加热器的㶲损失次之。这是由于 No.4、No.3 低压回热加热器的传热量较大，有限温差换热导致的不可逆损失较大。

（2）100% THA 工况下，二回路模型的系统效率和㶲效率分别为 42.980% 和 68.383%。二回路主要设备中，蒸汽发生器的㶲损失最大，占系统总㶲损失的 41.911%，低压缸㶲损失居第 2 位。此外，发电机、泵、加热器等组件在系统总㶲损失中的占比较小。

（3）与高压缸相比，低压缸㶲损失较大、㶲效率较低，在系统总㶲损失中的占比也较大，存在一定的节能潜力。

参考文献：

[1] 沈维通，童钧耕. 工程热力学 [M]. 4 版. 北京：高等教育出版社，2016：173 - 179.

[2] SIEGEL K. Exergieanalyse heterogener leistungsreaktoren [J]. Brennstoff - Warme - Kraft, 1970, 22 (9)：434 - 40.

[3] ROSEN M A, SCOTT D S. Energy and exergy analyses of a nuclear steam power plant [J]. Proceedings of the Canadian nuclear society, 1986, 22 (19)：187 - 196.

[4] GOMEZ A, AZZARO-PANTEL C, DOMENECH S, et al. Exergy analysis for Generation IV nuclear plant optimization [J]. International journal of energy research, 2010, 34 (7)：609 - 625.

[5] TALEBI S, NOROUZI N. Entropy and exergy analysis and optimization of the VVER nuclear power plant with a capacity of 1000 MW using the firefly optimization algorithm [J]. Nuclear engineering and technology, 2020, 52 (12)：2928 - 2938.

[6] RODRÍGUEZ D G, DE OLIVEIRA LIRA C A B, DE ANDRADE LIMA F R, et al. Exergy study of hydrogen cogeneration and seawater desalination coupled to the HTR - PM nuclear reactor [J]. International journal of hydrogen energy, 2023, 48 (7)：2483 - 2509.

[7] 朱泓逻. 基于 Ebsilon 的火电厂热力系统建模、监测及优化研究 [D]. 北京：清华大学，2016.

[8] 王鑫，赵钢，曲新鹤，等. 某小型模块化反应堆核电站二回路系统变工况特性 [J]. 清华大学学报（自然科学版），2024，64 (1)：155 - 163.

[9] XIA L, LIU D, ZHOU L, et al. Optimization of a seawater once - through cooling system with variable speed pumps in fossil fuel power plants [J]. International journal of thermal sciences, 2015, 91：105 - 112.

[10] WANG W, LIU J, ZENG D, et al. Variable - speed technology used in power plants for better plant economics and grid stability [J]. Energy, 2012, 45 (1)：588 - 594.

[11] 刘强，段远源. 超临界 600 MW 火电机组热力系统的火用分析 [J]. 中国电机工程学报，2010，30 (32)：8 - 12.

Exergy analysis for secondary circuit system in a small modular reactor nuclear power plant

WANG Xin, ZHAO Gang, QU Xin-he*, WANG Jie

(Institute of Nuclear and New Energy Technology of Tsinghua University, Collaborative Innovation Center of Advanced Nuclear Energy Technology, the Key Laboratory of Advanced Reactor Engineering and Safety, Ministry of Education, Beijing 100084, China)

Abstract: This paper focuses on the secondary circuit system of a small modular reactor (SMR) nuclear power plant. Based on the second law of thermodynamics, the mathematical models of the main equipment were established, and the system was finely modeled using EBSILON software. Under various power levels, the main equipment of the secondary circuit of the nuclear power plant was analyzed through simulation calculation, and the exergy distribution loss of the secondary circuit system was obtained. Under the 100% turbine heat acceptance (THA) condition, the total exergy loss of the secondary circuit was 97.972 MW, and the power generation efficiency and exergy efficiency were 42.980% and 68.383% respectively. Among the main equipment of the system, the steam generator had the largest exergy loss, accounting for 41.911% of the total exergy loss. The exergy loss of the low-pressure cylinder was the second highest, and the exergy efficiency of the low-pressure cylinder was low, indicating a certain energy-saving potential. However, other components such as the power generator, pump, and heaters constituted a small proportion of the total system loss. Additionally, the power level also influenced the exergy loss and exergy efficiency of the components.

Key words: Small modular reactor; Exergy analysis; Off-design conditions; EBSILON software

小型钠冷快堆环形燃料堆芯中子学性能分析

金斌斌，宋衍浩，叶　滨*

（西南科技大学国防科技学院，四川　绵阳　621010）

摘　要：双面冷却的环形燃料元件可以有效提高传热效率，已成为核燃料组件的重要趋势之一。本文以基准堆芯 BN－800 结构为参考，结合小型堆和环形燃料的特点，基于蒙特卡洛程序开展小型钠冷快堆环形燃料堆芯模型的建立与中子学性能分析工作。研究并设计了内/外包壳直径为 2.8 mm /13 mm 的环形燃料组件，堆芯由内到外 MOX 燃料富集度分别为 19.5％、22.1％、24.7％，内/中/外区燃料组件数为 109/102/156。研究分析了堆芯的钠空泡效应、中子能谱和堆芯燃耗性能等参数，同时还对不同材料［碳化硼（B_4C）、二硼化铪（HfB_2）、氢化铪（$HfH_{1.62}$）］的控制棒性能进行了对比研究。研究结果表明：该装载了环形燃料组件的小型钠冷快堆表现出良好的物理性能，其中子通量分布均匀，能够在 50 MW_{th}、100 MW_{th}、150 MW_{th}、200 MW_{th}、300 MW_{th} 5 种功率下分别燃耗运行 3120、1849、1227、1038、730 天且卸料燃耗深度最大不超过 65 GW·d/t（H）；钠空泡系数为负；B_4C 控制棒控制反应性的效果最好、通量展平效果最佳，第一、第二控制棒系统在冷、热态下可使堆芯停堆裕量达到 1 ＄以上。本研究为小型钠冷快堆环形燃料堆芯设计提供一种可行的参考方案。

关键词：钠冷快堆；环形燃料；小型模块堆

　　环形燃料元件具有内外两个冷却表面，与传统棒状燃料棒相比，可充分带走燃料芯块产生的热量，有效降低燃料棒表面温度，提升反应堆安全性[1-2]。美[3]、韩[4]、中[5-6]等国已对环形燃料应用于压水堆开展了大量的研究，证明环形燃料可将传热效率提升 20％～50％。小型堆具有前期投资较小、建造周期短、功能选择灵活、非能动安全等特点，在中小电网发电、工业供热、核能制氢、热电联产、海水淡化、船舶推进等方面具有广阔的市场前景，在技术可行性、核安全性、经济性等方面都具有显著优势[5,7]。钠冷快堆是 6 种第四代堆型中成熟度最高的堆型，考虑在钠冷快堆中使用环形燃料的可行性，本文拟对使用环形燃料的小型钠冷快堆的中子学性能开展计算研究。

　　本文以国际原子能机构（IAEA）发布的 BN－800 钠冷快堆基准堆芯结构的堆芯结构为参考开展钠冷快堆环形燃料堆芯方案设计，以反应堆长寿期稳定运行为目标，研究分析堆芯钠中子能谱、空泡效应、堆芯燃耗性能等重要物理参数，并对不同材料的控制棒性能进行对比研究，进一步验证了小型钠冷快堆使用环形燃料的可行性。

1　环形燃料堆芯方案优化

　　钠冷快堆是第四代先进核能系统 6 种堆型中发展最为成熟的堆型[8]，燃料使用 PuO_2－UO_2 混合（MOX）燃料，该燃料由贫铀（^{235}U 富集度为 0.3％）和燃耗深度为 45 GW·d/t（H）的压水堆卸料工业钚（钚同位素的重量含量为 $^{238}Pu/^{239}Pu/^{240}Pu/^{241}Pu/^{242}Pu$＝0.009/0.615/0.220/0.119/0.041）混合而成[9]。

　　研究工作以 BN－800[10] 堆芯结构为参考，在保持堆芯等效直径 D/堆芯高度 H、六边形组件尺寸和组件间距、燃料元件包壳厚度及气隙厚度基本不变的前提下开展小型钠冷快堆环形燃料元件的设计。在将棒状燃料元件改为环形燃料元件时不能简单地在燃料棒中心设置流道，那样会使冷却剂流道

作者简介：叶滨（1981—），女，博士，副教授，研究领域为核反应堆物理及高放废物的嬗变。

基金项目：国家自然科学基金（No.12005178）、四川省自然科学基金项目（No.2022NSFSC1242）。

过窄，无法保障冷却剂的充分流动。于是，我们借鉴已发展较为成熟的压水堆环形燃料元件设计，即组件尺寸不变的情况下，增大燃料元件外径，给燃料元件内径内的冷却通道留足空间。当组件内均匀分布 4 环燃料元件时，MOX 燃料的外径即为 11.8 mm，燃料外包壳外径为 13 mm，并利用蒙特卡洛程序搭建堆芯模型。

利用蒙卡程序计算了在固定 MOX 燃料元件外径（11.8 mm）的情况下，堆芯 k_{eff} 随燃料元件内径的增大而逐渐减小，在燃料内径为 4 mm（此时内包壳外径 2.8 mm）时，k_{eff} 为 1.106，剩余反应性为 9536 pcm。经过与 BN-800 燃料组件参数对比发现，此冷却剂内通道直径大于 BN-800 中相邻燃料组件距离，也高于 BN-800 燃料元件外径间距，燃料元件内冷却剂内通道直径为 2.8 mm 时不会对冷却剂的流动产生障碍。综合考虑到长寿期运行对剩余反应性的较大需求，以及冷却剂流动的需求，最终选择燃料元件内包壳内径（即冷却剂内通道直径）为 2.8 mm。经计算分析，堆芯 β_{eff} 为 427 pcm。

环形燃料组件小型钠冷快堆堆芯结构示意如图 1 所示，环形燃料组件与元件示意分别如图 2 和图 3 所示。堆芯结构及环形燃料参数如表 1 所示。

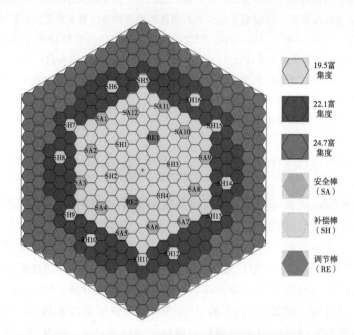

图 1 环形燃料组件小型钠冷快堆堆芯结构示意

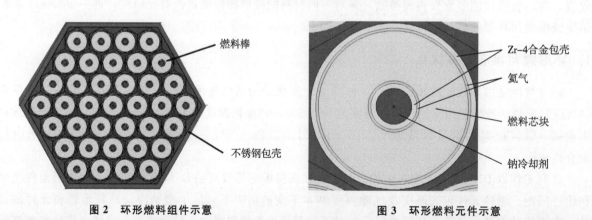

图 2 环形燃料组件示意 **图 3 环形燃料元件示意**

表 1 堆芯结构及环形燃料参数

主要参数	小型钠冷快堆设计值	BN-800
燃料组件数	367（内区109/中区102/外区156）	565（内区211/中区156/外区198）
燃料类型	MOX（PuO$_2$+0.3wt%UO$_2$）燃料	MOX 燃料
燃料芯体密度/g·cm^{-3}	~10.4	~10.4
燃料富集度①	内/中/外堆芯：19.5%/22.1%/24.7%	内/中/外堆芯：19.5%/22.1%/24.7%
堆芯初装载/kg	^{235}U：1.43 U：476.97 ^{239}Pu+^{241}Pu：83.76 Pu：114.11	^{235}U：30 ^{239}Pu+^{241}Pu：1870 Pu：2710
控制系统②	SA-12根、SH-16根、RE-2根	SA-12个、SH-16个、RE-2个
堆芯大小	堆芯等效直径 D 166.9 cm× 堆芯高 H 56.76 cm	堆芯等效直径 D 256.1 cm× 堆芯高 H 88.0 cm
堆芯高度与等效直径之比 H/D	0.34	0.34
燃料组件壁厚/mm	2.5	2.5
燃料组件外对边距/mm	94.5	94.5
燃料包壳厚度/mm	0.4	0.4
燃料元件气隙厚度/mm	0.2	0.1
燃料棒中心间距/mm	14.1	7.7
环形燃料元件外包壳外径/mm	13	—
环形燃料元件内包壳外径/mm	2.8	—
控制棒组件壁厚/mm	2.5	2.5
控制棒组件外对边距/mm	94.5	94.5
控制棒包壳外径/mm	23	23
吸收体芯块外径/mm	20.5	20.5

注：① 富集度=（^{235}U+Pu）/所有重同位素。

② SA：安全棒；SH：补偿棒；RE：调节棒。

2 中子学性能分析

2.1 堆芯中子通量密度

我们将环形燃料堆芯与传统实心棒状燃料堆芯的中子通量密度进行对比，结果如图4所示。由图 4 可以看出，采用环形燃料组件的堆芯中子通量密度在高能区高于棒状燃料组件堆芯，即钠冷快堆在采用环形燃料之后其能谱有所硬化。由图 5 给出的 MOX 燃料主要裂变材料裂变截面信息可知，较硬的能谱将更有利于提高 MOX 燃料中的 ^{238}U 的裂变率，这对于提高 MOX 燃料的利用率具有重要意义。

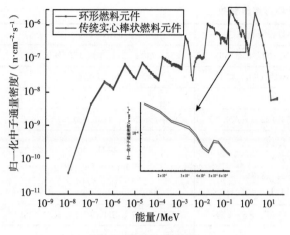

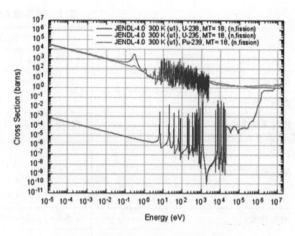

图 4　堆芯中子能谱　　　　　　　　　　　图 5　MOX 燃料主要核素裂变截面

2.2　钠反应性空泡系数

钠反应性空泡系数是堆芯重要安全参数之一，堆芯温度会导致局部区域出现钠空泡，靠近堆芯中心区域的钠空泡会使得中子动能损失减少，中子能谱变硬，形成正反应性效应；靠近堆芯外围区域的钠空泡则会由于中子更易穿越，而造成中子泄漏率增大，形成负反应性效应；钠空泡系数取决于两种效应的叠加。研究中改变堆芯整体钠冷却剂空泡份额，即从 1% 升至 10%，计算研究堆芯反应性的变化，将计算结果拟合得到反应性随钠空泡体积份额变化的曲线，如图 6 所示。由图 6 可知，当堆芯整体沸腾时，钠空泡反应性系数为负。

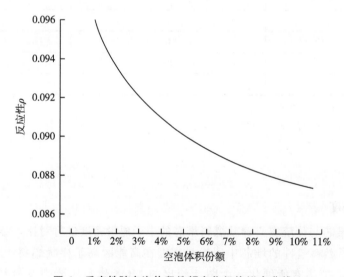

图 6　反应性随空泡体积份额变化规律拟合曲线

此外，我们还研究了堆芯整体失钠所导致的反应性变化，即堆芯的钠空泡反应性，是指当堆芯内钠密度变为零引起的反应性。在计算时将所有控制棒提出堆芯，燃料活性区和转换区内钠密度变为 0。计算可得当堆芯钠冷却剂整体丧失时，堆芯 k_{eff} 为 0.844，反应性 ρ 为 -0.185。

2.3　堆芯燃耗计算研究

研究上述小型环形燃料钠冷快堆在 5 种不同热功率（50 MW_{th}、100 MW_{th}、150 MW_{th}、200 MW_{th}、300 MW_{th}）水平下运行 2000 天的燃耗深度（图 7）以及 k_{eff} 随满功率运行时间的变化曲线（图 8）。由图 7 可以看出，随着堆芯功率的升高，相同时间下消耗的燃料越多；单一功率下燃耗深度随着运行时间大致呈线性增加趋势。由图8可以看出在300 MW$_{th}$时寿期初k_{eff}下降较快，随着运行时间的增加下降趋于平缓。反应堆在不同功率水平下能够稳定运行的时长列于表2。可以看出该反应堆可以满足长寿期稳定运行，反应堆功率为50 MW$_{th}$时稳定运行天数可达3120天，在300 MW$_{th}$下可以运行730 EFPD。

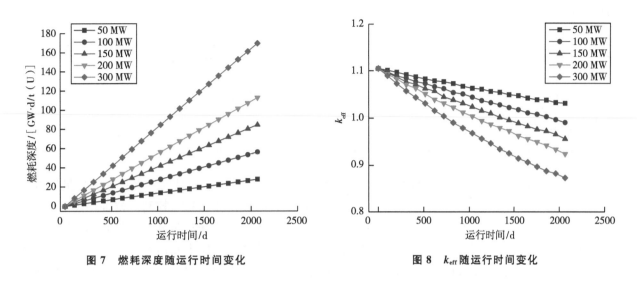

图7　燃耗深度随运行时间变化　　　　　　　　图8　k_{eff}随运行时间变化

表2　不同功率下堆芯运行天数

功率/（MW$_{th}$）	EFPD/d	卸料燃耗深度/［GW·d/t（H）］
50	3120	44
100	1849	53
150	1227	57
200	1038	59
300	730	62

2.4　控制棒材料的选择

为展平堆芯中子通量分布和提高停堆裕量，对控制棒组件吸收体材料进行了分析和优化。参考BN-800控制棒组件结构，采用由7根控制棒元件组成的棒束插入不锈钢控制棒束外套管内，与不可移动的控制棒导向管一同构成控制棒组件（图9），具体参数如表1所示。

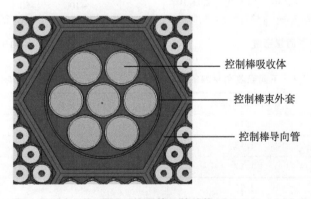

控制棒吸收体

控制棒束外套

控制棒导向管

图9　控制棒组件结构

对当今主流的快中子堆控制棒材料碳化硼（B₄C）、二硼化铪（HfB₂）、氢化铪（HfH₁.₆₂）3 种吸收材料[11]开展计算研究，计算研究 B_4C、HfB_2、$HfH_{1.62}$ 吸收体的控制棒价值，结果如表 3 所示。可以看出，B_4C 作为控制棒吸收剂材料时控制棒价值最大，可达 10 112 pcm，而 HfB_2 和 $HfH_{1.62}$ 作为控制棒吸收剂材料时控制棒价值分别仅为 B_4C 作为吸收剂材料时的 34.3% 和 15.5%，对于堆芯反应性的控制能力远不如 B_4C。

表 3 不同吸收材料控制棒价值

控制棒吸收剂材料	吸收剂材料密度/($g \cdot cm^{-2}$)	^{10}B 富集度	全部提出堆芯时的反应性/pcm	全部插入堆芯时的反应性/pcm	控制棒价值/pcm
B_4C	10.4	SA：80%；SH：60%；RE：19.8%	9317	-795	10 112
HfB_2	10.5	SA：80%；SH：60%；RE：19.8%	10 551	7079	3472
$HfH_{1.62}$	13.0	—	11 062	9494	1568

同时还研究了采用不同中子吸收材料的控制棒组件对于堆芯中子通量的展平效果。这里以 300 MW_{th} 运行为例，使用蒙卡程序对装载 3 种不同吸收剂材料的控制棒组件（控制棒位置如图 1 所示）的堆芯中子通量密度分布进行计算，得到堆芯轴向（图 10）及径向中子通量分布（图 11），并将通量不均匀系数列于表 4。从图中可以看出，B_4C 控制棒可以有效降低反应堆轴向和径向中子通量峰值，展平中子通量。由表 4 可以看出，以 B_4C 为吸收剂的控制棒展平中子通量效果最佳，通量不均匀系数仅为 1.2826；HfB_2 效果次之，通量不均匀系数为 1.3455；$HfH_{1.62}$ 效果最差，通量不均匀系数可达 1.3923。综合考虑控制棒价值及其展平堆芯中子通量效果，B_4C 可作为小型环形燃料钠冷快堆的控制棒吸收材料。

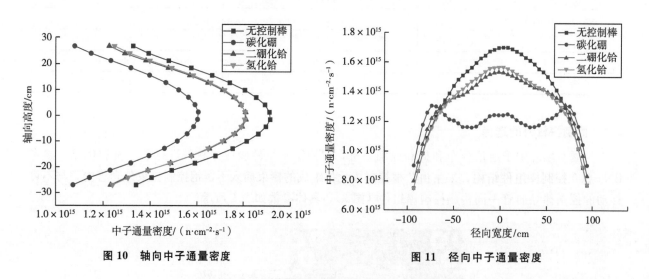

图 10 轴向中子通量密度　　　　　　　图 11 径向中子通量密度

表 4 不同吸收剂材料的控制棒组件对通量不均匀系数的影响

吸收剂材料	轴向不均匀系数	径向不均匀系数	总不均匀系数
无控制棒	1.16	1.22	1.4152
碳化硼	1.18	1.09	1.2862
二硼化铪	1.17	1.15	1.3455
氢化铪	1.17	1.19	1.3923

2.5 控制棒组件控制性能研究

2.5.1 控制棒积分价值研究

控制棒积分价值曲线是控制棒效率的主要表达方式之一[12]，控制棒积分价值曲线也简称 S 形曲线。利用蒙卡程序研究控制棒组件在堆芯不同高度处的反应性，研究时以控制棒全插入反应堆底部为控制棒价值的起始点，控制棒积分价值曲线如图 12 所示。在提升控制棒过程中均已将其他控制棒组件提升到燃料活性区以外，避免控制棒之间的干涉效应对控制棒价值研究结果产生影响。

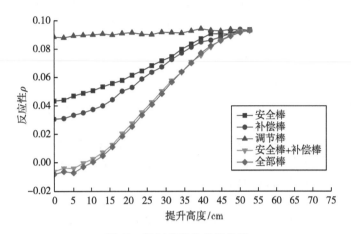

图 12　控制棒积分价值曲线

由图 12 可见，补偿棒的积分价值最高，它适用于在反应堆运行时补偿反应性；安全棒积分价值略小于补偿棒，它适用于在事故工况下快速插入堆芯降低反应性使反应堆安全停堆；调节棒积分价值最小，它适用于反应堆功率微调。此外在 S 曲线两端较为平坦，价值较低。中间有一段是线性段，控制棒一般都是在线性段运行。由不同控制棒组件及各种组合的价值（表 5）可知，当所有控制棒组件全部插入堆芯时热停堆深度可达到 795 pcm（−1.86 ＄），反应堆有足够大的停堆裕量。

表 5　不同控制棒组件及组合的价值

控制棒组件	全部插入堆芯时的反应性/pcm	全部提出堆芯时的反应性/pcm	各控制棒价值及组合的价值/pcm
SA	4372	9317	4999
SH	3097	9317	6219
RE	8878	9317	439
SA+SH	−588	9317	9906
SA+SH+RE	−795	9317	10 112

2.5.2 控制系统价值分析

参照中国实验快堆使用的两套独立的控制系统，对控制棒组件进行了分类。第一停堆系统包括16 根补偿棒和 2 根调节棒；第二停堆系统包括 12 根安全棒，各棒的位置如图 1 所示。对所有控制棒组件进行卡棒准则验证，计算了所有控制棒组件单独的价值，两个停堆系统均能在最大价值控制棒被卡住时，其他控制棒能够使堆芯停堆裕量达到 1 ＄ 以上。

经过计算，第一停堆系统可使堆芯达到的冷停堆裕量（除 SH1 外的停堆裕量[13]）为 547 pcm，即1.281 ＄；第二停堆系统可使堆芯达到的热停堆裕量（除价值最大的 SA 棒外的停堆裕量）为 440 pcm，即 1.030 ＄。第二控制系统中价值最大的安全棒为 SA6，其价值为 426 pcm。

综上，在两个停堆系统满足卡棒准则的前提下，两套控制系统均可使停堆裕量达到 1 ＄ 以上。

3 总结

本文参考 BN-800 堆芯开展环形燃料小型钠冷快堆堆芯设计,计算研究了堆芯中子能谱、燃耗效应及控制系统价值。研究结果表明,装载环形燃料元件的小型钠冷快堆中子能谱较传统棒状燃料元件堆芯更硬,钠反应性空泡系数为负,堆芯失钠时处于深次临界状态,并且可以在 50 MW$_{th}$ ~ 300 MW$_{th}$功率范围内实现长寿期稳定运行,卸料最大燃耗深度不超过 65 GW·d/t(H);最后验证了堆芯控制系统满足卡棒准则,第一、第二控制系统均可使堆芯达到 1 $ 以上的停堆裕量。综上,小型钠冷快堆使用环形燃料元件从中子学性能上来讲可行性强,本研究结果可为我国发展小型钠冷快堆环形燃料堆芯提供理论支撑。

参考文献:

[1] MARCIN K R, TIMOTHY J W, JIYUN Z. Innovative model of annular fuel design for lead-cooled fast reactors [J]. Progress in nuclear energy, 2015, 83: 270-282.

[2] KAZIMIR M, HEJZLAR P, CARPENTER D M, et al. High performance fuel design for next generation PWRs: Final report, MIT-NFC-PR-082 [R]. US: Massachusetts Institute of Technology, 2006.

[3] LAHODA E, MAZZOCCOLI J, BECCHERLE J. High-Power-Density annular fuel for pressurized water reactors: manufacturing costs and economic benefits [J]. Nuclear technology, 2007, 160 (1): 112-134.

[4] SHIN C H, CHUN T H, OH D S, et al. Thermal hydraulic performance assessment of dual-cooled annular nuclear fuel for OPR-1000 [J]. Nuclear engineering and design, 2012, 243: 291-300.

[5] 李东朋, 朱庆福, 夏兆东. 330 MW 环形燃料小型堆方案设计 [J]. 原子能科学技术, 2020, 54 (10): 1866-1872.

[6] 季松涛, 韩智杰, 何晓军, 等. 压水堆环形燃料组件研发进展 [J]. 原子能科学技术, 2020, 54 (S1): 240-245.

[7] 陈文军, 姜胜耀. 中国发展小型堆核能系统的可行性研究 [J]. 核动力工程, 2013, 34 (2): 153-156.

[8] 徐銤, 杨红义. 钠冷快堆及其安全特性 [J]. 物理, 2016, 45 (9): 561-568.

[9] 胡赟. 钠冷快堆嬗变研究 [D]. 北京: 清华大学, 2009.

[10] International Atomic Energy Agency. Fast reactor database 2006 update: IAEA-TECDOC-1531 [R]. Vienna: IAEA, 2006.

[11] 郭辉, 冯快源, 顾汉洋. 小型模块化快堆中含铪控制棒的设计与分析 [J]. 原子能科学技术, 2021, 55 (8): 1464-1471.

[12] 周航, 郑友琦, 胡赟. 基于凤凰快堆寿期末控制棒提棒实验的 SARAX 程序系统确认 [J]. 核动力工程, 2018, 39 (S2): 33-37.

[13] 徐銤. 快堆物理基础 [M]. 北京: 中国原子能出版传媒有限公司, 2011.

Neutronics performance analysis of annular fuel assembly for small sodium cooled fast reactor

JIN Bin-bin, SONG Yan-hao, YE Bin*

(School of National Defense Science and Technology, Southwest University of Science and Technology,
Mianyang, Sichuan 621010, China)

Abstract: Double cooled annular fuel elements can effectively improve heat transfer efficiency, and have become one of the important trends in nuclear fuel assemblies. Based on the core structure of the BN – 800, combined with the characteristics of small reactors and annular fuels, and with the goal of improving reactor safety and economy, this paper conducts the establishment and safety performance analysis of a 300 MW_{th} small sodium cooled fast reactor annular fuel assembly model. An annular fuel assembly with an inner/outer clad diameter of 2.8 mm/13 mm was studied and designed. The MOX fuel enrichment from the inner to outer core was 19.5%, 22.1%, and 24.7%, respectively. The number of inner/middle/outer fuel assemblies was 109/102/156. The parameters such as sodium cavitation effect, neutron spectrum, and core burnup performance of the reactor core were studied and analyzed. The performance of control rods made of different materials (B_4C, HfB_2, $HfH_{1.62}$) was also compared. The research results show that the small sodium cooled fast reactor loaded with annular fuel assemblies exhibits good physical performance, with uniform neutron flux distribution, and burn for 3120, 1849, 1227, 1038, and 730 days at 50, 100, 150, 200, and 300 MW_{th} power levels, respectively, with a maximum discharge burnup depth not exceeding 65GW · d/t (H); The sodium void coefficient is negative; The B_4C control rod has the best reactivity control effect and flux flattening effect, and can meet the rod sticking criteria, bring sufficient shutdown margin for the core (shutdown depth could be exceed 1 $) . This research provides a feasible reference scheme for the design of small sodium cooled fast reactor annular fuel assemblies.

Key words: Sodium-cooled fast reactor; Annular fuel; Small modular reactor

CSNS 靶站水冷却系统二期升级改造方案

何　宁[1,2]，梁辉宏[1,2]，刘　宇[1,2]，范　霖[1,2]，姚从菊[1,2]

(1. 中国科学院高能物理研究所，北京　100049；2. 散裂中子源科学中心，广东　东莞　523803)

摘　要：CSNS 靶站水冷却系统是用于冷却靶站的关键部件，在二期改造工程中，系统冷却能力将会提高至一期的 5 倍；建立能动消氢系统，将辐照分解的气体采用在线催化合成等方式进行消除；提高系统设备抗辐照能力，建立完善的在线监测系统，用于监测系统设备服役状况；建立完整的防御屏障，用于抵御泄漏、电力失效等异常工况。

关键词：散裂中子源；冷却；辐照分解；消氢；催化

中国散裂中子源（Chinese Spallation Neutron Source，CSNS）利用强流质子加速器产生高流强短脉冲中子，与同步辐射光源互为补充，是探索物质微观结构的有力手段及基础科学研究和新材料研发的最重要的平台[1-5]。

CSNS-I 工程[6-9]建设质子束打靶功率为 100 kW，于 2018 年 8 月完成项目验收（图 1）。CSNS-II 工程可研报告已获国家发展改革委批复，主要建设 11 条中子谱仪和实验终端，并将质子束打靶功率提高至 500 kW（图 2）。项目建成后，将达到国际先进水平，为中国高水平科技自立自强做出更多贡献。

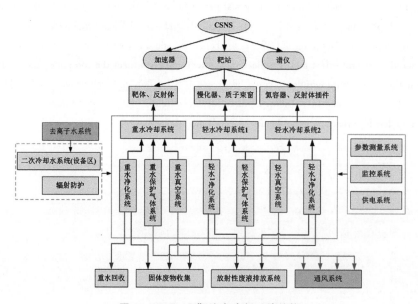

图 1　CSNS-I 靶站水冷却系统结构

1　概述

靶站水冷却系统作为靶站"硬件"之一，服务靶站关键设备（靶体、慢化器、反射体、质子束窗及氦容器等），实现冷却、慢化、净化、传质等功能，分为 1 套重水冷却系统和 2 套轻水冷却系统，

作者简介：何宁（1981—），男，硕士，副研究员，现主要从事散裂中子源工作。

基金项目：广东省基础与应用基础研究基金（2022A1515012004）；国家自然科学基金（U1932219）；国家自然科学基金（面上项目72171049）。

主设备包括屏蔽泵、板式换热器、延迟罐、波动箱、离子交换器、过滤器、树脂捕集器、冷凝器、凝冻器、压缩机、氮气缓冲罐等（表1）。

当功率由 100 kW 提升至 500 kW 时，靶站水冷却系统热负载提高 5 倍，剂量水平、氢/氘氧分解速率及腐蚀产物均会成倍增加。须对系统及设备进行改造，提高系统及设备的换热能力、净化能力、消氢/氘能力及抗辐照能力。

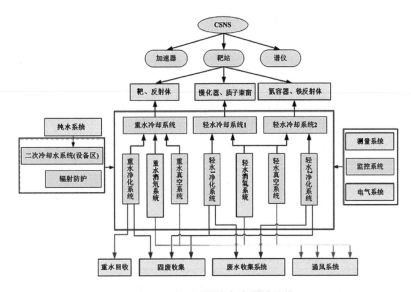

图 2　CSNS-Ⅱ 靶站水冷系统结构

表 1　靶站水冷却系统Ⅰ期与Ⅱ期热工参数

系统	设备	CSNS-Ⅰ			CSNS-Ⅱ		
		负载/kW	流量/（L/min）	管径/mm	负载/kW	流量/（L/min）	管径/mm
重水系统	靶	68	150	60×4	337（5）	300（25）	60×4
	反射体	20	60	34×3.2	120	246	60×4
轻水系统1	水慢化器	2	11	21×2	8	38	34×3.2
	预慢化器	2.5	13	21×2	13	47	42×3.5
	退耦合层	2	7	17×2	9	26	34×3.2
	质子束窗	0.1	80	42×3.5	1	80	42×3.5
轻水系统2	反射体插件中段下部	2	7	17×2	9	26	34×3.2
	下部反射体插件	12.6	26	27×3	40	143	48×3.5
	氘容器下部容器	4	8.2	17×2	15	54	34×3.2

注：负载考虑 20% 余量。

2　升级改造方案

2.1　水冷却系统升级改造

在 CSNS-Ⅱ工程中，在系统原结构与设备间基础上，不改变建筑物结构，仅改造工艺设备及换热结构，提高系统的介质输送能力、换热能力及设备抗辐照能力 CSNS-Ⅱ相对于 CSNS-Ⅰ改造内容如图 3 所示（加粗部分）；CSNS-Ⅰ现场布局如图 4 所示。①提高换热能力。更换换热器，增加换热面积，提高换热效率。②更换水泵，更换额定流量符合二期参数的泵。③更换压力、温度、流量等测量仪表，适用于二期管线连接型式及测量范围；提高设备抗辐照能力。仪表属于电子设备，在合理使用距离屏蔽的基础上，局部热点设备采用铅屏蔽。④改造介质传输管线，提高传输截面积，降低介质输送阻力。⑤更换阀门，适用于二期管线连接型式，提高阀门调节和截止能力。

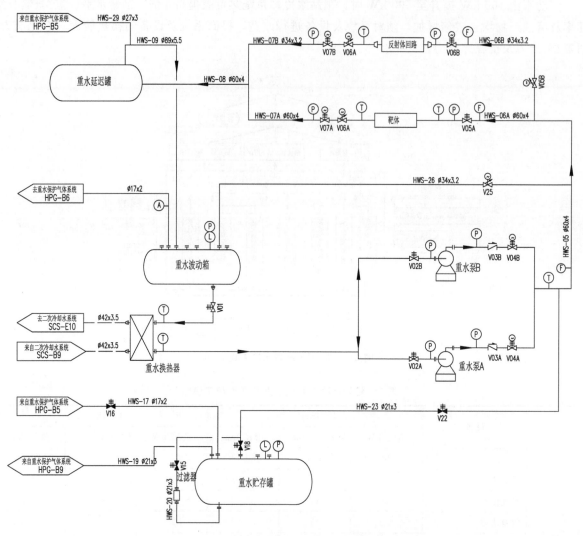

图 3 CSNS-Ⅱ重水系统冷却回路

图 4 CSNS-Ⅰ靶站水冷却系统设备间布局

靶站水冷却系统土建布局如图 5 所示，CSNS-Ⅱ 靶站水冷却系统设备三维布局如图 6 所示。

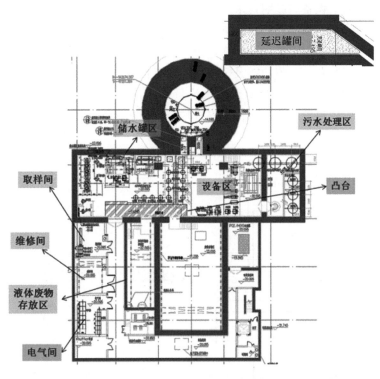

图 5　靶站水冷却系统土建布局

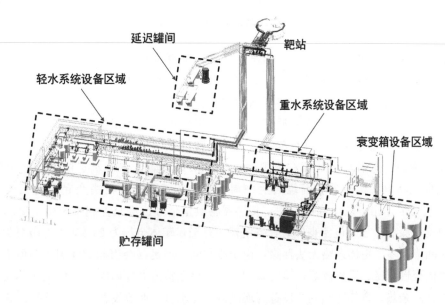

图 6　CSNS-Ⅱ靶站水冷却系统设备三维布局

关键设备结构优化。在 CSNS-Ⅱ 工程中，对换热、动力等关键设备进行结构优化，以适用于高剂量工况长期服役的要求。

（1）换热设备。CSNS-Ⅰ 采用板式换热器，CSNS-Ⅱ 在结构方面进行优化。①增加换热板片数量及尺寸，增加换热面积。②目前换热器密封材料使用以丁腈橡胶为基体的密封材料，由于辐照老化及腐蚀问题，服役时间约为 5～8 年，在 500 kW 功率时辐照剂量更高，水质更为恶劣，势必减少密封材料使用时间。改造板片的密封型式，采用半焊式或全焊式板片提高密封能力，降低故障率，减少维修频率，提高系统压力边界安全。③借鉴英国散裂中子源 ISIS、美国散裂中子源 SNS 等项目的经验，为了减少对环境及周围设备的影响，采用铅制的保护罩，可包住整个板片组，降低环境剂量，减小对设备的辐照影响。④在换热器底部增加集水槽，收集泄漏的污水。

（2）动力设备。动力设备用于提供冷却水动力，在 CSNS-Ⅱ工程中，采用了单级、单吸屏蔽泵。泵轴承设置轴承磨损监测装置，监测功能灵敏可靠，具有报警功能。泵机组密封结构完整，接线盒密封防潮，以防止介质的泄漏。在最小流量至最大流量范围，其扬程—流量曲线平坦，其斜率恒为负值。在正常工作状态，泵的启动、稳态运行和停机均可远距离操作（图 7）。

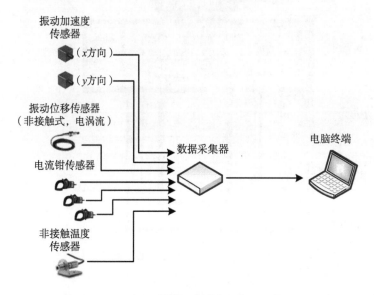

图 7　屏蔽泵在线监测方案

（3）仪表。主要测量参数包括压力、温度、流量及泄漏在线监测。①流量计采用旋涡/转子流量计的流阻较小，对系统的压力损失较小，仪表体积比较小，采用串联冗余方式监测流量变化，以防流量计出现故障而产生误报，快速识别并实现联锁功能。②采用铠装双支型铂电阻温度计，温度计底端在管道的中心至 2/3 处，确保流场内介质充分混合，以实现温度测量及报警真实可靠。③压力测量。采用就地机械压力表和压力变送器进行测量，对于关键位置的压力采用三选二的逻辑进行连锁控制。④泄漏测量仪。冷却水泄漏对系统存在着致命影响，采用渗漏传感器对于法兰连接位置进行在线监测。采用橡胶捆扎型泄漏传感器，围绕法兰一周，泄漏传感器安装在法兰底端的凹槽，一旦发生泄漏，水滴会在重力的作用下收集到凹槽中，传感器将测量信号传输至控制系统中报警。

（4）余热冷却设备。当外电源丧失时，系统停止打靶，靶体余热为 25 kW，屏蔽泵失去动力，系统流量在较短时间降至零，靶体余热无法移除，由于冷却能力不足，会引起靶体温度急剧上升，使靶体变形失效，后热传至慢化器、反射体等，温度急剧上升，存在整体失效风险。为保证靶体安全，须对其进行紧急冷却以移除余热。余热冷却主要设备为换热器、冷水机、调节设备、仪表设备、备用电源等。

（5）捕集器。捕集器用于捕集脱落的靶材，如果脱落的靶材不进行限制，将会导致流动区域剂量变高，靶站水系统安全剂量边界失效。原则上一旦发现脱落须尽可能减少其弥散范围，方案上采用在靶体出口增加捕集器的方法捕集脱落的靶体颗粒，捕集器放置在具有较厚混凝土屏蔽间，结构外层设置局部铅屏蔽，以保证辐射边界可靠完整。

2.2　树脂氘代

重水系统冷却介质在一期使用轻水，在二期升级为重水。重水比轻水的中子吸收截面小得多，使用重水可以较小的投资获得较高的指标提升。反应堆中子源及散裂中子源等中子研究装置使用重水作为冷却剂是常规及约定方案，国内大型反应堆中子源都使用了重水作为冷却剂，如中国先进研究堆（CARR）、中国绵阳研究堆（CMRR）等；世界上已经运行的先进散裂中子源几乎都在使用或准备使用重水作为冷却剂，如英国 ISIS、美国 SNS 等。使用重水与提高加速器以获得相同效果相比，重水的成本和安全系数较高。

树脂可以用于去除系统的各类污染物，保证系统水质，为系统不可或缺的重要材料。其结构分为3 个部分：高分子骨架、离子交换离子和孔隙。新树脂残存大量的分子态水，树脂活性离子为 OH^-、H^+，含有大量的氢元素，这部分体积占比可达 60%。离子交换树脂的离子与水中的离子之所以能进行交换，在于离子交换树脂可以提供交换基团。离子交换树脂是多孔的，在树脂颗粒中存在着游离水能渗入其内的微小网孔，这样使树脂和水有很大的接触面，在树脂颗粒的外表面及网孔进行离子交换以净化（图 8、图 9）。

图 8　离子交换树脂颗粒

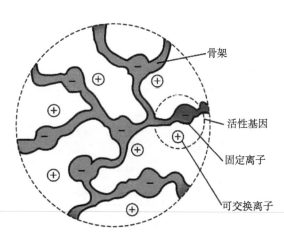

骨架
活性基因
固定离子
可交换离子

图 9　离子交换树脂结构

由于新树脂孔隙残存分子态水，离子交换树脂活性离子为 OH^-、H^+。使用重水后，树脂不能直接使用，需要将树脂中这些形态的轻水及离子须全部出重水和 D^+、OD^- 取代，将其氘代为 D 型和 OD 型。

阴树脂氘代：$R-CH_2N(CH_3)_3OH+D_2O \rightarrow R-CH_2N(CH_3)_3OD+HDO$

阳树脂氘代：$R-SO_3H+D_2O \rightarrow R-SO_3D+HDO$

氘代工艺可分为 4 个阶段。①树脂吹干。采用热氮气吹扫，直到无明显的液态水滴，同时防止树脂微孔塌陷。干燥树脂的核心设备是锥型干燥装置，锥型干燥装置由锥形容器、过滤器、混合搅拌器和卸料阀门组成。往锥型干燥装置中加入湿树脂，启动混合搅拌器和真空泵，逐步提高干燥器的温度，当物料温度稳定在 50 ℃，则系统进入稳定干燥阶段，干燥完成后，树脂含水率达到 40% 以下。②氘代设备及管道干燥。启动真空泵，对氘代设备进行真空蒸发干燥，真空泵接口露点温度达到 -20 ℃，则设备及管道干燥合格，打开氘代设备顶法兰，放入干燥后的树脂颗粒。③逆势给氘代设备注进重水替代树脂孔隙的游离水，从氘代设备顶部缓慢流出。采用质量流量控制器控制流量，在顶部流出管道上测量重水纯度，使用重水浓度测量仪连续取样测量氘代后的重水浓度，直至浓度达到98% 以上为止，氘代结束。④氘代完成后的树脂通过水力输送方式输送到离子交换器重水流量为400 L/h，压力为 1 MPa，多余的重水通过管道进入重水回收罐进行循环使用（图 10）。

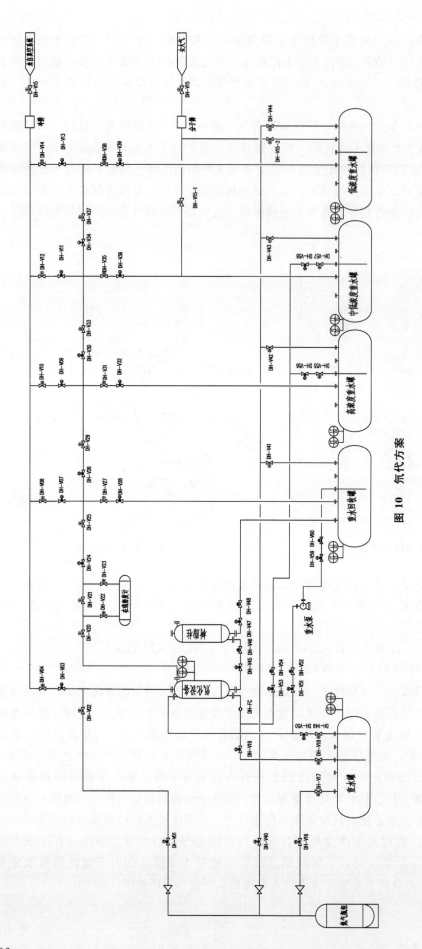

图 10 氚代方案

2.3 消氢/氘系统

重水/轻水会在中子及质子活性区分解为 D_2/ H_2 和 O_2 气体，系统气体达到一定浓度时会自动合成放出大量的热引起爆炸，须保持在较低的浓度水平。目前采用的方案是将分离的气体向环境进行排放，D_2/ H_2 和 O_2 混合气体的爆炸气体浓度（以 D_2/ H_2 浓度为参考）低于 4%。

CSNS - I 工程由于氢气产率较低，采用排放方法进行消氢（图 11），在 CSNS - II 工程中，冷却水分解的量线性增长，采用方案为催化合成方法进行消除 H_2/D_2，保证 H_2/D_2 体积浓度低于 4%。

基于系统介质不同，重水系统使用一套气体消氘系统，轻水系统 1 及轻水系统 2 共用一套气体消氢系统，CSNS - II 工程则在原保护气系统的基础上进行升级改造。系统工艺流程基本一致，在此一并阐述（图 12）。轻水/重水分解的 H_2/D_2 和 O_2 从波动箱分离，使用氮气作为载气，由消氢/氘风机提供动力将混合气体排至冷凝器冷凝回收携载的水蒸气后排至缓冲罐；压力调整后的混合气加热后送至催化合成设备进行氢/氘氧合成反应；合成后的水蒸气由后置冷凝器回收；冷凝后的气体排至波动箱循环使用。若系统发生故障紧急排气，气体可自动排至衰变箱，衰变后的混合气干燥分离携载的蒸汽，最后排至废气排风系统（HOG）。

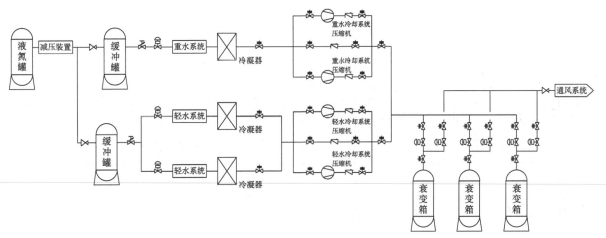

图 11 CSNS - I 气体排放系统

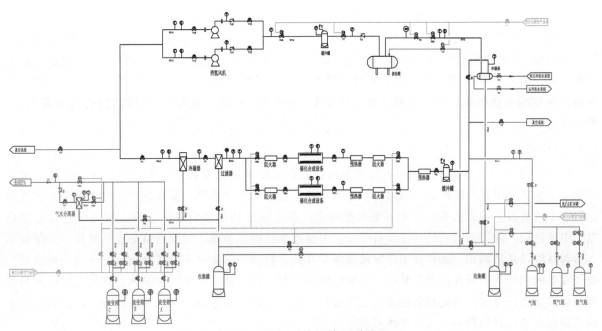

图 12 CSNS - II 消氢/氘系统流程

2.4 净化系统

在 500 kW 运行时工作条件会发生变化，水辐射分解随之增加，·OH、·HO$_2$、·O$_2$ 和 H$_2$O$_2$ 等氧化产物增加，结构材料腐蚀更为严重。净化系统的主要作用为：①控制设备腐蚀速率，防止腐蚀物沉积以至于堵塞；②减少一回路和冷却剂的活化污染物，降低系统剂量水平；③防止介质杂质在设备结垢，保证正常传热功能（图 13）。

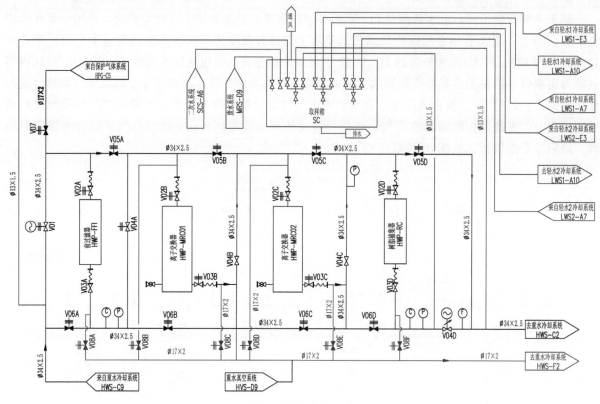

图 13 重水净化系统

靶站水冷却系统升级为 CSNS-Ⅱ以后，腐蚀机制相同，腐蚀物类型（颗粒物、金属离子等）不会改变，但是数量会增加，需在 CSNS-Ⅰ净化系统基础上提高 5 倍的净化效率。一期工程与二期工程的重/轻水净化回路结构相似，系统升级改造方案类似，主要设备单元为：①采用过滤器去除颗粒状杂质；②采用离子交换器去除粒子状杂质；③根据水质情况，调整介质 pH 值，减少腐蚀速率；④监测水质指标，在线监测主要为电导率、pH 值、密度（重水），离线监测包括金属离子、颗粒物等。

2.5 仪控系统

CSNS-Ⅱ靶站水冷却系统仪控系统主要包括监控系统和测量系统，主要功能如下。①监视靶站水冷却系统各个子系统的温度、压力、流量等主要工艺系统运行参数，参数越限，声光报警。②实现远程和本地监控。远程监控：在靶站谱仪控制室，各个参数信号和设备状态都实时地显示在监控终端。本地控制：除了远程监控，在设备现场，可通过本地操作员站，对现场设备进行操作，方便技术人员对现场设备的调试。③可在主控室或现场计算机进行操作，重要的电气参数（如电流、电压等）、电气设备的运行状态可在屏幕上显示。④采用闭环调节，确保被控对象工作参数在控制实时性及精度等方面满足运行要求。可实现监控系统设备运行状态进行监控，数据、日志存储及查询，提供可靠的信号联锁功能，提供趋势显示，提供报表。

靶站水冷却监控系统（图 14）由计算机控制系统组成。系统的 I/O 现场控制站硬件采用成熟的工业横河 PLC，完成工艺系统数据的采集、处理、上传等任务。靶站水冷却系统测量系统是获取工艺参数、保障系统安全的重要系统，主要完成对水冷却系统设置的各类参数如温度、流量、压力、液位、电导率、气体成分及泄漏等参数的监测，并将上述参数电信号送至靶站保护系统和靶站水冷却监控系统，以实现上述参数的显示、记录、打印、超限报警和靶站事故保护等功能。

测量参数分为关键、重要和一般参数等。①关键参数直接关系到水冷却系统冷却对象的安全，从而影响靶站的正常运行。此类参数送至靶站保护系统参与事故保护。当参数测量值达到或超过保护整定值时，靶站保护系统发出保护触发信号，并完成必要的保护动作。关键参数还通过隔离模块送至靶站水冷却监控系统，当参数测量值超过报警设定值时，靶站水冷却监控系统发出越限报警。②重要参数对靶站的安全比较重要，此类参数需要控制在一定的范围，如温度，压力、流量、液位等参数。在靶站水冷监控系统进行指示或记录，超过设定值，靶站水冷却监控系统发出越限报警信号，以提示运行人员及时采取必要的纠正措施。③一般参数不涉及靶站的安全，用于全面掌握靶站的运行状态。较为重要的参数采用靶站水冷监控系统显示，其余则采用就地显示。

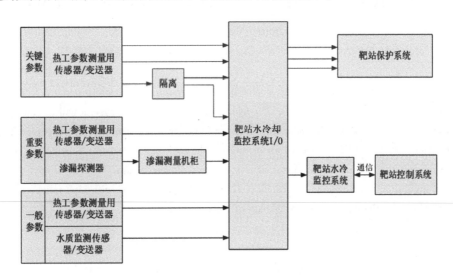

图 14　靶站水冷却监控系统

3　结论

在 CSNS-Ⅱ改造工程中，系统冷却能力将会提高至一期的 5 倍，靶站水冷却系统改造方案合理可行；树脂氘代解决了重水稀释途径，方案充分考虑了干燥、氘代及重水回收；消氢/氘系统将辐照分解的气体采用在线催化合成等方式进行消除，消除了环境污染，降低重水的消耗，节约了成本；净化系统采用水利方法提高净化功能；监控系统充分考虑系统的冗余、可靠、安全，建立完善的在线监测系统和防御屏障，用于监控系统设备服役状况，抵御泄漏、电力失效等异常工况。

参考文献：

[1] WANG F W, LIANG T J, YIN W, et al. Physical design of target station and neutron instruments for China Spallation Neutron Source [J]. Science China (physics, mechanics & astronomy), 2013 (12)：2410 - 2424.

[2] 邓宛玲. 我国首座散裂中子源开建 将提升纳米等技术水平 [J]. 机械工程师, 2011 (12)：10 - 11.

[3] 韦杰. 中国散裂中子源简介 [J]. 现代物理知识, 2007, 19 (6)：22 - 29.

[4] 王芳卫, 梁天骄, 殷文, 等. 散裂中子源靶站和中子散射谱仪的概念设计 [J]. 核技术, 2005, 28 (8)：593 - 597.

[5] 左朝胜, 杨振宁. "散裂中子源国家实验室"是战略"投资"[J]. 今日科苑, 2012 (8)：54 - 57.

[6] YAN Q W, YIN W, YU B L. Optimized concept design of the target station of Chinese Spallation Neutron Source [J] . Journal of nuclear materials: materials aspects of fission and fusion, 2005, 343 (1/3): 45 - 52.

[7] GABRIEL T A, HAINES J R, MCMANAMY T J. Overview of the Spallation Neutron Source (SNS) with emphasis on target systems [J] . Journal of nuclear materials: materials aspects of fission and fusion, 2003, 318 (0): 1 - 13.

[8] 王芳卫，贾学军，梁天骄，等．散裂中子源靶站谱仪的物理设计 [J] ．物理，2008，37 (6)：449 - 453.

[9] V-SNS collaboration. Proposal for a Neutrino Facility at the Spallation Neutron Source [Z] . Oak Ridge, 2005.

Research on CSNS - II target station water cooling system scheme

HE Ning[1,2] , LIANG Hui-hong[1,2] , LIU Yu[1,2] , FAN Lin[1,2] , YAO Cong-ju [1,2]

[1. Institute of High Energy Physics, Chinese Academy of Sciences (CAS), Beijing 100049, China;

2. Spallation Neutron Source Science Center, Dongguan, Guangdong 523803, China]

Abstract: CSNS target station core components are cooled by target station water cooling system. In the upgrade phase, the cooling capacity will be improved by five times. The hydrogen-oxygen synthesis system will be employed to recombine the hydrogen (deuterium) and oxygen. The radiation resistance of system equipment will be improved. The online equipment health monitoring system will be established for monitoring the equipment status continuously. The defense in depth will be applied to defense the accident conditions, such as leakage, Power failure, High hydrogen concentration, etc. Considered various application environments and conditions, the system is designed with high reliability and safety.

Key words: CSNS; Cooling; Radiolysis; Dehydrogenation; Catalytic synthesis

空间堆氦氙布雷顿循环热力学性能和质量优化研究

马文魁，杨小勇*，叶　萍，高　跃，郝亚东

（清华大学核能与新能源技术研究院，先进核能技术协同创新中心，先进反应堆工程与

安全教育部重点实验室，北京　100084）

摘　要：随着科技水平的不断提高，太空探索将是各国争相涉足的重要领域。空间气冷堆耦合布雷顿循环效率高、系统重量轻、运行稳定，是未来深空探测动力系统的理想选择，系统热力性能和质量是空间布雷顿循环设计的重要指标。本文以空间堆氦氙布雷顿循环为研究对象，建立了系统热力学和质量计算模型，发现系统热力性能和质量的影响因素包括工质参数、部件参数和系统参数三类，热力性能和质量间存在内在联系；采用 NSGA-Ⅱ遗传算法，以循环电效率最大和比质量最小为优化目标，优化得到系统电效率、比质量的理论上限和关键参数的最佳范围。结果表明，辐射器占系统总质量的比例最大，超过 50％，换热器占 20％，屏蔽层占 10％，是未来质量进一步优化的重点方向。本研究为空间堆氦氙布雷顿循环系统的方案设计和优化提供了参考。

关键词：空间气冷堆；布雷顿循环；热力学性能；比质量；优化设计

空间气冷堆与布雷顿循环耦合的发电系统，因反应堆冷却剂又是循环做功工质，具有系统简单、总体质量和体积较小等优点，能满足航天器深空探测所需的长寿命、高效率和大功率等需求，是未来大功率空间动力系统的发展方向之一。在考虑空间堆氦氙布雷顿循环系统热力学性能的同时，受火箭运载能力和整流罩几何尺寸的限制，体积和质量也是系统的重要约束条件。因此，研究高效、紧凑的空间动力系统对提高航天器的性能具有重要意义[1]。

已有部分研究结合不同工质，考虑空间动力系统的体积和质量限制，展开直接/间接循环的效率和质量等参数的优化研究。游尔胜等[2-3]提出兆瓦级空间球床堆设计方案，建立循环热力学和质量计算模型，考虑系统热力学性能，以系统比质量最小为优化目标，优化得到 5 MW 热功率的空间气冷堆氦气布雷顿循环最佳设计方案。Ribeiro 等[4-5]建立钠冷快堆间接布雷顿循环热力学模型，研究了冷热源换热器尺寸对循环效率的影响，提出了换热器尺寸和循环效率结合的系统优化方法。Liu 等[6]建立空间堆布雷顿循环质量计算模型，采用非支配排序遗传算法（NSGA），以系统质量最小为优化目标，优化部件关键参数，提出特定涡轮进口温度下的系统总质量最小方案。Biondi 等[7]建立了空间堆耦合超临界二氧化碳直接布雷顿循环热力学性能和质量计算模型，研究了涡轮入口温度等关键参数对系统质量的影响，发现辐射器质量占系统总质量的比例较大，导致循环的散热温度较高，压气机入口气体状态偏离蒸汽拱顶，超临界二氧化碳布雷顿循环失去优势。Miao 等[8,9]建立一氧化二氮和氦气混合工质直接布雷顿循环热力学性能和转动单元质量计算模型，分析了压比等关键参数的影响机理，以循环效率最大、转动单元质量最小为优化目标，优化获得循环最佳方案。

已有研究建立了部分关键部件的质量评估模型，尚无研究建立完整的氦氙闭式布雷顿系统质量评估模型。因此，本文建立全面的空间堆氦氙布雷顿循环热力学性能和质量计算模型，基于系统电效率和比质量等目标，优化获得系统最佳方案。

作者简介：马文魁（1995—），男，博士生，现主要从事空间气冷堆布雷顿循环系统特性研究。

基金项目：国家原子能机构核能开发项目、中核集团领创项目、国家科技重大专项（ZX069）；国家资助博士后研究人员计划（GZC20231242）；中国博士后科学基金面上项目（2023M741914）。

1 系统介绍

空间动力系统采用图1（a）所示带回热的闭式布雷顿循环。工质为氦氙混合气体，压气机和涡轮为单级径流式，回热器为紧凑式换热器。工质经反应堆出口（节点4）进入涡轮膨胀做功（过程4-5），之后依次经过回热器低压侧回收热量（过程5-6）、气冷器冷却（过程6-1）、压气机压缩升压（过程1-2）及回热器高压侧预热（过程2-3）等过程后，进入反应堆吸收热量（过程7-4）。涡轮膨胀做功带动压气机和发电机转动产生电能。为防止轴承和发电机超过材料温度限制，在压气机出口分出部分工质，冷却轴承和发电机后（过程2-8），在反应堆入口与主流工质汇合（过程8-7和3-7）[10]。散热回路采用液态钠做工质，工质在气冷器低温侧吸收热量（过程10-9），之后进入辐射器向空间环境散失热量（过程9-10）。循环温熵图如图1（b）所示。

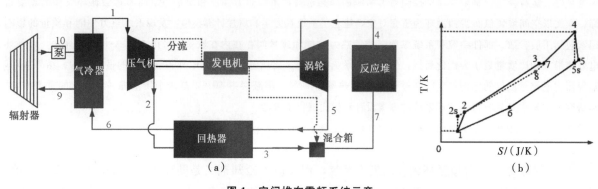

图1 空间堆布雷顿系统示意

（a）循环示意图；（b）循环 T-S 图

2 数学模型

2.1 热力学模型

氦氙混合气体具有良好的化学稳定性、传热性和压缩性，可以减少叶轮机械的气动载荷和尺寸[11-12]。基于部件的质量、动量和能量守恒方程，建立氦氙工质空间堆布雷顿循环热力学模型。

循环电功率为涡轮输出功和压气机消耗功率的差值，可表示为

$$W_{\text{Sys}} = \eta_{\text{Mec}} \eta_{\text{Gen}} (W_{\text{Tur}} - W_{\text{Com}})。 \tag{1}$$

式中，η_{Mec} 和 η_{Gen} 分别是机械效率和电机效率；W_{Tur} 和 W_{Com} 分别是涡轮和压气机功率，具体可表示为：

$$W_{\text{Tur}} = G T_4 \, \overline{C}_{p,4-5s} \eta_{\text{Tur}} (1 - \pi^{-\varphi_{4-5s}})， \tag{2}$$

$$W_{\text{Com}} = G T_1 \, \overline{C}_{p,1-2s} \eta_{\text{Com}}^{-1} (\gamma^{\varphi_{1-2s}} - 1)。 \tag{3}$$

式中，G 是工质质量流量；T_1 和 T_4 分别是压气机和涡轮入口温度；$\overline{C}_{p,1-2s}$，$\overline{C}_{p,4-5s}$ 和 φ_{1-2s}，φ_{4-5s} 分别是 $1-2s$ 和 $4-5s$ 过程（等熵压缩和膨胀过程）的平均比热容和绝热系数；η_{Tur} 和 η_{Com} 分别是涡轮和压气机效率；γ 和 π 分别是压气机压比和涡轮膨胀比。根据闭式循环压力平衡，涡轮膨胀比可表示为 $\pi = \dfrac{\gamma[1-(\xi_2 + \xi_{2-3} + \xi_3 + \xi_{3-7} + \xi_7 + \xi_{7-4} + \xi_4)]}{1 + (\xi_5 + \xi_{5-6} + \xi_6 + \xi_{6-1} + \xi_1)\gamma}$，其中 ξ_{2-3}、ξ_{3-7}、ξ_{7-4}、ξ_{5-6} 和 ξ_{6-1} 分别是回热器吸热侧、混合箱、反应堆、回热器释热侧和气冷器释热侧压损系数，ξ_1、ξ_2、ξ_3、ξ_4、ξ_5 和 ξ_6 是管道压损系数。

系统电效率是系统电功率和反应堆功率的比值，可表示为：

$$\eta_{\text{Sys}} = \frac{W_{\text{Sys}}}{Q_{\text{Rea}}}。 \tag{4}$$

工质流经反应堆吸收热量，反应堆功率可表示为：

$$Q_{\mathrm{Rea}} = G C_{p,7\text{-}4}(T_4 - T_7)。 \tag{5}$$

式中，$C_{p,7\text{-}4}$ 是反应堆内工质平均比热容；T_7 是反应堆进口温度，根据混合箱能量守恒，反应堆进口温度可表示为：

$$T_7 = \frac{\left[\beta C_{p,2} T_2 + Q_{\mathrm{f}}/G + (1-\beta) C_{p,3} T_3\right]}{C_{p,7}}。 \tag{6}$$

式中，β 是分流比，定义为分流冷却工质流量和循环工质总流量的比值；$C_{p,2}$、$C_{p,3}$ 和 $C_{P,7}$ 分别是压气机出口、回热器吸热侧入口及反应堆入口比热容；T_2 和 T_3 分别是压气机出口和回热器吸热侧出口温度；Q_{f} 是轴承和电机热损耗，可表示为[13]：

$$Q_{\mathrm{f}} = (1 - \eta_{\mathrm{Mec}}\eta_{\mathrm{Gen}})(W_{\mathrm{Tur}} - W_{\mathrm{Com}})。 \tag{7}$$

回热度定义为回热器实际回收热量和最大可回收热量的比值。根据回热度的定义计算回热器高压侧出口温度，可表示为：

$$\alpha = \left(\frac{(1-\beta)(T_3 C_{p,3} - T_2 C_{p,2})}{T_5 C_{p,5} - T_2 C_{p,2}(1-\beta)}\right)。 \tag{8}$$

式中，T_5 和 $C_{p,5}$ 分别是涡轮出口温度和比热容。

压气机和涡轮出口温度是进口温度、叶轮机械效率、压比和膨胀比、比热容等参数的函数，可以表示为：

$$T_5 = T_4 \left[1 - \frac{\overline{C}_{P,4\text{-}5s}}{\overline{C}_{P,4\text{-}5}} \eta_{\mathrm{Tur}}(1 - \pi^{-\varphi_{4\text{-}5s}})\right], \tag{9}$$

$$T_2 = T_1 \left[1 - \frac{\overline{C}_{P,1\text{-}2s}}{\overline{C}_{P,1\text{-}2}} \eta_{\mathrm{Com}}^{-1}(\gamma^{\varphi_{1\text{-}2s}} - 1)\right]。 \tag{10}$$

式中，$\overline{C}_{P,1\text{-}2}$ 和 $\overline{C}_{P,4\text{-}5}$ 分别是 $1-2$ 和 $4-5$ 过程的平均比热容。

根据式（1）至式（10），系统电效率可表示为以下参数的函数：

$$\eta_{\mathrm{Sys}} = f(T_4, T_1, \beta, \gamma, \alpha, \boldsymbol{\eta}_{\mathrm{i}}, \boldsymbol{\xi}_{\mathrm{i}}, \boldsymbol{C}_P, \boldsymbol{\varphi})。 \tag{11}$$

式中，$\boldsymbol{\xi}_{\mathrm{i}} = [\xi_1, \xi_2, \xi_{2\text{-}3}, \xi_3, \xi_{3\text{-}7}, \xi_7, \xi_{7\text{-}4}, \xi_4, \xi_5, \xi_{5\text{-}6}, \xi_6, \xi_{6\text{-}1}]^T$ 是压损系数矢量；$\boldsymbol{\eta}_{\mathrm{i}} = [\eta_{\mathrm{Com}}, \eta_{\mathrm{Tur}}, \eta_{\mathrm{Mec}}, \eta_{\mathrm{Gen}}]^T$ 是部件效率矢量；$\boldsymbol{C}_P$ 和 $\boldsymbol{\varphi}$ 是比热容和绝热系数矢量，由温度和工质组分 x_{He} 决定[14-15]。因此，系统电效率可表示为工质参数 x_{He}、部件参数 α、$\boldsymbol{\eta}_{\mathrm{i}}$、$\boldsymbol{\xi}_{\mathrm{i}}$ 和系统参数 β、γ、τ 的函数：

$$\eta_{\mathrm{Sys}} = f(\tau, \beta, \gamma, \alpha, \boldsymbol{\eta}_{\mathrm{i}}, \boldsymbol{\xi}_{\mathrm{i}}, x_{\mathrm{He}})。 \tag{12}$$

式中，$\tau = T_4/T_1$ 是循环温比，为涡轮进口温度和压气机进口温度的比值。

2.2 质量模型

考虑火箭运载能力限制，质量是系统优化设计的关键指标。本节根据系统各部件热力学参数，建立反应堆、屏蔽层、转动单元、换热器及管道等部件的质量计算模型。

2.2.1 反应堆和屏蔽层

反应堆与屏蔽层的质量计算模型借鉴了美国桑迪亚国家实验室提出的高温气冷堆和屏蔽层的质量估算模型 RSMASS-D[16-17]。

2.2.2 转动单元

空间动力系统压比较小，涡轮和压气机采用径流式叶轮机械，涡轮、压气机和发电机等转动部件质量 M_{BRU} 计算式为[18-19]：

$$M_{\mathrm{BRU}} = K_{\mathrm{BRU}} m_{\mathrm{BRU}} D_{\mathrm{Com}}^2。 \tag{13}$$

式中，K_{BRU} 是叶轮机械级数；m_{BRU} 是转动部件比质量；D_{Com} 是压气机叶轮直径，其计算式为：

$$D_{\mathrm{Com}} = \frac{60 u_{\mathrm{Com}}}{\pi n}。 \tag{14}$$

式中，n 是转速；u_{Com} 是压气机叶轮出口圆周速度，其计算式为：

$$u_{\text{Com}} = \sqrt{\frac{C_{p,1\text{-}2}(T_2 - T_1)}{\psi K_{\text{BRU}}}}。 \tag{15}$$

式中，$C_{p,1\text{-}2}$ 是压气机进出口平均比热容；ψ 是压气机能量头系数，按照压气机设计经验选取；考虑材料应力限制，限定叶轮出口最大圆周速度为 $400 \text{ m} \cdot \text{s}^{-1}$，圆周速度超出限制，需增加叶轮机械级数。

2.2.3 回热器和气冷器

回热器回收涡轮排气余热，气冷器将循环废热传递给辐射器。两者均采用逆流板翅式换热器，换热器长度可表示为：

$$L_{\text{Exc}} = \frac{Q_{\text{Exc}}}{K_{\text{Exc}} A_{\text{Exc}} \Delta T_{\text{w}}}。 \tag{16}$$

式中，Q_{Exc} 是换热器功率；K_{Exc} 是传热系数；A_{Exc} 为单位长度换热面积；ΔT_{w} 是对数平均温差。

忽略导热热阻和污垢热阻，传热系数 K_{Exc} 和单位长度换热面积 A_{Exc} 乘积可表示为：

$$K_{\text{Exc}} A_{\text{Exc}} = \frac{\eta_{\text{h}} h_{\text{h}} A_{\text{h}} \times \eta_1 h_1 A_1}{\eta_{\text{h}} h_{\text{h}} A_{\text{h}} + \eta_1 h_1 A_1}。 \tag{17}$$

其中，η_{h}、η_1 和 h_{h}、h_1 分别是换热器两侧的翅片效率、传热系数。A_{h} 和 A_1 为单位长度换热器两侧换热面积，其计算式为：

$$A_{\text{h}} = 2n_{\text{h}}(x_{\text{h}} + y_{\text{h}})， \tag{18}$$

$$A_1 = 2n_1(x_1 + y_1)。 \tag{19}$$

式中，x 和 y 分别是翅片间距和高度；n_{h} 和 n_1 分别为换热器两侧流道数量。回热器和气冷器两侧设计压力损失设为定值，根据设计压损计算换热器两侧的流道数量[20]：

$$\Delta P = \left(f_{\text{fri}} \frac{L_{\text{Exc}}}{D_{\text{Exc}}} + f_{\text{loc}}\right) \frac{\rho_{\text{Exc}} u_{\text{Exc}}^2}{2}。 \tag{20}$$

式中，f_{fri} 和 f_{loc} 分别是沿程和局部损失系数；D_{Exc} 是流道特征直径；ρ_{Exc} 为工质密度；u_{Exc} 为工质流速，其计算式为：

$$u_{\text{Exc}} = \frac{G}{\rho_{\text{Exc}} n x y}。 \tag{21}$$

板翅式换热器主要包括翅片、隔板、封条和外壳等部件，根据上述换热器长度 L_{Exc}、翅片间距和高度 x 和 y、流道数量 n_{h} 和 n_1 等几何参数，计算得到翅片、隔板、封条和外壳体积 V_{fin}、V_{baf}、V_{seal} 和 V_{shell}，换热器总质量为各部件质量的和，可表示为：

$$M_{\text{Exc}} = \rho_{\text{fin}} V_{\text{fin}} + \rho_{\text{baf}} V_{\text{baf}} + \rho_{\text{seal}} V_{\text{seal}} + \rho_{\text{shell}} V_{\text{shell}}。 \tag{22}$$

式中，ρ_{fin}、ρ_{baf}、ρ_{seal} 和 ρ_{shell} 为分别为翅片、隔板、封条和外壳密度。

2.2.4 辐射器

辐射器向空间环境散失热量。根据能量守恒，辐射散热面积 A_{Rad} 可以表示为：

$$A_{\text{Rad}} = \frac{Q_{\text{Rad}}}{f_{\text{Rad}} \varepsilon k (T_{\text{Rad}}^4 - T_{\text{en}}^4)}。 \tag{23}$$

式中，f_{Rad} 是辐射器形状因子，辐射平板有两个面，取 1.5；ε 和 k 分别为发射率和 Boltzmann 常数；T_{Rad} 和 T_{en} 是辐射器和空间环境温度。

辐射面密度 α_{Rad} 是辐射器质量和面积的比值[21]。因此，辐射器的质量 M_{Rad} 可以表示为：

$$M_{\text{Rad}} = \alpha_{\text{Rad}} A_{\text{Rad}}。 \tag{24}$$

2.2.5 管道

管道连接系统各部件，管道内径 D_i 可根据管内工质质量守恒计算：

$$G = \rho u \frac{\pi D_i^2}{4}。 \tag{25}$$

式中，ρ 和 u 分别是工质密度和流速。

管道进出口工质压损包括沿程损失和局部损失。因此，可根据压损计算工质流速 u，可表示为：

$$\Delta P = \left(f_{fri} \frac{L_{Pip}}{D_i} + f_{loc} \right) \frac{\rho u^2}{2}。 \tag{26}$$

式中，f_{fri} 和 f_{loc} 分别是沿程和局部损失系数；L_{Pip} 为管道长度。

管道壁厚 δ_{Pip} 由管道许用应力计算，具体可表示为：

$$\sigma_{Pip} = \frac{PD_i}{2\delta_{Pip}} \tag{27}$$

式中，σ_{Pip} 为管道许用应力；P 为工质压力。

管道总质量为所有管道质量的和，可表示为：

$$M_{Pip} = \sum_i^{N_{Pip}} \rho_{Pip} \frac{\pi(D_0 + D_i)L_{Pip}\delta_{Pip}}{2}。 \tag{28}$$

式中，N_{Pip}、ρ_{Pip}、L_{Pip}、D_0 和 δ_{Pip} 是管道数量、密度、长度、外径和管道厚度。

2.2.6 系统总质量和比质量

系统总质量为反应堆、屏蔽层、管道等系统部件和转动部件、回热器、气冷器、辐射器等模块部件质量的和，可表示为：

$$M_{Sys} = M_{Rea} + M_{She} + M_{BRU} + M_{Rec} + M_{Coo} + M_{Rad} + M_{Pip}。 \tag{29}$$

系统比质量为系统总质量和电功率的比值，可表示为：

$$m_{Sys} = \frac{M_{Sys}}{W_{Sys}}。 \tag{30}$$

结合系统各部件热力参数，系统比质量的影响因素包括工质参数 x_{He}，部件参数 α、η_i、ξ_P 和系统参数 β、γ、τ。

$$m_{Sys} = f(\beta, \tau, \gamma, \alpha, \xi_P, \eta_i, x_{He})。 \tag{31}$$

式（12）所示系统电效率和式（32）所示比质量的影响因素均为工质参数、部件参数和系统参数，两者间存在内在机理。因此，建立了系统比质量和电效率的内在联系，可表示为：

$$m_{Sys} = f(\eta_{Sys})。 \tag{32}$$

2.3 模型验证

2.3.1 热力学模型验证

国内外关于空间布雷顿循环的理论和试验研究较少，本文循环方案的数学模型仍处于理论探索阶段，国内尚未搭建相关的试验平台，没有展开试验研究，国外的资料和数据公开较少。美国在二十世纪六七十年代开展了 Brayton Isotope Power System（BIPS）项目的研究工作，开展并公开了部分地面试验研究数据[22]。循环在压气机出口分出部分工质，冷却轴承和发电机后，在涡轮入口与主流工质汇合。因此，基于 BIPS 试验数据，验证本文热力学模型的准确性。将 BIPS 试验中的反应堆出口温度、压气机进口温度、部件效率等初始参数代入本文热力学模型，如图 2 所示。

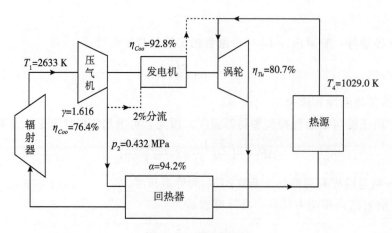

图 2   BIPS 试验流程

循环节点参数和总体参数比对结果,如表 1 和表 2 所示。可以看出,节点温度最大误差为
1.39%,节点压力最大误差为 2.16%,循环总体参数最大误差为循环电功率,误差值为 5.45%,模
型计算结果与 BIPS 试验数据吻合良好,误差在可接受范围,从而验证了模型的准确性。

表 1   循环节点温度和压力比对

状态参数	压力/kPa			温度/K		
	BIPS 试验	本文计算	误差	BIPS 试验	本文计算	误差
涡轮入口	425.4	425.4	0.00%	1025.0	1018.0	-0.69%
涡轮出口	271.7	277.7	2.16%	871.7	884.0	1.39%
冷却器入口	—	274.3	—	369.4	366.8	-0.71%
压气机入口	266.8	267.1	0.11%	263.3	263.3	0.00%
压气机出口	431.6	431.6	0.00%	336.1	342.3	1.81%
反应堆入口	430.8	430.8	0.00%	857.2	860.9	0.43%
反应堆出口	428.1	428.1	0.00%	1029.4	1029.4	0.00%

表 2   循环总体参数比对

循环参数	本文计算	BIPS 试验	误差
循环电功率/kWe	1237.6	1305	-5.45%
反应堆功率/kW$_{th}$	4443.4	4420	0.53%
循环电效率	27.8%	27.2%	2.16%

2.3.2   质量模型验证

图 3 是系统质量模型计算值和 NASA 数据的比较结果[23]。预测的比质量趋势和精度与 NASA 数
据一致。因此,模型适用于后续的计算研究。从图中可以看出,电功率增加,系统比质量降低。系统
电功率增加至兆瓦级,比质量降低至 10 kg·kWe^{-1} 以下,极大降低了发射成本。

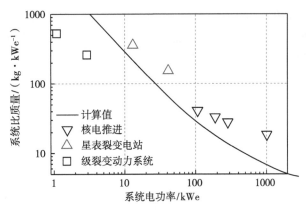

图 3　质量模型比较结果

3　系统多目标优化分析

考虑兆瓦级空间核能动力系统的功率需求，取反应堆功率为 2.5 MW，涡轮和压气机效率取当前工程允许设计上限分别为 90% 和 84%，机械效率和电机效率分别取 95% 和 98%。影响系统的关键因素可简化为涡轮和压气机入口温度、回热度、压比和氦氙工质组分 5 个参数。为优化得到空间堆氦氙布雷顿循环系统最大电效率和最小比质量方案，采用快速非支配遗传算法（NSGA-Ⅱ）优化上述 5 个参数，具体可表示为：

$$m_{Sys} = \min m_{Sys}(T_1, T_4, \alpha, \gamma, x_{He}), \tag{34}$$

$$\eta_{Sys} = \max \eta_{Sys}(T_1, T_4, \alpha, \gamma, x_{He}), \tag{35}$$

$$\begin{cases} 1100 \text{ K} < T_4 < 1200 \text{ K} \\ 330 \text{ K} < T_1 < 420 \text{ K} \\ 1.6 < \gamma_{Com} < 2.5 \\ 0 < \alpha < 0.95 \\ 0 < x_{He} < 0.95 \end{cases}。 \tag{36}$$

优化得到系统的最佳设计边界，如图 4 所示。可以看出，系统电效率和比质量的最佳范围分别为 [30.80%，39.67%] 和 [5.22 t·MW⁻¹，8.81 t·MW⁻¹]。最大电效率方案的系统电效率为 39.67%，对应系统比质量为 8.81 t·MW⁻¹，如图 4 点 C 所示。最小比质量方案系统比质量为 5.22 t·MW⁻¹，对应系统电效率为 30.80%，如图 4 点 A 所示。选择最优边界中的中间点作为折中方案，折中方案系统电效率和比质量分别为 38.77% 和 6.22 t·MW⁻¹，如图 4 点 B 所示。分析

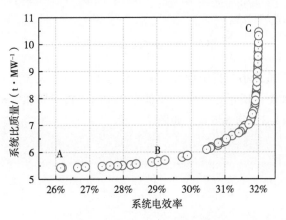

图 4　系统帕累托最优边界

了最优边界下循环关键参数的取值范围，发现压气机的入口温度最佳范围集中在最小值附近，涡轮入口温度集中在最大值，压气机压比最佳范围为 1.91～2.5，回热度最佳范围为 0.85～0.95，氦气组分最佳范围为 0.72～0.95，如图 5 所示。

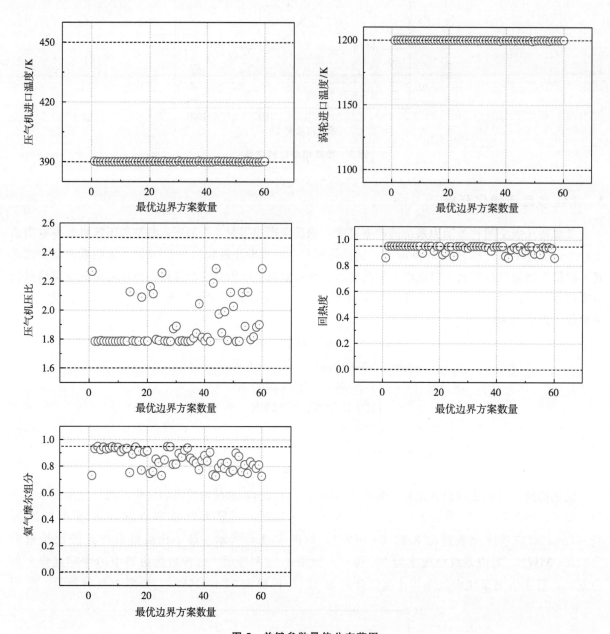

图 5 关键参数最佳分布范围

系统电效率最大、比质量最小及折中设计方案关键参数取值如表 3 所示。折中方案系统各部件热力学参数和质量设计结果如图 6 所示，系统总质量为 8.49 t，辐射器和管道的质量占总质量的比例分别为最大和最小，分别为 44.2% 和 3.5%，如图 7 所示。

表3 系统最优方案设计参数

参数	符号	单位	A	B	C
系统电效率	η_{Sys}	％	26.15	29.04	32.00
系统比质量	m_{Sys}	$t \cdot MW^{-1}$	5.43	5.65	10.44
压气机入口温度	T_1	K	390	390	390
涡轮入口温度	T_4	K	1200	1200	1200
压气机压比	γ	—	2.29	2.04	1.79
回热度	α	％	86.1	91.5	95.0
氦气摩尔组分	x_{He}	％	72.6	77.5	94.8

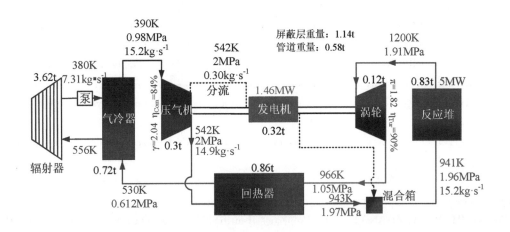

图6 系统参数设计

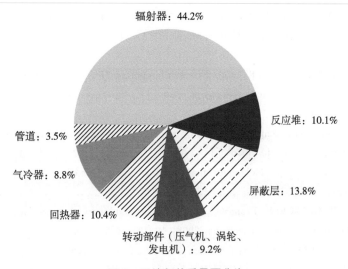

图7 系统部件质量百分比

4 结论

本研究以空间气冷堆布雷顿循环发电系统为研究对象,建立系统热力学和质量计算模型,基于系统电效率和比质量等目标,优化获得系统最佳方案,得出以下结论。

(1)系统热力性能和质量间存在内在联系。系统热力性能和质量的影响因素相同,包括工质参数、部件参数和系统参数三类,热力性能和质量间存在内在联系。

（2）系统效率和比质量多目标优化获得电效率和比质量的理论上限。最大电效率方案的系统电效率为 39.67%，比质量为 $8.81 \text{ t} \cdot \text{MW}^{-1}$，最小比质量方案系统电效率为 30.80%，比质量为 $5.22 \text{ t} \cdot \text{MW}^{-1}$。

（3）辐射器质量占系统总质量的份额为 50% 以上，换热器占 20%，屏蔽层占 10%，是未来质量进一步优化的重点方向。

参考文献：

［1］吴伟仁，刘继忠，赵小津，等．空间核反应堆电源研究［J］．中国科学（技术科学），2019，49（1）：1-12.

［2］游尔胜，余顶，石磊．Brayton 空间核能系统质量估算模型［J］．清华大学学报（自然科学版），2018，58（5）：6.

［3］游尔胜．兆瓦级空间球床堆方案设计与热工水力特性研究［D］．北京：清华大学，2017.

［4］RIBEIRO G B, BRAZ FILHO F A, GUIMARÃES L N F. Thermodynamic analysis and optimization of a closed regenerative brayton cycle for nuclear space power systems［J］. Applied thermal engineering, 2015, 90: 250-257.

［5］ROMANO L F R, RIBEIRO G B. Optimization of a heat pipe-radiator assembly coupled to a recuperated closed Brayton cycle for compact space power plants［J］. Applied thermal engineering, 2021, 196: 117355.

［6］LIU H, CHI Z, ZANG S. Optimization of a closed Brayton cycle for space power systems［J］. Applied thermal engineering, 2020, 179: 115611.

［7］BIONDI A, TORO C. Closed Brayton cycles for power generation in space: modeling, simulation and exergy analysis［J］. Energy, 2019, 181: 793-802.

［8］MIAO X, ZHANG H, SUN W, et al. Optimization of a recompression supercritical nitrous oxide and helium Brayton cycle for space nuclear system［J］. Energy, 2022, 242: 123023.

［9］MIAO X, ZHANG H, ZHANG D, et al. Properties of nitrous oxide and helium mixtures for space nuclear recompression Brayton cycle［J］. Energy reports, 2022, 8: 2480-2489.

［10］MA W, YE P, ZHAO G, et al. Effect of cooling schemes on performance of MW-class space nuclear closed Brayton cycle［J］. Annals of nuclear energy, 2021, 162: 108485.

［11］MALIK A, ZHENG Q, QURESHI S R, et al. Effect of helium xenon as working fluid on the compressor of power conversion unit of closed Brayton cycle HTGR power plant［J］. International journal of hydrogen energy, 2020, 45（16）: 10119-10129.

［12］MALIK A, ZHENG Q, QURESHI S R, et al. Effect of helium xenon as working fluid on centrifugal compressor of power conversion unit of closed Brayton cycle power plant［J］. International journal of hydrogen energy, 2021, 46（10）: 7546-7557.

［13］MA W, YE P, GAO Y, et al. Comparative study on sequential and simultaneous startup performance of space nuclear power system with multi brayton loops［J］. Acta Astronautica, 2022, 199: 142-152.

［14］EL-GENK M S, TOURNIER J M. Noble gas binary mixtures for gas-cooled reactor power plants［J］. Nuclear engineering and design, 2008, 238（6）: 1353-1372.

［15］TOURNIER J M P, EL-GENK M S. Properties of noble gases and binary mixtures for closed Brayton cycle applications［J］. Energy conversion and management, 2008, 49（3）: 469-492.

［16］MARSHALL A C. RSMASS-D models: An improved method for estimating reactor and shield mass for space reactor applications［R］. Albuquerque, NM（United States）: Sandia National Lab, 1997.

［17］MARSHALL A C. RSMASS: a preliminary reactor/shield mass model for SDI applications［R］. Albuquerque, NM（United States）: Sandia National Labs, 1986.

［18］BIONDI A, TORO C. Closed Brayton cycles for power generation in space: modeling, simulation and exergy analysis［J］. Energy, 2019, 181: 793-802.

［19］WU Y T, REN J X, GUO Z Y, et al. Optimal analysis of a space solar dynamic power system［J］. Solar energy, 2003, 74（3）: 205-215.

[20] 马文魁，杨小勇，王捷. 空间堆闭式 Brayton 循环回热器传热-阻力耦合特性 ［J］. 清华大学学报（自然科学版），2022，62（10）：1660－1667.

[21] 薛冰. 小型氦氙冷却反应堆关键参数设计优化研究 ［D］. 上海：上海交通大学，2020.

[22] LONGEE H W. Program plan for the Brayton isotope power system—Phase I：design, fabrication and test of the Brayton isotope power system ［R］. Phoenix, Arizona：AiResearch Manufacturing Company, 1975.

[23] MASON L S, GIBSON M A, POSTON D. Kilowatt-class fission power systems for science and human precursor missions ［C］//USA：NEB-2013-6814, 2013.

Thermodynamic performance and mass optimization of helium and xenon Brayton cycle for space reactor

MA Wen-kui，YANG Xiao-yong*，YE Ping，GAO Yue，HAO Ya-dong

(Institute of Nuclear and New Energy Technology of Tsinghua University, Collaborative Innovation Center of Advanced Nuclear Energy Technology, The Key Laboratory of Advanced Reactor Engineering and Safety, Ministry of Education, Beijing 100084, China)

Abstract：With the improvement of science and technology, space exploration will be an important field for countries to step into in the future. Space gas cooled reactor with Brayton cycle (SGCR-BC) is high in efficiency, small in volume, light in weight, and stable in operation, which is an ideal choice in future deep space exploration. The thermodynamic performance and mass are important parameters for SGCR-BC. In this study, the thermodynamic performance and mass models of SGCR-BC were established. The results indicate that the parameters affecting the thermal performance and mass of SGCR-BC include working fluid parameters, component parameters and system parameters. Therefore, the internal relationship between thermodynamic performance and mass was established. The theoretical upper limit of power generation efficiency and specific mass of the SGCR-BC and the optimal range of key parameters were optimized based on NSGA-II genetic algorithm. The results showed that the mass of the radiator accounts for the largest proportion of the total mass, exceeding 50%, heat exchangers account for 20%, and shielding layers account for 10%. This is a key direction for further optimization in the future. This study provides a reference for the design and optimization of SGCR-BC.

Key words：Space reactor；Brayton cycle；Thermodynamic performance；Specific mass；Optimal design

液态金属冷却快堆系统分析程序的发展趋势分析

余　奇[1]，朱文杰[2]，刘志勇[2]，侯　斌[1]

(1. 中国原子能科学研究院，北京　102413；2. 中国人民解放军 96901 部队，北京　100000)

摘　要： 为更好地对液态金属冷却快堆进行设计和安全分析，需要发展与之相匹配的系统分析程序。国外的系统分析程序发展较早，研究其发展历程可以为国内系统分析程序的发展指明方向。为开发新的系统分析程序，本文对国内外液态金属冷却快堆的系统分析程序发展作了梳理。综合国内外发展情况，本文对液态金属冷却快堆系统分析程序当下发展的趋势总结如下：①开发通用系统分析代码；②完善堆外容器部分的模型；③建立精细化热工水力模型；④采用模块化的灵活建模方式；⑤应用多尺度多物理程序的耦合；⑥建立可靠的系统分析程序检验手段。

关键词： 快中子反应堆；系统分析程序；精细化热工水力模型

在第四代核反应堆中，快中子堆是具有较好发展前景的堆型之一。相较于其他热中子反应堆，快中子堆的核燃料棒排布密集，铀资源利用效率高，它可以将天然铀的利用率从 1% 大幅提升至 60%～70%。不仅如此，对于目前一般核电中较难处理的乏燃料，快堆是一个较好的嬗变工具。在快中子堆中，液态金属冷却快堆的发展较为成熟。为更好地对液态金属冷却快堆进行设计和安全分析，需要发展与之相匹配的系统分析程序。国外的系统分析程序发展较早，研究其发展历程可以为国内发展系统分析程发展指明方向。

1　快中子堆系统分析程序介绍

由于核反应堆有海量的数据需要被处理，因此引入计算机软件进行辅助设计计算是十分必要的。在核反应堆中，主要的系统软件有：热物理软件、堆芯计算软件、系统分析软件等。本文主要分析的是系统分析软件。快堆系统分析技术对于快堆的设计和安全运行十分重要。系统分析是通过对核反应堆建模实现的，这其中包括热工水力模型和中子动力学模型，用于计算反应堆在正常工况瞬态和事故瞬态下的系统瞬态响应。而系统分析所使用的工具便是系统分析程序。虽然目前有二维、三维的数值分析工具，如一些大型商用计算流体动力学（CFD）程序，但系统分析程序在计算效率方面和对系统的整体动态行为预测方面有十分巨大的优势[1]。

2　国外系统分析程序简介

国外快中子反应堆系统分析程序发展较为成熟。在美国，钠冷快堆系统分析程序有：SSC－L、SAS4A/SAAAYS－1、ATHENA 程序的铅冷版本、SAM 等。在欧洲，瑞士开发了 FAST，俄罗斯开发了 DINROS，法国开发了 OASIS 和 CATHARE 等。在亚洲，日本开发了 NETFLOW，印度开发了 DYNAM，韩国开发了 MARS－LMR 等。下面将对上述系统分析程序的发展进行介绍。

2.1　美国快中子反应堆系统分析程序研究

在早期，美国开发的系统分析程序仅适用于特定的反应堆，如专门为 EBR－Ⅱ电厂的热工水力分析而设计的 NATDEMO 系统程序。随着系统分析程序的发展，系统分析程序改进后便可应用于不同反应堆系统分析。1978 年研发的 SSC－L 是一个系统瞬态代码[2]，可以用来预测各种异常和事故条件下的电

作者简介： 侯斌（1986—），男，江苏南通人，工程师，现主要从事钠冷快堆热工水力、模块化分析等研究工作。

站响应。韩国通过对 SSC‐L 改进，获得了用于韩国先进液态金属反应堆的系统分析代码 SSC‐K。SASSYS[3] 代码旨在分析运行和超出设计基础的瞬态，并提供了详细的堆芯瞬态热力和水力模拟、主冷却剂回路和二次冷却剂回路、装置平衡，以及装置控制和保护系统的详细模型。该代码还能够分析隐藏的瞬变。ATHENA 系统分析程序是由轻水堆系统分析程序改进而来。20 世纪 80 年代开始的程序拓展使得 ATHENA 陆续拥有了对钠冷快堆和铅铋冷却反应堆进行系统分析的能力。SAM[4] 具有先进高效的热混合和分层建模能力，可提升反应堆安全分析的准确性并降低建模不确定性。

2.2 欧洲快中子反应堆系统分析程序研究

FAST 程序适用于先进的临界（和亚临界）快中子系统的核心和安全分析，适用于各种不同的冷却剂。该程序已经成功用于铅铋共晶合金（LBE）和气冷实验加速器驱动系统。DINROS 可以用于多环形和多回路设备反应堆设备中的瞬态分析和事件处理。CATHARE‐3 可以解决同时考虑系统尺度热工水力描述和局部尺度 CFD 描述时出现的多尺度耦合问题。

2.3 亚洲快中子反应堆系统分析程序研究

NETFLOW[5] 可以计算各类反应堆的热工水力，如轻水堆、重水堆和液态金属冷却堆。该代码计算时间非常快，并且很容易获得稳态或初始条件。SIMMER‐Ⅳ[6] 主要用于液态金属冷却堆瞬态和加速器驱动亚临界系统（ADS）严重事故分析，可以用于分析大型钠冷快堆的核心破坏事故。DY-NAM 代码可以用于模拟快中子增殖试验反应堆的行为。MARS‐LMR 是在最佳估算程序 MARS 代码的基础上，补充了各种液态金属相关的特征，包括钠特性、传热、压降和反应性反馈模型，用于带有金属燃料的原型 Gen‐Ⅳ SFR（PGSFR）[7] 的瞬态分析。

3 国内系统分析程序简介

在早期，中国引进了许多国外系统分析代码，如俄罗斯的 DINROS 和 RUBIN、法国的 OASIS、美国的 SASSYS‐1 等。但是这些代码或是部分文件缺失，或是二次开发难度大，难以通过修改代码获得自主的系统分析程序。而且目前国外快堆相关软件的核心源码不向中国开放，因此中国需要自主研发快堆研究相关的系统分析软件。以下是国内部分系统分析程序发展报告。

2012 年，华北电力大学对已开发的池式快堆系统分析软件 SAC‐CFR 进行瞬态计算功能扩展[8]。哈尔滨工程大学利用 Fortran 语言开发了 CEFR 一回路热工水力稳态计算程序。2013 年，西安交通大学研发的瞬态热工水力分析代码 THACOS[9] 成功开发出主回路模型。上海交通大学将德国轻水堆的热工水力系统程序 ATHLET 升级，增加了钠物性模块和钠传热模块[1]。2015 年，中国科学技术大学 FDS 团队研发了安全分析程序 NTC‐2D。2017 年，西安交通大学为 RELAP5 MOD 3.2 添加新模块，使之可以用于钠冷却快堆系统安全分析[10]。2019 年，中国科学技术大学通过对 RELAP 5 代码进行再开发，耦合了 RELAP 5 程序与钠-水反应模块。2020 年，中国原子能科学研究院开发了衰变热计算模型应用于 FR‐Sdaso。同年，中国原子能科学研究院自主开发了 FASYS，并对中国实验快堆进行了调试试验分析。

4 程序发展历史梳理

系统分析程序将电厂主热传输系统中的各个系统和部件抽象为物理数学模型，通过耦合求解这些物理数学模型，得到电厂在各类稳态或者瞬态工况下的主要参数，如反应堆功率、堆芯进出口温度、二回路冷热段温度等从而定量表征电厂的稳态和瞬态特征。目前，大多数快中子系统分析程序为金属快堆系统分析程序。

在 20 世纪 60 年代，金属快堆系统分析程序仅针对特定反应堆进行研发，不便应用于新型金属反应堆分析研究，如美国的 NALAP 代码便是改编自轻水堆瞬态代码 RELAP 3B。而且，这一时期代码采用的数学模型和数值代码较为复杂，尽管这些代码较为详细地处理了反应堆堆芯，但是对反应堆容器外的现象进行了简化处理。

在20世纪80年代后，随着金属反应堆研究的深入，系统分析程序有了两种来源。一种是通过对水堆的系统分析程序改造获得，通过更换冷却剂的物性特征等拓展出对金属冷快堆的计算能力。这些系统程序可以进行失水事故分析。另一种则是基于金属冷却快堆的换热特点开发出专用的系统程序。在这一时期，单个系统分析程序逐步有了对计算以钾、钠、铅铋等金属流体作为换热流体反应堆的分析能力。一部分系统分析代码通过采用全隐式方法将热工水力方程转换为有限微分方程，大幅提升了代码计算速度。可压缩两相流、阀门、泵、热交换器、空气冷却器等模型也被加入系统分析程序。一部分代码对换热结构较为复杂的金属反应堆也能够进行计算。我国的系统分析程序也在这一时期逐步开始自主化研发。

在2010年后，金属快堆系统分析程序有了新的发展。由于一维程序分析对如钠池之类的复杂三维结构具有局限性，国际上开发了三维计算模块对反应堆进行精细模拟。为解决系统尺度的热工水力描述和局部尺度的CFD描述时出现的多尺度耦合问题，法国对系统分析程序CATHARE 3、钠冷快堆子通道程序TrioMC和三维流体动力学程序TrioCFD进行了耦合。我国也通过添加模型的方法对一些国外的系统分析程序进行了功能扩展。

尽管我国金属快堆系统分析程序起步较晚，但我国已能够逐步自主开发系统分析程序。如在2020年，中国原子能科学研究院利用自主研发的FASYS快堆系统分析程序对中国实验快堆进行了调试实验分析，并利用该程序对中国示范快堆进行了事故分析。

5 系统分析程序当前发展方向

综合国内外液态金属冷却快堆系统分析程序的发展历程，以及分析世界各国液态金属冷却快堆系统分析程序发展特点，可以得到当下液态金属冷却快堆系统分析程序的发展趋势。

首先是开发有自主产权的通用系统分析程序。国际上较为通用的系统分析程序具备对不同液态金属冷却快堆各类事故工况进行安全分析的能力，如ATHENA系统分析程序、法国CATHARE 3系统分析程序等。通过添加新的计算模块，如一回路流体物性模块、热池模型等，这些通用程序可以对新设计的金属快堆进行系统分析。这将极大地简化系统分析程序的开发过程，对我国液态金属冷却快堆的设计工作具有重要意义。

第二是要完善堆外容器部分的模型。在早期，系统分析程序对堆容器外的现象作了简化，只对主回路水力学进行了简单处理，而缺乏重要辅助模型以及二回路三回路模型将使系统分析程序难以对反应堆不同事故工况进行安全分析。完善冷室、热室、阀门、泵、热交换器、空气冷却器及控制系统和保护系统等模型有利于系统分析程序对各类反应堆事故的精准分析。

第三是建立精细的热工水力模型。一维系统分析程序在一些特殊工况下，计算值相对保守[11]。反应堆外常常有流体的多维流动、热混合和分层。而发生在这些大型水池或堆外的热混合、热分层和传质作用对反应堆的安全有着极为重要的影响。使用二维乃至三维模型来模拟流体的多维流动、热混合和分层可以提升反应堆安全分析的准确性并能够降低建模不确定性，可以较好地解决反应堆中如腔体内的自然对流、平行板通道中的层流等流动问题。目前美国阿贡实验室研发的SAM系统分析程序、韩国的SSC－K系统分析程序便是采用二维模型或三维模型对反应堆进行安全分析。

第四是采用模块化的灵活建模方式。液态金属冷却快堆包含钠冷快堆、铅冷快堆、铅铋冷却快堆，有着不同的结构特点和换热特性。对系统分析程序进行模块化建模将有助于不同反应堆的建模。此外，面向对象的模块化建模方式，可根据反应堆主热传输系统特点，灵活搭建系统模型，同时也利于管理接口，实现与更高维度或其他物理模型的耦合计算。

第五是多尺度多物理程序的耦合应用[12]。将系统分析程序与 CFD 及三维中子动力学方法多尺度、多物理耦合，可在满足计算速度的同时，针对复杂结构或复杂现象进行精细模拟，获得合理的反应堆性能和安全裕度[13]。法国实现了快堆系统分析程序 CATHARE 3、钠冷快堆子通道程序 TrioMC 和三维流体动力学程序 TrioCFD 的耦合并提出了"局部缺陷校正法"。俄罗斯耦合了反应堆瞬态热工水力计算代码 ATHLET 3.0 和中子动力学三维代码 DYN3D。通过中子物理和热工水力的耦合计算，俄罗斯对 BN - 800 反应堆试验模型进行了检验。我国中国科学技术大学也研发了中子动力学和热工水力学耦合的安全分析程序 NTC - 2D。

第六是建立可靠的系统分析程序检验手段。在对系统分析程序编写完成后，需要对程序的计算结果进行校验。目前，主要通过对经典反应堆进行建模，如已经进行自然对流试验的美国池型液态金属反应堆 EBR - Ⅱ、法国凤凰堆等，来检验系统分析程序的可靠性。

6 结论

本文研究了国内外的液态金属冷却快堆系统分析程序的发展历程并对其发展趋势进行了分析。

国外对液态金属冷却快堆系统分析程序的研究从 20 世纪 60 年代开始。其研发的系统分析程序从为单一反应堆的专用系统分析程序发展成为了对液态金属冷却快堆进行分析的通用系统分析程序。在这期间，通过更新算法和添加堆芯外精细模型，系统分析程序分别提高了程序计算速度和程序计算准确性。并且，系统分析程序还通过与其他多尺度多物理程序耦合对反应堆的复杂结构和复杂现象进行分析，从而获得更精确的计算结果和更为合理的安全裕度。国内系统分析程序起步从 20 世纪 90 年代初开始，早期主要依靠国外引进的系统分析程序。经过 30 多年的发展，中国不但可以对国外系统分析程序进行功能拓展，也能够自主开发钠冷快堆系统分析程序。

综合国内外的液态金属快堆系统分析程序发展历程，本文对液态金属冷却快堆系统分析程序的发展趋势分析如下：①开发通用系统分析代码；②建立完善堆外容器部分的模型；③建立精细化热工水力模型；④采用模块化的灵活建模方式；⑤应用多尺度多物理程序的耦合；⑥建立可靠的系统分析程序检验手段。

参考文献：

[1] 周翀，HUBER K，程旭 . ATHLET 程序的钠冷快堆应用扩展及其验证［J］. 原子能科学技术，2013，47（11）：2053 - 2058.

[2] MADNI I K，CAZZOLI E G. Advanced thermohydraulic simulation code for pool-type LMFBRs（SSC-P code）［R］. Upton，NY（United States）：Brookhaven National Lab（BNL），1980.

[3] CAHALAN J E，WEI T Y C. Modeling developments for the SAS4A and SASSYS computer codes［R］. Chicago，IL（USA）：Argonne National Lab，1990.

[4] HU B X，WU Y W，TIAN W X，et al. Development of a transient thermal-hydraulic code for analysis of China Demonstration Fast Reactor［J］. Annals of nuclear energy，2013，55：302 - 311.

[5] MOCHIZUKI H. Verification of NETFLOW code using plant data of sodium cooled reactor and facility［J］. Nuclear engineering and design，2007，237（1）：87 - 93.

[6] WANG G，GU Z，WANG Z，et al. Verification of neutronics and thermal - hydraulics coupled simulation program NTC by the PDS - XADS transient simulation［J］. Progress in nuclear energy，2015，85（11）：659 - 667.

[7] CHOI C，HA K. Assessment calculation of MARS - LMR using EBR - Ⅱ SHRT - 45R［J］. Nuclear engineering and design，2016，307（10）：10 - 29.

[8] 陆道纲，隋丹婷 . 池式快堆系统瞬态分析软件开发［J］. 原子能科学技术，2012，46（5）：542 - 548.

[9] HU B，WU Y，TIAN W，et al. Development of a transient thermal - hydraulic code for analysis of China Demonstration Fast Reactor［J］. Annals of nuclear energy，2013，55：302 - 311.

［10］宋健，谭超，唐思邈，等. 基于 RELAP5 MOD3.2 的钠冷快堆热工水力系统分析程序开发及验证［J］. 原子能科学技术，2017，51（6）：994 - 1001.

［11］WOO S M，CHANG S H. Multi dimensional analysis of design basis events using MARS - LMR［J］. Nuclear engineering and design，2012，244（3）：83 - 91.

［12］吴宏春，杨红义，曹良志，等. 金属冷却快堆关键分析软件的现状与展望［J］. 现代应用物理，2021，12（1）：4 - 15.

［13］BELLIARD M，GERSCHENFELD A，LI S. A local defect correction scheme for the coupling of thermal-hydraulics safety-system codes with computational fluid dynamics codes［C］//17th International Topical Meeting on Nuclear Reactor Thermal Hydraulics（NURETH - 17）. Xi'an，China：Engineering，2017.

Development trend analysis of metal fast reactor system analysis program

YU Qi[1]，ZHU Wen-jie[2]，LIU Zhi-yong[2]，HOU Bin[1]

(1. China Institute of Atomic Energy，Beijing 102413，China；

2. 96901 Unit of People's Liberation Army，Beijing 100000，China)

Abstract：In order to better design and safety analysis of liquid metal cooled fast reacter，it is necessary to develop a matching system analysis program. The development of system analysis programs in foreign countries is early，and studying their development process can point out the direction for the development of system analysis programs in China. In order to develop a new system analysis program，this paper reviews the development of system analysis programs for liquid metal cooled fast reacter at home and abroad. Based on the development situation at home and abroad，this paper summarizes the current development trend of liquid metal cooled fast reacter system analysis program as follows：①Developing general system analysis code；②Improve the model of the out-of-reactor container part；③Refined thermal hydraulic model；④ Modular flexible modeling method；⑤Coupling application of multi-scale and multi-physical programs；⑥Establish a reliable system analysis program test means.

Key words：Fast reactor；System analysis program；Refined thermal hydraulic model

基于全隐式求解器的热管堆瞬态分析模型研发

朱开元，胡国军

（中国科学与技术大学核科学与技术学院，安徽　合肥　230026）

摘　要：小型热管冷却堆在深空探索、军用能源、船舶动力等方面有着广泛的应用前景。本研究旨在建立一个用于热管冷却微型反应堆（HP MicroRx）进行瞬态安全分析的多物理耦合模型。该模型选取系统分析程序 RETA 进行热工水力分析、开源的蒙特卡洛程序 OpenMC 用于中子学计算和商用软件 COMSOL 用于热膨胀的计算。其中 RETA 是以 C＋＋程序语言为基础、遵循现代面向对象设计方法的一套多功能、易扩展的多物理求解器框架。本研究所做的多物理耦合的热管堆分析模型开发及验证工作包括：①基于全隐式求解程序 RETA 开发热管计算模型；②建立堆芯三维热传导模型和开发的二维热管计算模型之间的耦合；③利用 OpenMC 和 COMSOL 计算得到的反应性反馈系数进行负载跟随实验瞬态分析。热管求解模型为：使用一维可压缩流体模型对蒸汽核心进行建模，选取二维轴对称热传导模型对热管壁和吸液芯进行建模，且吸液芯和蒸汽核心之间通过热交换界面耦合。从而用较短的计算时间得到准确度满足要求的计算结果。选取 KRUSTY 堆作为分析对象，利用上述模型对 KRUSTY 堆进行建模分析。而后与洛斯阿拉莫斯国家实验室（Los Alamos National Laboratory，LANL）得到的负载跟随结果相对照，发现基于 RETA 的全隐式分析模型准确预测了 KRUSTY 堆负载跟随试验的瞬态响应。该分析方法为小型热管堆的安全分析提供了准确可靠的工具。

关键词：热管堆；多物理耦合；反应性反馈；KRUSTY 堆

1　背景介绍

　　热管冷却反应堆由于其简单易于操纵、小型化和可靠性的特点，有望为深空探索、军事、船舶、浮动平台等提供可靠的核能。对于热管堆，热膨胀效应是反应堆反应性调节的主要因素之一。需要对热管堆进行核热力耦合的多物理耦合分析以考虑热膨胀效应。

　　LANL [1]研发了基于 MCNP、ANASYS 和 FRINK 计算软件的耦合计算模型，通过 MCNP 求解热源分布后，求解点堆动力学方程得到热源大小变化，热管计算采用了速度较快但难以捕捉工质流动特性的热阻法。FRINK 和 MCNP 受到美国能源部的管制，能够获得技术支持的应用开发者数量十分有限。国内，上海交通大学[2]建立了基于 OpenMC、Nektar＋＋和 Sfepy 的多物理耦合分析平台，当温度改变后，重新通过蒙卡计算软件 OpenMC 计算热源空间分布，由于每个时间步都需要重新调用 OpenMC 和 SafePy 进行计算，时间成本较大结果也更为准确。西安交通大学[3]对堆芯进行了二维建模的简化处理，热管采用热阻法，以丧失三维特性为代价降低了时间成本。

　　本文提出了一种新的基于全隐式求解器的系统分析软件 RETA 的多物理耦合方法。RETA 是以 C＋＋程序语言为基础，遵循现代面向对象设计方法的一套多功能、易扩展的多物理求解器框架。RETA 内构建了一套通用、高效且支持并行计算的非线性方程求解器，并通过面相对象的设计方法集成了主流科学计算库。

　　本文开发的基于全隐式求解的热管堆瞬态分析模型，堆芯利用三维热传导模型计算，并与二维热管模型进行程序内耦合。该方法使用了自主开发的热管模型，能够得到工质在蒸汽核心的流动特性，获取热管堆的三维特性，且不需要每个时间步都调用 OpenMC，从而降低了计算成本。选取 KRUSTY [1]为分析对象，使用该方法进行负载跟随计算和稳态计算。

作者简介：朱开元（1999—），男，研究生，主要从事核科学与技术研究工作。

2 耦合程序介绍

耦合方法先通过输入各组件温度，利用 COMSOL 计算得到各组件热膨胀参数，并输入温度和热膨胀参数到 OpenMC 计算反应性。通过分析温度对反应性的影响，得到各组件反应性温度系数。而后将反应性系数输入 RETA 中，进行瞬态或稳态分析。RETA 包含功率求解模型、热管求解模型和三维堆芯与二维热管的耦合求解模型。

2.1 功率计算模型

利用 COMSOL 和 OpenMC 计算得到多种反应性系数。不妨记组件 i 的温度反应性系数为 α_{Ti}，其平均温度为 T_i，热管 j 的功率反应性系数为 α_{Pj}，其功率为 P_j，从而有总的反应性计算公式：

$$\rho = \sum_i \alpha_{Ti} d(T_i - T_{i0}) + \sum_j \alpha_{Pj}(P_j - P_{j0})。 \qquad (1)$$

当系统总反应性为 0 时，组件 i 的平均温度为 T_{i0}，热管 j 的功率为 P_{j0}。而后求解点堆动力学方程，并假设热源空间分布不变，从而得到反应堆功率瞬态变化。

2.2 热管计算模型

如图 1 所示，热管沿轴向可分为蒸发段、绝热段和冷凝段，沿径向可分为蒸气核心、吸液芯和管壁。RETA 采用的热管稳态计算模型见已发表的会议论文[4]。钠热管稳态模型验证如图 2（a）所示。

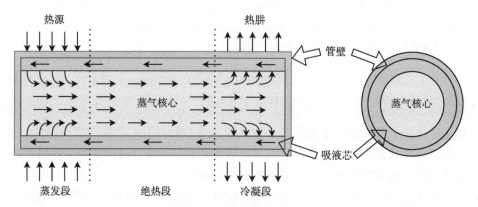

图 1 热管结构示意

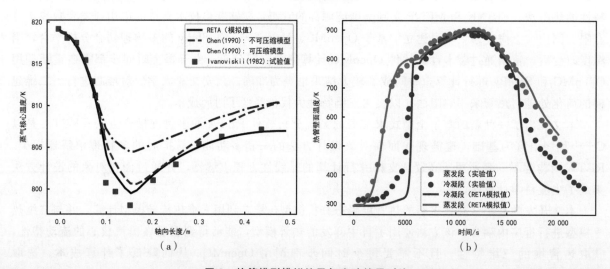

图 2 热管模型模拟结果与实验结果对比

（a）钠热管稳态下轴向蒸汽温度分布验证；（b）钠热管启动过程中轴向温度分布验证

对于热管启动瞬态，温度逐渐升高，蒸汽核心内蒸汽密度逐渐升高，克努曾数 K_n 逐渐减小。根据 K_n 的不同，蒸汽核心处于不同状态[5]，需要不同的控制方程。当 $K_n > 10$ 时，可认为蒸汽核心内为真空；当 $0.01 < K_n < 10$ 时，蒸汽核心为稀薄气体模型；当 $K_n < 0.01$ 时，蒸汽核心处于连续流状态。目前 RETA 的热管瞬态模型处理方法为，当 $K_n < 0.01$ 时，蒸汽核心为真空当；$K_n > 0.01$ 时，为连续流。

钠热管启动模拟与实验结果[6]的对比如图 2（b）所示，由于尚未加入 Kn 在 0.01 和 10 之间时的稀薄气体模型，故在热管未达到转变温度 730.0 K 时，误差较大。

2.3 堆芯和热管耦合模型

堆芯采用三维有限元计算，热管为二维模型。首先，给定 8 个热管的蒸发段外表面温度和热管蒸发段功率初值。取热管蒸发段外表面温度为对流换热边界条件，流体温度为热管蒸发段外表面温度，对流换热系数取足够大数值，使得当结果收敛时，堆芯与热管蒸发段外表面接触处温度和热管蒸发段外表面温度相等，计算三维堆芯，得到热管蒸发段功率。利用热管蒸发段功率初值，计算二维热管，得到热管蒸发段外表面温度。从而对热管蒸发段外表面温度和热管蒸发段功率初值作为迭代参数，进行多次牛顿松弛迭代。

3 KRUSTY 堆计算模型

3.1 KRUSTY 堆简介

KRUSTY 堆[1]是用于千瓦级反应堆设计、开发和测试的演示堆型。KRUSTY 堆额定 1 kW 电功，主要采用移动轴向反射层和控制棒的方式控制反应性。该堆的装置示意如图 3 所示。U7.65Mo 是指 Mo 质量分数为 7.65％。夹层（Clamp）提供使热管和燃料紧密接触的夹紧力。

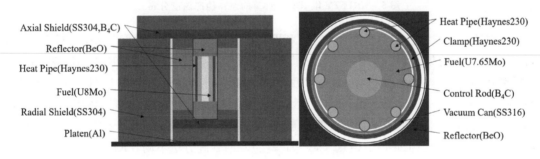

图 3　KRUSTY 堆结构示意

3.2 边界条件

对于热膨胀计算的边界条件[2]，如图 4 所示，取燃料和夹层轴向的上下底面边界为固定边界，侧面为自由边界。在 RETA 中进行温度分布和功率变化计算时，由于超过 95％的热量都在真空罐内，

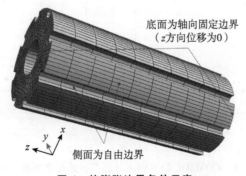

图 4　热膨胀边界条件示意

真空罐内包括燃料、夹层和轴向反射层。真空罐范围如图 3 左图线框围起来的区域。真空罐外边界的辐射系数相关参数缺失，取真空罐外边界为辐射换热边界条件，调节辐射系数使得产生的热量仅有 5% 离开真空罐。燃料与热管的接触平面和热管耦合，热管冷凝段取温度边界条件从而计算得到稳态时的温度功率分布。

4 计算结果

4.1 稳态计算结果

取热管冷凝段温度为 1065.0 K，功率为 2678.67 W 时。利用 RETA 进行稳态计算。燃料温度分布如图 5 所示。燃料最高温度为 1082.5 K 分布在 $\theta = 0$ 的最小半径处。

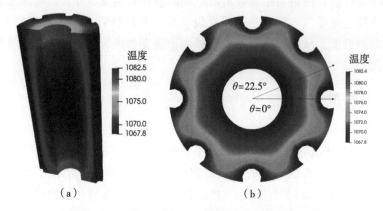

图 5 KRUSTY 堆 RETA 计算的燃料稳态温度分布

为验证 RETA 中三维有限元部分的计算，利用商用多物理场仿真软件 COMSOL 对 KRUSTY 堆稳态进行计算，不再建模热管，并取堆芯与热管蒸发段接触部分温度 1067.8 K 作为温度的边界条件。

两种计算方式的燃料横截面平均温度随高度的变化如图 6（a）所示。图 5（b）的水平线即相对的两个热管圆心的连线，认为其角度 θ 为 0，燃料中心处横截面上过中心的不同角度直线上的温度分布如图 6（b）所示。由图 6 可以看出，两者吻合的较好，误差约为 1%。RETA 和 COMSOL 对 OpenMC 导出的 16 万个表征热源数据点 (x, y, z, f) 的处理方法不同，RETA 采用了最近点取值即 0 阶拟合计算热源，而 COMSOL 采用了线性插值即一阶拟合计算热源。

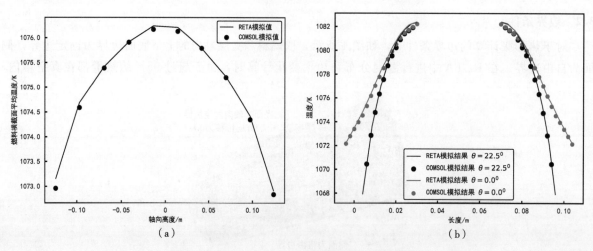

图 6 COMSOL 和 RETA 计算得到的稳态温度对比

（a）燃料横截面平均温度随轴向高度变化；（b）横截面（$z=0$）上不同角度直线上温度分布

4.2 负载跟随计算结果

其他条件不变时，调节某组件的温度，用 COMSOL 计算得到其热膨胀参数，而后在 OpenMC 中输入该组件的一系列温度和相应的热膨胀几何参数计算反应性，得到反应性随温度的变化关系，在该组件工作温度处的斜率即为该组件的瞬时反应性系数。计算得到的反应性系数如表 1 所示，而后将反应性系数作为 RETA 的输入。

热管功率的变化影响工质 Na 在热管中的分布进而影响反应性。热管工质 Na 分布随功率变化产生的功率系数[7]，取为 9.82e-8 /W。

表 1   反应性系数

组件	工作温度/K	反应性系数/K
燃料	1077.0	-1.84e-5
夹层	1065.0	-1.92e-7

在稳态计算结果的基础上，进行负载跟随实验模拟[7]。取时间 0 时，热管冷凝段流出功率从稳态时的 2678.57 W 降至 2117.43 W。进行瞬态计算，得到图 7 所示负载跟随结果。当时间为 0 时，由于负载降低，反应堆输出功率降低，短时间内燃料温度升高，由于燃料负的温度反应性系数，功率降低。当功率降低到一定程度后，由于负的热管功率系数，功率升高，从而有图 7 中的趋势。误差来源为点堆动力学方程本身的误差，燃料物性的误差等。

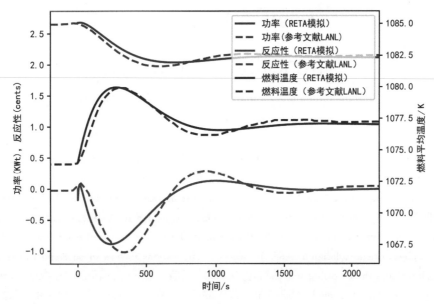

图 7   负载跟随试验计算结果

5   结论

本文基于商用软件 COMSOL、开源代码 OpenMC 和实验室自主研发的系统分析程序 RETA 开发了基于全隐式求解器的热管堆多物理耦合求解模型。通过对 KRUSTY 堆进行稳态计算和负载跟随实验计算，发现与 COMSOL 计算结果或 LANL 的结果相符合。计算结果显示，稳态时，燃料最高温度为 1084.5 K。当负载下降 21% 时，需要约 2000 s 左右的时间才能重新回到稳态。该过程中，燃料最大温升约为 5.0 K。

上述计算结果表明，开发的热管堆多物理耦合求解模型能够捕捉热管堆的核热力耦合特性，并模拟热管堆稳态和瞬态过程，获取温度场、功率场、应变场等特性。

参考文献：

[1] POSTON D I, GIBSON M A, GODFROY T, et al. KRUSTY reactor design [J]. Nuclear technology, 2020, 206 (S): 13 - 30.

[2] 李相越，肖维，张滕飞，等. 热管反应堆多物理耦合平台初步研究 [J]. 核动力工程，2021，42 (2)：208 - 212.

[3] GE L, LI H, TIAN X, et al. Improvement and Validation of the System Analysis Model and Code for Heat - Pipe - Cooled Microreactor [J]. Energies, 2022, 15 (7): 2586.

[4] HU G. Development of heat pipe modeling capabilities in a fully-implicit solution framework [C] // Proceedings of the 23rd Pacific Basin Nuclear Conference. Singapore: Springer, 2023.

[5] CAO Y, FAGHRI A. A Numerical Analysis of High - Temperature Heat Pipe Startup From the Frozen State [J]. Journal of Heat Transfer, 1993, 115 (1): 247 - 54.

[6] REID R, SENA T J, MARTINEZ A L, et al. Sodium heat pipe module test for the SAFE - 30 reactor prototype [J]. 2001, 552 (1), 869 - 874.

[7] POSTON D I. Space Nuclear Reactor Engineering [R]. Space Nuclear Reactor Engineering, United States: NASA, 2017.

Development of transient heat pipe reactor modeling capabilities in a fully-implicit solution framework

ZHU Kai-yuan, HU Guo-jun

(School of Nuclear Science and Technology, University of Science and Technology China, Hefei, Anhui 230026, China)

Abstract: Heat pipe reactors have broad application prospects in deep space power, military bases, Marine power and so on. This study aims at establishing a multiphysics coupled simulation framework for performing transient safety analysis of heat pipe cooled microreactors (HP MicroRx). The simulation framework is based on the RETA code for system thermal hydraulics calculation, the open-source Monte Carlo code OpenMC for reactor kinetics calculation, and the commercial COMSOL code for thermal expansion calculation. RETA is a multiphysics solver framework for advanced nuclear reactors based on C++ and object-oriented design method. It targets on applications such as advanced nuclear reactor thermal-hydraulics. This work includes the following subtasks: ①developing the heat pipe modeling capability with a fully-implicit solution method; ②establishing the coupling between the 3D solid core heat conduction model and the 2D heat pipe calculation model; ③performing a transient load-following analysis with reactivity feedbacks provided by OpenMC and COMSOL codes. In the modeling of heat pipe, a one-dimensional compressible flow model was used to model the vapor core, a two-dimensional axisymmetric heat conduction model was used to model the heat pipe wall and wick region, and the heat pipe wick and vapor core were coupled through a conjugate heat transfer interface. in this way, computing time is not so long, and Accuracy of calculation results is enough. The KRUSTY reactor was selected and analyzed using the above simulation framework and compared with the transient load-following experimental results produced by LosAlmos National Laboratory. The transient analysis framework based on RETA predicts the transient response of space heat pipe reactors reasonably well and provide an accurate and reliable tool for safety analysis of heat pipe microreactors.

Key words: Heat pipe reactor; Multiphysics coupling; Reactivity feedback; KRUSTY reactor

HTR－PM 首次装料外推分析

罗　勇，吕华权，汪景新，周　勤，刘　伟，刘嵩阳

（华能核能技术研究院有限公司，上海　200126）

摘　要：本文对高温气冷堆核电站示范工程（HTR－PM）首次装料外推进行分析，对该试验的目的、方法、注意事项、实施过程、经验反馈等进行研究，对试验结果与理论计算的符合性进行了评价。研究结果表明，HTR－PM 首次装料的外推方案合理、可实施，可安全引导反应堆达到净堆临界装载并实现初始临界。理论计算结果与试验结果符合性较好，相对误差满足试验验收准则要求，证明了理论计算结果的准确性。
关键词：高温气冷堆；首次装料；初始临界；混合燃料

　　HTR－PM 是我国第一座球床式高温气冷堆商业示范核电站，其首次装料和初始临界与压水堆核电站差异较大，启动过程为先向堆芯逐步装入混合燃料（以一定比例配比的燃料元件和石墨球，二者尺寸一样），然后实现净堆初始临界。HTR－PM 首次装料开始于 2021 年 8 月 21 日，9 月 12 日顺利完成净堆装载并实现初始临界，历时 23 天。HTR－PM 首次装料并成功实现初始临界，为球床式高温气冷堆在中国乃至世界的商业化运营铸就了良好开局。由于 HTR－PM 是模块化设计，后续同类型核电站将很大程度上参考其设计，首次装料及外推方案研究将为这些设计提供有效的经验反馈。

1　HTR－PM 首次装料外推简介

　　HTR－PM 首次装料外推试验包括净堆装载和提棒达临界两部分内容，主要用来验证 HTR－PM 的物理特性及理论计算，试验在常温下进行。

1.1　试验目的和方法

　　通过向堆芯逐步装入混合燃料，使反应堆达到净堆临界装载量，然后提升控制棒实现初始临界，通过试验结果验证理论计算的准确性。HTR－PM 燃料元件结构如图 1 所示。

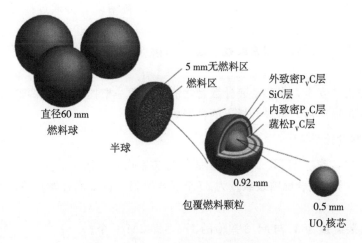

图 1　HTR－PM 燃料元件结构示意

作者简介：罗勇（1979—），男，硕士研究生，高级工程师，现主要从事反应堆物理热工设计等科研工作。
基金项目：华能集团总部科技项目"HNKJ22－H03 高温气冷堆核安全关键运行技术研究"。

首次装料时，堆芯上部装料进口和下部预铺的石墨球垫层高度差超过燃料元件跌落高度的要求，使用燃料装卸系统配合缓冲装料装置向堆芯装料。混合燃料被燃料装卸系统气力提升至堆芯顶部装料进口，然后进入缓冲装料管，最后下落至堆芯球床。试验过程中，使用 1 个中子源和 3 个临时硼中子计数管（简称"硼计数管"）进行装料监督，用计数率倒数外推法逐步确定反应堆的净堆临界装载量。中子源和硼计数管布置方案、首次装料堆芯装载分别如图 2 和图 3 所示。

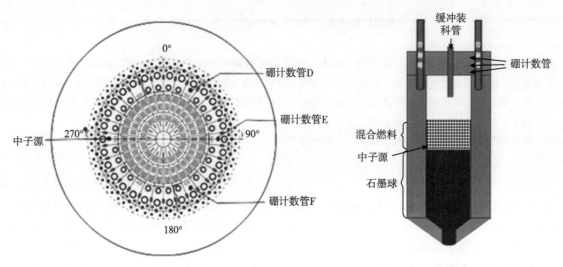

图 2　中子源和硼计数管布置方案　　　　　图 3　首次装料堆芯装载示意

1.2　试验注意事项

（1）装料外推过程中，须保证至少有 2 套硼计数管正常工作，并采用最小临界估计原则，以理论计算的临界装载量和 3 套硼计数管外推临界装载量的最小值作为下次装料的参考依据。

（2）$k_{eff} \geqslant 0.998$ 之前（即外推临界装载量与当前装载量差值大于 800 个混合燃料前：根据理论计算，堆芯燃料装载量在净堆临界装载量左右时，混合球单球反应性约为 0.25 pcm，800 个混合燃料的反应性总价值约为 200 pcm），每次装料量为当前装载量与外推临界装载量差值的 1/3。

（3）当外推临界装载量与当前装载量差值小于 800 个混合燃料时，方允许通过继续装料向超临界过渡。在过渡之前，先下插一根控制棒进行临界保护，装料结束后再通过提升该控制棒进行净堆达临界。

（4）外推临界过程中，当硼计数管读数临近 10^5 cps 时，需移动该硼计数管，每次外推只允许移动其中一个硼计数管。

（5）为保证操作人员安全，在移动硼计数管之前，下插一根控制棒确保堆芯次临界，确认硼计数管移动完成且操作人员撤离后，再提升插入的控制棒。

1.3　装料与临界方案设计

根据试验注意事项，确定 HTR‐PM 首次装料与初始临界方案设计如下。

（1）理论计算得到净堆混合燃料装载量为 M 个混合燃料。首批混合燃料装载量为该理论值的 1/3，即 $M/3$ 个。

（2）第二批燃料装载量为 M 与 $M/3$ 差值的 1/3，即 $2M/9$ 个。

（3）根据前两次装料后硼计数管的计数率，按照 1/3 外推原则进行装料外推，再依次装入若干批混合燃料，直到外推临界装载量与当前装载量差值小于 800 个混合燃料时暂停装料，准备向超临界过渡。

（4）向超临界过渡之前，先下插一根控制棒，然后一次性将堆芯装载到外推临界装载量并外加 450 个混合燃料（多加的 450 个混合燃料的反应性价值约为 $450 \times 0.25 = 112.5$ pcm，以便完成装载后提棒达临界时可以出现一个可测量的正周期）。然后按照 1/3 外推原则提升下插的控制棒达临界。

（5）上述第（3）步、第（4）步的外推公式如下：

$$M_{ci} = \frac{N_i M_i - N_{i-1} M_{i-1}}{N_i - N_{i-1}} \text{。} \tag{1}$$

式中，M_{ci} 为第 i 次的外推临界混合燃料装载量或临界控制棒棒位；N_i 为第 i 次外推后的稳定中子计数率；M_i 为第 i 次外推后的累计混合燃料装载量或控制棒棒位；N_{i-1} 为第 $i-1$ 次外推后的稳定中子计数率；M_{i-1} 为第 $i-1$ 次外推后的累计混合燃料装载量或控制棒棒位。

2 HTR-PM 首次装料外推结果分析

2.1 理论计算结果分析

根据《首次装料及初始临界试验理论分析手册》[1]，示范工程空气环境下不同温度和不同装料高度的堆芯 k_{eff} 如表 1 所示。结合试验时的堆芯温度，利用表 1 插值计算得到净堆临界混合燃料装载量约为 10.4 万个（活性区单位长度混合燃料数量约为 3.818 万个）。

表 1 示范工程空气环境下不同温度和不同装料高度的堆芯 k_{eff}

装料高度/cm	混合燃料装载量/个	30 ℃	40 ℃	50 ℃
110	42 092	0.697 12	0.695 02	0.693 11
165	63 137	0.858 12	0.856 04	0.854 17
200	76 530	0.921 49	0.919 46	0.917 67
220	84 183	0.949 31	0.947 33	0.945 58
250	95 663	0.982 83	0.980 92	0.979 23
275	105 229	1.004 94	1.0034	1.001 77
300	114 795	1.023 59	1.021 76	1.020 17
330	126 275	1.0419	1.040 12	1.038 58
350	133 928	1.052 02	1.050 27	1.048 75
385	147 320	1.067 26	1.065 56	1.0641

2.2 外推结果分析

2.2.1 首次装料外推过程

整个装料过程一共装入了 13 批混合燃料，步骤如下。

（1）根据理论计算值，装入前两批混合燃料。

（2）随后，按照 1/3 外推装料原则，依次装入 10 批混合燃料，直至堆芯当前装载量与临界装载量的差值小于 800 个。根据理论计算，此时反应堆的 k_{eff} 大于 0.998，具备向超临界过渡条件。

（3）下插 C10 棒至 6000 mm 处，一次性将堆芯混合燃料装至临界装载量并多装 450 个混合燃料（10.21 万个），目的在于 C10 棒提起过程中，反应堆能够达到超临界状态，并具有一个可测量的正周期。

（4）按照 1/3 外推提棒原则逐步提升 C10 棒，直至源量程计数率呈指数形式稳定增长，反应堆达到超临界状态，随后下插 C10 棒至 7873 mm，反应堆达到临界状态。

2.2.2 试验过程硼计数管计数率变化趋势分析

装料过程中，根据 3 个硼计数管 D、E、F 的计数率，绘制出计数率与累计混合燃料装载量的关系图，如图 4 所示。从图 4 可以看出，硼计数管的计数率没有随着装料数量的增加而单调增加，而是在 2 万个之前逐渐增加，2 万～4.5 万个时不增反降，4.5 万个以后开始逐渐增加且增加趋势越来越明显。以上现象与次临界增值公式 $N = S_0/(1-k_{eff})$ 矛盾，因为随着混合燃料装入量的增加，k_{eff} 增加，硼计数管 D、E、F 的计数率应该单调增加。

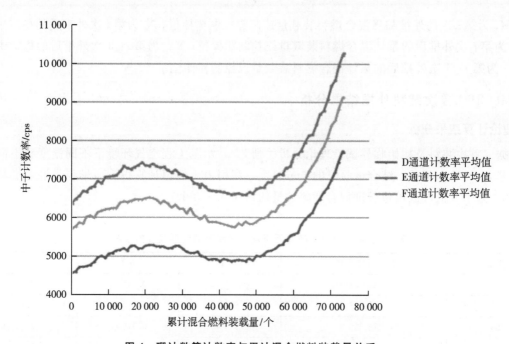

图 4   硼计数管计数率与累计混合燃料装载量关系

经实际分析，3 个硼计数管接收到的中子主要有两部分来源：一是中子源发射的中子；二是燃料元件裂变产生的中子，总的中子接收数量与中子源位置、球床高度、硼计数管安装高度有关（图 3）。

当堆芯累计装载量达到 1.5 万个时，混合燃料球床高度约为 0.4 m，开始遮住中子源，此时中子源产生的中子被混合燃料吸收或散射，入射到硼计数管上的中子份额减少、数量降低，硼计数管的计数率增长趋势得到抑制；由于此时混合燃料总量少，堆芯处于深度次临界，燃料元件裂变产生中子的增速要小于因混合燃料球床遮挡而减少的中子源产生的中子，造成硼计数管计数率增长趋势整体持续减弱，装料数量达到 2 万个左右时，硼计数管的计数率开始下降；累计混合燃料装载量达到 4.5 万个左右时，混合燃料球床已经遮挡了中子源绝大部分入射到探测器上的中子，这部分中子下降的速度明显放缓，而燃料元件裂变中子随着装球数的增加开始显著增加，硼计数管的整体计数率开始逐渐增加，且趋势越来越快。后经 MCNP 程序计算，硼计数管的计数率变化趋势符合上述分析。

2.2.3 外推混合燃料临界装载量分析

根据硼计数管计数率变化情况，从装料外推的角度分析，累计混合燃料装载量在 5 万个之前的计数率不适宜进行外推，无法得到正确结果。

当累计装载量超过 7 万个之后，D、E、F 3 个硼计数管的外推结果开始趋于一致。

当累计装载量达到 7.3 万个时，外推结果为 11 万个，明显高于最终装料外推结果（10.21 万个），这说明装载量在 5.7 万～7.3 万个时，硼计数管的计数率还受中子源一定的影响，外推曲线呈现微弱的"凸"型，偏不安全。

得益于 1/3 外推装料原则，当累计装载量达到 8.5 万个以上时，硼计数管的计数率已经基本不受中子源的影响。

外推混合燃料临界装载量趋近于 10.2 万个左右，在向超临界过渡前，3 个硼计数管的外推临界装载量差值小于 9 个混合燃料，外推结果高度一致。

装料外推曲线如图 5 所示。

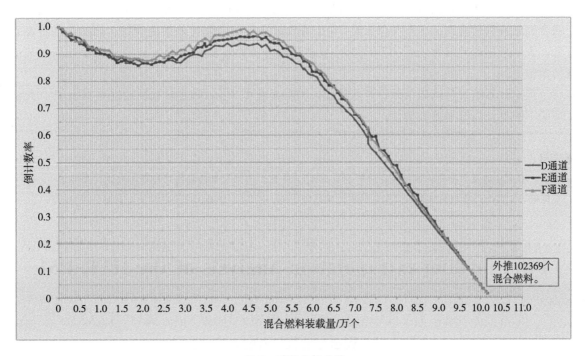

图 5　装料外推曲线

2.3　主要误差来源分析

设计程序 VSOP 计算的净堆混合燃料临界装载量约为 10.4 万个，试验净堆临界装载量约为 10.21 万个[2]，相对误差 1.8%（试验验收准则为不大于 10%）。与理论计算相比，反应堆少装 2000 个混合燃料实现了净堆临界，这说明有其他因素引入了正反应性，使临界装载量减少，误差的主要来源如下。

（1）堆芯温度引起的误差：示范工程堆芯无法安装测温装置，采用反射层温度代表堆芯温度，可能的温度误差会带来临界装载量误差。

（2）混合燃料含水引起的误差：混合燃料含水会改变堆芯 k_{eff}，理论计算没有考虑混合燃料含水，会带来一定的计算误差。

（3）堆芯顶部锥体引起的误差：示范工程的装料方式会在混合燃料球床顶部产生锥体，锥体可以引入正反应性，引起临界装载量的减少。

（4）混合燃料含硼量引起的误差：无论是燃料元件还是石墨球，都是分批生产的，含硼量会与理论计算输入不一致，带来一定的计算误差。

（5）燃料元件活性区直径引起的误差：燃料元件活性区采用硅橡胶模具等静压工艺压制而成，其直径有一个区间，活性区直径的加工误差会引起临界装载量理论计算的误差。

（6）设计程序的计算精度误差：设计程序 VSOP 是德国 Juelich 研究中心开发的专用的球床式高温气冷堆物理热工设计软件，在 AVR、THTR、HTR - MODUL、HTR - 10 上进行过验证，计算精度满足设计要求，但也有一定的计算误差。

3 结论

对 HTR – PM 首次装料外推进行了分析，包括试验方法和试验结果等，同时给出理论计算结果，并对二者进行了符合性评价，结果表明：

（1）HTR – PM 首次装料外推方案是合理的、可实施的。

（2）随着混合燃料装载量的增加，硼计数管的计数率经历了一个先增加、后减小、最后增加的过程，混合燃料装载量达到 7.3 万个以上时，3 个硼计数管得到的临界外推曲线符合凹曲线的特征且高度重合。表明采用硼计数管进行 HTR – PM 首次装料外推，可安全引导反应堆达到净堆临界装载并实现初始临界。

（3）理论计算结果与试验结果符合性较好，相对误差 1.8%，满足试验验收准则不大于 10% 的要求，证明了理论计算结果的准确性。

参考文献：

[1] 郭炯 . 首次装料及初始临界试验理论分析手册 [R] . 北京：清华大学核能技术设计研究院，2021.

[2] 王栋栋 . 1♯ NSSS 模块首次装料及初始临界试验报告 [R] . 荣成：华能山东石岛湾核电有限公司，2021.

First loading extrapolation analysis of the HTR-PM

LUO Yong，LV Hua-quan，WANG Jing-xin，ZHOU Qin，
LIU Wei，LIU Song-yang

(Huaneng Nuclear Energy Technology Research Institute Co., Ltd., Shanghai 200126, China)

Abstract： In this paper, the first fuel loading extrapolation analysist of the high-temperature gas-cooled reactor nuclear power plant demonstration project (HTR-PM) are analyzed, the purpose, method, precautions, implementation process, and empirical feedback of the test are studied, and the conformity between the test results and theoretical calculation is evaluated. The results show that the extrapolation plan for the first loading of HTR-PM is reasonable and feasible, which can safely guide the reactor to reach the critical loading and achieve initial criticality. The theoretical calculation results are in good agreement with the experimental results, and the relative error meets the requirements of the experimental acceptance criteria, proving the accuracy of the theoretical calculation results.

Key words： High-temperature gas-cooled reactor; First fuel loading; Initial critical; Mixing fuel

百万千瓦核电厂电动主给水泵机封失效原因分析及设计改进

侯晓宇，费冬冬，文　学

（福建福清核电有限公司，福建　福州　350300）

摘　要：本文针对百万千瓦级核电厂主给水泵失效的机械密封进行了检查分析，从设计、运行工况等方面深入研究，通过有限元分析梳理机封失效机理，通过建模分析机械密封设计薄弱环节。针对实际运行工况和失效机理制定了改进方案和验证方案，通过参数对比和实践证明，其运行参数和可靠性均优于原设计机械密封，提升了百万千瓦级核电厂主给水泵设备关键部件的可靠性。

关键词：机械密封；失效模式；可靠性提升

机械密封通过动静摩擦的相互接触，减少泵内的流体泄漏，其工作原理决定了机械密封的使用寿命和可靠性不佳。作为核电厂主给水泵敏感部件，为保证其能安全稳定运行，延长机械密封的使用寿命对于核电厂来说意义重大。以主给水泵机械密封为例，在运行过程中时常出现泄漏量大、磨损严重、温升偏高等问题，会影响核电的安全运行，频繁更换机械密封也降低核电厂的经济性。通过某核电厂失效主给水泵机械密封的运行参数建立机械密封工况模型；分析液膜流场、温度场、动静环受力进行机械密封摩擦副延寿可靠性机理研究，提出机械密封改进方案。提高核电厂关键设备运行可靠性，以及核电厂关键设备的技术自主化水平。

1　原型号机械密封

1.1　设备简介

原设计机械密封为主给水泵配套使用，主设备运转压力为 3.5 MPa，转速 4855 r/min，介质温度为 180 ℃，工艺流体为：除氧除盐水。原设计机械密封结构形式如图 1 所示，密封采用平衡型、静止式、多弹簧的密封结构。密封处设置螺旋泵送环，采用 Plan 23 冲洗方案。

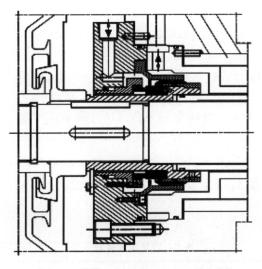

图 1　原设计机械密封结构形式示意

作者简介：侯晓宇（1988—），男，高级工程师，现主要从事核电厂转机设备技术管理工作。

摩擦副材料采用石墨和碳化硅配对组合。静环（补偿环）为整体碳化硅材料；动环（非补偿环）为石墨材料，采用内外金属夹持镶装结构。动静环材料性能如表 1 所示。

表 1 动静环材料性能

序号	名称	材料	抗压强度/MPa	弹性模量/GPa	泊松比
1	静环	碳化硅	379	413	0.15
2	动环	石墨	260	28.0	0.25

密封平衡直径 D_e：$D_e = 168.5$ mm；密封端面内径 D_1、外径 D_2：$D_1 = 164$ mm，$D_2 = 177$ mm；密封端面宽度：$b_f = 6.5$ mm；

（1）密封端面面积 A_f

轴密封端面面积是指较窄的密封端面外径与内径之间的环带面积，即与另一个密封端面之间有效的接触面积。

$$A_f = (D_1^2 - D_1^2) \times \pi/4 = (177^2 - 164)^2 \times \pi/4 = 3481.67 \text{ mm}^2。 \tag{1}$$

（2）载荷系数 K

载荷系数是衡量机械密封属于平衡型还是非平衡型的一个标准，当 $K \geqslant 1$ 时，机械密封为非平衡型；$K < 1$ 时，为平衡型。

$$K = \frac{D_2^2 - D_e^2}{D_2^2 - D_1^2} = \frac{177^2 - 168.5^2}{177^2 - 164^2} = 0.662。 \tag{2}$$

（3）弹簧比压 P_{sp}

弹簧处于工作高度时，自身弹性力所施加到密封端面单位面积上的力即为弹簧比压。弹簧力 $Ft = 43.7$ N，机械密封圆周均布有 16 根弹簧，总弹簧力 $F = 43.7 \times 16 = 699.2$ N。

$$P_{sp} = F/A_f = 699.2/3481.67 = 0.201 \text{ MPa}。 \tag{3}$$

（4）端面比压 P_c

端面比压即为作用在密封端面单位面积的净闭合力。

$$P_c = P_{sp} + (K - \lambda) \times P。 \tag{4}$$

λ 指密封端面间流体膜平均压力与密封流体压力之比，为膜压系数。λ 值反映了端面间流体膜的承载能力，对于水，$\lambda = 0.5$。

$$P_c = 0.201 + (0.662 - 0.5) \times 3.5 = 0.768 \text{ MPa}。 \tag{5}$$

（5）密封面平均速度 V

$$V = n \times \pi \times (D_2 + D_1)/2/60 = 4855 \times \pi \times (177 + 164) \times 10^{-3}/120 = 43.342 \text{ m/s}。 \tag{6}$$

（6）$P_c V$ 值计算

$$P_c V = 0.768 \times 43.342 = 33.29 \text{ MPa} \cdot \text{m/s}。 \tag{7}$$

（7）摩擦功耗 W

$$W = f_c \times P_c \times A_f \times V = 0.02 \times 33.29 \times 3481.67 = 2318.1 \text{ W}。 \tag{8}$$

表 2 为密封基本计算参数数据，平衡系数为 0.653，弹簧比压为 0.201 MPa，平均速度为 43.3 17 m/s。表 3 为密封性能计算数据。

表 2 密封基本参数计算

序号	平衡系数	弹簧比压/MPa	平均速度/（m/s）
1	0.653	0.201	43.317

表 3　密封性能计算结果

序号	总变形（LBS）	功率/（kW）	最小液膜厚度/μm	计算泄漏量/（g/h）	扭矩/Nm
1	2.4	3.74	0.46	53.4	7.35

在其他边界条件不变动的情况下，只调整密封外径处温度数值（腔室温度），预测一下摩擦副端面最高温度和端面接触压力变化情况。如图 2 所示，随着密封腔的温度升高，密封的端面最高温度由于摩擦发热端面温度也逐渐升高，并且升高的比例越来越大，同时因为端面的温度升高，造成密封端面的热变形加剧，密封内径处接触面积越来越大，使得端面接触压力增大。

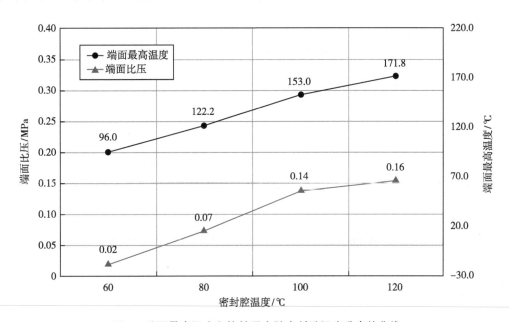

图 2　端面最高温度和接触压力随密封腔温度升高的曲线

这样的情况下，随着密封流体进入密封端面，当压力降低到一定数值，温度达到一定数值时，液膜发生汽化，产生相变半径。密封由之前的液膜润滑状态转变到汽液两相状态。

选取密封腔温度为 120 ℃时，密封性能预测与正常工况预测对比。如图 3 所示，由于密封腔的温度升高，密封端面的温度场也发生变化，温度总体升高。

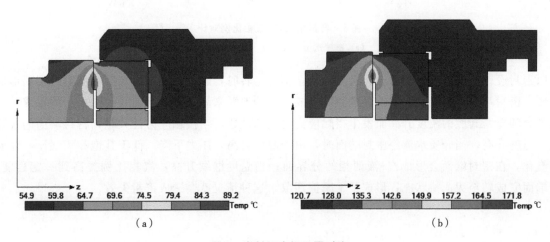

图 3　密封温度场云图对比

（a）密封腔 55 ℃；（b）密封腔 120 ℃

如图4所示，随着温度的升高，密封接触压力也逐渐增大。

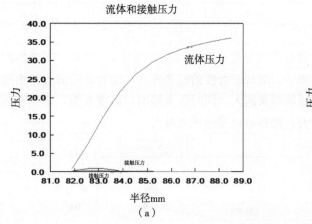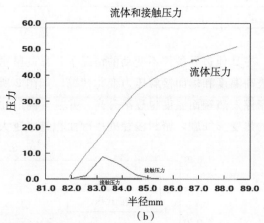

图4 密封端面压力分布对比

(a) 密封腔 55 ℃；(b) 密封腔 120 ℃

如图5所示，在密封腔为 55 ℃时，密封端面全液相，属于流体润滑，具有较好的摩擦特性，当密封腔温度在 120 ℃时，端面液膜发生汽化现象，有一定比例的液体变成汽相，端面的摩擦润滑状态发生了改变。

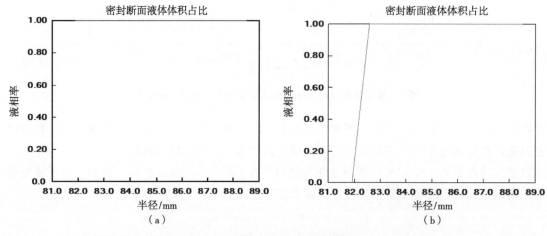

图5 密封端面汽-液相比例对比

(a) 密封腔 55 ℃；(b) 密封腔 120 ℃

原密封设计是采用软对硬材料配对组合，在密封运转时，通过温度压力的影响使密封端面形成收敛变形，密封端面有相应的流体承载能力，形成一定的泄漏来满足密封运转时的端面润滑需求。但是摩擦副会随着密封腔的温度升高而发生接触应力过大的现象，当接触应力过大时，密封端面的发热量增大、温度升高，当介质水流经密封端面时，由于温度升高，压力下降，低于其饱和蒸气压，介质会发生汽化，在密封端面会形成汽-液两相的分界面；当温度继续升高，汽相比例提高到一定程度时，密封端面完成转至无润滑状态，形成了干摩擦现象，这种情况就会造成密封失效。

1.2 原设计机械密封缺点

摩擦副会随着密封腔的温度升高而发生接触应力过大的现象，当接触应力过大时，密封端面的发热量增大、温度升高，当介质水流经密封端面时，由于温度升高，压力下降，低于其饱和蒸气压，介质会发生汽化，在密封端面会形成汽-液两相的分界面；当温度继续升高，汽相比例提高到一定程度时，密封端面完成转至无润滑状态，形成了干摩擦现象，这种情况就跟我们失效密封所存在的情况时一样了（图6）。

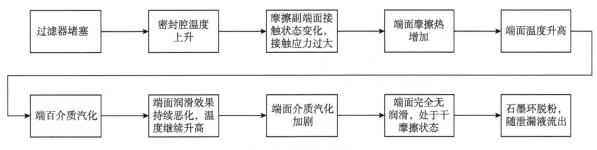

图6 故障推理模型

所以结合上述拆解直观石墨碳粉的累积、端面摩擦形貌的精确测量及数学模型的理论推测，密封失效的直接原因为端面发生了干摩擦，造成摩擦副的过量磨损，磨损的石墨碳粉随泄漏流体泄漏，出现黑色泄漏体流出。

机械密封设计缺陷导致异常磨损原因分析如下：

（1）密封设计裕度不够。由于密封设计时未考虑可能出现的高温影响，包括可能的泵组热冲击影响及过滤器堵塞时的切换时间、端面摩擦性能的下降等因素。当密封在工况下运行时，遇到短时高温工况，摩擦副端面没有获得好的变形协调，造成密封端面的接触应力较大（如内径接触或外径接触），端面发热量很大，当端面的高温度使通过的介质发生汽化时，摩擦副摩擦状态发生了变化，会造成干摩擦。

（2）本系统由Plan23方案组成，并且在管线上设置有过滤器装置。当换热器运行多年时，由于换热器的冷却水水质问题，在长时间高温差下，易于结垢，造成换热效率的降低，这样会造成密封腔体的换热不畅，从而导致密封因高温而失效；由于设置的过滤器也同样存在长期使用时发生堵塞的情况，当过滤器发生堵塞时，换热的循环量无法满足密封降热要求，会造成密封腔室的温度升高，密封因为高温而失效。

（3）密封材料选择不合理，摩擦副配对材料许用 P_vV 值、密封的运行 PV 值超过材料的承载能力时，端面会发生极速磨损；密封材料导热性能不好，也会造成端面形成干摩擦而使密封失效。

（4）对于汽-液两相密封，合理地控制相变半径是至关重要的，当汽相的所占比例很大时，密封运转时是非常不稳定的，会发生喷漏、极度磨损等异常情况。

2 设计改进

虽然原设计密封具有较好的抗变形能力，但是其镶装结构带来了不同的变形影响因素，其设计寿命满足3年更换频度需求，故优化方向为：第一，提高密封的裕度，防止密封在温度变化的过程中发生非正常磨损；第二，降低密封端面的发热量，使其端面汽化程度降低，保证密封在全液膜润滑状态下的运转，这样可提高其使用寿命；第三，在辅助密封处改用FFKM材质O圈或C形圈，并在辅助密封金属件处增加喷涂层，降低这部分的摩擦力，保证密封具有良好的追随性能，并且不会因为密封背侧的轴承油浸入，而影响橡胶圈的性能（图7）。

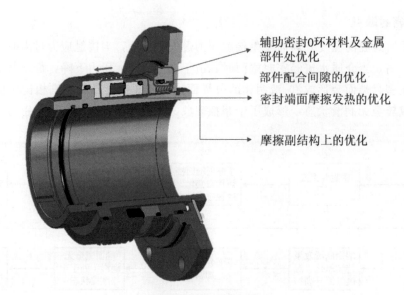

辅助密封O环材料及金属
部件处优化

部件配合间隙的优化

密封端面摩擦发热的优化

摩擦副结构上的优化

图7　密封优化方案

2.1　优化方案

由于本密封有热备用工况存在并处于高温介质条件下（介质水温度可到 180 ℃），这对于静密封点的橡胶部件来说，容易造成老化，进而失效。原进口密封选用的是乙丙橡胶材料，本次优化将其全部更换为耐高温的全氟化橡胶材料 FFKM。

摩擦副材料优化为，动环为耐高温并具有更高弹性模量和强度的浸锑石墨；静环为无压烧结碳化硅材料。

对于机械密封来说，辅助密封处的密封问题是除端面外的重要技术难点。由于摩擦副在运转时做高频的轴向运动和径向摆动，这时补偿原件进行微位移的高频蠕动，长时间下，对接触表面的摩擦磨损是影响很大的，当积累到一定程度时，相接触的金属表面会因为磨损而发生损坏，造成补偿环的卡滞，进而影响密封性能。

所以在这里进行两个方面的优化，将 O 环结构换成 C 圈结构（Polymer Ring），改性 PTFE 具有极大的摩擦系数和较高的稳定性；同时辅助密封金属部件处进行喷涂硬化处理，增强其耐磨性能。

摩擦副采用镶装结构，虽然具有抗冲击的优点，但是其镶装结构参数的好坏也会对密封端面的变形产生影响，进而影响到密封性能。图 8 可以看到优化后的摩擦副结构形式，将不对称的镶装结构进行优化，把石墨动环的镶装结构改为对称式结构，使镶装对端面变形的影响降到最低。

在优化后的石墨动环背部增加 O 环，既起到密封作用，又起到轴向力平衡作用。将摩擦副的动环与静环看成一个整体，动环背部的 O 环与静环背部的 O 环密封点尺寸相同，形成流体自平衡结构，有效地抵消了高压下的闭合力。

为了提高端面的适应范围和密封运行的稳定性能，在满足一定可控泄漏量的基础上，减少端面因为摩擦热而造成的早期失效；提高密封使用的裕度范围。原密封为接触式密封，端面摩擦热产生的温升接近 40 ℃，所以密封腔温度超过 60 ℃时，端面马上由液相转向汽相，端面出现汽-液两相分界，造成端面干运转，摩擦失效，甚至可能出现喷漏现象。方案中充分考虑了这一要素，在密封端面上进行优化改造。

端面硬质环上设置深度为微米级的浅槽。在摩擦副的端面上设置浅槽，利用流体动压效应，产生动压开启力，将密封端面的闭合力平衡掉，端面利用流体动压效应进行强制润滑，端面形貌如图 8 所示。

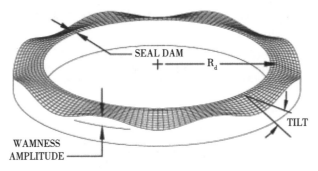

图 8　浅槽端面

在软质石墨环端面上设置深度为毫米级的圆弧深槽如图 9 所示。其是利用热流体动力楔效应，在密封端面形成波度效应，进而产生动压效应，起到润滑端面的效果。

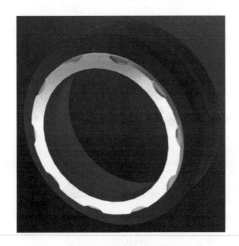

图 9　圆弧深槽端面

2.2　有限元分析

如图 10 所示，可以看到密封端面的温度最高，但是温升仅为 22.1 ℃，对于密封端面来说非常小，不会引起端面汽化。

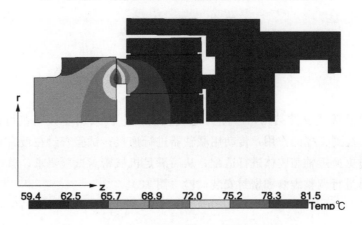

图 10　密封变形与温度场云图

如图 11 所示，密封坝区有一圈微接触，所形成的接触压力非常小，其 PV 值远远小于许用 PV 值。

图 11　端面接触压力

如图 12 所示，端面液膜厚度最小值为 0.65 μm，其数值微大于 3 σ，所形成的密封端面间隙为微接触状态，既保证密封性能，又保证端面最小发热量，并且对密封泄漏量实现可控。

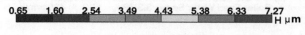

图 12　端面液膜厚度

3　样机测试

3.1　测试方案

试验装置采用单悬臂式支撑结构，一侧为电机驱动，电机采用变频电机可以对转速进行调节；中间位置为轴承箱，起到支撑的作用，传动用联轴器进行连接；试验密封在最右侧，可以根据密封的不同接口尺寸，通过更换短轴和腔体进行适配，从而满足机械密封试验要求；整个试验装置安置于台架上，便于操作人员进行调整维修和密封安装试验（图 13）。

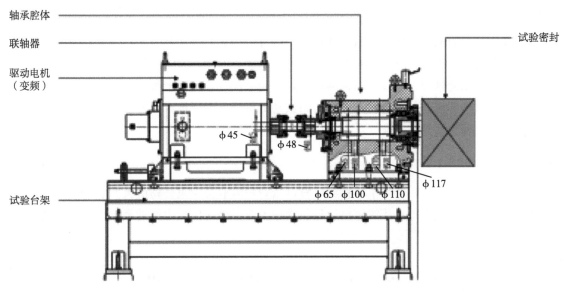

图 13　试验装置整体结构

3.2　测试数据

对国产机械密封进行了试验测试，包括性能试验、耐久试验和极限工况试验。试验测试结果指标如表 4 所示。

表 4　国产机械密封性能指标汇总

序号	项目	压力/MPa	转速/(r/min)	要求指标	泄漏量/(mL/h)	密封腔温升/℃	泵效环流量/(L/min)
1	静压试验	6.0 8.5	0	<15 mL/h	0 116	0	0
2	正常工况运转试验	4.72	4855	<200 mL/h	40	4	38
3	轴向位移改变运转试验						
3.1	弹簧少压缩 1 mm	4.72	4855	<200 mL/h	<15	3.8	38.76
3.2	弹簧多压缩 1 mm	4.748	4855	<200 mL/h	<15	3.9	38.4
4	变工况试验						
4.1	变压力试验	0.2~4.72	4855	<200 mL/h	16	5	39
4.2	变转速试验	4.72	499~4855	<200 mL/h	100	5	4.98~38.55
5	静态高温备泵热虹吸换热试验	4.0	0		60	25（+300） 10~15（0） 9~11.6（-300）	0
6	密封耐久试验	4.72	4855	<200 mL/h	165.17	<4	38
7	极端工况动态测试试验						
7.1	不同循环量试验	4.72	4855	—	<10	5.2~14.6	27.8~8.41
7.2	极限温度试验	4.72	4855	—	<20	3.5	38
7.3	短时间变温度试验	4.72	4855	—	<10	3.6~4.3	37

4 结论

通过对原设计密封的分析计算、结合其现场失效分析和对原设计密封的动压试验测试，找到密封的失效原因，并对其结构进行分析，对不足的地方进行优化改进。

利用先进的有限元耦合分析技术和检测技术，采用端面设置有微米级别的流体动压槽型结构，从而实现密封运转时的非接触状态，提高了密封耐波动的裕量，获得国产密封最佳的性能，满足现场工况条件的同时，提高密封试验寿命。

致谢

在相关实验的进行当中，收到了中核武汉核电运行技术股份有限公司的大力支持，并提供了很多有益的数据和资料，在此向中核武汉核电运行技术股份有限公司的大力帮助表示衷心的感谢。

参考文献：

[1] 彭旭东，等. 密封技术的现状与发展趋势 [A]. 2009 年全国青年摩擦学学术会议.

[2] 杨全超，文学，郑嘉榕，等. 核主泵用流体动压型机械密封辅助密封圈试验研究 [J]. 原子能科学技术，2021，55（z2）：335 - 341.

[3] 许晓东，马晨波，孙见君，等. 基于最优传质系数的槽型结构参数对液膜机械密封汽化特性影响及优化 [J]. 化工学报，2022，3（1）：21 - 25.

[4] 王金红，陈志，刘凡，等. 密封环支撑边界条件对机械密封端面变形的影响 [J]. 化工学报，2020，4（1）：22 - 33.

[5] 徐达. 机械密封摩擦副及腔内温度场影响因素分析 [J]. 长沙理工大学学报，2015，30（1）：22 - 33.

[6] 孙见君，陈国旗，嵇正波，等. 接触式机械密封界面泄漏机理分析 [J]. 化工学报，2018，30（1）：22 - 33.

Analysis and design improvement of the failure cause reason of the mechanical seal of the electric main feedwater pump in a megawatt nuclear power plant

HOU Xiao-yu, FEI Dong-dong, WEN Xue

(Fujian Fuqing Nuclear Power Co., Ltd., Fuzhou, Fujian 350300, China)

Abstract： In this paper, the mechanical seal of the main feed pump failure of the million-kilowatt nuclear power plant is inspected and analyzed, and the design and operating conditions are studied in depth, the failure mechanism of the machine seal is sorted out through finite element analysis, and the weak links of the mechanical seal design are analyzed through modeling. According to the actual operating conditions and failure mechanism, the improvement plan and verification plan were formulated, and the operation parameters and reliability were better than the original design mechanical seals through parameter comparison and practice, which improved the reliability of the key components of the main feed pump equipment of the million-kilowatt nuclear power plant.

Key words： Mechanical seal; Failure mode; Reliability improvement

碱性重水堆装卸料机用轴承的优化设计与试验验证

张利东[1]，赵圣卿[2]，施维真[1]，蒋军建[1]，王福荣[2]，陈兆楠[2]

（1. 中核核电运行管理有限公司，浙江　嘉兴　314300；2. 洛阳轴承研究所有限公司，河南　洛阳　471039）

摘　要： 根据重水堆装卸料机导向套筒插入工具用支承轴承的主要技术指标，考虑高压、高辐射、含有氚氘气体的碱性重水环境，确定参数及主要结构参数，对轴承做了优化设计并模拟轴承使用工况进行了耐磨损性试验验证。试验证明：研发的重水润滑球轴承性能指标均满足使用要求，通过试验数据的分析及实际装机应用，证明轴承在耐磨性方面达到设计要求。

关键词： 重水润滑轴承；耐磨损；满装向心球轴承；试验验证

重水堆装卸料机导向套筒插入工具用轴承（下称轴承）运行在高压、高辐射、碱性重水里，重水中含有氚氘气体，异常工况下轴承将在温度高达 266～311 ℃的重水中工作。在换料时轴承磨屑会随重水从装卸料机中流向反应堆燃料通道中，而反应堆燃料通道对异物非常敏感，因此对轴承的耐磨性要求较高。轴承失效会导致导向套筒插入工具故障，严重时直接导致换料中断，因反应堆通道无法关闭而停堆。

目前，国内外针对高压、高辐射重水润滑轴承的研究应用很少，该工况下专用滚动轴承的设计开发及材料选用等方面可以借鉴的材料不多。

1　主要技术指标及失效分析

轴承以碱性重水作为润滑介质，由于重水的黏度仅为润滑油的 1/100～1/20，介于润滑油和气体之间，导致重水膜承载能力低，轴承往往处于边界润滑状态，易加剧磨损，产生磨屑和异物。因此，轴承设计及材料选择需考虑高温、高辐射环境下耐磨损性能。

1.1　主要技术指标

轴承结构选用有装球缺口的满装深沟球轴承，满装深沟球轴承装有最大数量的钢球，承载能力强，接触应力小，因此适用于重载、低速的应用场合，该轴承结构如图 1 所示。

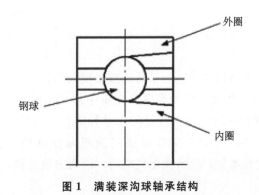

图 1　满装深沟球轴承结构

（1）轴承结构：有装球缺口的满装深沟球轴承。

作者简介：张利东（1968—），男，高级工程师，现从事重水堆换料技术工作。

（2）外形尺寸：

$d \times D \times B = \Phi50.8\ mm \times \Phi76.2\ mm \times 12.7\ mm$。

（3）运转介质为含有氚氙气体的重水。

（4）介质温度：70～90 ℃；异常情况时的介质温度：266～311 ℃。

（5）介质氧含量≤0.01 mg/kg，pH 值为 10，含渣量≤1 mg/kg。

（6）间歇式运转，转速 5 rpm。要求轴承回转灵活，耐冲击，无卡滞，具高可靠性。

（7）正常运行载荷：

径向：50 lbs（222 N），轴向：150 lbs（667 N）；

最大静载荷：

径向：300 lbs（1334 N），轴向：500 lbs（2223 N）。

（8）轴承运转预期寿命：1.0×10^6 r。

1.2 失效方式分析

轴承失效以磨损和接触疲劳为主。重水作为润滑介质时黏度低、润滑性能差，滚动体与套圈接触表面常处于边界润滑状态，两表面间滑动会造成表面磨损。此外，重水 pH 值为 10，轴承零件出现表面磨损的部分易被腐蚀，加速疲劳失效。同时，随轴承运转时间增加，磨屑逐渐增多，若磨屑未及时排出，会导致轴承发生磨粒磨损，进而导致轴承游隙显著增加、精度丧失，轴承失效。磨屑随重水流入反应堆燃料通道内，对反应堆产生不利影响。同时在含有氚氙气体的重水中，部分材料有发生氢脆的可能，存在磨损、表面脱落、运转卡涩甚至失效的风险，需对钢材进行特殊处理。

1.3 设计关键及难点分析

轴承工作环境恶劣，运转在高压（10 MPa）、高辐射（10^9 Gy/h），同时含有氚氙气体的重水里，异常工况将在温度高达 266～311 ℃重水中工作。轴承失效以磨损和接触疲劳为主。因此，轴承设计以提高轴承的耐磨损、耐腐蚀性能为首要目标，确保新研轴承满足使用要求。一方面选用耐磨损、耐腐蚀性能优异的材料；另一方面优化轴承结构参数，提高轴承承载能力，降低滚动体与滚道间的接触应力，减少接触区磨损。

2 设计分析

根据轴承的工况条件、使用要求和失效模式，从材料、承载能力、结构参数等方向进行分析设计，以满足轴承的使用要求。

2.1 材料选择

2.1.1 套圈

G95Cr18、G102Cr18Mo 等马氏体不锈钢，热处理硬度可达到 59～61 HRC，具有较好的耐磨损、耐腐蚀性能，常应用于在硝酸、蒸汽及海洋等腐蚀介质中使用的轴承。G102Cr18Mo 与 G95Cr18 相比，具有更高的硬度、较好的回火稳定性和较好的尺寸稳定性，且该材料的机械加工性能良好。Mo 元素提升了不锈钢的钝化效果，有利于提高耐磨损及耐碱性水性能。因此，套圈的材料可选用 G102Cr18Mo。为防止发生氢脆现象，套圈钝化完成后，进行去氢处理，避免发生氢脆。

2.1.2 滚动体

司太立合金（STELLITE）是一种耐磨损、耐腐蚀、耐高温氧化的钴基硬质合金，广泛应用于核电、石化、航空、舰船等领域。其材料碳的质量分数约 2.5%，组织中碳化物的质量分数在 30% 以上，且铬、钨含量高，碳与铬、钨生成一系列高硬度的碳化物［如 $(CrW)_7C_3$ 或 $(CrWCo)_7C_3$］，使司太立合金具有更高的耐磨性。此外，铬固溶于钴中，能够提高基体强度、抗高温氧化能力和耐腐蚀性能。通过配方调整，开发出的 ZYSTL20PM. H 硬质合金球，其硬度为 58～62 HRC，与套圈硬度相匹配。

2.2 精度设计

考虑带装球缺口的满装深沟球轴承结构特点，同时考虑到满足轴承长寿命、高可靠性的要求，轴承的设计精度采用混合精度，成品精度按 P5 级，零件精度按 P4 级，以获得良好的接触姿态及表面接触质量，提高轴承的耐摩擦磨损性能。

2.3 设计参数分析

2.3.1 设计主参数

根据轴承结构特点，确定轴承结构主参数为球径、球中心圆直径、球数、套圈沟曲率半径系数、径向游隙。

（1）球径 D_w

由满装深沟球轴承设计方法，钢球直径约束条件为：$Kwmin(D-d) \leqslant D_w \leqslant Kmax(D+d)$

式中：$Kwmin = 0.29$，$Kmax = 0.325$。

满足上式条件的标准球直径为 7.5 mm、7.5406 mm、7.938 mm、8 mm。

（2）球中心圆直径 D_{wp}

$D_{wp} = (D+d)/2 = 63.5$ mm

（3）球数 Z

轴承为带有装球缺口的满装深沟球轴承，钢球数量约束条件为：$Z \leqslant \pi/\arcsin(D_w/D_{wp})$

经过计算，当 $D_w = 7.5$ mm 时，最大球数 $Z_{max} = 26$；当 $D_w = 7.540\ 6$ mm 时，最大球数 $Z_{max} = 26$；当 $D_w = 7.938$ mm 时，最大球数 25；当 $D_w = 8$ mm 时，最大球数 24。

（4）内、外沟曲率半径系数 f_i、f_e

轴承润滑状态较差，失效模式以磨损失效为主，若工作过程中轴承自身磨损物未及时排出，将急速加剧轴承磨损，严重影响轴承寿命。轴承自身润滑条件较差，腐蚀形成的硬质颗粒运动不受限。由于润滑水膜厚度极薄，极易被破坏，当硬质颗粒侵入至滚动体与套圈接触区域时，水膜失效，接触区域发生应力集中，套圈接触表面出现裂纹源，进而导致基体材料的剥落掉块，最终造成轴承套圈磨损量剧增。此外，由于硬质颗粒的存在，轴承运转过程中会由于硬质材料的滑动通过切削或犁沟作用产生材料移失，也会进一步造成轴承套圈磨损量增加，最终导致轴承工作介质中出现了大量的套圈基体磨损颗粒物。因此，为利于排出磨屑，降低磨粒磨损的风险，沟曲率系数选取为 $f_i = f_e = 0.54$。

2.3.2 方案对比及优化

不同主要结构参数组合方案及优化目标计算结果如表 1 所示。

表 1　不同主参数组合方案及计算结果

D_w/mm	Z/粒	Cor/kN	Cr/kN	Pi/MPa	Pe/MPa
7.5	26	13.99	18.78	1404	1271
7.5406	26	14.13	19.03	1401	1267
7.938	25	15.01	20.37	1384	1245
8	24	14.62	20.21	1397	1256

注：Dw—钢球直径；Z—钢球个数；Cor—轴承径向基本额定静载荷；Cr—轴承径向基本额定动载荷；Pi—轴承内圈滚道与钢球的最大接触应力；Pe—轴承外圈滚道与钢球的最大接触应力。

根据表 1 的计算结果，分析各个主参数对轴承性能的影响。

如图 2、图 3、图 4 所示，当球径取 7.938 mm，球数取 25 粒时，轴承额定静载荷和额定动载荷均达到最大值，接触应力均达到最小值，因此球径、球数的优化结果为 $D_w=7.938$，$Z=25$，符合技术要求。

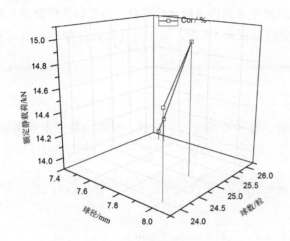

图 2　球径、球数对额定静载荷的影响

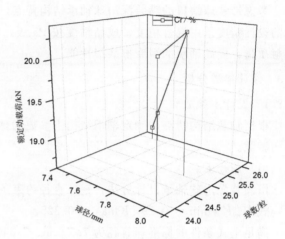

图 3　球径、球数对额定动载荷的影响

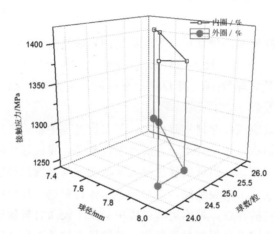

图 4　球径、球数对接触应力的影响

轴承疲劳寿命计算：

ISO 标准滚动轴承寿命理论是由瑞典学者 Lundberg 和 Palmgren 在"Hertz 接触理论""Weibull 材料强度统计理论"的基础上，通过大量试验于 20 世纪 40 年代中期建立发展起来的。为更精确、更完善地考虑轴承加工精度、材料质量及运转条件对寿命的影响，把滚动轴承的可靠度、润滑条件、污染系数和材料的疲劳载荷极限比等因素考虑在内，轴承修正额定寿命 L_{nm} 计算公式如下，式中 a_1 为可靠度修正系数，a_{iso} 为寿命修正系数。

$$L_{nm} = a_1 \times a_{iso} \times \left(\frac{C}{P}\right)^3 。 \tag{1}$$

经计算轴承疲劳寿命为 2.248×108 r，远大于 105 r 使用寿命要求。

综上，最终确定轴承结构参数及性能如表 2 所示。

表 2 轴承结构参数及性能

球径 D_w/mm	7.938
球数 Z/粒	25
球中心圆直径 D_{w_p}/mm	63.5
内沟曲率系数 f_i	0.54
外沟曲率系数 f_e	0.54

3 轴承的试验

为确保研制轴承各项性能指标满足主机使用要求，除辐射条件外模拟主机使用工况，开展国内外轴承性能对比试验及耐久性试验，并进行实际装机验证。

3.1 试验条件及台架

试验转速 5 rpm，径向载荷 F_r = 222 N（50 lbs），轴向载荷 F_a = 667 N（150 lbs），润滑介质为碱性水溶液（水加 NaOH 混合物），水溶液 pH 值为 10，试验轴承浸在水溶液中，浸没深度不少于 1/2，水温控制在 70～90 ℃，试验循环次数 200 000 次（约 666.66 h）。轴承试验安装示意如图 5 所示。

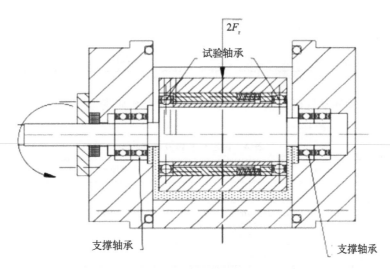

图 5 轴承试验安装示意

试验样品 2 套，即现用国外轴承样品和公司研制的产品进行对比试验。试验过程中记录轴承外圈温度，润滑介质温度，监测轴承的运转情况。

3.2 试验数据处理与分析

轴承在运转过程中失效形式主要有磨损和接触疲劳，因此该轴承试验前后的检测项目为磨损量及是否出现疲劳剥落。磨损量是指轴承径向游隙，内、外圈沟道尺寸及钢球尺寸变化情况。试验前后对比轴承的径向游隙、内外沟道尺寸及轮廓变化量，检查轴承的磨损情况。疲劳剥落是指轴承套圈和滚动体工作表面机体金属疲劳导致的部分剥落，检测到疲劳剥落深度 0.05 mm、剥落面积 ≥0.5 mm²，或零件损坏导致轴承不能正常运转时，轴承判定为疲劳失效。试验后轴承手动转动灵活，无卡滞现象，轴承沟道除滚动痕迹外，表面光滑明亮，无疲劳剥落点，试验后，轴承照片如图 6 所示。

试验前研发轴承和对比轴承主要参数如表 3 所示：

（a）   （b）

图 6 试验后轴承照片

表 3 试验前参数

检查项目	标准值	研发轴承	样品轴承
内径尺寸	0～-15 μm	-7 μm	-3.5 μm
外径尺寸	0～-12 μm	-4.5 μm	-3 μm
径向游隙	25～41 μm	34 μm	23 μm
钢球直径	7.9368 mm	7.9378 mm	7.9387 mm
单钢球质量		2.270 96 g	2.292 96 g
轴承钢球总质量		56.764 80 g	57.318 31 g

经过 20 万转耐久试验转动后研发轴承和样品轴承主要参数如表 4 所示。

表 4 试验后参数及结果

检查项目	标准值	研发轴承	样品轴承
内径尺寸	0～-15 μm	-4.5 μm	-3.5 μm
外径尺寸	0～-12 μm	-3.5 μm	-2.5 μm
径向游隙	25～41 μm	36.0 μm	25.2 μm
钢球直径	7.9368 mm	7.9360 mm	7.9362 mm
单钢球质量		2.269 68 g	2.290 72 g
轴承钢球总质量		56.728 22 g	57.265 13 g

从表 3 至表 5 可以看出径向游隙、内外沟道尺寸及轮廓变化量均在标准要求范围内，两种轴承均未发现疲劳剥落点，未发现明显异常，钢珠总体磨损量分别为研发轴承 0.064％ 和样品轴承 0.094％，研发轴承的耐磨性好于样品轴承。

表 5 试验前后变化量对比

检查项目	研发轴承	样品轴承
径向游隙	+2 μm	+2.2 μm
钢球直径	-0.0018 μm	-0.0025 μm
单钢球质量	-0.001 28 μm	-0.002 24 μm
轴承钢球总质量	-0.036 58 g	-0.053 18 g

3.3 装机应用

一对研发轴承被安装到装卸料机导向套筒插入工具上堆换料,目前已经完成换料 579 个通道,接近技术文件要求的 650 个通道,运行正常。

4 结束语

通过对轴承的使用工况及主要技术指标分析,从选材及结构参数优化方面着手,开发了应用于高压、高辐射、含有氚氘气体的碱性重水里的耐腐蚀耐磨损满装向心球轴承。模拟轴承使用工况对轴承进行了性能试验验证。通过试验数据的分析及实际装机应用,证明轴承在耐磨性方面达到或超过了国外同类型的水平。

参考文献:

[1] 卜炎. 实用轴承技术手册 [M]. 北京:机械工业出版社,2004:53.

[2] 邓四二,贾群义. 滚动轴承设计原理 [M]. 北京:中国标准出版社,2008.

Design optimization and test verification for bearing in alkaline heavy water reactor fueling machine

ZHANG Li-dong [1], ZHAO Sheng-qing[2], SHI Wei-zhen[1],

JIANG Jun-jian[1], WANG Fu-rong[2], CHEN Zhao-nan[2]

(1. CNNC Nuclear Power Operation Management Co., Ltd., Jiaxing, Zhejiang 314300, China;

2. Luoyang Bearing Research Institute Co., Ltd., Luoyang, Henan 471039, China)

Abstract: According to key technical characters and application environment of alkaline high pressure heavy water with tritium, deuterium and high radiation for heavy water reactor fueling machine guide sleeve insertion tool bearing determine structure parameter. Optimize the bearing design and perform wearable test on the condition of similar operation condition. The result of test proves that all performance indexes of developed heavy water lubricated bearing meet site requirement. The analysis of test data and site application testify the developed bearing meet design requirement in wear resistant aspect.

Key words: Heavy water lubricated bearing; Wear resistant; Full installation of radial ball bearings; Test verification

换料停堆模式进行一列 RRI/SEC 维修的可行性分析

李尔喜[1]，杨鹏程[2]，谭　琳[1]

(1. 华能海南昌江核电有限公司，海南　海口　572700；2. 苏州热工研究院有限公司，江苏　苏州　215008)

摘　要： M310/CPR1000 机组运行技术规范在换料停堆模式下要求两列 RRI/SEC 系统可用且每列两台泵必须可用。但在装料期间，由于乏燃料水池衰变热的降低，在一定的海水温度条件下，PTR 系统单列运行可以满足乏燃料水池温度低于 50 ℃的要求，因此在换料停堆模式下对 RRI/SEC 系统的要求存在合理优化的空间。本文从确定论和概率论安全分析来论证换料停堆模式下开展一列 RRI/SEC 维修的可行性，并给出合理化建议。

关键词： 换料停堆模式；RRI/SEC；确定论；概率论

基于乏燃料水池衰变热的提升，M310/CPR1000 机组运行技术规范在换料停堆模式下要求两列 RRI/SEC 系统且每列两台泵可用。但在装料期间，由于乏燃料水池衰变热的降低，在一定的海水温度条件下，PTR 系统单列运行可以满足乏燃料水池温度低于 50 ℃的要求，另外，电厂也可以通过设置 PTR 系统 B 列作为 RRA 系统的备用来保证冗余的冷却方式。因此，在换料停堆模式下对 RRI/SEC 系统的要求存在合理优化的空间。本文从确定论和概率论安全分析来论证换料停堆模式下开展一列 RRI/SEC 维修的可行性，并给出合理化建议。

1　当前对 RRI/SEC 系统的管理要求

以当前 M310/CPR1000 机组运行技术规范为例，在 RP、NS/SG、NS/RRA、MCS 及 RCS 模式下均要求两列 RRI/SEC 系统可用，且每列两台泵必须可用。在 RCD 模式下要求一列 RRI/SEC 系统可用，要求可用的 RRI/SEC 列两台泵必须可用。

在换料停堆模式下开展 RRI/SEC 系统单列预防性维修带来的风险主要来自于两个方面：换料停堆模式下本机组 RRI/SEC 因开展单列维修，导致乏池和堆芯冷却的可靠性降低，以及本机组 RRI/SEC 完全丧失情况下乏池及堆芯失去冷却。对于上述风险，已在新增限制条件的实施条件中制定了相应的措施，确保机组能够应对上述风险。

2　确定论安全分析

参考国内 M310 及 CPR1000 机组最终安全分析报告，在换料停堆模式下，由于一回路的温度和压力较低，发生类似 LOCA 极限事故的可能性大幅度降低，需要考虑的设计基准事故主要涉及：化容控制系统（RCV）故障引起反应堆冷却剂的硼浓度下降（DBC－2）、燃料组件错装位（DBC－3）、废气处理系统破损（DBC－3）、放射性液体废物系统泄漏或破损（DBC－3）、由液体包容罐破损引起的假想放射性释放（DBC－3）、设计基准燃料操作事故（DBC－4）、乏燃料容器坠落事故（DBC－4）。上述设计基准事故主要考虑了：

（1）化容控制系统（RCV）故障引起反应堆冷却剂的硼浓度下降（DBC－2）

该事故主要假设一台余热排出泵确保一回路的连续搅混。在换料停堆模式下，反应堆内的硼水体积刚好在反应堆容器接管之上，即 107 m³。"停堆高通量水平"报警整定值保守地假定为正常

作者简介：李尔喜（1982—），男，海南海口人，工程师，本科，现主要从事核安全监督工作。

停堆计数率的 3 倍。换料停堆模式下发生硼稀释事故后由操作员隔离稀释源来避免堆芯重返临界。堆芯具有足够的停堆裕量，给予操作员足够的响应时间，确保操作员能够及时隔离稀释源是本事故成功缓解的关键。因此，在换料停堆模式下开展一列 RRI/SEC 维修工作对该事故的假设及安全要求不产生影响。

（2）燃料组件错装位（DBC - 3）

该事故主要假设停堆后 100 h，乏燃料水池水位满足碘去污因子的要求。DVK 正常通风系统能够停运，小流量经碘捕捉器排风系统能够启动。对于燃料操作事故而言，主要考虑事故后人员能够及时撤离及放射性释放满足要求，不考虑由于该项事故发生对乏燃料水池及堆芯的冷却要求。分析表明在绝大部分情况下，通过检查启动调试期间测出的通量分布图，能探测到装载错误。探测不出错误预计是极少的情况，装载错误在整个功率运行周期中对功率分布不会有显著的影响。

（3）其他需考虑的设计基准事故

对于废气处理系统破损、放射性液体废物系统泄漏或破损、由液体包容罐破损引起的假想放射性释放、设计基准燃料操作事故及乏燃料容器坠落事故，这些事故属于系统或部件的放射性释放，主要关注事故中释放的放射性物质对公众和主控室人员的影响。事故成功缓解的关键是建立并维持放射性源项与目标人群之间的放射性消除措施及隔离屏障的有效性。事故中无堆芯余热导出相关安全问题，不要求 RRI/SEC 系统可用。

对于考虑换料停堆模式下开展 RRI/SEC 系统单列预防性维修带来的堆芯或乏燃料水池失去冷却的风险，可以通过适当措施来满足机组安全。综上所述，换料停堆模式下需要考虑的设计基准事故均不要求将 RRI/SEC 系统作为事故缓解的必要措施，因此可以认为 RRI/SEC 系统在换料停堆模式下不承担缓解设计基准事故的安全功能。

3 概率论安全分析

本节评价了运行技术规范变更后导致的电厂风险的变化，并与风险可接受准则进行比较。需要评价的风险指标为年平均风险变化 ΔCDF 和单次进入 AOT 的条件风险增量 $ICCDP$。ΔCDF 为变更前后电厂的 CDF（堆芯损坏频率）的变化量；$ICCDP$ 为条件堆芯损坏概率增量。风险指标要求满足 NNSA - 0147、NNSA - 0148 中规定的风险可接受准则。

$ICCDP$ 为条件堆芯损坏概率增量，可通过下面的公式来计算：

$$ICCDP = (CDF1 - CDF0) \times \Delta T. \tag{1}$$

式中，$CDF1$ 为目标设备退出服务，且其他设备根据运行技术规范的要求由允许停役带来设备名义不可用度条件下的条件 CDF；$CDF0$ 为设备名义不可用度下的基准 CDF；ΔT 为单个 AOT 的持续时间。

NNSA - 0147 的可接受准则主要限制机组平均风险水平的增加量，如图 1 所示。

3.1 定性安全评价

在换料停堆模式下开展 RRI/SEC 系统单列预防性维修带来的风险主要来自于以下方面：乏池冷却乏燃料的可靠性降低、换料停堆模式下本机组 RRI/SEC 完全丧失情况下乏池及堆芯的冷却能力丧失。对于上述风险，制定相应的措施后确保机组能够应对上述风险。

3.2 定量安全评价

核电厂换料大修下行时通常以反应堆水池充水到 15 m 进入到换料停堆模式。对反应堆水池 15 m 时进行粗略保守估算：堆池水位达到 15 m 后，倘若堆芯出现失冷事故，堆芯在 36.99 h 内不会裸露。根据 PSA 技术标准及国内外 PSA 专业实践经验，任务时间通常取 24 h，且考虑到 36.99 h 远大于 24 h，期间电厂有较多的手段和措施对事故进行缓解。在机组上行期间，堆芯衰变热更小，且水装量

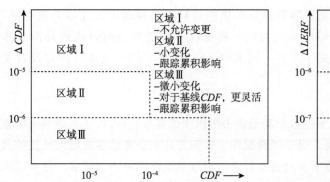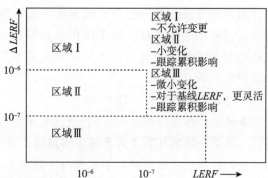

图1 平均风险增量控制原则

更大，风险更小，因此认为可以采用维修停堆模式下的 PSA 模型来包络分析换料停堆模式下一列 RRI/SEC 预防性维修的风险。具体分析过程中，在 POSF 工况下，设置 RRI/SEC 系统一列热交换器维修不可用进行分析，分析结果如表 1 所示。

表1 POSF 工况下开展一列 RRI/SEC 系统预防性维修的风险分析

POS 状态	POS 持续时间/天	$CDF0$/（1/堆年）	$CDF1$/（1/堆年）	ΔCDF/（1/堆年）	允许的 $ICCDP$	RI-AOT/天	备注
POSF	1.89	5.27E-09	1.17E-07	1.12E-07	3.33E-07	5.62	

此外，根据电厂 RRI/SEC 预防性维修经验反馈，开展一列 RRI/SEC 预防性检修工作大约需要 2 天时间，如果预期将超过 3 天，本次在换料停堆模型将不再安排开展一列 RRI/SEC 预防性维修工作。因此，根据目前电厂的控制措施，在换料停堆模型开展一列 RRI/SEC 预防性维修工作满足 NNSA-0148 规定的风险可接受准则。

3.3 高风险配置

参考国内某核电厂配置风险阈值管理经验，内部一级 PSA 事件占总堆芯损坏频率的贡献比约为 1∶3。因此，采用内部一级 PSA 模型识别 RRI/SEC 系统在换料停堆模式进行单列预防性维修的高风险配置时，$ICCDP$ 的风险限值将根据 NNSA-0148 规定限值的 1/3（3.33E-07）进行分析。

高风险配置识别过程如下（以 RRI/SEC 系统 A 列开展预防性维修不可用为例）：

（1）使用零维修模型进行分析，设置 RRI/SEC 系统 A 列功能不可用，计算 RRI/SEC 系统 A 列功能不可用配置时对应的 $CDF1$ 为 1.17E-07/堆年，并在该模型基础上得到基本事件的 $RAW1$ 重要度清单。

（2）依据公式（$RAW2 \times CDF1 - CDF0$）$\times \Delta T \geqslant ICCDP$ 限值推算出机组存在高风险配置时的 $RAW2$ 值 $RAW2 \geqslant$（$ICCDP/\Delta T + CDF0$）/$CDF1$。由于根据电厂 RRI/SEC 预防性维修经验反馈，开展一列 RRI/SEC 预防性维修工作大约需要 2 天时间，如果预期超过 3 天将不再安排。因此，分析中 ΔT 取值为 RRI/SEC 开展预防性维修不可用的持续时间（ΔT 取 3 天包络），计算得到 $RAW2 >$ 2.73，表示重要度清单中 $RAW > 2.73$ 的设备不可用与 RRI/SEC 系统 A 列同时不可用时为高风险配置组态。

（3）对于第 2 步筛选出来的清单，对每一个设备根据其实际 RAW 重要度来计算允许持续的时间 $RIAOT$。

（4）在 RRI/SEC 系统 A 列不可用期间，对于电厂生产计划中安排的其他活动，如活动导致设备不可用时间超过第 3 步中计算的 $RIAOT$，则应对该活动安排进行调整，避免产生高风险配置。

从分析结果可知：在机组开展一列 RRI/SEC 预防性维修期间，应关注影响下列系统/设备功能的可用性：①运行列 RRI/SEC 的可用性；②影响运行列 RRI/SEC 可用性的支持电源；③相邻机组 RCV 补水功能；④运行列 RRA 的可用性；⑤PTR001BA 水箱可用性。

4 补充安全措施

根据第 2 章节及第 3 章节中确定论安全分析及概率论安全分析，在换料停堆工况下开展一列 RRI/SEC 维修工作对机组安全不产生实质性影响，为提升机组安全裕度，建议采取以下补充措施，提升机组纵深防御水平：

（1）堆芯两个冷源的要求得到满足。隔离一列 RRI/SEC 后，机组可以设置 PTR 系统 B 列作 RRA 系统备用，PTR 系统 B 列的冷却可以由本机组可用的 RRI/SEC 系统和相邻机组的 RRI/SEC 系统冷却。如果本机组可用的一列 RRI/SEC 系统出现不可用，相邻机组的 RRI/SEC 系统可提供给本机组的 PTR 系统冷却，从而保证乏燃料水池和堆芯的冷却。

（2）乏燃料水池温度低于 50 ℃的要求得到满足。在每次大修前，机组需制定乏燃料水池中的剩余功率与 RRI 系统温度的关系图表，初步确认装料开始时 PTR 系统单列（一台泵、一台热交换器）运行是否可以满足乏燃料水池温度低于 50 ℃的要求。如果在换料停堆模式下开展 RRI/SEC 系统单列预防性维修过程中乏燃料水池温度高于 50 ℃，应立即停止燃料操作。

（3）其他补充措施。在保证上述要求的情况下，实施下列补充措施将有利于进一步提升在换料停堆 模式下 RRI/SEC 系统单列预防性维修活动的安全水平：

① 没有任何其他第一组事件；

② 乏燃料水池温度、水位监视正常；

③ 给乏燃料水池补水的核岛除盐水分配系统（SED）必须可用；

④ 核燃料厂房通风系统（DVK）必须可用。

5 结论

通过确定论和概率论分析表明换料停堆模式下开展一列 RRI/SEC 维修的限制条件的机组安全性可以接受，并基于核电厂纵深防御给出了在开展维修活动期间的补充安全措施，供国内核电厂开展该项活动提供了参考。

参考文献：

[1] 广东核电培训中心 . 900MW 压水堆核电站系统与设备 [M]．北京：原子能出版社，2004．

[2] 核安全译文 . NNSA‐0147，概率风险评价用于特定电厂许可证基础变更的风险指引决策方法 [Z]．2011．

[3] 核安全译文 . NNSA‐0148，特定电厂风险指引决策方法：技术规格书 [Z]．2011．

Feasibility analysis of implementing the maintenance for one train of RRI-SEC system under RCS mode

LI Er-xi[1], YANG Peng-cheng[2], TAN Lin[1]

(1. Huaneng Hainan Changjiang Nuclear Power Co., Ltd., Haikou, Hainan 572700, China; 2. Suzhou Thermal Engineering Research Institute Co., Ltd., Suzhou, Jiangsu 215008, China)

Abstract: The availability of two trains of RRI/SEC systems are required under RCS mode in the Operating Technical Specifications of M310/CPR1000 unit, and two pumps in each train must be available. However, during the charging period, due to the reduction of the decay heat of the spent fuel pool, under a certain seawater temperature, one train in service of PTR system can meet the requirement that the temperature of the spent fuel pool is lower than 50 ℃, therefore the requirements of RRI/SEC system under RCS mode can be optimized reasonably. This paper analyzes the feasibility of implementing the maintenance for one train of RRI/SEC system under RCS mode from the perspective of deterministic theory and probability theory, and gives reasonable suggestions.

Key words: RCS mode; RRI/SEC; Deterministic theory; Probability theory

基于 Modelica 语言的热电发电器一维瞬态数值分析

段　林，王　翔

（哈尔滨工程大学核科学与技术学院，黑龙江　哈尔滨　150001）

摘　要：现有热管冷却反应堆概念的设计具有模块化、固有安全性高、寿命长等优点，是许多小型核能工程应用的理想选择。热电发电器（Thermoelectric Generator，TEG）可将此类装置中由热管从堆芯导出的热能转化为可用电能。在接收来自于热管热量的同时，TEG 热端温度会影响其自身特性，进而影响其传热性能与发电效率。相比于开展实验研究，利用数值模拟快速、准确地预测 TEG 的工作特性并针对不同工程实践开展设计改进更具有重要意义。本文在现有基础研究上，使用 Modelica 语言采用面向对象的建模方法对 TEG 结构进行了完整建模，建立了 TEG 所涉及组件模型库和常见材料属性库，并借此较为全面地研究了 TEG 的传热和热电转换性能。得力于 Modelica 语言的可视化与模块化建模方法，基于该模型库可以快速对不同组成、结构的 TEG 建模与模拟；模型给出了 TEG 运行时的最大输出功率、开路电压、电流及模块热流量；给出了 TEG 随时间变化的温度与电压分布。仿真结果与已发表文献中的实验结果吻合较好，验证了模型的可行性和正确性，并为后续热管冷却反应堆的进一步建模提供了技术支持。

关键词：热管冷却反应堆；热电发电器；瞬态分析；温度分布

热管冷却反应堆是指通过大量独立的碱金属高温热管将堆芯裂变能非能动导出而不依赖于泵阀驱动流体带出堆芯裂变能的固态反应堆。与传统回路式反应堆相比，采用 TEG 和热管传热的热管反应堆在冷却系统和动力转换系统中没有活动部件[1]，具有模块化、固有安全性高、寿命长等优点。与其他能量转换技术相比，TEG 是一种基于塞贝克效应的静态热电转换方式[2]，可灵活组成各种形状，整体尺寸重量可控制在较小体积范围内。本文就现有研究对 TEG 进行一维建模，开发 TEG 涉及的组件模型库和常见材料属性库，将仿真结果与实验数据进行比对，证明了模型的可行性与准确性，并借此对 TEG 展开瞬态分析计算，以研究 TEG 的传热和各项瞬态性能，从而进一步设计和优化热管反应堆。

1　理论和方法

当热电材料两端的温度不同时会在材料两端产生电动势，这种依靠热电材料的特性把热能转化为电能的现象称为热电效应。热电效应是由电流引起的热效应及由温差引起的电效应的统称，它通过 5 个热效应原理来实现热能与电能之间的转换，分别是帕尔贴效应、塞贝克效应、汤姆逊效应、焦耳效应和傅立叶效应。

热电发电器运行时，不仅内部会产生热电效应，模块与模块、模块与环境之间也会有热传递、热对流和热辐射现象产生[3]，对于不同材料之间的接触界面还会存在接触电阻和接触热阻（图1）[4]，本文为简化问题计算进行了以下假设：①不考虑热对流与热辐射现象；②忽略模块内部空气间隙的传热（会增大模块热阻，减小热流）；③除热电材料外，其他材料物性均为常数，不随温度改变。

作者简介：段林（1999—），男，硕士研究生，现主要从事热电转换及热管换热的系统仿真建模工作。

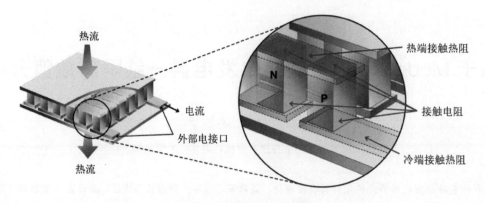

图 1 单个热电偶对运行情况

1.1 瞬态数学模型

TEG 模块一般会堆叠热电偶，这些热电偶在电能方面起到了串联作用，能够产生较大的输出电压；在热能方面起到了并联作用，保证在每个热电偶上有最大温差，获得较高的效率。对于热电偶的划分分段，其电压产生遵守式（1）[5]：

$$dU = dU_{th} - dU_R = \alpha\left(-\frac{\partial T}{\partial x}\right)dx - dR \cdot I。 \tag{1}$$

式中，dU 为分段输出电压；dU_{th} 为分段开路电压；dU_R 为分段电阻电压降；dR 是分段电阻。

分段内热量平衡遵守式（2）：

$$c\rho\frac{\partial T}{\partial t}A dx = \frac{\partial}{\partial x}\left(\lambda\frac{\partial T}{\partial x}\right)A dx - IT\frac{\partial \alpha}{\partial x}dx + I^2\frac{r}{A}dx。 \tag{2}$$

式中，c 为材料比热容；ρ 为材料密度；r 为材料电阻率；α 为塞贝克系数；τ 为汤姆逊系数；λ 为材料热导率。式（2）中等式左边第一项是由温度变化引起的热量变化项，等式右边依次是由热量传递引起的热量变化项、由汤姆逊效应引起的热量变化项和由分段电阻产生焦耳热引起的热量变化项。

分段的输出功率遵守式（3）：

$$dP_{el} = dU \cdot I = \alpha\left(\frac{\partial T}{\partial x}\right)dx \cdot I - dR \cdot I^2 = dP_{th} - dQ_J。 \tag{3}$$

式中，dP_{el} 为输出功率；dP_{th} 为总功率；dQ_J 为焦耳热功率。

分段内模型的塞贝克系数、电阻率和热导率是随温度变化的一维函数，具体公式将在第二节中给出。

$$\alpha = f_\alpha[T(x,t)]。 \tag{4a}$$

$$\lambda = f_\lambda[T(x,t)]。 \tag{4b}$$

$$r = f_r[T(x,t)]。 \tag{4b}$$

1.2 模型建立

选择热电腿上的一小段进行分析（图 2），涉及的物理场包括电场和热场。对于电场中的电流，由于涉及的传递情况简单，不对其做划分。开路总电压 dU_{th} 和闭合回路时电阻电压降 dU_R 由式（5）和式（6）计算：

$$dU_{th} = f_\alpha\left(\frac{T_a + T_b}{2}\right) \cdot (T_a - T_b)。 \tag{5}$$

$$dU_R = f_r(T) \cdot \frac{dx}{A} \cdot I。 \tag{6}$$

对于热场中的热流，涉及的传递情况较为复杂，有热传递、帕尔贴效应、汤姆逊效应和焦耳热，因此将其划分为 4 道热流，分别为热传递热流 Q_C、帕尔贴效应热流 Q_P、汤姆逊效应热流 Q_T 和焦耳热内热源热流 Q_J。

对于热传递热流 Q_C 有：

$$Q_C(x_a) = f_\lambda \left(\frac{T_a + T}{2} \right) A \cdot \frac{T_a - T}{\mathrm{d}x/2}。 \tag{7a}$$

$$Q_C(x_b) = f_\lambda \left(\frac{T + T_b}{2} \right) A \cdot \frac{T - T_b}{\mathrm{d}x/2}。 \tag{7b}$$

对于帕尔贴效应热流 Q_P 有：

$$Q_P(x_a) = f_\alpha(T_a) \cdot T_a I。 \tag{8a}$$

$$Q_P(x_b) = f_\alpha(T_b) \cdot T_b I。 \tag{8a}$$

对于汤姆逊效应热流 Q_T 有：

$$\mathrm{d}Q_T = Q_P(x_a) - Q_P(x_b) - \mathrm{d}U_{th} I。 \tag{9}$$

对于焦耳热内热源热流 Q_J 有：

$$\mathrm{d}Q_J = f_r(T) \cdot \frac{\mathrm{d}x}{A} \cdot I^2。 \tag{10}$$

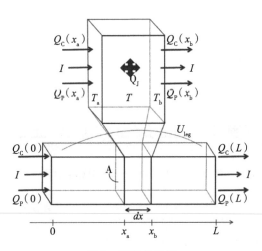

图 2   局部热电腿

其中，构建模型组件库所需要的热容、电阻、热传导等涉及一般热电传导的组件和接口均可在 Modelica 标准库中获取，对于帕尔贴效应热流 Q_P 和汤姆逊效应热流 Q_T，标准库中没有描述，因此构建了中心热流组件来定义 Q_P 和 Q_T 并进行计算。

同时，针对热电模块所涉及的材料建立了材料库，涵盖了每种材料的常见物性，可以在热电模块的组件库中进行调用（图 3）。

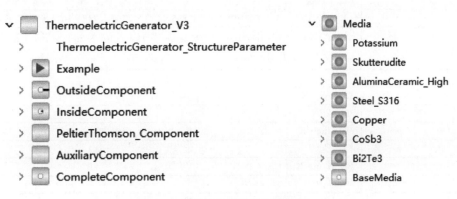

图 3   模型组件库和材料属性库

2 模型验证与结果分析

2.1 模型参数及材料参数

为验证所建 TEG 模型的准确性，采用了 Högblom 等[4]有关 TEP1－1264－1.5 型热电模块的实验数据。模型参数取自 TEP1－1264－1.5 型热电模块产品说明书[6]，模块内部热电偶对数为 127 对，整体内阻约为 3 Ω，其结构如图 4 所示。该模块的陶瓷板材料为 Al_2O_3，导板材料为 Cu，热电材料为 Bi_2Te_3，模拟使用的材料属性参数及计算公式如表 1 所示。计算所涉及界面接触阻值均来自 Högblom 等[4]，热端接触热阻值、冷端接触热阻值和模块接触电阻值分别为 2×10^{-4} m^2K/W、1×10^{-4} m^2K/W 和 4.8×10^{-9} $Ω\cdot m^2$。

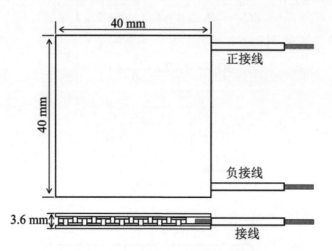

图 4　TEP1－1264－1.5 型热电模块

表 1　TEP1－1264－1.5 型热电模块材料计算参数

P 型 Bi_2Te_3	计算参数
导热率	$5.246 - 2.302\times10^{-2}\times T + 3.41\times10^{-5}\times T^2$ W/m·K
密度	7700 kg/m^3
比热容	162.5 J/kg·K
塞贝克系数	$9.547\times10^{-4} - 6.809\times10^{-6}\times T + 2.11\times10^{-8}\times T^2 - 2.149+10^{-11}\times T^3$ V/K
电阻率	$2.09\times10^{-5} - 2.223\times10^{-7}\times T + 8.664\times10^{-10}\times T^2 - 8.451\times10^{-13}\times T^3$ Ω·m
N 型 Bi_2Te_3	
导热率	$5.411 - 2.286\times10^{-2}\times T + 3.335\times10^{-5}\times T^2$ W/m·K
密度	7700 kg/m^3
比热容	162.5 J/kg·K
塞贝克系数	$-1.001\times10^{-3} + 6.546\times10^{-6}\times T - 1.856\times10^{-8}\times T^2 + 1.748\times10^{-11}\times T^3$ V/K
电阻率	$-0.0017 + 2.269\times10^{-5}\times T - 1.196\times10^{-7}\times T^2 + 3.128\times10^{-10}\times T^3 - 4.048\times10^{-13}\times T^4 + 2.074\times10^{-16}\times T^5$ Ω·m
Al_2O_3 陶瓷	
导热率	32 W/m·K
密度	3940 kg/m^3
比热容	780 J/kg·K
Cu 导板	
导热率	401 W/m·K
密度	8900 kg/m^3
比热容	380 J/kg·K

注：1. 上表拟合公式只适用于 290～500 K。

　　2. T 为材料温度，单位为 K。

2.2 仿真模型验证

Högblom 等有关 TEP1－1264－1.5 型热电模块的实验数据与仿真结果对比，如表 2 所示。将冷热端温度带入计算模型得到的模块电压、最大输出功率、热流量及电流与实验值比较的结果如图 5 所示。

表 2 TEP1－1264－1.5 型热电模块实验与仿真数据对比

T_h/K		362.15	391.15	403.15	415.15	432.15	452.15
T_c/K		294.15	302.15	300.15	299.15	302.15	303.15
U/V	实验	1.56	2.22	2.40	2.62	2.90	3.26
	仿真	1.47	1.93	2.23	2.51	2.80	3.19
	相对误差	－5.69%	－13.06%	－7.00%	－4.18%	－3.28%	－2.02%
I/A	实验	0.52	0.64	0.72	0.79	0.87	0.96
	仿真	0.53	0.66	0.75	0.84	0.91	1.01
	相对误差	1.81%	3.10%	4.67%	5.82%	4.64%	5.32%
Q/W	实验	46	56	64	77	81	99
	仿真	40.5	53.1	61.8	69.9	78.84	91.2
	相对误差	－11.95%	－5.10%	－3.49%	－9.26%	－2.66%	－7.83%
P/W	实验	0.81	1.40	1.70	2.10	2.50	3.10
	仿真	0.78	1.27	1.68	2.09	2.55	3.23
	相对误差	－3.84%	－9.03%	－1.05%	－0.05%	2.13%	4.18%

注：T_h 为热端温度，T_c 为冷端温度。

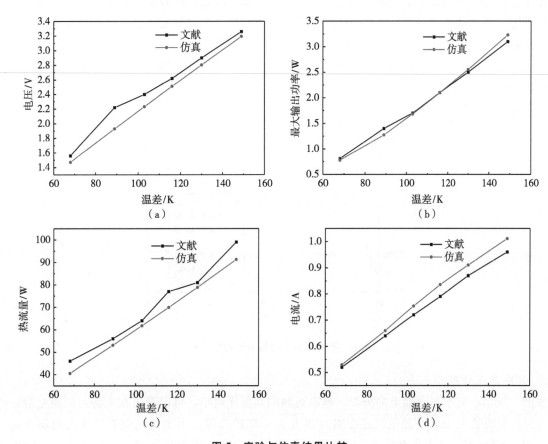

图 5 实验与仿真结果比较

（a）电压；（b）最大输出功率；（c）热流量；（d）电流

如图 5 所示，在不同冷热端温度下，模块的电压、最大输出功率、热流量及电流的仿真结果与实验数据吻合较好，能够反映所仿真的物理量在实际情况下的随温差改变的变化趋势和所仿真模块的各项能参数。如图 5（a）所示，对于模块电压，最大误差为-0.29 V，最小误差为-0.094 V，相对误差最大为 -13.06%、最小为 -2.02%；如图 5（b）所示，对于模块最大输出功率，最大误差为 0.046 A，最小误差为 0.009 A，相对误差最大为 5.82%、最小为 1.81%；如图 5（c）所示，对于模块热流量，最大误差为 5.5 W，最小误差为 2.16 W，相对误差最大为 -11.95%、最小为 -2.66%；如图 5（d）所示，对于模块电流，最大误差为 0.126 W，最小误差为 0.002 W，相对误差最大为 -9.03%、最小为 -0.05%。如图 5（a）所示，对于模块电压，文献值高于仿真值；如图 5（d）所示，对于模块电流，文献值低于仿真值。造成这两者的原因是因为模型中没有考虑模块的热对流和热辐射散热，这会使得由仿真得到的热电材料平均温度高于文献值，同时热电材料的塞贝克系数与温度呈负相关，电阻率与温度呈正相关，这就使得模块电压的文献值高于仿真值，模块电流的文献值低于仿真值；各参数实验与仿真对比数据点相对误差都不超过 13.06%，过半的数据点相对误差在 5% 以内。这证明了模型具有一定的准确性。

2.3 瞬态数据分析

以下数据来自于单个热电偶对上的数据输出。

2.3.1 热转换效率

如图 6 所示，在不考虑温差的情况下，不同温差下的模块热转换效率随时间的变化上升到一定值后稳定不变。这是因为初始时刻时，模块内部温度处于室温下，在热端接触到热源后，由于温差较大，此时会输入大量热量用于模块内部温度上升，导致效率较低，随着模块热端温度逐步接近热源温度，此时输入热量会逐步减小，效率也会逐步上升达到稳定；同时热效率会随着冷热端温差的增大而增大，在温差为 68 K 时热效率为 1.92%、为 149 K 时热效率为 3.54%，这是因为在所仿真温度范围内，热电材料 Bi_2Te_3 的热电优值会随温度的上升而增大，这就使得热转换效率会随着冷热端温差的增大而增大。

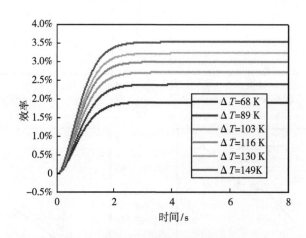

图 6　不同温差下的模块热转换效率

2.3.2 开路电压分布

如图 7 所示，对于同一腿上的分段，越靠近热端其标序越小，可以看出在电势达到稳定后，热电偶对内部电势升高是由 P 型热电腿的冷端到 N 型热电腿的冷端，单个热电偶对产生的电压在稳定时可以达到 0.0248 V；对于所有分段，电势随时间变化上升到一定值后稳定，是因为在开始时模块温度为室温，在接触热源后，热电偶内部温度梯度逐步建立，塞贝克效应开始显现，模块电压逐步上升。

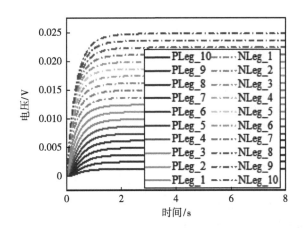

图 7　冷端温度为 294.15 K、温差为 68 K 时单个热电偶对开路电压分布

2.3.3　温度分布

如图 8 所示，可以看到对于同位置处的 P 型热电腿和 N 型热电腿，在到达平衡后不同热电腿间同一位置处的温度有细小的差异，P 型热电腿略高于 N 型热电腿，差值最大值为 0.99 K，最小值为 0.09 K。造成这样的原因是热电材料的汤姆逊效应，对于连通的热电偶对，电流是从 N 型热电腿的冷端流向 P 型热电腿的冷端，这使在 N 型热电腿内部的电流方向是顺温度梯度，材料的汤姆逊效应表现为吸热；在 P 型热电腿内部的电流方向是逆温度梯度，材料的汤姆逊效应表现为放热。这就使得P 型热电腿整体温度会略高于 N 型热电腿。

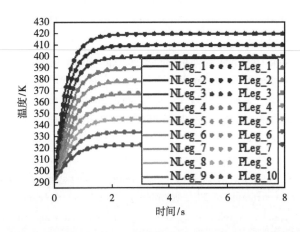

图 8　冷端温度为 293.15 K、温差为 149 K 时单个热电偶对温度分布

3　结论

本文使用 Modelica 语言采用面向对象的建模方法对热电模块建立一维瞬态模型，进行了不同工况下的热电模块瞬态数值计算，将瞬态计算达到稳定后的结果与实验稳态结果进行对比，各工况点计算误差均不超过 13.06%，一半工况点误差在 5% 以下，这证明了所开发瞬态模型具有一定的准确性。后续对瞬态情况下的热电转换效率、开路电压分布和温度分布进行仿真，计算结果符合理论分析，适用于 TEG 的传热与各项性能的模拟，可用于后续热管冷却反应堆的建模。

参考文献:

[1] TANG S M, WANG C L, LIU X, et al. Experimental investigations on start – up performance of static nuclear reactor thermal prototype [J]. International journal of energy research, 2020, 44 (4): 3033 – 3048.

[2] ZOUI M A, BENTOUBA S, STOCHOLM J G, et al. A review on thermoelectric generators: Progress and applications [J]. Energies, 2020, 13 (14): 3606.

[3] 张胤, 王成龙, 唐思邈, 等. 固态热管反应堆模拟装置热工水力特性分析 [J]. 原子能科学技术, 2021, 55 (6): 984.

[4] HÖGBLOM O, ANDERSSON R. Analysis of thermoelectric generator performance by use of simulations and experiments [J]. Journal of electronic materials, 2014, 43: 2247 – 2254.

[5] FELGNER F, EXEL L, NESARAJAH M, et al. Component – oriented modeling of thermoelectric devices for energy system design [J]. IEEE transactions on industrial electronics, 2013, 61 (3): 1301 – 1310.

[6] JIAN J F. Thermonamic Module [EB/OL]. (2015 – 02 – 20) [2023 – 06 – 15]. http: //www. thermonamic. com. cn/ TEP1 – 1264 – 1. 5 – English. PDF.

One-dimensional transient numerical analysis of thermoelectric generator based on Modelica language

DUAN Lin, WANG Xiang

(School of Nuclear Science and Technology, Harbin Engineering University, Haerbin, Heilongjiang 150001, China)

Abstract: The design of the existing Heat-pipe cooled reactor concept has the advantages of modularity, high inherent safety and long life, and is ideal choice for many small-scale nuclear engineering applications. Thermoelectric Generator (TEG) converts the heat derived from the core by Heat-pipe in such a device into usable electric energy. While receiving heat from the Heat-pipe, the temperature of the hot side of TEG will affect its own characteristics, and then affect its heat transfer performance and power generation efficiency. Compared with the experimental research, it is of great significance to use numerical simulation to predict the working characteristics of TEG quickly and accurately and to improve the design for different engineering practices. Based on the existing basic research, this paper uses Modelica language and object-oriented modeling method to model the structure of TEG completely, establishes the component model library and common material property library of TEG, and comprehensively studies the heat transfer and thermoelectric conversion performance of TEG. Thanks to the visualization and modular modeling method of Modelica language, the model library can quickly model and simulate TEG with different components and structures; The maximum output power, open circuit voltage, current and module heat flow during TEG operation; The temperature and voltage distributions of TEG with time are given. The simulation results are in good agreement with the experimental results in published reference, which verifies the feasibility and correctness of the model, and provides technical support for the further modeling of the Heat-pipe cooled reactor.

Key words: Heat-pipe cooled reactor; Thermoelectric generator; Transient analysis; Temperature distribution

小型模块式反应堆蒸汽发生器窄缝换热管数值模拟研究

韩晋玉，何　雯，刘　瑶，赵陈儒*，薄涵亮

（清华大学核能与新能源技术研究院，北京　100084）

摘　要：窄缝换热技术是一体化小型模块式反应堆发展的关键技术之一。基于窄缝沸腾换热原理的换热器具有结构紧凑和换热能力强的特点。本文采用欧拉-欧拉双流体多相流方法（EEMF）结合壁面热流分配模型（WHFP）对窄缝通道的流动沸腾现象进行模拟计算，基于文献中窄缝通道的高压实验数据，建立了高压下预测效果较好的数值模型。基于建立的数值模型，对小型模块式反应堆窄缝蒸汽发生器换热管内的流动沸腾现象进行三维精细化数值模拟。根据数值模拟的计算结果，对已有流动沸腾换热关联式的适用性进行了评估和改进。最后提出了适用于小型模块式反应堆窄缝蒸汽发生器流动沸腾换热计算的准则关联式。

关键词：蒸汽发生器；窄缝通道；流动沸腾；壁面沸腾模型；关联式

　　一体化小型模块式反应堆的关键技术之一在于主设备的设计和研制，包括内置式控制棒驱动机构和内置式蒸汽发生器等。作为技术发展方向之一，下一步拟研制内置式高性能蒸汽发生器，直接产生过热蒸汽，实现一、二回路的直接换热，以进一步提高小型模块化反应堆的换热效率、系统紧凑度和一体化程度。环形窄缝直流蒸汽发生器是一种换热高效、结构紧凑的蒸汽发生器，目前关于环形窄缝直流蒸汽发生器完整公开的研究较少，蒸汽发生器内部局部参数变化规律的研究及结论尚欠缺。因此，有必要对蒸汽发生器窄缝换热管内的流动沸腾现象进行进一步的研究。本文首先基于文献中窄缝通道的高压实验数据，建立了预测效果较好的数值模型；然后，针对小型模块式反应堆直流蒸汽发生器运行参数的范围，建立三维环形窄缝流动沸腾的数值模型，获得沸腾换热和两相参数的沿程变化情况，得到不同设计工况条件下的热工水力参数；最后，根据模拟结果对现有的过冷流动沸腾和饱和流动沸腾传热关联式的预测精度进行评估，并在现有关联式的基础上进行改进并提出新准则关联式。

1　窄缝通道高压数值模型的建立

　　欧拉-欧拉双流体多相流方法（EEMF）对汽、液两相分别建立质量、动量和能量守恒方程，同时求解相间质量、动量和能量传递。欧拉-欧拉双流体模型的液相和汽相的质量守恒方程、动量守恒方程和能量守恒方程的具体形式，如文献［1］所示本文不再赘述。目前在 CFD 中使用的壁面沸腾模型属于被称为"壁热流量分配"（WHFP）方法的范畴。最著名的 WHFP 模型是由来自伦斯勒理工学院的 Kurul[2] 提出的 RPI 壁面热流分配模型。RPI 壁面热流分配模型需要准确计算各项分配的热流，而各项热流的计算基于一些关键的壁面沸腾参数，包括汽泡脱离直径 d_w、汽化核心密度 N_w 和汽泡脱离频率 f。RPI 壁面热流分配模型计算沸腾换热的准确性关键取决于这些汽泡动力学参数子模型的适用性和准确性。CFD 模型预测的可信度依赖于实验数据对比的广泛验证。而在目前窄缝流动沸腾的数值模拟研究中，缺乏高压条件窄缝通道流动沸腾的实验数据来验证模型的准确性。本文选用 Martin[3] 的实验数据来建立窄缝通道的高压数值模型。用于验证的实验模拟工况如表 1 所示。

作者简介：韩晋玉（1997—），男，博士生，现主要从事流动沸腾的数值模拟和实验研究工作。

基金项目：中核集团"菁英计划"项目；中核集团领创科研项目。

加热壁面采用均匀定热流的加热方式，采用速度入口和压力出口。汽相温度恒为饱和温度且物性为当前压力下的饱和蒸汽物性，水的物性参数采用线性插值的方法计算，与水和水蒸气的相关物性参数取自 NITS Refprop 函数库。在仿真域上生成均匀 2D 的非结构化网格，并采用标准的 $k-\varepsilon$ 湍流模型和增强型壁面函数用于本文的数值模拟研究。本文相间作用力采用 Schiller – Naumann 曳力模型、Moraga 升力模型、Antal – et – al 壁面润滑力模型、Sato 汽泡致湍流模型和 Lopez de Bertodano 湍流耗散力模型。汽泡脱离直径模型采用 Unal[4] 模型，汽化核心密度模型采用 Kocamustafaogullari 等[5] 模型，汽泡脱离频率模型采用 Cole[6] 模型。

表 1　模拟工况设置

工况 \ 数据	p /MPa	q / (kW/m²)	G / (kg/m²·s)	ΔT_{in}/K
Martin – 1	8.0	750	750	42
Martin – 2	8.0	750	1500	42
Martin – 3	8.0	1100	1500	42
Martin – 4	11.0	750	2200	33
Martin – 5	14.0	400	750	24

进行网格无关性分析，以工况 Martin – 1 为例，构建了 5 套网格进行计算，网格尺寸分别是 Mesh1＝30×600、Mesh2＝15×120、Mesh3＝15×900、Mesh4＝7×1200 和 Mesh5＝10×1200。如图 1（b）所示，使用 5 种网格计算得到的平均截面空泡份额与实验值比较，可知计算结果受网格的影响较小，从收敛性和简化计算的角度最终选择 Mesh5 作为之后的网格，如图 1（a）和图 1（c）所示，采用网格 Mesh5 计算得到空泡份额云图和液相温度云图。

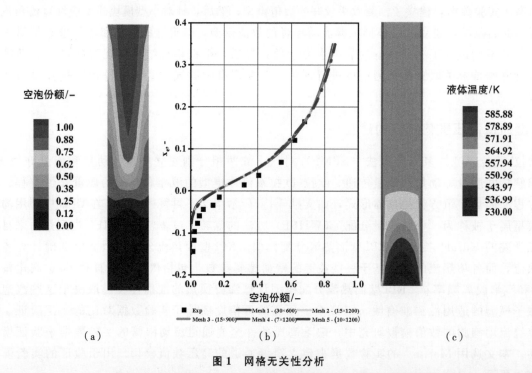

图 1　网格无关性分析
(a) Mesh 5 的空泡份额；(b) 不同网格的空泡份额；(c) Mesh 5 的液相温度

Martin[3] 5 个工况的计算结果如图 2 所示，涵盖压力 8～14 MPa，所有工况均包括过冷沸腾和饱和沸腾部分。根据高压下轴向空泡份额计算值与实验值的比较可知，该模型有较好的预测效果。

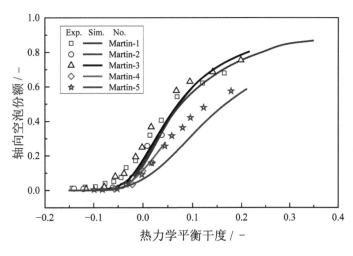

图2 Martin[3]工况的计算结果

2 小型模块式反应堆蒸汽发生器窄缝换热管的数值模拟计算

高性能窄缝直流蒸汽发生器主体为管内沸腾管壳式蒸汽发生器结构。热二回路水通过二次侧给水口进入蒸汽发生器后,首先经过一次分流进入一级给水管;然后在堆芯死水区被预热,到达底部后经过二次分流进入二级给水管;最后进入环形窄缝传热管,被管外壳侧的一回路水加热至微过热状态,到出口汇总。其中,除传热管段为环形管外,其余管道包括一次给水管、二次给水管及蒸汽出口管均为圆管,环形管管道长度为1153 mm,一次侧工质压力为5 MPa,进口温度为527 K,出口温度为493 K,流速为0.5 m/s,环形通道外侧直径为12.2 mm,内侧直径为10.2 mm,窄缝间隙为1 mm。

进行窄缝蒸汽发生器数值模拟初步计算需要进行一定的简化假设:

(1)将直流蒸汽发生器的管束简化成一根单管,认为这根单管的特性代表整个蒸汽发生器的性能。

(2)由于一次侧向二次侧的热量传递过程比较复杂且热流分布不均匀,为简化换热,认为一次侧向二次侧进行能量传递时壁面为恒定热流密度。基于能量平衡,等效热流密度的计算公式如下:

$$q_{all} = \frac{Mc_p \Delta T}{L \zeta_w}。 \tag{1}$$

式中,M为一次侧流体的质量流量;ΔT为一次侧工质进出口的温度差;ζ_w为加热周长。考虑到内外一次侧等效热流密度差异不大,因此认为二者相等,取等效平均值为$q_{all}=115$ kW/m²。

(3)由于一般的U形管蒸汽发生器只产生饱和蒸汽,因此在计算时只需要划分过冷沸腾区域和饱和沸腾区域。在直流蒸汽发生器中二次侧从过冷水加热为过热蒸汽,其相变过程十分复杂,按照换热机制的不同一般可以分为单相预热段、过冷沸腾段、饱和核态沸腾段、强制对流蒸发段、缺液体段和过热段6个区域。现有沸腾数值模型无法考虑完全区域内的所有沸腾机制,本章的WHFP模型机理假设仅适用于过冷沸腾和部分饱和沸腾区域,因此在计算4~7 MPa的工况时,为了仅计算过冷和饱和沸腾区域,热流密度控制在等效平均热流的10.5%~40%,具体模拟工况的设置如表2所示。

表2 模拟工况设置

Case	压力/MPa	热负荷	q/(W/m²)	G/(kg/m²·s)	T_{in}/K
1	4.0	10.5%	12 075	220	490
2	4.0	11.0%	12 650	220	490
3	4.0	12.0%	13 800	220	490

Case	压力/MPa	热负荷	q / (W/m²)	G / (kg/m² · s)	T_{in}/K
4	4.0	13.0%	14 950	220	490
5	5.0	25.0%	28 750	220	490
6	5.0	30.0%	34 500	220	490
7	5.0	35.0%	40 250	220	490
8	6.0	25.0%	28 750	220	490
9	6.0	28.0%	32 200	220	490
10	6.0	30.0%	34 500	220	490
11	6.0	31.0%	35 650	220	490
12	6.0	35.0%	40 250	220	490
13	7.0	32.0%	36 800	220	490
14	7.0	35.0%	40 250	220	490
15	7.0	40.0%	46 000	220	490

本文使用 ANSYS FLUENT 软件作为数值计算的工具,对稳态条件环形窄缝换热管内的流动沸腾现象进行数值模拟计算,数值模型和求解方法与上章中描述的相同。环形管管道长度为 1153 mm,环形通道外侧直径为 12.2 mm,内侧直径为 10.2 mm。采用 ANSYS ICEM 创建非结构化三维网格,网格采用 O 形划分的方式,如图 3 所示。为保证计算结果的网格独立性,对网格进行了无关性分析,共建立 5 套网格,网格尺寸分别是 Mesh1＝20×20×200、Mesh2＝20×7×200、Mesh3＝20×10×200、Mesh4＝20×10×400 和 Mesh5＝20×10×800。以 Case-14 为例,不同网格计算得到的出口截面平均空泡份额和进出口压降如图 4 所示,可知网格之间计算结果的偏差较小,从计算量和收敛性的角度考虑,最终选择 Mesh3 作为最终的计算网格。

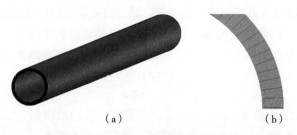

图 3　环形窄缝通道网格示意

(a) 环管整体;(b) 窄缝局部横截面

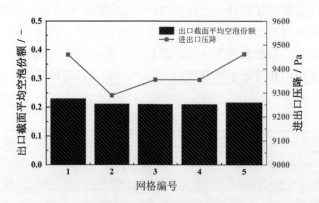

图 4　不同网格的计算结果

压力在 5 MPa、6 MPa、7 MPa 下相同入口速度、入口过冷度和热流密度情况下三维整体和不同截面处的空泡份额分布如图 5 所示。由图可知随着压力不断增大，饱和温度和其他物性相应变化，导致流场由充分发展的饱和沸腾逐步到局部过冷微沸腾。

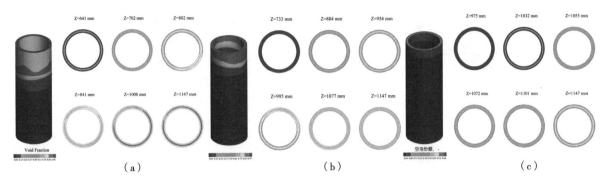

图 5　Case – 7（a）、Case – 12（b）、Case – 14（c）的空泡份额云图

3　流动沸腾传热关联式研究

在本章将进一步研究适用于窄缝通道的流动沸腾传热关联式。用于评估的数据来自上章数值模拟计算结果，其中处于过冷沸腾区域的有 214 个点，处于饱和沸腾区域的有 133 个点。经过七十多年的研究，学者已提出较多的关联式和理论模型。由于两相流系统的复杂性，且现存大量模型的适用范围各不相同，部分模型的结论甚至冲突，详细评估每一个模型有较大的计算量，因此本节根据环形窄缝这一具体工程实例，结合现有的相关文献研究基础，选择较为经典的流动沸腾换热关联式进行进一步研究。

过冷沸腾关联式的增强模型选择 Saha[7]、Chen 等[8] 和 Lee 等[9]；幂函数模型选择 Kandlikar[10] 和 Jens 等[11]；渐进模型选择 Liu 等[12]；叠加模型选择 Yan 等[13]。本章基于轴向的局部换热数据，对比了 7 个过冷沸腾关联式预测值与 CFD 计算值的差异，在定量评估关联式预测性能时使用平均绝对误差（MAE）和相对平均误差（MRE）来评估其准确性，关联式在过冷沸腾区域的预测值与 CFD 计算值的比较如表 3 所示。

表 3　过冷沸腾关联式预测值与 CFD 计算值比较

关联式	MAE	MRE
Saha[7]	19.13%	17.71%
Chen 等[8]	36.02%	45.12%
Lee 等[9]	53.76%	32.12%
Kandlikar[10]	42.23%	20.12%
Jens 等[11]	20.85%	19.50%
Liu 等[12]	43.31%	− 15.23%
Yan[13]	65.22%	54.61%

表 3 中两个预测效果较好的关联式 Saha[7] 和 Jens 等[11] 的预测值与 CFD 计算值比较如图 6 所示。Saha[7] 关联式为预测效果最好的关联式，其平均绝对误差为 19.13%，接着是 Jens 等[11] 以平均绝对误差 20.85%，仅次于 Saha[7] 关联式。考虑矩形微通道效应的 Lee 等[9] 关联式有较大的预测偏差，原因可能是其研究的工质为制冷剂 HFE7100，且工况范围与本文也有一定差距。一般来说，对于过冷沸腾可划分为部分过冷流动沸腾区域和充分发展过冷沸腾区域，部分过冷流动沸腾区域强迫对流换热

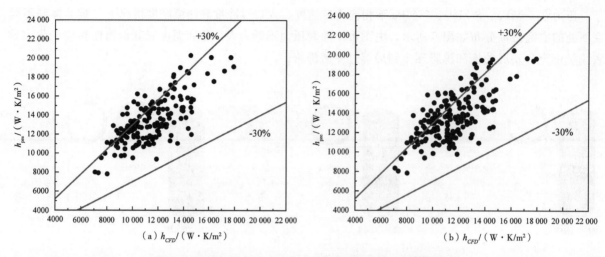

图 6 Saha 和 Jens–Lottes 关联式预测值与 CFD 计算值比较

(a) Saha MAE=19.13%；(b) Jens-Lottes MAE=20.85%

和核态沸腾同时起作用，充分发展过冷沸腾区域则是以核态沸腾传热为主，因此一般研究中认为质量流速和主流流体温度对于传热的影响较小。Saha[7]关联式将公式区分为高过冷区域和低过冷区域来计算可能是其预测效果较好的原因之一。Jens 等[11]关联式考虑压力和热流密度的影响，其关联式形式简洁且在不同压力范围内有较好的预测效果，是较多学者采用的过冷沸腾关联式之一。因此，本文选择 Jens 等[11]关联式作为新关联式发展的基本形式。使用误差最小分析方法，得到新的关联式如下：

$$\Delta T_{sat} = 30.86 q^{0.25} e^{-p/6.2} \text{。} \tag{2}$$

新建立的关联式预测值与 CFD 计算值比较如图 7 所示，该传热关联式的平均绝对误差为 11.06%，预测性能较为理想，因此本文推荐采用式（2）作为过冷沸腾区域的换热关联式。

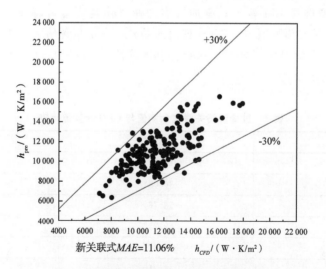

新关联式*MAE*=11.06% $h_{CFD}/(\text{W} \cdot \text{K/m}^2)$

图 7 新关联式预测值与 CFD 计算值比较

本章饱和沸腾区域关联式的增强模型选择 Fang 等[14]和 Saha[15]；核态沸腾模型选择 Cooper[16]；渐进模型选择 Liu 等[12]；叠加模型选择 Chen[17]。本章基于轴向的局部换热数据，对比了 5 个饱和沸腾关联式预测值与 CFD 计算值的差异，在定量评估关联式预测性能时使用 *MAE* 和 *MRE* 来评估准确性，关联式在饱和沸腾区域预测值与 CFD 计算值的比较如表 4 所示。

表 4　饱和沸腾区域关联式预测值与 *CFD* 计算值比较

关联式	*MAE*	*MRE*
Fang 等[14]	17.48%	− 7.03%
Saha[15]	23.11%	10.32%
Cooper[16]	18.79%	16.32%
Liu 等[12]	24.11%	− 4.20%
Chen[17]	17.05%	− 5.27%

表 4 中两个预测效果较好的关联式 Chen[17] 和 Fang 等[14] 的预测值与 *CFD* 计算值比较如图 8 所示，Chen[17] 关联式为数值计算结果预测效果最好的关联式，其平均绝对误差为 17.05%，接着是 Fang 等[14] 以平均绝对误差 17.48% 仅次于 Chen[17] 关联式。Fang 等[14] 关联式的适用范围（0.207 mm ＜D＜1.73 mm）相对 Chen[17] 关联式的适用范围与本文窄缝尺寸更接近。并且 Fang 等[14] 关联式干度的适用范围（0.0001＜x＜0.958）也宽于 Chen[17] 关联式的适用范围（0＜x＜0.7）。然而，Fang 等[14] 这类模型中包含依赖壁面温度的对数函数黏度项，在一维设计计算时部分干度范围的收敛性较差。在壁面温度未知的情况下，往往需要迭代求解，由壁面温度偏差引起的不确定性会导致预测精度明显下降。而 Chen[17] 关联式同样有依赖壁温给定的 Δp_w 项，需要壁温和流体温度的饱和压力之差来计算，并且 Chen[17] 关联式被较多蒸汽发生器设计计算程序采用，如 RELAP5 和 MARS 等。根据本文环形窄缝通道的计算结果，结合 Chen[17] 和 Fang 等[14] 关联式各自的适用范围和实用性，最终推荐采用 Chen[17] 关联式作为饱和沸腾区域的换热关联式。

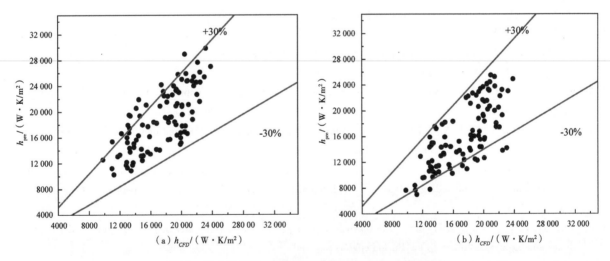

图 8　**Chen 和 Fang 等关联式预测值与 *CFD* 计算值比较**

(a) Chen *MAE*＝17.05%；(b) Fang *MAE*＝17.48%

4　结论

本文采用 EEMF‐WHFP 方法计算窄缝通道的流动沸腾现象，基于文献中窄缝通道的高压实验数据，建立了预测效果较好的数值模型。接着对小型模块式反应堆窄缝蒸汽发生器换热管内的流动沸腾现象进行三维精细化数值模拟。根据数值模型的计算结果，对已有流动沸腾关联式进行评估和改进，提出了适用于小型模块式反应堆窄缝直流蒸汽发生器设计计算的准则关联式。本文所得结论如下：

（1）本文将 RPI 模型在窄缝通道的应用范围拓展到高压条件下，在高压情况建议采用汽泡脱离直径 Unal[4] 模型、汽泡脱离频率 Cole[6] 模型和汽化核心密度 Kocamustafaogullari 等[5] 模型，该模型组合能够较好地预测汽液相场分布，模型的计算值与实验值较为一致。

（2）根据小型模块式反应堆窄缝直流蒸汽发生器换热管内流动沸腾的数值计算结果，给出了适用于窄缝蒸汽发生器一维设计计算的准则关联式。在过冷流动沸腾区域本文提出的新关联式（$MAE=11.06\%$）有较理想的预测效果，而饱和沸腾区域 Chen[17]关联式（$MAE=17.05\%$）预测效果较好。

参考文献：

[1] GU J P, WANG Q G, WU Y X, et al. Modeling of subcooled boiling by extending the RPI wall boiling model to ultra-high pressure conditions [J]. Applied thermal engineering, 2017, 124：571－584.

[2] KURUL N. On the modeling of multidimensional effects in boiling channels [C] //Minnesota：National Heat Transfer Con, 1991.

[3] MARTIN R. Measurement of the local void fraction at high pressure in a heating channel [J]. Nuclear science and engineering, 1972, 48 (2)：125－138.

[4] UNAL H C. Maximum bubble diameter, maximum bubble-growth time and bubble growth rate during the sub-cooled nucleate flow boiling of water up to 17.7 MN/m 2 [J]. International journal of heat and mass transfer, 1976, 19：643－649.

[5] KOCAMUSTAFAOGULLARI G, ISHII M. Interfacial area and nucleation site density in boiling systems [J]. International journal of heat and mass transfer, 1983, 26 (9)：1377－1387.

[6] COLE R. A photographic study of pool boiling in the region of the critical heat flux [J]. AICHE journal, 1960, 6 (4)：533－538.

[7] SHAH M M. A general correlation for heat transfer during subcooled boiling in pipes and annuli [J]. ASHRAE transactions, 1977, 83：202－217.

[8] CHEN Z C, LI W, LI J Y, et al. A new correlation for subcooled flow boiling heat transfer in a vertical narrow microchannel [J]. Journal of electronic packaging, 2020, 143 (1)：1043－7398.

[9] LEE J, MUDAWAR I. Fluid flow and heat transfer characteristics of low temperature two-phase micro-channel heat sinks-Part 2. Subcooled boiling pressure drop and heat transfer [J]. International journal of heat and mass transfer, 2008, 51 (17)：4327－4341.

[10] KANDLIKAR S G. Heat transfer characteristics in partial boiling, fully developed boiling, and significant void flow regions of subcooled flow boiling [J]. Journal of heat transfer, 1998, 120 (2)：395－401.

[11] JENS W H, LOTTES P A. Analysis of heat transfer, burnout, pressure drop and density date for high-pressure water [R]. Argonne：Argonne National Lab, 1951.

[12] LIU Z, WINTERTON R H S. A general correlation for saturated and subcooled flow boiling in tubes and annuli, based on a nucleate pool boiling equation [J]. International journal of heat and mass transfer, 1991, 34 (11)：2759－2766.

[13] YAN J G, BI Q C, LIU Z H, et al. Subcooled flow boiling heat transfer of water in a circular tube under high heat fluxes and high mass fluxes [J]. Fusion engineering and design, 2015, 100：406－418.

[14] FANG X D, ZHOU Z R, WANG H. Heat transfer correlation for saturated flow boiling of water [J]. Applied thermal engineering, 2015, 76：147－156.

[15] SHAH M M. Chart correlation for saturated boiling heat transfer：equations and further study [J]. ASHRAE transactions, 1982, 88 (1)：185－196.

[16] COOPER M G. Flow boiling—the 'apparently nucleate' regime [J]. International journal of heat and mass transfer, 1989, 32 (3)：459－464.

[17] CHEN J C. Correlation for boiling heat transfer to saturated fluids in convective flow [J]. Industrial & engineering chemistry process design and development, 1966, 5 (3)：322－329.

Numerical simulation of narrow heat transfer tube in small modular reactor steam generator

HAN Jin-yu, HE Wen, LIU Yao, ZHAO Chen-ru* , BO Han-liang

(Institute of Nuclear and New Energy Technology, Tsinghua University, Beijing 100084, China)

Abstract: Narrow channel heat exchange technology is one of the key technologies for the development of integrated small modular reactors (SMR), since the flow boiling heat transfer in the narrow channel has the potential to result in higher heat transfer efficiency and more compact structure for the heat exchangers in SMR. The research has shown that the 'Wall Heat Flux Partitioning' (WHFP) model in conjunction with an Eulerian – Eulerian Multiphase Flow (EEMF) method is suitable for the study of flow boiling in conventional scale channels. However, the model needs careful evaluation when applied to the flowing boiling in narrow rectangular channels. In this paper, the numerical simulation of flow boiling in narrow channel is conducted using the EEMF-WHFP method. The analysis is based on high-pressure experimental data in the narrow channel from the literature. A numerical model with good predictive performance under high-pressure conditions is established. Based on the established numerical model, the three-dimensional refined numerical simulation is conducted on narrow heat transfer tube in small modular reactor steam generator. Based on the numerical simulation results, the applicability of the existing flow boiling correlations is evaluated and improved, and the new correlations suitable for the thermal-hydraulic design calculation of the steam generator with narrow channel of the integrated small modular reactor are proposed.

Key words: Steam generator; Narrow channel; Flow boiling; Wall heat flux partitioning model; Correlations

三代非能动 AP1000 压水堆中一回路注水对典型严重事故的缓解作用有效性分析

陈伦寿[1]，马国扬[2]，魏　巍[2]，黄　雄[2]，骆　云[2]，周　健[1]

(1. 三门核电有限公司，浙江　三门　317112；2. 中核武汉核电运行技术股份有限公司，湖北　武汉　430000)

摘　要： 依据三代先进非能动压水堆 AP1000 堆型严重事故管理导则（SAMG），不仅能够通过泵实现向一回路注水，还有一系列非能动专设安全设备作为严重事故缓解策略的可选措施。本文基于严重事故分析程序 MAAP5，选取典型大破口失水（LOCA）事故序列，对非能动堆芯冷却系统中安注箱（ACC）和堆芯补水箱（CMT）在事故进程中的缓解作用进行比较和评估。同时分析外部注水对同类严重事故进程的影响，为严重事故管理导则缓解策略的应用提供参考。结果表明 ACC 能够延缓严重事故进程，CMT 可以提供更长时间的堆芯冷却，从而推迟严重事故进程。外部注水的位置与流量会影响到堆芯冷却效果，同时持续的外部注水能够有效缓解严重事故进程，但缓解措施带来负面效应是客观存在的。

关键词： AP1000；大破口失水事故；非能动堆芯冷却系统；严重事故；SAMG

在日本福岛核事故之后，人们对核电厂严重事故的预防和缓解措施的实施越来越重视[1-2]。而严重事故现象研究因实验条件限制，具有一定局限性，因此目前采用严重事故分析软件对事故进程和现象进行仿真模拟是较为常用的方法，同时能够基于仿真结果对事故后果进行评价[3-9]。在第三代核电站设计上，增加了一系列非能动专设安全设备，即依靠重力注射和压缩空气膨胀等非能动方法和工艺实施冷却，从而提升核电厂运行安全。我们依据三代非能动 AP1000 压水堆严重事故管理导则（SAMG），就特定缓解策略在事故情景下实施进行研究分析，旨在评价其在事故过程中的缓解效果。

本文采用美国电力研究院（EPRI）最新核电厂严重事故分析程序 MAAP5，对 AP1000 堆型进行严重事故建模，通过典型大破口失水事故序列，对严重事故进行中系统瞬态响应进行了定量分析，并选取了代表性缓解措施向一回路注水，评价了其在该事故情景下对严重事故发展带来的影响。同时，依据核电站严重事故管理导则中缓解措施评价内容，结合计算结果进行了定性评估。本文的相关研究结果能够为核电厂严重事故预防和缓解措施方案制定提供参考依据。

1　模型介绍

1.1　堆芯建模

依据 AP1000 堆型堆芯组件排列，将堆芯分为 18 个轴向块和 7 个径向块（图 1）进行建模。堆芯分为 3 个区域，上部非活性区、堆芯活性区和下部非活性区，其中上部非活性区设置 1 个节点，代表上部气腔和上栅格板；下部非活性区设置 2 个节点，分别代表下部气腔和下栅格板、堆芯下支撑板。

1.2　主冷却剂系统建模

三代先进非能动 AP1000 压水堆是两环路压水堆结构，但由于其特有的设计，配置了 4 条冷管段、4 台主冷却剂泵、2 条热管段、2 台蒸汽发生器和 1 台稳压器。因此，与传统压水堆的主冷却剂系统节点划分上有一定差异，建模中主冷却剂系统划分有 24 个流动节点、30 个水节点。

作者简介： 陈伦寿（1965—），男，大学本科，高级工程师，现主要从事核电厂燃料管理、反应堆物理、安全分析和严重事故管理相关工作。

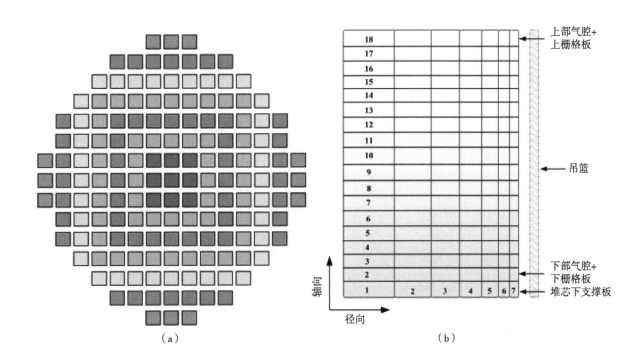

图 1　MAAP5 堆芯节点建模示意

（a）径向；（b）轴向

1.3　稳态调试结果

　　完成 MAAP5 建模和相关输入参数设置后，我们模拟了 AP1000 堆型在满功率稳态运行的状态。表 1 列出了系统关键参数的模型计算值和设计参考值，结果表明两者是较为吻合的。

表 1　系统关键参数模型计算值和设计参考值比较

参数	数值		相对偏差
	设计值	计算值	
一回路压力/MPa	15.51	15.46	−0.32%
堆芯流量/（kg/s）	14 276	14 229.432	−0.32%
堆芯进口温度/℃	280.7	280.37	−0.11%
堆芯出口温度/℃	323.3	323.47	0.05%
稳压器水位/m	9.0	8.98	−0.22%
SG 二次侧压力/MPa	5.764	5.766	0.03%
SG 二次侧水位/m	14.1	14.1	0
SG 蒸汽流量/（kg/s）	943.7	942.3	0.15%

2　严重事故进程分析

2.1　事故条件假设

　　为了能够研究分析一回路注水对事故进程的影响，本文在一环路冷段大破口始发故障的基础上，分别叠加了安注箱（ACC）失效、堆芯补水箱（CMT）失效和外部注水，如表 2 所示。

表 2 事故工况序列

编号	始发事件	ACC	CMT	外部注水
1	一环路冷段大破口	有效	有效	无
2	一环路冷段大破口	有效	失效	无
3	一环路冷段大破口	失效	失效	无
4	一环路冷段大破口	失效	失效	有

依据三代非能动 AP1000 压水堆严重事故管理导则中实施缓解措施向一回路注水，如果能够将堆芯出口温度维持在 450 K 以下，便能够抑制堆芯熔化并防止压力容器失效和沉积在压力容器和一回路管道上的裂变产物再蒸发。但锆水反应会因注水而加剧，不仅释放出更多热量，还增大了氢气风险。注水会通过一回路破口流入安全壳，需注意安全壳实体。同时，堆芯碎片释放的裂变产物可能会随注水进入到安全壳内，增加放射性风险。此外，还需要注意安全壳超压风险和反应堆重返临界。

2.2 一环路冷段大破口事故进程分析

3000 s 前，反应堆满功率稳态运行；3000 s 时，假设一环路冷段发生双端剪切断裂，安注系统正常，非能动堆芯冷却系统正常，非能动安全壳冷却系统正常。

破口事故发生后，会触发主泵停运，反应堆停堆，并伴随着反应堆冷却剂大量快速流失，主系统水位会迅速下降到 1 m 左右，堆芯将会裸露，堆芯出口温度急剧升高，最高可达 1215 K 左右。因为破口主系统压力会迅速下降，同时由于 ACC 上部注入了压缩氮气，所以事故在发展过程中会先触发 ACC 安注，并在短期内提供极大流量的冷却水，使主系统水位恢复到堆芯活性区以上，重新淹没堆芯，堆芯出口温度快速下降到 350 K 左右，呈尖峰结构，这是大破口失水事故下的燃料包壳峰值温度（PCT）的表现。与此同时，CMT 下降段阀门也会开启。在 ACC 将水全部注入后，冷管道排空时，CMT 切换到蒸汽补偿状态，水位开始下降，将提供一个较长时间的中等注水流量，继续淹没堆芯。随着 CMT 水位的不断下降，自动泄压装置（ADS）启动，当 ADS 第四级开启时，安全壳内换料水箱（IRWST）重力注射启动并冷却堆芯。当安全壳内水淹水位足够高并且 IRWST 水位下降足够低时，再打开循环管线上的阀门，可以为反应堆堆芯提供更长期的冷却。可以看出 AP1000 非能动堆芯冷却系统可以在事故工况下为堆芯提供持续的冷却，减缓或避免严重事故的发生。

2.3 一环路冷段大破口叠加 CMT 失效/叠加 CMT 失效和 ACC 失效事故进程分析

在一环路冷段大破口叠加 CMT 失效事故序列中，主系统水位也将迅速下降，堆芯裸露，并且堆芯出口温度急剧升高。同时，主系统压力迅速下降导致 ACC 安注，堆芯重新被淹没并冷却，堆芯出口温度随即迅速下降。但在 ACC 完全注入后 1300 s 左右，堆芯出口温度再次升高到 650 K 以上。由于 CMT 失效，缺乏对冷却水的补充，主系统水位则因为蒸发、流失开始继续下降，堆芯再次裸露。CMT 失效也会导致自动泄压装置（ADS）无法启动，从而影响 IRWST 重力注射，因此又丧失了一个堆芯冷却的途径。尽管在事故发生后 5000 s，IRWST 再循环冷却建立，但堆芯已经开始熔化并向下封头转移，核电厂已经处于严重事故状态。

在一环路冷段大破口叠加 CMT 失效和 ACC 失效事故序列中，因为 ACC 失效，没有冷却水的补充，主系统水位会维持低位，堆芯出口温度会继续升高，最高可达到 2300 K。堆芯在事故发生早期就开始熔化并向下封头转移，表明核电厂在该情境下很快进入到严重事故状态。

综上所述，AP1000 中非能动安全设备 CMT 和 ACC 对于缓解大破口事故朝严重事故发展有着极其重要的作用。ACC 能够在大破口事故发生后提供快速安注，恢复堆芯淹没，能够延缓朝严重事故的发展，基于模型计算的结果，可以争取到 1200 s 左右时间。CMT 则可以接力 ACC，给予堆芯一定时间的冷却水注入，同时它也会影响到 IRWST 重力注射，后者可提供长时间的堆芯冷却，可避免事故核电厂发展到严重事故状态。

从 3 种不同事故工况序列下堆芯质量变化可以看出，一环路冷段大破口事故中因锆水反应使得堆芯质量上升，但高温持续时间很短，锆水反应持续时间有限，因此堆芯质量上升很小。一环路冷段大破口叠加 CMT 失效和 ACC 失效事故中因为事故发生后堆芯缺乏冷却而开始熔化，最终在事故发生后 7200 s 左右全部迁移到下封头。一环路冷段大破口叠加 CMT 失效事故中因为 ACC 提供有限的堆芯冷却，堆芯出口温度会先降后升，期间锆水反应使得堆芯质量先上升，在事故发生后 4000 s 左右堆芯熔化并向下封头转移，并最终在事故发生后 12 100 s 左右全部迁移到下封头，同样也表明了 ACC 的投入能够延缓严重事故发展进程。

从 3 种不同事故序列下氢气产生总质量变化可以看出，一环路冷段大破口事故中因为堆芯出口温度长期保持低位，锆水反应时间很短，从而产生少量氢气。一环路冷段大破口叠加 CMT 失效和 ACC 失效事故中因 CMT 和 ACC 失效，堆芯出口温度保持高位，但由于缺乏注水，所以锆水反应并不激烈，氢气产量并没有太多。在一环路冷段大破口叠加 CMT 失效事故中因 ACC 投入延缓了堆芯出口温度上升的趋势，但温度最终还是会达到锆水反应的阈值温度，由于 ACC 补充注入的冷却水，加剧锆水反应，产生更多氢气，并伴随热量大量释放。安全壳下部隔间、堆腔隔间和上部隔间氢气摩尔分数峰值均超过 3%，表明该事故序列下核电厂会达到氢气高风险区，有发生氢气爆炸的可能性。

2.4 一环路冷段大破口叠加 CMT 失效和 ACC 失效，有外部注水事故进程分析

一环路冷段大破口叠加 CMT 失效和 ACC 失效事故，叠加往冷段持续外部注水（注水流量 50 kg/s，注水温度 300 K）情况下，堆芯出口温度反而会进一步攀升，最高可达到 2600 K。这是因为当注水流量不够大时，未能及时将裸露的堆芯淹没，而一旦堆芯温度达到 1200 K 之后，强烈的锆水反应会释放大量热量，进一步推高堆芯温度峰值，并伴随氢气风险。同样的外部注水流量，不同的注水位置带来的冷却效果也是有差异的。若外部注水位置与破口位置是同样或相邻的，大部分注水流量都会从破口位置流出，降低堆芯冷却的效果。在冷段大破口工况下，往冷段持续注入的外部注水最终使严重事故状态得到缓解，但并未避免堆芯熔化。往热段持续注入的外部注水能够为堆芯提供更多冷却效果，从而保证堆芯的完整性。

一环路冷段大破口叠加 CMT 失效和 ACC 失效事故，叠加持续热段外部注水，当其注水流量增加到 500 kg/s 时，发现事故初期堆芯能更好地被冷却，堆芯出口温度不会长时间超过 1200 K，锆水反应也不会太激烈，可以达到类似于 ACC 的作用，而后持续的外部注水，也同样弥补了 CMT 和 IRWST 安注的缺失，避免反应堆朝严重事故状态发展。因为实际使用过程中，外部注水流量很难达到并持续维持 500 kg/s，所以需要客观分析外部注水降温的效果及伴随的负面效应，来决定恰当的时机与具体措施。

3 结论

本文利用严重事故分析软件 MAAP5 对三代先进非能动 AP1000 压水堆进行了详细建模，并分析了一回路注水对大破口失水事故进程的影响，深入比较了非能动堆芯注水系统中 ACC 和 CMT 及外部注水的缓解作用。可以得出以下结论：

（1）ACC 能够在事故早期向堆芯提供大量但短暂的冷却水注入，能够再次淹没堆芯，能够延缓事故进程 20 min 左右，堆芯解体时间也能被极大延后。但在 ACC 排空后，一旦缺乏冷却水注入，堆芯再次裸露，会加剧锆水反应，产生大量氢气并伴随热量释放，有发生氢气爆炸的可能性。

（2）CMT 能够接力 ACC 为堆芯提供较长时间的安注，当其液位过低时，会触发 ADS 第四级开启，并启动 IRWST 重力注射，后者能够提供长时间的堆芯冷却，从而避免事故核电厂进入严重事故。但 CMT 一旦失效，堆芯会因为缺乏持续的冷却而熔化。

（3）大破口失水事故下，外部注水的位置离破口位置过近时，大部分注水会从破口处直接流出，而不会进入到堆芯并对其进行冷却，因此堆芯冷却效果会大幅降低。同时，持续的外部注水能够延缓严重事故状态的发展，但存在加剧锆水反应带来氢气风险的可能性，加大外部注水流量则能够保证堆芯迅速被再次淹没，堆芯出口温度不会长时间超过 1200 K，锆水反应也不会太激烈，氢气风险也会随之消失。因此，在实际使用过程中，要客观考虑现实约束和缓解措施带来的负面影响。

参考文献：

[1] 环境保护局（国家核安全局），国家发展改革委，财政部，等．核安全与放射性污染防治"十二五规划及 2020 年远景目标 [R]．北京：环境保护局（国家核安全局），2012.

[2] 国家核安全局．核电厂运行安全规定：HAF103 [S]．北京：中国法制出版社，2004：11-18.

[3] 武铃珺．压水堆核电站严重事故下注水冷却措施的研究 [D]．上海：上海交通大学，2008.

[4] 张琨，曹学武．压水堆核电厂高压熔堆严重事故序列分析 [J]．上海：原子能科学技术，2008，42（6）：531-534.

[5] 黄家胜，袁显宝，毛璋亮，等．基于 MAAP4 的压水堆严重事故进程分析 [J]．核科学与工程，2018，38（4）：667-672.

[6] 骆邦其，林继铭．CPR1000 核电站严重事故重要缓解措施与严重事故序列 [J]．核动力工程，2010，31（S1）：1-3，7.

[7] 陈耀东．AP1000 小破口叠加重力注射失效严重事故分析 [J]．原子能科学技术，2010，44（21）：242-247.

[8] 胡海平，刘全友，王盟，等．基于 MAAP5 程序的秦山核电站严重事故分析 [J]．原子能科学技术，2018，52（4）：641-645.

[9] 王钦，毕金生，丁铭．AP1000 核电站严重事故下熔融物与混凝土相互作用的研究 [J]．核安全，2019，18（6）：37-43.

Effectiveness analysis of primary loop water injection in 3rd-generation passive AP1000 PWR for mitigating typical severe accidents

CHEN Lun-shou[1], MA Guo-yang[2], WEI Wei[2],
HUANG Xiong[2], LUO Yun[2], ZHOU Jian[1]

(1. Sanmen Nuclear Power Co., Ltd., Sanmen, Zhejiang, 317112, China; 2. China Nuclear Power Wuhan Nuclear Power Operation Technology Co., Ltd., Wuhan, Hubei 430000, China)

Abstract: According to the severe accident management guidelines (SAMG) for the 3rd-generation advanced passive pressurized water reactor AP1000 reactor, not only can water be injected into the primary loop through pumps, but also a series of passive engineered safety feature actuation system can be used as an optional measure for severe accident mitigation strategies. Based on the severe accident analysis program MAAP5, this article selects typical large break loss of coolant accident (LOCA) sequences to compare and evaluate the mitigating effects of the accumulator (ACC) and core makeup tank (CMT) in the passive core cooling system during the accident process. Simultaneously analyzing the impact of external water injection on the progress of similar severe accidents, providing reference for the application of mitigation strategies in severe accident management guidelines. The results indicate that ACC can delay the progression of severe accidents, while CMT can provide longer core cooling, thereby delaying the progression of severe accidents. The location and flow rate of external water injection can affect the cooling effect of the reactor core, and continuous external water injection can effectively alleviate the progress of severe accidents. However, the negative effects caused by mitigation measures objectively exist.

Key words: AP1000; LOCA accidents; Passive core cooling system; Severe accidents; SAMG

液态铅基金属冷却剂的杂质调控净化技术研究

唐海荣，李　莹，娄芮凡，岳倪娜，王苏豪，王　盛

（中国核动力研究设计院中核核反应堆热工水力技术重点实验室，四川　成都　610213）

摘　要： 液态铅基金属是国际四代快堆和加速器驱动次临界系统的主流候选工质。然而，液态铅基冷却剂在非等温系统长期运行过程中存在杂质持续生成、累积量大、难避免和难处理等问题，容易导致沉积结垢、传热恶化甚至堵流，安全隐患重大。因此，铅基液态金属冷却剂杂质的净化调控是铅冷快堆设计发展中亟待突破的关键技术。文章主要介绍了铅基冷却剂中杂质的来源、赋存形式及调控净化技术的研究现状，综述总结了抑制生成法、分离捕集法和还原消除法等前后端杂质调控手段的优势和局限，最后讨论了不同规格、不同形式下铅冷系统的杂质净化策略的选择与挑战。

关键词： 液态铅基冷却剂；铅冷快堆；杂质；调控净化

液态铅基金属（铅及铅基合金）作为反应堆冷却剂具有热工特性优良、化学性质稳定、中子经济性好、功率密度高和固有安全性强等优势，是国际四代快堆和加速器驱动次临界系统的主流候选工质[1-2]。铅冷快堆是采用液态铅或铅铋合金冷却的快中子反应堆，具有良好的核燃料增殖和核废料嬗变能力。目前俄国、美国、欧盟及中国等均加入了第四代核能系统国际论坛铅冷快堆系统，相继开展系统性试验及工程建设。然而，液态铅基冷却剂在长期运行过程中存在杂质易累积、难处理的问题，影响冷却剂热工性能，导致沉积结垢、传热恶化，甚至堵塞堆芯及换热器，安全隐患重大[3-4]。因此，液态铅基冷却剂的杂质调控净化是设计、发展和安全运行铅冷快堆的关键技术。

1 铅基冷却剂杂质

1.1 杂质来源

铅基冷却剂中杂质根据来源可分为非常规工况引入和常规工况引入。非常规工况引入指除闭式燃料循环正常运行工况之外的过程引入的杂质，包括但不限于安装换料、密封事故、部件脱落等情况，在堆内设计时需额外进行风险评估分析，在系统安全设计时进一步设计和处理。常规工况引入杂质具体分为以下三部分：

（1）冷却剂初始材料所含的杂质成分，主要源于金属锭原料及熔炼制备过程。对于铅冷却剂使用的铅锭中通常含有微量（$10^{-7} \sim 10^{-5}$ wt%）的 Bi、Ag、Cu、As、Sb、Sn、Zn、Fe、Mg、Ca、Ni 等杂质，对于铅铋冷却剂使用的铋锭中的杂质包括微量 Fe、Zn、Cu、As、Cd、Ag、Sb（$10^{-7} \sim 10^{-5}$ wt%）等。此外，在熔炼、浇注及填料熔化的过程中，因为铅锭或铅铋合金锭接触坩埚、锭模和工具等也会引入 Si、Ca、C、Al、Mg、Fe、Cr 等杂质。选择商业级的铅锭和铋锭作为冷却剂时应考虑原料杂质对结构材料的腐蚀、在辐射条件下的影响及熔渣影响。表 1 提供了国内外商用牌号的铅、铋原料中的组分比例[5]，选择合适的精炼金属锭原料，同时优化制造和充装流程通常可将运行前铅冷却剂中的杂质控制在较低水平。

作者简介： 唐海荣（1996—），男，四川南充人，博士，助理研究员，现从事反应堆热工水力、冷却剂净化等工作。

基金项目： 四川省自然科学基金"液态金属冷却剂氧输运特性与模型研究"（2023NSFSC1314）。

表 1　国内外商用牌号铅锭、铋锭组分　　　　　　　　　　　　　　单位：wt%

元素＼牌号[①]	S0	S00	VI1	VI00	Pb99.990	Pb99.994	Bi9999	Bi99997
Pb	99.992	99.9985	1.8	0.01	99.990	99.994	0.001	0.0007
Bi	0.004	0.0005	98	99.98	0.010	0.004	99.99	99.997
Fe	0.001	0.0001	0.001	0.001	0.001	0.0005	0.001	0.0005
Cu	0.0005	0.000 01	0.010	0.0001	0.001	0.001	0.001	0.0003
Zn	0.001	0.0001	0.003	0.0005	0.0004	0.0004	0.0005	0.0001
Ag	0.0003	0.000 01	0.120	0.000 02	0.0015	0.0008	0.004	0.0005
As	0.0005	0.0005	0.0002	0.000 07	0.0005	0.0005	0.0003	0.0003
Sn	0.0005	0.0005	—[②]	—	0.0005	0.0005	—	0.0002
Sb	0.0005	0.0001	0.005	0.000 02	0.0008	0.0007	0.0005	0.0001
Cd	—	0.0001	0.0001	0.000 05	0.0002	0.0002		0.0001
Ni	—	—	—	—	0.0002	0.0002		0.0005
Hg	—	0.0001						0.000 05
Mg, Ca, Na	0.002	0.0001						—
总和[③]	—	—	—	—	0.010	0.006	0.010	0.003

注：① S0、S00、VI1 和 VI00 为文献 [5] 中商业牌号，后四列为中国铅锭和铋的商业牌号（GB/T 469—2013《铅锭》和 GB/T 915—2010《铋》）。

② "—"表未提出限制指标。

③ 表中主要成分（Pb 或 Bi）为不小于该数值，其他成分及总和为不大于该数值。

（2）堆内运行核反应产生的杂质，如液态铅及铅铋冷却剂材料在辐照散裂条件下嬗变形成的元素（Po、Tl、Hg、Au、Pt、Ir 等）[2]。这些杂质元素占比小但难以避免，涉及堆内反应过程及系统安全设计，尤其是铅铋冷却剂比液态铅会嬗变生成更多的、可挥发性的 ^{210}Po，需设计特殊的安全系统进行收集或处理。

（3）堆内常规运行产生的非核杂质，包括液态铅基冷却剂与管材腐蚀引入的及冷却剂自身氧化形成的杂质。堆内结构管材（如 316、316L、T91 等）与铅基冷却剂接触会发生溶解、氧化及晶间腐蚀，其腐蚀速率受冷却剂流速、温度和氧浓度影响。铅基冷却系统中各区域的流速和温度在设定工况下运行相对固化，溶解氧浓度是影响杂质形成的主要过程参数。图 1 展示了控氧系统调节氧浓度范围的原理[4]，氧浓度过低会加重钢材腐蚀情况，导致钢材配方中所含的 Fe、Cr、Ni 等组分进入冷却剂造成污染（Fe_3O_4 等）。提高溶解氧浓度可使钢材表面生成保护性氧化膜，从而防止或减缓腐蚀，通常定义铁基材料的有效腐蚀防护所需的最低氧浓度 $C_{o\,min}$（wt%）按式（1）和式（2）计算[3]。

液态铅冷却剂：
$$\log C_{o\,min} = 2.15 - \frac{6067.29}{T}。\tag{1}$$

液态铅铋冷却剂：
$$\log C_{o\,min} = 2.08 - \frac{5974.85}{T}。\tag{2}$$

然而，过高的氧浓度会促进冷却剂和杂质的氧化，前者在饱和浓度下通常会以铅和铅铋中最稳定的氧化物（即 PbO）形式析出，最高氧浓度 $C_{o\,max}$（wt%）按式（3）和式（4）计算[3]。

液态铅冷却剂：
$$\log C_{o\,max} = 3.23 - \frac{5043}{T}。\tag{3}$$

液态铅铋冷却剂：
$$\log C_{o\,max} = 2.25 - \frac{4125}{T}。\tag{4}$$

由上式可知，饱和氧浓度与温度正相关，因此在长期运行的非等温系统中难以避免在低温区饱和析出 PbO，PbO 是目前国内外铅冷系统中沉积污垢和漂浮杂质的主要成分，危害反应堆运行。

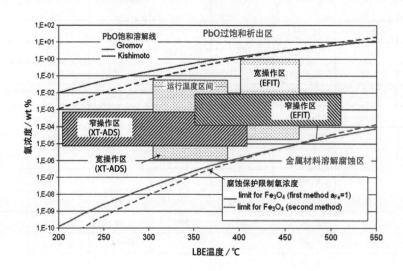

图 1　液态铅铋冷却系统的氧浓度控制范围[4]

1.2　非核杂质的赋存形式

常规运行的非核杂质在液态铅基冷却剂中的赋存形式与氧浓度、温度及对应氧化物稳定性有关。如果杂质对应氧化物在运行温度下不稳定，则杂质元素在铅基冷却剂中多以单质或形成两相、多相合金形式存在，如 CICLAD 回路中发现的镍基合金。氧浓度越高，化学亲氧性较高的杂质元素在相同运行工况（温度、流量）下生成氧化物的趋势也越强，更易生成稳定的氧化物，如 Fe_xO_y、Cr_2O_3、$Fe_xCr_yO_z$。L. J. Courouau、K. Kikuchi、P. N. Martynov 等针对液态铅基冷却剂中的杂质成分进行了详细分析，结果发现 PbO 和钢材腐蚀带入的 Fe、Cr、Ni 等元素的氧化物是沉积结垢杂质的主要成分，而在结构钢材腐蚀带入冷却剂的 Fe、Cr、Ni、Mn、C、Mg 等杂质中，Fe_3O_4 通常是除 PbO 外含量最高的杂质。

由于液态铅基冷却剂密度较大，成型杂质受浮力作用更易在气液界面上形成大尺寸离散杂质、渣层或渣圈。高温环境下这些漂浮杂质或夹杂物在随冷却剂流动或液位波动时，容易附着、沉积在相界面上。这些常规运行产生的非核氧化物杂质具有持续生成、作用面广、累积量大、难避免和难处理等特点，是阻碍铅冷却系统流动换热、安全运行的主要干扰因素。

2　调控净化手段

目前，国内外针对液态铅基冷却剂中杂质的处理路线[3]可分为分离捕集法、抑制生成法和还原消除法三类，其中分离捕集法应用最广、成熟度最高，抑制生成法是控氧系统的主要策略。

2.1　分离捕集法

分离捕集法的目标是分离液态铅基冷却剂中的夹杂物，根据其分离杂质的途径和原理又可分为被动式和主动式，被动式过滤捕集以简式过滤器为主，主动式路线包括降温分离、磁性分离等。

（1）简式过滤器：简式过滤器具有结构简单、成熟度高和经济性好等优势，在国内外铅基试验系统中被广泛应用，其核心过滤组件（滤芯或滤床）通常由金属网类（丝网、烧结金属等）、纤维类（玻璃纤维）或堆积球床（Al_2O_3、SiO_2 等）构成，往往与其他能动装置结合进行主动捕集。

（2）降温分离：冷阱在简式过滤器基础上增加主动冷却功能，利用杂质溶解度随温度降低而降低的特点，主动构造低温区促使溶解的杂质成核析出，提高了净化效率。图 2 展示了过滤器和冷阱的分离捕集示意图[6-7]，带有回热功能的冷阱系统往往也作为控氧装置使用。目前，国内外的液态金属试验装置大多基于过滤器或冷阱搭建捕集净化系统。

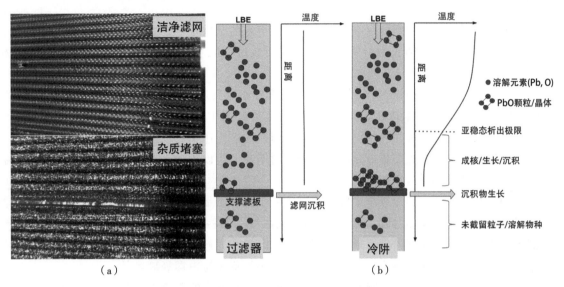

图 2　过滤器（a）和冷阱的分离捕集（b）示意

（3）磁性分离：具体又分为磁性吸附和电磁分离技术，前者主要针对铅基冷却剂中的磁性杂质（Fe_3O_4 等）设立永磁体或电磁体吸附分离，通常耦合在过滤器中使用，但应用场景有限。

电磁分离利用液态金属熔体和固态非金属杂质的电导率差异，两者在电磁场中所受的电磁力不同，使固态非金属杂质在电磁斥力作用下相对于液态金属发生定向迁移，配合捕集装置进行分离净化，原理如图 3 所示[8]。电磁净化技术能有效分离与熔体密度相近的杂质，对常规方法难以去除的细微固体、气泡都有较好的分离效果。近年来，根据电场、磁场类型的差异，电磁净化陆续发展组合出包括交变电场、交变磁场、行波磁场、旋转磁场、高频磁场及复合技术等路线，可实现非接触连续处理，已在硅溶体、钢、铜、铝及合金冶炼领域和废料回收领域得到广泛研究和应用，而对于利用电磁分离净化液态铅基冷却剂中夹杂物的研究和应用尚属初期。

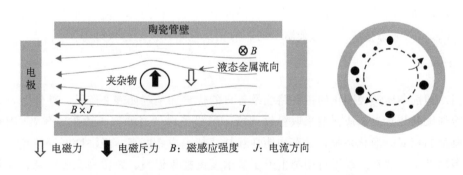

图 3　电磁分离去除夹杂物示意（正交直流电流＋稳恒磁场）

（4）其他类型：主要指通过能动方式（如真空抽液、机械泵输送、过滤器运动等）驱动液态金属与过滤系统发生相对运行的装置，其核心部件除与简式过滤器基本相同的过滤组件外，还包括装置中的能动组件及伺服控制系统。

分离捕集法技术成熟、应用广泛，但往往只是将液态金属中分散的成型杂质集中，长期运行会导致过滤器或冷阱的压阻持续增大，导致系统的循环能力降低甚至堵塞。此外，过滤器效果与滤芯样式、孔径尺寸等参数密切相关，低于设计规格的细密杂质能逃逸。冷阱可额外处理部分降温析出的杂质，但冷却析出的杂质更易堵塞滤网[9]，冷却系统也使得结构更复杂，导致堆内布置空间受限，且难以维修拆换。延长滤网寿命或使捕集功能再生是分离捕集装置的未来发展方向。

2.2 抑制生成法

抑制生成法希望从源头缓解低氧腐蚀和富氧氧化带来的杂质，一方面通过结构钢材配方优化、表面改性或表面涂覆保护层来防止钢材腐蚀；另一方面通过控氧系统减少杂质生成，主要包括气相控氧、固相控氧和电化学氧泵等。

（1）气相控氧：作为目前国内外控氧系统的主流方案，其通过调节控氧装置中混合气（$H_2/O_2/$Ar 或 $H_2/H_2O/Ar$ 体系）的氧分压，间接使液态铅基冷却剂中的溶解氧达到设定值，根据通入气的接触方式可分为覆盖气调控和注气式调控。覆盖气调控的平衡速率低，注气式调控波动大，且受控氧装置数量和位置的限制，在大型铅冷系统中的降氧周期甚至要以周计[6,10]，存在延迟高、精准控制难等问题，难以满足杂质快速处理的需求[11-12]。

（2）固相控氧：在液态铅冷系统中添加含氧化铅小球的质量交换器，通过改变流经质量交换器的温度和流量，从而控制 PbO 的析出、溶解来调节氧浓度。固相控氧的系统简单、操作便捷，近年来逐渐受到各国研究人员的重视，俄罗斯、比利时、美国等都进行了相关探索[4,13]。但目前固相控氧的降氧速率较慢，还存在氧化铅陶瓷球不耐冲刷、易断裂脱落和易中毒等缺点[14]。

（3）电化学氧泵：通过外加电势驱动液态金属或阴极材料中的氧离子经过氧泵中的固态电解质迁移，从而实现将富氧区中的氧定向输送到低氧区。Lim 等在比利时 SCK·CEN 静态铅铋试验台（0.5 L）[15] 和强迫循环回路（700 L）[16] 中进行了可行性验证，但目前还存在低氧浓度下控制慢、固体电解质失效和选材需优化等问题，尚处于研发初期。

整体上，通过有效的控氧手段可以减少杂质的生成。然而，启停工况与常规工况下的温度差异较大，这导致在非等温系统中需随温度变化而快速调节氧浓度，对目前的技术路线来说挑战较大。因此，抑制生成法通常作为净化系统的辅助调控手段。

2.3 还原消除法

利用还原剂（如活泼金属、CO、H_2 等）可对冷却剂中氧化物杂质进行深度还原，有望真正实现杂质的净化。其中，用 H_2 还原铅基冷却剂中的氧化物能避免引入额外杂质，因此，注氢调控常作为气相控氧的一部分，或在严重事故系统中用于处理短时间内大量生成的氧化物杂质。整体上，向液态铅基冷却剂中注氢还原的公开机理研究较少，还需探明注气过程的多相流动机理、注气参数对杂质还原的影响、"气态氢—液态金属—固态杂质"的非均相反应路径及还原机理等。

3 总结及展望

针对铅基冷却剂杂质调控净化的主要路线及各自的优势和问题如表 2 所示。整体上，目前国内外在设计铅基冷却试验装置对杂质普遍采取粗放调控，形成了以"过滤器＋冷阱＋气相/固相控氧"组合为代表的典型的控氧—净化系统，具有功能性互补、技术成熟度高、经济性好等特点。

然而，多国试验台架在后续运行中都报道了氧浓度调控延迟高、杂质易沉积堵塞、捕集设备压阻大和过滤组件寿命短等问题。此外，当前净化路线主要参考中小型回路式铅冷试验装置的净化需求来设计，对堆池式铅冷系统中的杂质组成、形貌掌握还不充分，对实际堆内杂质生成、迁移和沉积情况缺乏深刻认识，导致现有技术路线与铅冷快堆净化系统的功能需求存在错位。因此，未来还需针对不同规模、不同运行情况的铅冷系统进行优化，研发适用于铅冷快堆的、安全高效的堆用杂质调控及净化手段，实现精细化、自动化、模块化的杂质处理，为铅冷系统的安全稳定运行提供保障。

表 2　铅基冷却剂杂质净化主要路线及优势和问题

路线	名称	优势	问题
分离捕集法	过滤器	技术成熟、结构简单、经济性高	捕集后不处理、易堵塞
	冷阱	净化效率高、可控氧	结构复杂、难拆换、压阻大
	电磁净化	可净化细微杂质和气泡	净化区域小、大型系统应用难
抑制生成法	气相控氧	技术成熟、升氧快速	配套复杂、延迟高、易过量氧化、降氧速率慢
	固相控氧	系统简单、操作便利、可精细控氧可避免生成大尺寸杂质	可靠性待提高
还原消除法	注氢还原	可深度净化、速率较快	机理空缺、成熟度不足

参考文献：

[1] ZHANG Y, WANG C, LAN Z, et al. Review of thermal-hydraulic issues and studies of lead-based fast reactors [J]. Renewable and sustainable energy reviews, 2020, 120: 109625.

[2] 徐敬尧. 先进核反应堆用铅铋合金性能及纯净化技术研究 [D]. 合肥：中国科学技术大学, 2013.

[3] OECD/NEA Nuclear Science Committee. Handbook on lead-bismuth eutectic alloy and lead properties, materials compatibility, thermal-hydraulics and technologies [M]. France: OECD/NEA Nuclear Science Committee, 2015.

[4] BRISSONNEAU L, BEAUCHAMP F, MORIER O, et al. Oxygen control systems and impurity purification in LBE: learning from DEMETRA project [J]. Journal of nuclear materials, 2011, 415 (3): 348 – 360.

[5] MARTYNOV P, RACHKOV V, ASKHADULLIN R S, et al. Analysis of the present status of lead and lead-bismuth coolant technology [J]. Atomic energy, 2014, 116: 285 – 292.

[6] GLADINEZ K, ROSSEEL K, LIM J, et al. Experimental investigation on the oxygen cold trapping mechanism in LBE-cooled systems [J]. Nuclear engineering and design, 2020, 364: 110664.

[7] HEMANATH M G, MEIKANDAMURTHY C, KUMAR A A, et al. Theoretical and experimental performance analysis for cold trap design [J]. Nuclear engineering and design, 2010, 240 (10): 2737 – 2744.

[8] 胡绍洋. 电磁分离液态钢渣中金属液滴的实验研究 [D]. 北京：钢铁研究总院, 2018.

[9] GLADINEZ K, ROSSEEL K, LIM J, et al. Nucleation and growth of lead oxide particles in liquid lead-bismuth eutectic [J]. Physical chemistry chemical physics, 2017, 19 (40): 27593 – 27602.

[10] SCHROER C, WEDEMEYER O, KONYS J. Gas/liquid oxygen-transfer to flowing lead alloys [J]. Nuclear engineering and design, 2011, 241 (5): 1310 – 1318.

[11] 常海龙. 控氧液态铅铋合金实验装置研究 [D]. 北京：中国科学院大学, 2018.

[12] 李小波. 液态铅铋系统氧浓度控制技术研究 [D]. 北京：华北电力大学, 2022.

[13] MARINO A. Numerical modeling of oxygen mass transfer in the MYRRHA system [D]. Belgian: Belgian Nuclear Research Centre, 2015.

[14] 赵云淦. 铅铋合金的固态氧控研究 [D]. 北京：华北电力大学, 2019.

[15] LIM J, MANFREDI G, GAVRILOV S, et al. Control of dissolved oxygen in liquid LBE by electrochemical oxygen pumping [J]. Sensors and actuators B: chemical, 2014, 204: 388 – 392.

[16] LIM J, MANFREDI G, ROSSEEL K, et al. Performance of electrochemical oxygen pump in a liquid lead-bismuth eutectic loop [J]. Journal of the electrochemical society, 2019, 166 (6): E153.

Research on impurity purification strategy of lead-based coolant

TANG Hai-rong, LI Ying, LOU Rui-fan, YUE Ni-na,
WANG Su-hao, WANG Sheng

(CNNC Key Laboratory on Nuclear Reactor Thermal Hydraulics Technology, Nuclear Power
Institution of China, Chengdu, Sichuan 610213, China)

Abstract: Liquid lead-based metal is the mainstream candidate working fluid for the international fourth generation fast reactor and accelerator driven sub-critical system. However, the lead-based coolant has problems during the long-term operation in the non-isothermal system, such as continuous generation of impurities, large accumulation, difficulty to avoid and to deal with, which will lead to deposition and scaling, deterioration of heat transfer, and even blockage of the flow, significant safety risks. Therefore, the control purification of liquid lead-based coolant impurities is a key technology in the design of lead-cooled fast reactors. This paper mainly introduces the source and occurrence form of impurities in lead-based coolant, and the research status of purification technology. The advantages and limitations of inhibition generation method, filtration capture method and reduction method are summarized. Finally, the selection and challenges of impurity purification strategies for lead-cooled reactor systems with different specifications and forms are discussed.

Key words: Liquid lead-based coolant; Lead-cooled fast reactor; Impurities; Control purification

304L 不锈钢在模拟压水堆一回路水化学条件下的钝化行为

汲大朋[1,2]，金成毅[1,2]，程　伟[1,2]，王　磊[1,2]，刘　航[1,2]，汪浩川[3]，李华儒[1,2]

(1. 核电安全监控技术与装备国家重点实验室，广东　深圳　518172；2. 中广核工程有限公司，广东　深圳　518124；
3. 深圳中广核工程设计有限公司，广东　深圳　518124)

摘　要：本文在实验装置中模拟了压水堆核电厂热态功能试验期间的水化学条件，通过调整介质温度和实验时间，在 304L 不锈钢试件表面制备了钝化膜。通过对钝化膜表面成分进行分析和结合文献中的同类实验数据，研究了奥氏体不锈钢表面钝化膜的生长速率问题，推算了在压水堆核电厂一回路水化学条件下的钝化反应时长，并构建了一种钝化膜生长模型。

关键词：钝化膜；304L 不锈钢；反应速率；生长模型

1　实验背景

现代压水堆核电厂在首次装载核燃料前，须对一回路内表面进行一次钝化处理，一般称为钝化试验。随着设计人员对钝化技术的深入认识，目前已不再局限于早期核电工程中的化学添加剂较为单一、钝化时长固定的钝化工艺，三代核电机组的一回路钝化技术已应用了注锌注氢和钝化末期添加氧化剂的新工艺。但是，当前国内核电建造过程中应用的钝化工艺均来自国外技术转让，国内对于钝化膜生长过程中的氧化反应速率和钝化膜生长模型等基本问题仍未有非常明确的结论。

鉴于此，本文通过结合模拟钝化实验数据与相关文献数据进行分析，讨论了 304L 不锈钢材料表面在模拟压水堆一回路水化学条件下的氧化反应速率，并构建了一种钝化膜生长模型。本文的技术讨论有助于发展压水堆一回路钝化技术的理论研究和工程应用。

2　实验方法和条件

模拟钝化实验试件的材料为 304L 奥氏体不锈钢，制成尺寸为 20 mm×20 mm×2 mm 的片状挂件。实验水化学环境选用的除盐水，使用 LiOH 调节 pH 值，并添加硼酸作为缓冲剂，具体的水质条件参数如表 1 所示。

表 1　实验水化学环境参数

参数	限值
pH (25 ℃)	9.8～10.5
氢氧化锂 (^{7}LiOH) / (mg·kg^{-1})	2.0
溶解氧/ (mg·kg^{-1})	<0.10（当温度大于 120 ℃时）
氯离子/ (mg·kg^{-1})	< 0.15
氟离子/ (mg·kg^{-1})	< 0.15
硫酸根离子/ (mg·kg^{-1})	< 0.15
溶硅/ (mg·kg^{-1})	< 1.0
悬浮物/ (mg·kg^{-1})	< 1.0
钠离子/ (mg·kg^{-1})	< 0.20
硼酸/ (mg·kg^{-1})	20.0

作者简介：汲大朋（1979—），男，研究员级高级工程师，现从事核电厂调试启动工作。

模拟钝化实验参数设置如表 2 所示。

表 2　实验参数

实验组序	钝化温度/℃	钝化时间/h
A1	260	170
A2	260	300
A3	291.4	170

对于实验制备的钝化样品，使用 ZEISS Sigma 300 场发射扫描电子显微镜及能谱系统（SEM＋EDS）检测样品表面形貌及元素组成，使用 PANalytical X'pert Pro X 射线衍射仪（XRD）分析试件表面氧化膜的主要晶体结构，使用 FEI Helios NanoLab 600i 聚焦离子束切取截面样品，测量纳米级钝化膜的厚度。

3　样品性能表征结果

实验试件表面钝化膜的化学元素成分含量数据如表 3 所示。相较于金属基体，经过实验的金属试件表面元素成分发生了明显变化。铁元素在表面成分占比中下降了 10％～15％，而氧元素明显增加超过了 10％。对比表面元素成分数据可知，金属试件表面发生了明显的氧化反应。

表 3　金属试件表面元素组成

元素	基体/wt. ％	A1 组/wt. ％	A2 组/wt. ％	A3 组/wt. ％
Fe	69.3	56.6	60.5	59.5
Ni	9.2	7.8	7.7	7.3
Cr	19.2	20.1	19.3	18.5
O	—	13.8	10.4	12.5
Mn	1.8	1.3	1.5	1.8
Si	0.5	0.5	0.4	0.4

通过常规性透射电镜（TEM）检测样品剖面形貌，如图 1 所示。304L 试件表面钝化膜分为明显的两个部分，外层膜较为疏松，有大颗粒状结构存在，内层膜较为致密，内层膜厚度在 100 nm 左右。

（a）　　　　　　　　　　（b）　　　　　　　　　　（c）

图 1　304L 样品表面钝化膜 TEM 图片

实验试件表面钝化膜的主要晶体结构如图 2 所示。金属试件表面存在尖晶石结构的氧化物,主要成分为 $FeCr_2O_4$。

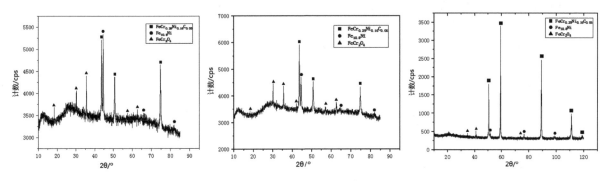

图 2 304L 样品表面钝化膜 XRD 图片

上述性能表征结果说明,3 组 304L 试件的表面均发生氧化反应形成了钝化膜,钝化膜整体呈双层膜结构,膜的厚度在纳米级别,不超过 1 μm。另外,由于 EDS 能谱和 XRD 的扫描深度超过 1 μm,因此,检测数据中均体现了一部分金属基体的信息,如图 3 所示。

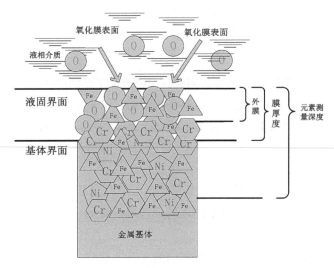

图 3 金属试件检测示意

4 成膜反应速率分析

4.1 氧化反应程度分析

金属试件钝化成膜过程本质上是氧与金属发生的氧化反应,反应系统如图 3 所示。氧化反应发生在化学水介质和金属基体的界面处,参与反应的化学元素主要是 Fe、Cr、Ni、O,反应过程包括电化学反应和化学反应[1]。由于 O 原子是成膜过程氧化反应的关键因素,选取 O 元素在金属表面的变化量作为研究对象。由表 3 数据可知,3 组样品表面 O 元素的量相差不多但也有不同,说明不同反应条件下样品氧化程度基本接近但仍稍有区别。由图 1 可见,A1 组经过 170 h 实验已经制备了内层和外层兼具的钝化膜,内层膜厚度在 55.3～151.3 nm,说明 170 h 的氧化反应已进行得较为充分,但是否已经完全完成还需要更多的样品数据。

从文献 [2-3] 中获得实验条件相似的样品分析数据,如表 4 所示,可见实验时间与金属表面 O 元素的量没有正比关系,即氧化程度与实验时间没有绝对的正比关系。由于钝化膜不会无限增长,所以可以确认在数千小时的实验中制备的样品已经形成了稳定的钝化膜,氧化反应已经完全充分,所以可以用 4000 h 实验的 O 元素的量最低值作为参考，即可认为金属表面 O 元素的量大于 7% 时，金属表面氧化反应已完全充分。反观 A1、A2、A3 实验数据，可以看出无论 170 h 实验还是 300 h 实验，金属表面 O 元素的量都已超过 7%，可以认为氧化反应已基本充分。

表 4　316 不锈钢表面能谱测量结果[2-3]

实验时间/h	元素/wt. %			
	Fe	Ni	Cr	O
4000	56.57	11.71	16.60	15.12
4000	56.6	11.77	16.79	12.45
4000	60.5	12.07	17.23	7.84
4000	56.12	12.07	17.53	7.73
1500	51.33	8.52	14.62	22.37
300	49.53	8.23	14.47	24.57

4.2　氧化反应速率推导

成膜过程的氧化反应是多个反应共同参与的复合反应，本文参考文献 [1] 以 O 元素的变化量作为成膜反应速率的研究对象，采用阿伦尼乌斯方程分析成膜反应的表观反应速率：

$$k = A \cdot e^{\frac{E_a}{RT}} 。 \tag{1}$$

式中，k 为反应速率；A 为指前因子，也称为阿伦尼乌斯常数；T 为开尔文温度；E_a 为反应表观活化能，值为 45.45 kJ/mol[4]。对于 3 组实验样品的分析数据，设 k_1、k_2、k_3 分别代表 3 组实验的表观反应速率，不考虑传质影响，k 只与温度 T 有关。将 260 ℃ 和 291.4 ℃ 的两种实验温度，代入式（1）并推导可得：

$$k_1 = k_2 = 0.56 \cdot k_3 。 \tag{2}$$

依据 3 组实验的元素数据研究反应速率，需要作出如下几点假设：

① 假设基体成分均匀，每次测量选取范围内的各种成分均匀；

② 不考虑每次能谱分析误差量；

③ 在实验时间内氧化反应不充分，即实验时间短于真实的充分氧化反应时间。

用表 3 中每组样品的 O 元素物质的量的变化与实验时长之比代表表观反应速率，可得：

$$k_1 = 1.41 \times 10^{-6} \text{ mol/s,}$$
$$k_2 = 0.60 \times 10^{-6} \text{ mol/s,}$$
$$k_3 = 1.28 \times 10^{-6} \text{ mol/s。} \tag{3}$$

由式（3）可以得出：$k_1 \approx k_3 > k_2$。即相同温度下，实验时间增加时反应速率降低；相同时间下，反应温度升高时反应速率同样降低。式（3）显示的结果显然不符合化学反应的客观规律，也与阿伦尼乌斯方程推导的理论式（2）的含义相悖。

4.3　氧化反应表观速率分析

式（3）是依据 3 组实验的结果在 3 项假设条件下推导而得，在依据实验数据进行计算分析的研究过程中，需要①和②两项假设作为基础条件，所以选取假设条件③作为式（3）分析的对象，研究如何重构假设条件③能够消除上述计算分析过程产生的相悖之处。

综上，通过对实验数据推算反应速率的结果分析，式（3）只有用表5中的可能性Ⅲ能够解释。总结反应速率分析过程，可见成膜实验的时长并不代表真实的氧化反应时间；通过文献结合实验数据，可将金属表面O元素的量大于7%的视作金属表面氧化反应充分，且这个反应过程的时间应短于170 h；存在传质影响的反应速率不能完全用阿伦尼乌斯方程解释。

表 5　氧化反应速率分析

计算结果	$k_1 > k_2$		$k_1 \approx k_3$	
实验条件	k_1：260 ℃　170 h	k_2：260 ℃　300 h	k_1：260 ℃　170 h	k_3：291.4 ℃　170 h
理论相符性	不符合阿伦尼乌斯方程 实验温度相同时，应为：$k_1 = k_2$		不符合阿伦尼乌斯方程 实验温度不同时，应为：$k_1 < k_3$	
存在可能性Ⅰ	300 h 内氧化反应不充分	原因分析：反应没结束，以实验时间作为反应时间合适。存在传质影响，A2 样品表面氧化膜增厚，降低 O 原子穿透性，降低反应速率	—	—
存在可能性Ⅱ	170～300 h 氧化反应充分	原因分析：①A2 样品选取实验时间不能代表真实反应时间，A2 实验的 300 h 反应时间选取过大导致速率计算结果低；②传质影响，A2 样品表面氧化膜增厚，降低 O 原子穿透性，降低反应速率	A1 和 A3 实验都在 170～300 h 氧化反应充分	原因分析：A3 温度高反应快，氧化物多，A3 表面传质影响高于 A1，但表 3 中 A3 的 O 元素的量略低于 A1，所以这种可能性不存在
存在可能性Ⅲ	170 h 内氧化反应基本完成	原因分析：①A2 样品选取实验时间不能代表真实反应时间，A2 实验的 300 h 反应时间选取过大导致速率计算结果低；②传质影响，A2 样品表面氧化膜增厚，降低 O 原子穿透性，降低反应速率	170h 内氧化反应充分	原因分析：实验时间不能代表真实反应时间，170h 内氧化反应都已完成，但选取了相同的反应时间
存在可能性Ⅳ	—	—	A3 在 170 h 内氧化充分，A1 反应不充分	原因分析：A3 温度高反应快，氧化物多，A3 表面传质影响高于 A1，但表 3 中 A3 的 O 元素的量略低于 A1，所以这种可能性不存在
结论	1. 当存在传质影响时，氧化反应的表观反应速率不符合阿伦尼乌斯方程； 2.170 h 内金属样品表面的氧化反应已基本完成			

5　钝化膜生长模型

5.1　成膜过程描述

O 原子存在于化学水介质中，与金属基体接触后开始氧化反应。氧化反应由基体材料表面向内部逐渐发生，过程的进行很大程度上依赖于基体材料的表面结构与性质。从原子水平看，固体表面是不规整的，存在多种位置。表面结构上存在的拐折、梯级、空位、附加原子等表面位由于可以与 O 原子接触的机会多所以表现比较活泼。反应初期，金属表面全部裸露在介质中，氧原子与金属原子接触最多，此阶段氧化速率最快，固体产物迅速在固体反应物表面生成。固体产物的摩尔体积一般大于固体反应物的摩尔体积，导致生成的固体颗粒产物填充固体膜内的孔隙。孔隙逐渐减小，增加了膜内扩散阻力，阻碍了 O 原子接触金属基体表面，表现出反应速率下降的现象。由于存在传质影响，这个阶段的反应速率已不单纯由化学反应活化能来决定，所以当传质影响出现后，成膜反应速率已不适用阿伦尼乌斯方程解释。随着反应的继续进行，生成的固体产物会逐渐覆盖在固体反应物表面，阻断 O 原子与未反应固体的直接接触，O 原子与固体反应物需要经过产物层扩散才可以进一步反应，而外表面的固体产物逐渐析出颗粒脱落在介质中，氧化膜中 Cr 离子的移动速度比 Fe 离子慢[5]，所以内层膜逐渐变成富含 Cr 而少 Fe 的氧化层，成膜反应过程此时进入平衡阶段。当平衡达到稳定后，内层膜厚度不变，外层膜与介质保持动态平衡，钝化膜处于稳定状态。

5.2　成膜过程模型

钝化膜的生长模型可以从化学反应和生长过程两个角度构建。化学反应模型包含电化学方程式和化学反应方程式，本文作者已在参考文献［1］中完成，而钝化膜体现在空间和时间中的生长过程如图 4 所示。

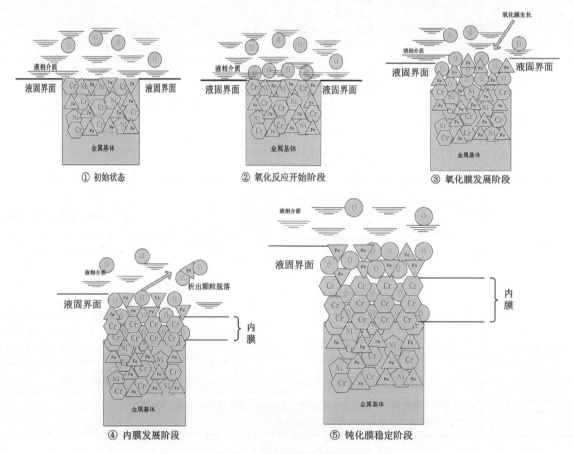

图 4　钝化膜生长过程

图 4 说明如下：

① 初始状态：金属表面与水介质刚接触，氧化反应尚未开始。

② 氧化反应开始阶段：金属表面与氧原子自由接触，没有传质影响，温度决定反应速率。

③ 氧化膜发展阶段：氧化物不断产生，并在金属表面堆积，逐渐产生传质效应，氧化膜能够阻碍氧原子与金属原子接触，氧化反应能否发生已不再完全取决于反应活化能的高低。

④ 内膜发展阶段：氧化膜内层逐渐富 Cr 缺 Fe，外层出现 Fe_3O_4 颗粒，可能会析出表面并脱落在水介质中。O 原子从氧化膜空隙位置进入深处，继续发生氧化反应，但由于传质影响明显，表观反应速率明显低于氧化反应开始阶段。从氧化反应开始到内层膜开始生长的时间短于 170 h。

⑤ 钝化膜稳定阶段：氧化膜内层已完整覆盖金属表面，反应系统整体达到平衡状态。若有表面颗粒脱落或者随机出现氧化膜缝隙促使 O 原子能够与金属原子接触，那么反应仍可在局部发生，但整体上的氧化反应结束。

6 结论

本文通过模拟压水堆核电厂一回路钝化工艺条件，在 304L 不锈钢材料表面进行了钝化实验。性能表征结果证明，金属试件表面生长了一层致密的氧化膜。通过对钝化膜样品的表面元素含量数据进行分析，推导出了 3 组实验的表观反应速率系数，参考同类文献中的实验数据，可得出如下结论：

（1）260 ℃实验温度下可以在不锈钢表面制备具有尖晶石结构的钝化膜。

（2）阿伦尼乌斯方程不适用于研究钝化膜生长的表观反应速率，只有在氧化反应起初阶段没有传质影响的情况下适用。

（3）不锈钢材料表面 O 元素质量分数大于 7‰可以视作表面氧化反应充分，从氧化反应开始到内层膜开始生长的时间短于 170 h。

（4）304L 材料表面钝化膜生长模型可分为五个阶段：初始阶段→氧化开始→氧化膜生长→内膜形成→稳定阶段。

参考文献：

［1］ 汲大朋，张烨亮．压水堆核电厂一回路首次钝化工艺研究［J］．核动力工程，2020，41（2）：87－88.

［2］ 姜苏青．注锌对压水堆核电站一回路结构材料腐蚀行为影响的研究［D］．上海：上海交通大学，2011.

［3］ 刘侠和，吴欣强，韩恩厚．加锌水热环境下核级不锈钢表面氧化膜特征分析［C］//第十三届全国青年腐蚀与防护科技论文讲评会暨第十一届中国青年腐蚀与防护研讨会．武汉：中国腐蚀与防护学会，2012：90.

［4］ 刘侠和，吴欣强，韩恩厚．温度对国产核级 316L 不锈钢在加 Zn 水中电化学腐蚀性能的影响［J］．金属学报，2014，50（1）：65－66.

［5］ 王力．加锌对一回路材料氧化膜结构影响及其机理研究［D］．上海：上海交通大学，2012.

Passivation behavior of 304L stainless steel in simulated PWR primary water conditions

JI Da-peng[1,2] , JIN Cheng-yi[1,2] , CHENG Wei[1,2] , WANG Lei[1,2] ,
LIU Hang[1,2] , WANG Hao-chuan[3] , LI Hua-ru[1,2]

［1. State Key Laboratory of Nuclear Power Safety Monitoring Technology and Equipment，Shenzhen，Guangdong 518172，China；2. China Nuclear Power Engineering Co.，Ltd.，Shenzhen，Guangdong 518124，China；

3. China Nuclear Power Design Co.，Ltd.（Shenzhen），Shenzhen，Guangdong 518124，China］

Abstract：In this paper，the hydrochemical conditions of hot functional test water in PWR nuclear power plant were simulated in the experimental device. By adjusting the medium temperature and the experimental time，a passivation film was prepared on the surface of 304L stainless steel. By analyzing the surface composition of the passivation film and combining similar experimental data in literature，the growth rate of passivation film on austenitic stainless steel surface was studied，the passivation reaction time under the PWR primary water chemistry conditions was calculated，and a growth model of passivation film was constructed.

Key words：Passivation film；304L stainless steel；Reaction rate；Growth model

俄罗斯兆瓦级空间核动力拖船项目概况

曲新鹤，马文魁，杨小勇*，王　捷

（清华大学核能与新能源技术研究院，先进核能技术协同创新中心，先进反应堆工程与

安全教育部重点实验室，北京　100084）

摘　要：为了提高空间竞争力和掌握新技术，2009 年俄罗斯航天集团与原子能部合作启动兆瓦级空间核动力装置的研究和建造工作，并于 2020 年和 2021 年公布了"宙斯"号核动力拖船的整体设计、相关参数与空间任务，以及与其相对应的代号为"核子"的试验设计工作。俄罗斯兆瓦级空间核动力拖船的核心模块是动力和推进模块，其特点是反应堆采用超高温气冷堆快堆，使用高浓缩铀（90%～96%），反应堆温度高达 1500 K，使用寿命要求至少 10 年。动力和推进模块采用紧凑的氦氙混合介质闭式布雷顿循环发电，冷却器采用热管辐射冷却器和更先进的无框液滴冷辐射冷却器两种方案，推进系统采用比冲更大带有等离子体电磁加速的电火箭推进装置（等离子体电火箭）。本文调研了俄罗斯兆瓦级空间核动力拖船的研究历程与最新进展，并着重对动力与推进模块、液滴辐射冷却器的原理与研究现状进行介绍。本文所介绍的内容将会为我国空间核动力装置的研究提供参考和借鉴，助力我国太空核动力研究的进展。

关键词：兆瓦级空间核动力拖船；动力和推进模块；布雷顿循环；液滴冷却器；等离子体电火箭

　　未来行星基地、深空探索、轨道推进等太空探测技术是一个国家科技水平和综合实力的重要标志。太空技术发展离不开能源供给，研究高效、安全、可靠的动力系统对提高航天器的性能具有重要作用[1]。

　　空间能源的发展趋势包括延长使用寿命、提高能量密度、增加可靠性等方面，寿命短、能量密度低的能源受到限制。与现有的化学电池、同位素电源、太阳能电池等空间能源相比，空间反应堆能源具有比功率大、寿命长、调节灵活、结构紧凑、重量小、不受光照与辐射影响等特点，是未来民用大功率通信卫星、军用侦测卫星、空间战略预警系统、空间战略武器系统的最具潜力的能源，也是未来深空探测中星际飞行器的理想能源[2]。

　　空间能量转换技术主要包括动态和静态能量转换技术。热电、热离子等静态能量转换技术无转动部件，结构简单，可靠性高，但能量转换效率和比功率低。动态能量转换技术中，朗肯循环存在两相流不稳定性问题，斯特林循环适用于小功率系统[3]。布雷顿循环在转换效率和比功率方面拥有绝对优势，是未来兆瓦级空间动力系统的最佳选择[4]。

　　由于空间堆涡轮动力系统（空间堆布雷顿循环系统）能满足大功率航天器的电力需求，因此美国、俄罗斯和欧盟等多个国家和地区展开了研究和设计。其发展历程大致分为 3 个阶段：第一阶段指从 20 世纪 60 年代末到 80 年代初，在美苏太空竞赛的大背景下，美国针对空间堆布雷顿循环系统展开了大量研究，有代表性的研究项目包括 BRU 项目[5-6]、mini-BRU 项目及 BIPS 计划[7-8]；第二阶段是从 20 世纪 80 年代初到 21 世纪初，由于"星球大战计划"等政治、经济方面的影响，导致空间堆布雷顿循环系统的研究集中在少数大功率项目和太阳能热源项目方面，如美国的 SP-100[9-10]和 SD-GTD项目[11-12]，法国的 ERATO 项目[13-14]；第三阶段是 21 世纪初至今，载人航天、空间基地等空间探索活动中对大功率航天器的需求与日俱增，美国和欧盟先后提出了有代表性的 Prometheus[15-16]、MEGAHIT 项目[17]，中国和巴西等也积极展开了概念设计等研究工作[18-19]。我国的空间

作者简介：曲新鹤（1988—），女，博士，助理研究员，现主要从事核动力能量转换系统研究工作。

基金项目：中核集团领创科研项目。

反应堆技术研究起源较早，主要由中国原子能科学研究院和中国空间技术研究院共同承担，其他高校和研究单位也做了大量研究工作[20]。

俄罗斯是世界上唯一拥有太空核动力建造和外太空运行经验的国家。自20世纪50年代开始，苏联针对空间核动力开展了广泛深入的研究，以BUK型温差热电转换的空间核电源为代表的动力装置在"宇宙"系列侦察卫星中先后完成了数十次成功在轨应用[21]。在此基础上还成功发射TOPAZ-Ⅰ型热离子转换核电源实现在轨应用，并完成了TOPAZ-Ⅱ型核电源的全尺寸样机研制及地面测试，为空间核动力的技术发展积累了大量的经验和数据[22]。随着苏联的解体，相关研究也由于经费不足而步入低潮。进入21世纪以来，着力发展深空探测的国家战略让俄罗斯重拾空间核动力研究。2008年4月俄罗斯政府批准了《2020年前及以后俄罗斯联邦在空间活动领域政策的原则》，2014年1月批准了《2030年前利用空间活动成果实现俄罗斯联邦经济现代化和各地区发展的国家政策框架》[23]，表明俄罗斯政府对于全面开展空间研究、探索和利用的重要需求。自2009年俄罗斯便开启了兆瓦级空间核动力装置的研发计划，但公开的资料数据较少，且很多是以俄文形式公布的，本文调研总结了俄罗斯兆瓦级空间核动力拖船的研究历程与最新进展，为我国相关领域研究提供参考。

1 项目介绍

1.1 项目组织

兆瓦级空间核动力拖船是由俄罗斯航天集团（РОСКОСМОС）和国家原子能公司（РОСАТОМ）合作开展的项目，取名为"宙斯"（"Зевс"）号，用于完成多种任务，包括向月球轨道、地球同步轨道和太阳系行星轨道运送货物，处理火星、地球轨道上的垃圾，如探索月球和遥远的行星，并在其上建立自动化基地。该项目由俄罗斯航天集团和国家原子能公司总负责（图1）：具体由俄罗斯航天集

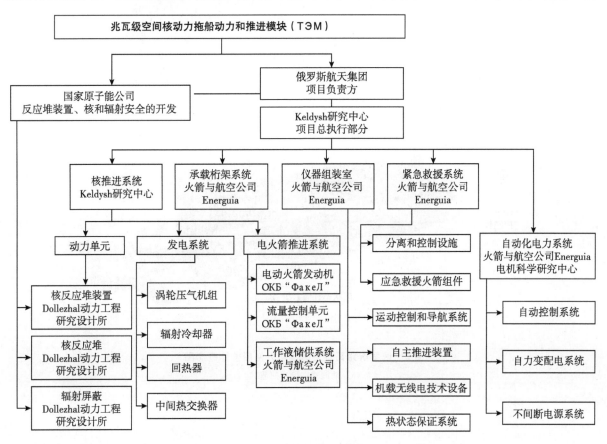

图1 任务组织结构[24]

团下属的 Keldysh 研究中心负责核推进系统的开发，国家原子能公司下属的 Dollezhal 动力工程研究设计所负责核反应堆的开发，火箭与航空公司 Energuia 负责拖船建造[20-27]。该项目于 2009 年启动，2011—2015 年为深入研究阶段，原型机将于 2022—2030 年亮相。

2020 年 12 月 10 日，俄罗斯航天集团与 Arsenal 兵工设计局签署了一份 41.74 亿卢布的合同，用于开展"宙斯"号核动力拖船空间综合体的试验设计工作，代号为"核子"（"Нуклон"），完成期限是 2024 年 6 月 28 日[27]。

1.2 系统原理

俄罗斯兆瓦级空间核动力拖船包括 5 个主要模块：作业模块、桁架结构、应急系统、自动功率管理系统和动力推进模块（NEP)[17]。动力推进模块是主体，主要包括核反应堆、电推进模块、辐射散热器。核反应堆为超高温气冷堆快堆，使用高浓缩铀（90%～96%），反应堆出口温度高达 1500 K；反应堆直接通过闭式布雷顿循环发电，氦氙混合物既是冷却剂又是做功工质。辐射冷却器采用两种设计方案，即液滴式和热管式；系统采用等离子体电推进。图 2 是俄罗斯兆瓦级空间核动力拖船整体概念图[25-26]。

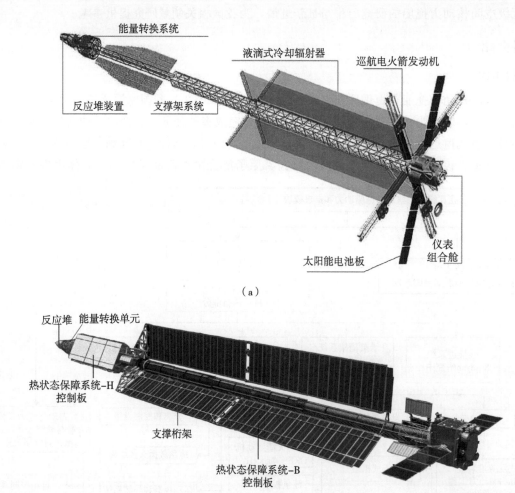

（a）

（b）

图 2　俄罗斯兆瓦级空间核动力拖船整体概念图
（a）液滴式；（b）热管式

2　动力和推进模块系统

2.1　模块系统描述

　　动力和推进模块系统可分为透平压气机系统和电推工质系统。项目初期，提出两种方案，即带有回热和无回热方案[28]。2019年发表的专利[29]中给出了动力和推进系统原理如图3所示，其能量转换系统采用了带有预冷—回热的闭式布雷顿循环，当反应堆出口温度为1500 K时，涡轮转速为30 000～60 000 r/min，能量转换单元功率为0.8～1.0 MW，循环效率小于等于34%[24]。

　　具体工作原理是：压气机5驱动工作介质（如氙气）沿着气路6循环。工作介质在反应堆内被加热到循环中的最高温度并进入透平2，将热能转化为透平2旋转的机械能。膨胀后气体进入回热器3，释放余热，预热即将进入核反应堆1的气体，然后气体在预冷器4中被冷却到循环中的最低温度。预冷器4和发电机7的散热通过液体回路8和辐射冷却器9提供。压气机5升高气体的压力并将其泵送到回热器3的冷侧，被加热后重新进入核反应堆1。由透平2驱动的发电机7通过电流引线15，同时向拖船用电设备和螺线管13提供能量。工作流体从储存和供应系统16通过蒸发器17和气路6，同时供应给能量转换系统和电火箭发动机。从气路6到电火箭发动机的工作流体是从回热器4的入口引出的。工作流体依次通过流量调节器18、换向器19和内部转轴管道12的内部通道。在内部转轴管道12的内部通道，工作流体通过阴极10流入阳极喷嘴11。

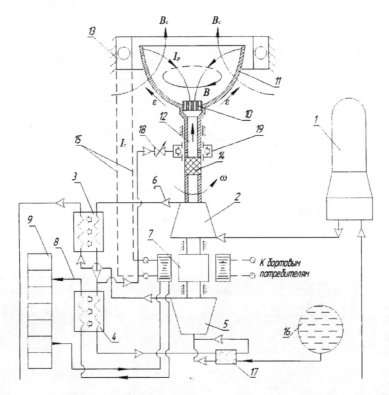

1— 核反应堆；2— 透平；3— 回热器；4— 预冷器；5— 压气机；6— 气路；7— 发电机；8— 液体回路；9— 辐射冷却器；
10— 阴极；11— 阳极喷嘴；12— 内部转轴管道；13— 螺线管；14— 绝缘垫片；15— 电流引线；
16— 工作液储存和供应系统；17— 蒸发器；18— 流量调节器；19— 换向器
图3　动力和推进系统原理[29]

2.2　实验研究

　　Keldysh研究中心开展了大功率高转速的闭式涡轮循环实验，如图4所示。回路由高转速涡轮增压发电机、回热器与冷却器、气体电阻加热器和管道一起构成气体透平能量转换的闭式回路。在回路中可以使用氙气或氢氚化合物作为工作体。试验回路中气体电阻式加热器功率达到 1 MW，用以模拟空间动力装置的热源，保证将闭式回路中的工作流体加热到 1500 K 的温度。

如图 4（a）所示的涡轮压气机-发电机组是能量转换系统的关键部件，包括离心压气机、向心涡轮和安装在转子上的永磁三相同步发电机。涡轮压气机-发电机转子安装在非接触花瓣式气动轴承中，可在每分钟数万转的转速下长期（数百和数千小时）运行，无需任何额外的润滑系统。在运行期间，涡轮压气机-发电机位于一个腔室中，有必要时可以在该腔室中形成保护气氛（惰性气体或真空），以防止结构材料在高温下氧化。此外，在涉及涡轮压气机-发电机转子损坏相关的紧急情况下，腔室壁是高速飞行元件的物理屏障。

涡轮能量转换单元与推进系统的稳定配合运行是至关重要的。尤其在电功率变化时，保证涡轮压气机-发电机组转速，是确保给定推力和比冲量的动力推进装置长期稳定运行的重要条件。二者的配合主要有两种方法：

① 调节涡轮能量转换单元的循环参数和涡轮前的工作体温度。

② 使用可调节镇流器负载，如电阻元件，与电力推进系统平行连接到电力网络，如图 5 所示。

1—涡轮；2—压气机；3—发电机

（a）

（b）

图 4 Keldysh 研究中心大功率高转速闭式透平循环回路实验[30-33]

（a）用于 TEM 动力装置的高转速涡轮增压发电机；（b）测试台全景

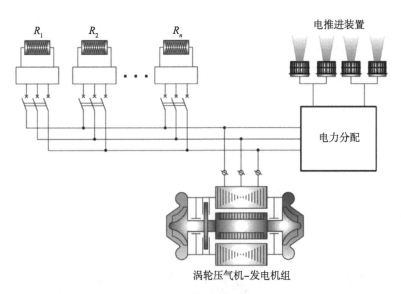

图 5　保持涡轮压气机–发电机转子转速的镇流器负载连接[33]

3　等离子体电推进系统

兆瓦级空间核动力拖船电推进系统原理如图 6 所示。当航天器处于无任务模式时，动力装置 1 产生的电流 I_3 通过电流引线 6 被馈送到电动机–发电机 8，电动机–发电机 8 在电动机模式下运行并使飞轮 10 旋转。这使得能量被储存起来，供给航天器任务模式时的电火箭发动机。

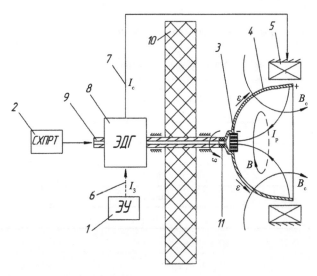

1—动力装置；2—工作流体的储存和供应系统；3—阴极；4—阳极喷嘴；5—螺线管；6、7—电流引线
8—电动机–发电机；9—轴；10—飞轮；11—绝缘垫片

图 6　兆瓦级空间核动力拖船电推进系统原理[31]

飞行器在执行任务模式时，电动机–发电机 8 切换到发电机模式，通过电流引线 7 将电流 I_c 引入螺线管 5。在由螺线管 5 产生的感应为 B_c 的磁场中，阳极喷嘴 4 以角速度 ω 旋转，在阳极喷嘴 4 的导电材料中形成电动势 ε，该电动势从阴极 3 指向阳极喷嘴 4 的出口部分。这形成了阴极 3 和阳极喷嘴 4 出口之间的电位差。此时，绝缘垫片 11 可以防止电位在轴 9 上的传播。

进入电火箭发动机的工作流体由工作流体的储存和供应系统 2 通过轴 9 内部形成的通道供给。当工作流体在阴极 3 和阳极喷嘴 4 出口部分之间的电位差作用下进入电火箭发动机时，工作流体中产生放电电流 I_p。放电电流 I_p 的轴向分量会产生感应强度为 B 的磁场。放电电流 I_p 的径向分量与磁场相互作用形成安培力，从而加速等离子体并产生兆瓦级空间核动力拖船的推力。

在上述的电火箭推进装置中，动力装置 1 用于飞行器待命状态下启动飞轮 10。航天器的待命状态持续时间明显超过执行任务段的持续时间。在这种需求的情况下，动力装置 1 的功率明显低于电火箭推进装置中的功率。这一特性可降低动力装置的重量。另外，上述的电火箭推进装置在产生推力的过程中，利用了飞轮 10 中储存的能量。由于飞轮蓄能器的比功率比动力装置 1 的比功率高几个数量级，这也使得电火箭推进装置可以在质量受限制条件下产生更大的推力。

ID-500 是 Keldysh 研究中心研制的用于核动力拖船的等离子体发动机，其外形、运行时状态和主要参数如图 7 和表 1 所示。

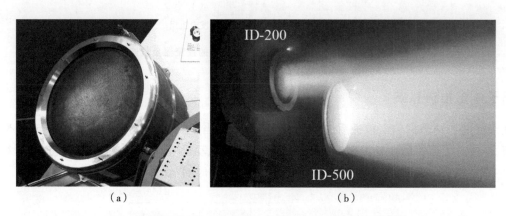

（a）   （b）

图 7　等离子发动机 ID - 500 （a）和其运行时状态 （b）[32-33]

表 1　等离子发动机 ID - 500 主要参数[32]

参数名称	单位	参数值
功率	kW	35
推力	mN	375～750
比冲	s	7000
重量	kg	32.5
尺寸	mm	690×690×500
设计寿命	h	20 000

4　液滴冷却器

4.1　系统和原理描述

辐射散热系统是制约空间核动力装置的关键因素之一。动力装置总质量中辐射冷却器的比质量不成比例的快于动力装置功率的增长。对于功率超过 1 MW 的装置，在给定的冷却剂温度参数条件下（对于透平发电方案不超过 1500 ℃），传统的辐射冷却器质量超过动力装置总质量的 50%，即辐射冷却器的质量成了建造大功率核动力装置的主要限制因素。辐射冷却器的壁为主要热阻和质量来源，直接从载热体表面辐射热量作为提高辐射冷却器效率的方法之一，除去辐射冷却器的壁可以有效提高辐射冷却器的效率。

俄罗斯兆瓦级空间核动力拖船的一个方案是采用液滴冷却器,其系统原理如图8和图9所示。冷却剂的液滴3吸收了航天器动力系统1中需要被带走的热量,通过连接管道2和双位电磁阀22流向液滴发生器4。液滴发生器是一种带有孔格和声学振动激励元件5的装置。冷却剂的液滴3通过液滴发生器4的孔系统流出并通过声学振动进行调制,形成单分散液滴流,沿着直线路径移动到液滴收集器6。在飞行过程中,液滴由于热交换而失去部分热能被冷却。液滴落在收集器内表面上形成的冷却剂的移动载体膜上,形成注入的冷却剂流并被输送到喷射泵9。喷射流在喷射泵中混合后,冷却剂的总流量通过主泵8泵送,压力增加到工作值。在主泵后,冷却液总流量平行分流成两部分,一部分沿着航天动力系统1的线路,一部分经过双位电磁阀25沿着槽式加速器7的级联线形成载体膜,后一支流中的一部分流体分沿着电动泵回路10中的喷射流线。然后重复循环。

前置泵(喷射装置)具有其自身的工作流体闭合电动泵回路10,该回路使用控制节流阀11将流体喷射到液滴收集器6后面。在液滴冷却器中,设有双位电磁阀22、23、24、25,形成辅助回路12,提供预热结构的第二阶段。限制系统19包含液压蓄能器20、21和双位电磁阀26,可以在液滴冷却器停止工作时减少工作流体进入空间的损失。流量控制器27、28在回路的主回路和旁路回路之间提供工作流体流速的给定分布。

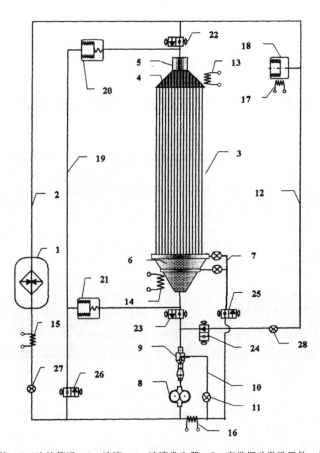

1—航天动力系统;2—连接管道;3—液滴;4—液滴发生器;5—声学振动激励元件;6—液滴收集器;
7—槽式加速器;8—主泵;9—喷射泵;10—电动泵回路;11—控制节流阀;12—辅助回路;
13、14、15、16、17—加热装置;18—容积式膨胀节;19—限制系统;20、21—液压蓄能器;
22、23、24、25、26—双位电磁阀;27、28—流量控制器

图8 液滴冷却器系统原理[34]

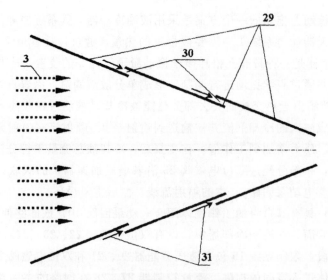

3—液滴；29—液滴收集器壁；30—缝隙通道；31—冷却剂

图9　液滴收集器单元系统原理[34]

4.2　实验情况介绍

俄罗斯于2014年1月9日到2014年4月1日在国际空间站开展了"液滴-2"（"Капля-2"）的第一阶段空间实验，实验名称为"微重力下单分散液滴流的流体力学和传热研究"。实验装置未加载液体时质量为125 kg，液体容积为8.8 L[35]。实验包括3个阶段：静态加热阶段、动态加热阶段和液滴形成阶段，实验结果如图10所示。

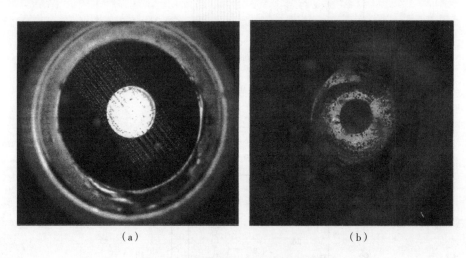

（a）　　　　　　　　　　　（b）

图10　"液滴-2"空间实验结果[35]

（a）液滴流；（b）液滴收集

实验得到以下主要成果：

① 液滴发生器的可操作性已在微重力和真空条件下得到证实。

② 主动式滴水收集器的可操作性已得到确认。

③ 冷却液循环回路的闭合性被确认。

俄罗斯航天集团Keldysh研究中心计划为"宙斯"号核动力拖船在空间站开展试验液滴冷却器"液滴-2-2"的试验工作[36]。

5 参数设计与任务计划

Arsenal 兵工设计局在"军队-2020"的展览上发布的"宙斯"号核动力拖船的空间演示视频[37]，其整体效果如图 2（b）所示。俄罗斯航天集团公布的"宙斯"号核动力拖船的关键性能参数如表 2 所示，重量控制在干重 22 t，这是安加拉-A5B 运载火箭能够发射的重量。Arsenal 兵工设计局计划在 2030 年前将"宙斯"号核动力拖船送入轨道并开展飞行试验。

表 2　"宙斯"号核动力拖船关键性能参数[38]

参数名称	单位	参数值
飞行器质量 干重/装载燃料	t	22/23.44
支撑桁架舱重	t	10.6
动力机组重量	t	7.0
推进装置模块干重	t	1.4
供应保障系统干重	t	3.0
卫星定位推进装置燃料重量（氧化剂＋燃料）	t	0.44
电火箭推进系统燃料重量（氙）	t	1.0
运输状态的尺寸（长度/直径）	m	24.9/5.0
工作状态外形尺寸（热状态保障系统长度/直径，БФ 直径）	m	56.7/10.6/20.9
惯性矩（X/Y/X）	t·m²	72/7400/8400
发射方法		安加拉-A5B
加速装置		Фрегат
热状态保障系统辐射散热器面积	m²	696

俄罗斯航天集团公布的"宙斯"号核动力拖船计划空间任务如图 11 所示。"宙斯"号核动力拖船飞达月球将需要 1.5 年，但所有飞行任务的总持续时间，包括飞往月球、金星，然后是飞越木星，并将航天器降落到木星的 3 颗卫星上，所有这些只需要 50 个月（4 年 2 个月）。此外，俄罗斯航天集团与中国国家航天局于 2022 年 11 月 25 日签署了 2023—2027 年太空活动合作发展纲要。俄罗斯航天集团总干事尤里·鲍里索夫表示，"宙斯"号核动力拖船将用于与中国的联合月球开发项目[39]。

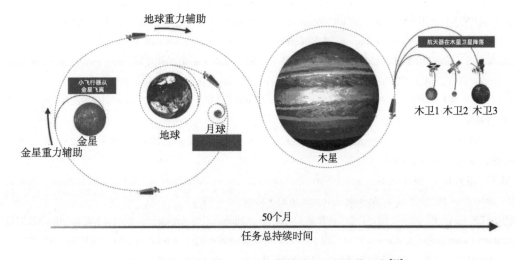

图 11　基于"宙斯"号核动力拖船的空间综合体任务[38]

6 结论

　　探索宇宙是人类一直的梦想，同时这也是大国实力的见证。因为传统太阳能无法满足星球表面科研站等深空探测需求和未来空间活动对百千瓦级及兆瓦级功率的需求，包括俄罗斯在内的一些航空技术大国积极开展兆瓦级空间核动力拖船的研发工作。俄罗斯航天集团与国家原子能公司合作，于 2009 年启动兆瓦级空间核动力装置的研究和建造工作，其系统整体包括 5 个主要模块，其中动力和推进模块是核心。动力和推进模块的特点是采用氦氙混合物作为气体冷却剂的超高温气冷快中子反应堆，使用高浓缩铀（90%～96%），反应堆温度高达 1500 K，使用寿命要求至少 10 年。其能量转换单元采用闭式布雷顿循环发电；冷却部分包括两种设计方案，即热管辐射冷却器和无框液滴辐射冷却器；推力系统采用比冲更大带有等离子体电磁加速的电火箭推进装置。本文调研了俄罗斯兆瓦级空间核动力拖船动力和推进模块的研究历程与最新进展，并着重对动力与推进模块、等离子体电火箭发动机和液滴辐射冷却器的原理与研究现状进行介绍。文中还对俄罗斯公布的"宙斯"号核动力拖船研究计划的进展进行了介绍，"宙斯"号核动力拖船的开发计划，用于月球探索的科学研究，并可能用于与中国的联合月球开发项目。"宙斯"号核动力拖船质量 22 t（干重），拟采用安加拉－A5B 运载火箭发射。我们预祝俄罗斯研制的世界第一艘兆瓦级核动力飞船能够取得成功，这也会为我国的航天之路提供可借鉴之路。

参考文献：

［1］ 中国科学院空间领域战略研究组.中国至 2050 年空间科技发展路线图［M］.北京：科学出版社，2009.

［2］ 马世俊.空间核动力的进展［M］.北京：中国宇航出版社，2019.

［3］ DE MOURA E F, HENRIQUES I B, RIBEIRO G B. Thermodynamic-dynamic coupling of a stirling engine for space exploration［J］. Thermal science and engineering progress, 2022, 32: 101320.

［4］ MASON L S, SCHREIBER J G. A historical review of brayton and stirling power conversion technologies for space applications［C］//Space Nuclear Conference, 2007. (E-16140).

［5］ DAVIS J E. Design and fabrication of the brayton rotating unit: NASA CR-1870［R］. Washington: AiResearch Manufacturing Company, 1972.

［6］ MORSE C J, RICHARD C E, DUNCAN J D. Brayton heat exchanger unit development program: NASA CR-120816［R］. Washington: AiResearch Manufacturing Company, 1971.

［7］ DOBLER F X, et al. Analysis, design, fabrication and testing of the mini-brayton rotating unit (Mini-BRU): NASA CR-159441［R］. Washington: AiResearch Manufacturing Company, 1978.

［8］ KILLACKEY J J, GRAVES R, MOSINSKIS G. Design and fabrication of the mini-brayton recuperator (MBR): NASA CR-159429［R］. Washington: AiResearch Manufacturing Company, 1978.

［9］ MASON L S, RODRIGUEZ C D, MCKISSOCK B I. SP-100 reactor with brayton conversion for lunar surface applications［C］//AIP Conference Proceedings. American Institute of Physics, 2008.

［10］ OWEN D F. SP-100/brayton power system concepts［C］//Energy Conversion Engineering Conference. IEEE, 1989.

［11］ ALEXANDERD. 2 kWe Solar dynamic ground test demonstration project: NASA CR-198423［R］. Washington: AlliedSignal Aerospace, 1997.

［12］ SHALTENS R K, MASON L S. 800 Hours of operational experience from a 2 kW e solar dynamic system［C］// AIP Conference Proceedings. American Institute of Physics, 1999.

［13］ TOURNIER J M, EI-GENK M S, CARRE F O. An assessment of thermoelectric conversion for the ERATO 20 kWe space power system［C］// Intersociety Energy Conversion Engineering Conference. US: IEEE Xplore, 1990.

［14］ EL-GENKM S, CARRE F, TOURNIER J M. A feasibility study of using thermoelectric converters for the LMFBR derivative ERATO-20 kWe space power system［C］//Proceedings of the 24th Intersociety Energy Conversion Engineering Conference (IECEC-89). IEEE, 1989.

[15] WAGANER L M, DRIEMEYER D E, LEE V D. Inertial Fusion Energy reactor design studies: Prometheus-L, Prometheus-H. Volume 1, Final report [R]. St. Louis, MO: McDonnell Douglas Corp., 1992.

[16] ASHCROFT J, ESHELMAN C. Summary of NR program prometheus efforts [J]. Aip conference, 2006, 880 (1): 497 – 521.

[17] 苏著亭, 杨继材, 柯国土. 空间核动力 [M]. 上海: 上海交通大学出版社, 2016.

[18] GUIMARES L, BORGES G, NASCIMENTO J A D, et al. TERRA project: a brazilian view for nuclear energy application to space exploration [C] // NETS-Nuclear and Emerging Technologies for Space, 2017.

[19] GUIMARES L N F, BORGES G, NASCIMENTO J A D, et al. TERRA: a nuclear reactor to help explore space, deep ocean and difficult access locations [C] // XX ENFIR -Meeting on Nuclear Reactor Physics and Thermal Hydraulics, 2017.

[20] 代智文, 刘天才, 王成龙, 等. 空间核反应堆电源热工水力特性研究综述 [J]. 原子能科学技术, 2019, 53 (7): 14.

[21] International Atomic Energy Agency. The role of nuclear power and nuclear propulsion in the peaceful exploration of space [M]. Vienna: International Atomic Energy Agency, 2005.

[22] 张泽, 薛翔, 王园丁, 等. 空间核动力推进技术研究展望 [J]. 火箭推进, 2021, 47 (5): 1 – 13.

[23] ПУТИН В. Основы государственной политики в области использования результатов космической деятельности в интересах модернизации экономики Российской Федерации и развития ее регионов на период до 2030 года [EB/OL]. (2014 – 01 – 14) [2023 – 11 – 20]. https: //docs. cntd. ru/document/560853771.

[24] Государственная корпорация "Росатом", Государственный научный центр РФ-Физико-энергетический институт имени А. И. Лейпунского. Проект "Создание транспортно-энергетического модуля на основе ядерной энергодвигательной установки мегаваттного класса" [EB/OL]. [2023 – 11 – 20]. https: //ppt-online. org/517557.

[25] КОНЮХОВ Г В, et al. Капельные холодильники – излучатели в космической энергетике [M]. Москва: Янус – К, 2021.

[26] Наука и Техника. Ракетостроение и космонавтика. Космический корабль на ядерной тяге [N/OL]. (2020 – 09 – 17) [2023 – 11 – 20]. https: //naukatehnika. com/kosmicheskij-korabl-na-yadernoj-tyage. html.

[27] РОСКОСМОС. На Составную часть опытно-конструкторской работы- "Создание космического комплекса с транспортно-энергетическим модулем на основе ядерной энергетической установки" [Z]. Техническое задание № 0339/20.

[28] ZAKIROV V, PAVSHOOK V. Feasibility of the recent Russian nuclear electric propulsion concept: 2010 [J]. Nuclear engineering and design, 2011, 241 (5): 1529 – 1537.

[29] NOVIKOV Y A, GOVINDANKUTTY M A. Nuclear power propulsion unit: RU20180100488 [P]. 2019 – 01 – 10.

[30] KOSHLAKOV V V, et al. Test bench equipment of keldysh research centre for testing high-performance power and propulsion systems [J]. Космическая Техника и Технологии, 2022, 1 (36): 80 - 95.

[31] AJITH B, GOVINDANKUTTY M K. Electric propulsion system: EP20200275002 [P]. 2021 – 07 – 14.

[32] РОСКОСМОС-КЕЛДЫША Центр. Ракетные двигатели [EB/OL]. [2023 – 10 – 01]. https: //keldysh-space. ru/nasha-deyatelnost/raketno-kosmicheskaya- deyatelnost/raketnye-dvigateli/.

[33] КОРОТЕЕВ А С, ГОТОВЦЕВ К В, ЗАХАРЕНКОВ Л Э, et al. Совместное функционирование электроракетных двигателей и системы газотурбинного преобразования энергии в составе энергодвигательной установки космического назначения [J]. Известия Российской академии наук. Энергетика, 2020 (1): 3 - 20.

[34] BARANCHIKOV V A, KOROTEEV A A, et al. Trickling cooler-radiator: RU20030121089 [P]. 2005 – 02 – 27.

[35] ЛЯЛИН Д А, БУРОВА М Г 1, ГРИГОРЬЕВ А Л, et al. Итоги Космического Эксперимента "КАПЛЯ-2" [J]. Космические Исследования, 2016, 54 (5), 445 – 448.

[36] РОСКОСМОС. Россия планирует испытать элементы ядерного буксира "Зевс" на МКС [EB/OL]. [2023 – 10 – 01]. https: //ria. ru/20210704/zevs-1739783833. html.

[37] КБ "Арсенал": Транспортно - энергетический модуль (Армия – 2020) [EB/OL]. [2023 – 10 – 01]. https: // www. youtube. com/watch? v=kxEGiCiYKiA.

[38] РОСКОСМОС. Перспективные направления развития космической отрасли [EB/OL]. [2023 – 10 – 01]. https：//www. youtube. com/watch? v＝LC ＿ HhAgBuG8.

[39] БОРИСОВ. Россия будет использовать ядерный буксир в совместном проекте с КНР [EB/OL]. [2023 – 10 – 01]. https：//www. vedomosti. ru/politics/news/2023/04/26/972728-rossiya-budet-ispolzovat-buksir.

Overview of the Russian megawatt nuclear-powered spaceship

QU Xin-he，MA Wen-kui，YANG Xiao-yong*，WANG Jie

(Institute of Nuclear and New Energy Technology, Collaborative Innovation Center of Advanced Nuclear Energy Technology, Key Laboratory of Advanced Reactor Engineering and Safety of Ministry of Education, Tsinghua University, Beijing 100084, China)

Abstract： In order to improve space competitiveness and master new technologies, in 2009 the Russian Space Agency and the Ministry of Atomic Energy launched the research and construction of megawatt space nuclear-powered reactor. The overall design, relevant parameters, and space mission of the nuclear-powered tugboat "Cosmos" and the corresponding experimental design work code-named "Nucleus" were announced in 2020 and 2021. The core module of the Russian megawatt space nuclear-powered tugboat is the power and propulsion module. It is characterized by a very high-temperature gas-cooled fast neutron reactor that uses a mixture of helium and xenon as the gas coolant. It uses highly enriched uranium (90%～96%), and the reactor temperature is as high as 1500 K, the service life requires at least 10 years. The power and propulsion module adopts compact closed Brayton cycle to generate electricity. The cooler adopts two schemes: heat pipe radiation cooler and more advanced frameless tricking cooler-radiator. Propulsion system uses an electric rocket propulsion device accelerated by plasma electromagnetic, which has a greater specific impulse. In this article, the authors investigate the research history and latest development of the power and propulsion module based on Russian megawatt space nuclear-powered reactor and focuses on the introduction of the principle and research status of the electric propulsion systems and tricking cooler-radiator. The article will provide reference for our country's space nuclear powered reactor, and contribute to the progress of space nuclear power research in China.

Key words： Megawatt space nuclear-powered tugboat; Power and propulsion module; Brayton cycle; Tricking cooler-radiator; Plasma electric rocket

核电厂冷源安全分析和技术探索

韩　明，杨新辉

（华能海南昌江核电有限公司，海南　昌江　572733）

摘　要： 伴随气候变化，滨海核电厂频繁发生由于三回路取海水管路被堵塞导致机组被迫降功率甚至反应堆紧急停堆的事件，对核电厂安全运行产生了一定的威胁。核电厂冷源的安全逐渐被人们提高重视。论文通过国内核电厂两起典型的冷源丧失事件来分析近年来不断发生核电厂冷源故障的原因。并在深入分析原因的基础上研究探索技术解决途径，提出了两套解决方案，一是基于原机组循环水系统设备进行升级改造以提高抵御流道被堵塞的能力；二是研究双冷源方案，即正常时机组采用海水冷却二回路，海水丧失后机组采用空冷塔进行冷却同时进行三回路海水流道的清理。冷源探索对内陆核电开发也有积极意义。

关键词： 冷源；杂物；海生物；空冷塔

1　国内外核电厂海水冷源事件

近年来，由于气候变化，海生物异常繁殖时有发生，同时热带气旋引起的海浪带来的海面漂浮杂物涌向核电厂三回路取水口，海生物或漂浮杂物堵塞在拦污栅或旋转滤网上，导致循环水流量降低甚至丧失，致使二回路凝汽器失去冷却，凝汽器运行参数恶化，机组被迫减出力甚至紧急停机停堆，给机组安全运行带来了挑战。

核电站冷源系统是电力生产流程的重要组成部分，其功能为向循环水、重要厂用水及循环水处理系统提供经过滤后的海水，并通过热交换形式带走汽轮发电机厂房及核岛厂房设备运行中产生的热量，换热后的冷却水由虹吸井排入外海。

冷源系统堵塞必然会导致机组鼓网过载、贝类捕集器堵塞、循泵跳闸，机组热阱丧失，停机甚至停堆。二代典型压水反应堆海工设备示意如图 1 所示。

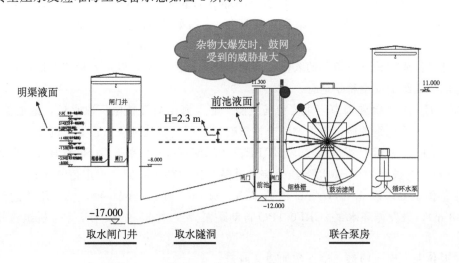

图 1　二代典型压水反应堆海工设备示意

作者简介：韩明（1987—），男，高级工程师，现主要从事核电厂保健物理管理工作。

表 1 简单罗列了近年来国外核电厂三回路冷源安全事件。

表 1　近年来国外核电厂三回路冷源安全事件

发生日期	国家/地区	厂名	事件简要信息
2013 - 05	英国	Torness	2 号机组，海藻和强浪涌入到取水口，旋转滤网结构严重损坏，凝汽器真空快速下降。由于给水瞬态，造成出口温度高，自动停堆
2013 - 07	中国台湾	Chinshan	2 号机组，大量杂物进入取水口，导致细格栅损坏，循环水泵入口流量降低，导致汽轮机跳闸
2013 - 08	加拿大	Bruce A	过滤水量下降，凝汽器真空下降，1 台机组停堆，3 台机组降功率
2013 - 09	瑞典	Oskarshamn	3 号机组，旋转滤网压差升高，引起滤网电机因过载跳闸，凝汽器冷却情况恶化，手动停堆
2013 - 10	法国	Tricastin	2 号机组，泵站淤泥阻塞导致冷凝器冷却系统泵跳闸，汽轮机跳闸，自动停堆
2011 - 08	美国	St. Lucie	1 号机组，水母入侵，冷凝器真空度降低到机组手动停堆设定值，手动停堆
2010 - 05 - 01	美国	Cooper	泥砂及杂物碎屑堵塞流道，导致电厂功率减小
2009 - 06 - 08	加拿大	Gentilly	由于资源管理问题导致拦污网预防性维护措施缺乏，过滤设施损坏无法有效拦截杂物，机组降功率
2009 - 02 - 25	法国	Blayais	冷却水入口处有大量垃圾杂物，反应堆自动紧急停堆
2008 - 10 - 25	加拿大	Darlington	运行进行低水位调试，操作不当，循泵故障使得机组冷却水不足而降功率
2007 - 12 - 30	韩国	Hanbit	1 号机组 100% 满功率运行期间，溢出的原油形成的焦油流入取水口，疏导不利形成堵塞，机组降功率

红沿河核电厂：红沿河 1、2 号机组在满功率运行当中由于大量水母突发性涌入取水口导致汽轮机跳机反应堆自动停堆；大量鲈鱼涌入泵站从而影响泵站的运行。

田湾核电厂：麦秸秆、浒苔、紫菜和小鱼小虾等的入侵给机组的运行等带来严重影响（如田湾 1、2 号机组由于紫菜原因，导致机组降功率运行），需要定期进行人工清理才可保证机组的正常运行。

宁德核电厂：海生物"鲨鱼"的入侵，小水母及鱼虾的入侵，以及大量"海地瓜"的入侵，严重影响了宁德电厂机组的安全稳定运行。

2018 年 4 月 6 日，大量海草（主要为马尾藻）涌入海南昌江核电厂取水口，造成鼓网压差升高。海南昌江核电厂 2 号机组按照《海生物和杂物影响核电厂冷源处理应急预案》的要求，经过两次降功率操作，稳定在功率运行状态，46.1% FP、300 MWe，并停运循环水泵 2CRF002PO。由于 2CRF001PO 对应的鼓网 2CRF301TF 压差突然升高，达到高 3 报警（设定值 0.4 m），主控室操纵员按照冷源应急预案要求以 30 MW/min 的速率降负荷。12 时 35 分 20 秒，鼓网压差达到高 4 报警值（设定值 0.8 m），触发循环水泵 2CRF001PO 自动跳泵。12 时 35 分 25 秒，2 号机组汽轮机跳闸、反应堆停堆。

国内滨海核电厂海水冷源风险介绍如表 2 所示。

表 2　国内滨海核电厂海水冷源风险

冷源风险	涉及核电厂
鱼群、虾群、水母群	大亚湾（毛虾）、红沿河（水母、鲈鱼）、宁德、阳江、防城港、台山、昌江（水母）
海藻、海草	大亚湾、红沿河、宁德、阳江（赤潮）、防城港（棕囊藻）、台山、昌江（棕囊藻）
泥沙、浮冰	红沿河（浮冰）、秦山（泥沙）
紫菜、浒苔、秸秆	田湾、红沿河、秦山
贻贝、藤壶、海地瓜	昌江、福清、宁德
海面溢油	大亚湾、红沿河、防城港
台风、风暴潮	大亚湾、红沿河、宁德、阳江、防城港、台山、昌江、福清

2　国内两起典型事件描述

重点描述国内两起典型核电厂（杂物/海生物）冷源丧失事件，分析发生的深层次原因，从而为探索解决问题的技术途径提供理论依据。

2.1　海水杂物导致冷源丧失的事件

2016 年 10 月 18 日，按照电网调度指令要求，在台风"莎莉嘉"影响期间调整负荷，海南昌江核电厂 2 号机组处于功率运行状态，25% PN、126 MWe。

10 月 19 日 2 时 0 分 17 秒，由于大量沉积在海底的杂物（草根、树叶、塑料袋等）及海藻、小鱼被大风引起的海浪搅动，受取水流道流体抽吸作用进入取水流道，循环水过滤系统（CFI）鼓网出现压差高 4 信号，致使循环水系统（CRF）两台水泵自动跳闸，相继出现冷凝器故障信号、汽轮机跳机信号 C8，叠加反应堆功率大于 10% FP（P10 信号），停堆逻辑符合，反应堆自动停堆。

本次事件的直接原因是大量杂物涌入鼓网，导致鼓网压差高。根本原因是取水明渠防波堤为直堤，消浪能力差。

本次事件的经验教训是缺乏对潜在风险源的识别及对机组的影响分析，对极端恶劣天气条件导致的影响未考虑预警解除后延迟性效果的影响，对杂物涌入情况预见性不够导致人员配置不足。为此采取的纠正行动主要是制订海工专项行动计划；升版《海生物和杂物影响核电厂冷源处理应急预案》；加强对海边巡查频度；调研新的海生物预防和去除方法；实施变更改造，将前池水位、鼓网压差等信号引入主控进行监视。

2.2　海生物导致冷源丧失的事件

2020 年 3 月 24 日 18 时 30 分，因海水中毛虾大量聚集涌入电站冷却水取水口，广东阳江核电厂 4 号机组两台循泵跳闸，导致自动停机停堆，其他机组主动降功率到 80% 负荷运行。3 月 25 日 13 时 15 分，通过打捞、冲洗、拦截等措施，4 号机组重新并网，其他机组陆续升至满功率。16 时 9 分，毛虾再次入侵，导致正在运行的 6 台机组在 1 个小时内先后停机，其中 2、3、4、6 号机组因循泵跳闸自动停机停堆，1、5 号机组主动快速降功率停机，共减少出力 6.3×10^6 kW。

本次事件发生后，中广核集团高度重视，集团领导亲赴现场指挥事件调查，南方电网也积极参与电能调度以稳定电网。本次事件定为 1 级事件，其直接原因是只设置了一道孔径 5 mm 细目网，且未按要求做到全断面（到底、到边、到顶），导致对毛虾拦截失效。根本原因是核电厂管理层对海生物入侵风险缺少清醒认识，思想麻痹，管理责任落实不到位。

3　剖析事件发生的原因

事件的发生暴露了如下问题：面对重大冷源异常，机组状态控制过程中未严格遵守程序要求，风险意识存在不足，未能立即将机组后撤到 NS/SG 模式。在海生物入侵导致电厂冷源受到威胁时，多机组在实际响应过程中没有建立有效的信息传递和协同管理机制。执行 SOP 事件程序外的操作未做好全面风险分析。对冷源状态全面信息了解不够,对冷源威胁的后续风险预期不足。针对冷源管理方面,海生物监测系统未能发挥有效作用,监测系统的在线预警功能尚未投用,无法对海生物入侵及时预警。冷源预防性维修大纲不完整。电厂已经识别出毛虾为危险风险源并制定纠正行动,但永久设计改进措施进度缓慢,时效性不足,不能满足防御细小海生物的需要。事发后,电厂的打捞设备和外部打捞资源未能有效发挥海生物防御的补充功能,没有有效缓解拦截网的压力。广东阳江核电厂 6 台机组共用一个取水口,容易发生共模失效。内进外出鼓网应对海生物爆发性冲击负荷的能力相对较弱。

4 两个技术解决方案的探索

根据对上述两起典型核电厂冷源丧失事件的分析可以得知近年来滨海核电厂频繁发生的冷源安全事件的主要原因是海水杂物和海生物异常繁殖入侵取水口引起堵塞导致循环水流量降低而产生电厂冷源安全危机。据此可以获知该类型事件的主要解决途径是改进冷源实体设计方案,加强现场巡查,升级冷源应急预案。这便是本篇论文提出的技术解决方案 1,即基于原机组循环水系统设备进行升级改造以提高抵御流道堵塞的能力,主要包括究源:堵塞物根源查找;预防:堵塞物监测预警;处置:堵塞物防控处置;优化:冷源系统功能提升。

4.1 技术解决方案 1

方案 1 的主要具体措施为整合科研项目,成立冷源研究所;海工优化实体工程推进;拦截过滤设施阶梯配置;海生物化学抑制研究;高新技术研究;使用高强度网兜提高拦截和处理效率;建立取水区堵塞物监测预警系统;冷源系统改进优化;海生物调查及爆发月历编制;组建高效管理组织机构体系。

可以具体实施的项目是:①常规的开放式取水头部改为双环抱式取水头部,海工头部必须开阔,避开潮涨潮落方向,做好必要的掩护,明渠流速尽量低,降低海水杂物和海生物进入取水流道的可能性;②考虑改为多取水头多流道以降低群厂共模故障;③安装水上和水下的预警监测系统;④进入冷源应急响应条件尽量低,及早进入应急战备状态,动用监控系统、水下潜水器、无人机、海事卫星等监控海生物及其总量;⑤应急干预尽量保守,机组循泵尽早节流或停泵,与电网保持良好沟通,机组有计划地降功率,避免堵塞后自动停机停堆;⑥拦截网的设计按照梯级设计,网孔由大到小,逐级拦截,确保拦截网有效完整,推荐使用变网孔、拦截网或网兜,建议储备临时细网,快速布放拦截打捞;⑦改进格栅除污机机械设计,提高除污效率;⑧针对运行电厂,由于海洋生态环境的变化,周围海域的致灾海生物隔几年会发生一定变化,必须按照 3~5 年做一次海生物广普调查,建立生物月历,确定优势物种,评估其爆发周期点。在充分运用设计改进和高科技手段的同时也要充分发挥人员的主观能动性,加强恶劣天气现场巡视,正确保守启动冷源应急预案。

4.2 技术解决方案 2

下面对创新性的方案 2——双冷源方案进行探索,即正常时机组采用海水冷却二回路,海水丧失后机组采用空冷塔进行冷却同时进行三回路海水流道的清理。本方案有两个子方案 a、b,子方案 a 是单机组双冷源:海水和空冷塔;子方案 b 是双机组共用空冷塔,每台机组正常时使用各自的海水冷源。

针对子方案 a,即为单机组有海水冷源和空冷塔冷源。异常情况下,海水冷源丧失后,空冷塔用于二回路正常冷却以维持其满功率运行,因空冷塔建造费用成本较高,其水源也不能是海水,为防止共模故障,其采用电厂淡水厂、淡水或城市中水,如此,淡水厂规模也需要扩建;根据内陆核电研究方案,百万千瓦核电厂空冷塔占地面积将很大,建造成本较高,若海水冷源不可用时间较短,满功率运行的经济效益将不抵单机组空冷塔的高成本。如此,子方案 b 更具有优势,即在海水冷源不可用时,机组二回路冷源紧急切至空冷塔进行冷却,因双机组共用空冷塔,鉴于空冷塔的冷却效率,则机组根据规程降功率至适应空冷塔的最大冷却能力，在此期间进行海水冷源的清理恢复工作。结合方案1思考，为降低海水冷源故障发生率同时降低清理难度以缩短恢复时间，需对海工进行优化改进。尽管机组降功率运行，但未发生非计划停机停堆，双机组共用空冷塔也使得空冷塔的成本得以均摊，故子方案 b 可以继续深入探索。另外，空冷塔的技术探索也可以为内陆核电建设提供有力的技术支撑。

4.3 关于核电厂空冷塔的技术探索

根据现有已经成熟的火电厂冷却塔技术，我们来参照进行核电厂空冷塔技术的探索。首先我们列出指标：①冷却效率高；②造价适中；③对环境友好；④受外界环境影响小。

根据火电厂空冷塔的实践，按照热水和空气的接触方式分为湿式冷却塔、干式冷却塔及干/湿式冷却塔。湿式冷却塔中，空气和水直接接触进行热、质交换，其热、质交换效率高，冷却水的极限温度为空气湿球温度，缺点在于冷却水存在蒸发损失和飘散损失，并且蒸发后盐度增加，需要补水。干式冷却塔中，水或水蒸气与空气间接接触进行热交换，不发生质交换，它主要用于缺水地区及特殊场合，热交换效率一般比较低，并且投资大、耗能高。按照热水和空气的流动方向分为逆流式冷却塔、横流式冷却塔、混流式冷却塔。逆流式冷却塔里水自上而下，空气自下而上；横流式冷却塔中水自上而下，空气从水平方向流入。逆流式冷却塔阻力大，冷却效果好，占地小，价格相对较高；横流式冷却塔阻力小，冷却效果相对较差，占地相对较大，价格相对便宜，易维护，动力消耗低。

针对核电厂，虽然现在国内核电厂均为滨海电厂，但是滨海厂址的容量有限，未来绿色能源的需求必然会引发内陆核电的建设计划。法国作为核电大国，其国内不少核电机组均为滨河内陆机组。进行本课题的研究不仅是探索滨海核电厂双冷源技术以降低单一海水冷源不可用导致机组非计划停机停堆的风险，更是为未来我国内陆核电的冷源提供技术探索。

要把一定流量的水冷却到所要求的温度，可以用不同的冷却塔（自然通风冷却塔、机械通风冷却塔及辅助通风冷却塔等）。不同的机组参数、不同的地理环境，选择的空冷设备的类型会有所不同，冷却塔的选择还和生产工艺使用的换热器设计、换热效率、起始与终端的温度密切关联，这会增加核电厂选择冷却塔的难度。除了参照前面 4 个基本指标要求，还应根据当地的建设及运行条件，结合地价、水价、电价及投资回收年限等对冷却塔进行全面的技术经济比较，选择最佳的冷却塔。经济比较不仅要看一次性投资的报价，还要在认真技术比较后进行综合评价才能体现其比较的作用。技术比较与经济比较是两个独立而又相互制约的课题，需要确立一个优化的目标函数，把技术与经济有机地统一起来有助于选择理想的冷却塔。

根据上述分析，结合国内外大型冷却塔实践经验，推荐（超）大型逆流式自然通风冷却塔和（超）大型逆流式机械通风冷却塔及干湿联合冷却塔技术，前者经验来自德国艾莎核电厂二期一台装机容量为 1400 MWe，于 1988 年建成的发电采用一机一塔单元制二次循环供水系统，该冷却塔淋水面积 16 300 m^3，塔高 165 m，零米标高直径 152.4 m。其特点是技术成熟，耗能相对低，但是占地较大，建造成本高。中者经验来自国外大型逆流式机械通风冷却塔，其冷却能力达到 4000 m^3 /h，效率很高，占地相对前者小一点，但是耗能较高，建造成本适中。后者干湿联合冷却塔兼顾了湿式冷却塔的高效冷却节约投资和干式冷却塔的节水环保优势，是核电机组冷却塔系统的一种发展趋势，尤其是对于内陆大型核电厂，具有夏季出力不受限制、适应机组变工况运行的优点。该技术既可用于北方缺水的地区，也可用于南方水资源相对丰富的地区，以保证枯水季节电厂冷却水量的需要，又可有效防止温排水引起的江河水质热污染。故经过对比分析，干湿联合冷却塔技术最值得认真研究实践，这方面我国研究起步较晚，应当加紧研究迎头赶上，为大型核电厂冷源安全提供有力的技术保障。

5 结论

核电厂冷源对机组安全运行非常重要，环境变化导致电厂取水管道被杂物或海生物堵塞造成冷源丧失，对核电厂带来了安全威胁。对冷源安全的技术探索，包括基于原机组海工循环水系统设备进行升级改造以抵御流道被堵塞，升版应急预案并加强管理措施和科技手段，多管齐下提高冷源的安全性。对于双冷源方案，本篇论文进行了有益的探索，提出了两个子方案并对比筛选出优化方案，阐述了基本原理，并对冷却塔技术本身用于核电厂运行方面进行了分析和探索，结合国内外实践经验及核电厂特点，对比了 3 种推荐方案，进行了类比筛选，得到了最优技术方案，这为内陆核电空冷塔的探索研究提供了思路和方向。

参考文献：

[1] 刘建光. 循环水过滤系统鼓网压差高引起循环水泵跳泵与自动停堆 [R]. 昌江：海南昌江核电厂，2016.

[2] 国家能源局综合司. 国家能源局综合司关于广东阳江核电厂因海生物入侵取水口导致多机组停机停堆事件的通报 [R]. 北京：国家能源局综合司，2020.

[3] 李德兴. 冷却塔选型的技术经济比较 [J]. 工业用水与废水，2006，37 (2)：77 - 83.

[4] 石诚，罗书祥，瘳内平，等. 德国大型自然通风冷却塔、海水自然通风冷却塔和烟道式自然通风冷却塔简介 [J]. 电力建设，2008，29 (5)：82 - 85.

Safety analysis of cooling source and technology research of nuclear power plant

HAN Ming，YANG Xin-hui

(Huaneng Hainan Changjiang Nuclear Power Co., Ltd., Haikou, Changjiang 572733, China)

Abstract：With the change of climate and due to the circulation water system being often jammed，the on-shore nuclear power plants would have to reduce its power and even sram，which brings some threat to the safety of nuclear power plants. And the safety of cooling source gradually catches people's eyes. The paper analyze two typical events of loss of cooling source to find out the reason. And research two possible solution，one is to upgrade the equipments of circulation water system to defense being jammed. the other is to use atmosperic cooling tower to accompany with circulation water system to defense the loss of cooling source.

Key words：Cooling source；Sundries；Marine growth；Atmospheric cooling tower

同位素分离
Separation Isotope

目　录

某化工厂供料管道的压降研究

曾明杰

（四川红华实业有限公司，四川　峨眉山　614200）

摘　要：出于系统安全性考虑，专用系统对供料孔板后压力设有上限，而运行状态下机组供料需要保持一定压力，在专用系统供料孔板后到机组之间存在较大压降时，供料孔板后压力有可能超过限制值，给专用系统的安全生产带来威胁。本文推导了压力形式下的管道压降计算公式，根据某化工厂的多个供料流量方案，计算了专用系统供料管道 90°弯头的局部阻力系数，研究了专用系统供料压降与供料流量的关系，对比了单管道、双管道供料条件下专用系统供料管道压降的变化。研究表明：专用系统供料管道压降主要受管道压强及供料流量影响，且主要由沿程水头损失构成；专用系统供料管道 90°弯头阻力系数在 0.47 左右，且该系数受供料流量影响；利用双管道供料可以使专用系统供料压降幅度下降为单管道供料的 1/2 左右。

关键词：供料管道；供料流量；压降；局部阻力系数

专用系统利用流量孔板控制供料流量，流量孔板后的物料通过专用系统供料管道的输送到达机组。为了保证专用系统在不过载状态下工作，一般会对供料孔板后压力 P_s 设定上限 $P_{s,max}$。同时，正常运行时，接受供料的机组（一般称为供料级）的供料管道需要保持一定压力 P_e。考虑物料在专用系统供料管道（自专用系统供料孔板后到供料级之间的管道）的压降 $\Delta P(= P_s - P_e)$，当 $\Delta P + P_e \geqslant P_{s,max}$ 时，专用系统因存在过载风险而无法正常运行。为了保证专用系统的系统安全性，有必要对这里的压降进行研究。

1　专用系统供料管道压降的计算公式

考虑在近似实际情况的前提下简化计算，公式推导前先作如下假设：

（1）物料为均匀恒定流；

（2）供料管道为等直径管道，且只有直管和 90°弯头（简称"弯头"）。

在管道中选取两个过流断面，物料自过流断面 1 输运至过流断面 2，则可以对两断面使用伯努利方程[1]：

$$\rho g z_1 + p_1 + \frac{1}{2}\alpha_1 \rho v_1^2 = \rho g z_2 + p_2 + \frac{1}{2}\alpha_2 \rho v_2^2 + p_w \text{。} \tag{1}$$

式中，g 为重力加速度；ρ 为物料密度；p_w 为压强水头损失；z_1、p_1、v_1 和 α_1 分别为过流断面 1 下物料的高度、压强、速度和动能修正系数；z_2、p_2、v_2 和 α_2 分别为过流断面 2 下物料的高度、压强、速度和动能修正系数。

对于等直径管道中的均匀流：

$$\rho g z_1 + p_1 = \rho g z_2 + p_2 + p_w \text{。} \tag{2}$$

假设过流断面 1 和 2 之间有 N_j 个弯头，将直管划分为 N_i 段，则压强水头损失为：

$$p_w = \left(\sum_{i=1}^{N_i} \lambda_i \frac{l_i}{d} + \sum_{j=1}^{N_j} \zeta_j\right)\frac{\rho u^2}{2} \text{。} \tag{3}$$

作者简介：曾明杰（1997—），男，广东湛江人，硕士，助理工程师，现主要从事同位素分离工作。

式中，u 为物料速度；d 为供料管道直径；l_i 为第 i 段直管长度；λ_i 为第 i 段直管对物料的沿程阻力系数；ζ_j 为第 j 个弯头对物料的局部阻力系数。

引入供料流量 $G = \rho u \pi d^2 / 4$，及理想气体方程 $p = \rho RT/M$，将两者代入式（3）得：

$$p_w = \left(\sum_{i=1}^{N_i} \lambda_i \frac{l_i}{d} + \sum_{j=1}^{N_j} \zeta_j \right) \frac{8RTG^2}{\pi^2 M d^4 p}。 \tag{4}$$

式中，R 为理想气体常数；T 为物料温度；p 为物料压强；M 为物料摩尔质量。

以 ΔP 为过流断面 1 和 2 之间的物料压降，将式（4）代入式（2）得：

$$\Delta p = \frac{(z_2 - z_1)gM}{RT} p + \left(\sum_{i=1}^{N_i} \lambda_i \frac{l_i}{d} + \sum_{j=1}^{N_j} \zeta_j \right) \frac{8RT}{\pi^2 M d^4} \frac{G^2}{p}。 \tag{5}$$

对于长为 L 的水平直管，可以对式（5）化简并积分得：

$$p_1^2 - p_2^2 = \frac{16\lambda L RT}{\pi^2 d^5 M} G^2。 \tag{6}$$

这与管道压降公式 $\Delta(p^2) = CG^2$（这里 C 为系数）相符合。

对于专用系统供料管道中的物料，其雷诺数 Re 满足 Blasius 公式要求的雷诺数范围，可以应用 Blasius 公式 $\lambda = 0.3164/Re^{0.25}$ 进行沿程阻力系数 λ 的求解。此问题中，可以将雷诺数 Re 整理为 $Re = u\rho d/\mu = 4G/\pi d\mu$，其中，物料的动力黏度 $\mu = 2.458 + 0.049\,72T$[2]。由此可见，对于正常运行的专用系统，其供料管道温度稳定、结构固定，物料的沿程阻力系数 λ 只受供料流量 G 影响，且与之成负相关关系。

由式（5）可知，对于正常运行的专用系统，供料管道中物料压降 Δp 主要受物料压强 p 及供料流量 G 影响，且与供料流量 G 的平方成正相关关系。

2 专用系统供料管道压降的实验及计算

2.1 弯头阻力系数

在利用式（5）进行专用系统供料管道压降的计算时，如表 1 对部分参数进行设计。此外，仍需要确定专用系统供料管道的弯头阻力系数 ζ，可以利用表 1 中的实验数据对不同供料流量下的 ζ 进行计算（表 1）。

表 1 专用系统供料管道压降计算的参数设计

物理量	数值
温度 T /K	290
供料管道直径 d /mm	207
物料摩尔质量 M /（g/mol）	352
物料动力黏度 μ /（Pa·s）	1.69×10^{-5}

以一般工况下供料级的供料压力 P_e 为压力基准，以一般工况下专用系统供料流量 G_0 为流量基准，对某化工厂的 8 个单管道供料方案下专用系统供料干管的压降整理如表 2 所示。代入专用系统供料管道形状参数，根据供料孔板后压力 P_s 和供料级供料压力 P_e，可以求得不同供料流量方案下的弯头阻力系数 ζ（表 2）。对该组弯头阻力系数进行统计分析，有 90% 的把握认为专用系统供料管道 90° 弯头的阻力系数平均值在 [0.27，0.68]，在后续的计算中，以常量 $\zeta = 0.47$ 为专用系统供料管道弯头阻力系数。

表 2　专用系统单管道供料的供料压降实验结果

流量 $G/(G_0)$	供料孔板后压力 $P_s/(P_0)$	供料级供料压力 $P_e/(P_0)$	平均弯头压降 $\delta p_{bend}/(10^{-3} P_0)$	平均直管压降 $\delta p_{pipe}/(10^{-3} P_0)$	弯头阻力系数 ζ
1.020	2.00	1.010	16.5	4.42	0.395
1.010	1.91	0.998	15.3	4.54	0.361
0.785	1.69	0.998	10.4	3.18	0.382
0.744	1.66	0.991	15.5	2.97	0.616
0.536	1.45	0.984	8.31	1.81	0.608
0.495	1.17	0.675	6.66	2.07	0.416
0.488	1.38	0.964	7.49	1.60	0.640
0.402	1.00	0.622	4.30	1.64	0.362

专用系统供料管道弯头阻力系数 $\zeta = 0.47$ 下，沿用上述方案的流量 G 和供料孔板后压力 P_s，对供料级供料压力 P_e 进行计算（表3）。由该表可见，弯头阻力系数 ζ 取 0.47 时，在实验方案的供料流量范围内，供料级供料压力 P_e 计算结果与实验结果相对偏差绝对值均在 10% 以内，该偏差在工程流体力学计算中可以接受，弯头阻力系数 ζ 取 0.47 是适宜的。

表 3　$\zeta = 0.47$ 时，专用系统单管道供料的供料压降计算结果

流量 $G/(G_0)$	供料孔板后压力 $P_s/(P_0)$	供料级供料压力 $P_e/(P_0)$	平均弯头压降 $\delta p_{bend}/(10^3 P_0)$	平均直管压降 $\delta p_{pipe}/(10^3 P_0)$	P_e 相对偏差绝对值
1.020	2.00	0.947	20.2	4.47	6.130%
1.010	1.91	0.908	20.7	4.63	9.070%
0.785	1.69	0.955	13.1	3.21	4.350%
0.744	1.66	0.999	11.6	2.92	0.789%
0.536	1.45	1.010	6.38	1.80	3.010%
0.495	1.17	0.659	7.63	2.08	2.320%
0.488	1.38	0.995	5.46	1.58	3.230%
0.402	1.00	0.599	5.69	1.66	3.600%

2.2　弯头压降与直管压降

以 $\Delta P = P_s - P_e$ 计算专用系统供料管道总压降，图 1 展示了实验和计算条件下，随着供料流量 G 增大，总压降 ΔP 的变化情况。由供料孔板后压力 P_s 和供料级供料压力 P_e，分别计算了 8 个单管道供料方案下平均每个弯头压降 δp_{bend} 和单位距离直管压降 δp_{pipe}，结果如表 2 所示。弯头阻力系数 ζ 取 0.47，由供料孔板后压力 P_s，分别计算了 8 个单管道供料方案下平均每个弯头压降 δp_{bend} 和单位距离直管压降 δp_{pipe}，结果如表 3 所示。图 2 展示了实验和计算条件下，随着供料流量 G 增大，平均每个弯头压降 δp_{bend} 的变化情况。图 3 展示了实验和计算条件下，随着供料流量 G 增大，单位距离直管压降 δp_{pipe} 的变化情况。图 4 展示了实验和计算条件下，随着供料流量 G 增大，供料管道中弯头压降占供料管道总压降比例的变化情况。

总体上，随着供料流量增大，专用系统供料管道总压降相应增大，由式（5），供料管道总压降与供料流量的二次方呈正相关。由图 1 可知，供料流量 $G/(G_0)$ 在 0.4～0.8 时，供料管道总压降计算值的二次多项式拟合线能较好符合相关性。随着供料流量 $G/(G_0)$ 增大到 1.0 附近，图 1 的计算值拟合

结果与实验值相比偏大，相对偏差可达 10％ 左右。由表 3 可知，此时供料级供料压力计算值与实验值的相对偏差绝对值也较大，为 5％～10％。值得注意的是，G_0 即为一般工况下专用系统供料流量，这说明在一般供料流量工况和允许计算值与实验值相对偏差 10％ 的情况下，采用式（5）计算专用系统供料管道总压降是适宜的。

就平均每个弯头压降 δp_{bend} 和单位距离直管压降 δp_{pipe} 而言，由图 2 和图 3 可知，采用式（5）计算专用系统供料管道压降，与供料流量 $G/(G_0)$ 较高（0.7～1.1）的情况相比，供料流量 $G/(G_0)$ 较低（0.4～0.6）时对弯头压降的计算结果更加符合实验结果。而对直管压降计算的情况则相反，与供料流量 $G/(G_0)$ 较低（0.4～0.6）的情况相比，供料流量 $G/(G_0)$ 较高（0.7～1.1）时对直管压降的计算结果更符合实验结果。因此，采用式（5）计算专用系统供料管道总压降时，随着供料流量 $G/(G_0)$ 增大到 1.0 左右，计算值与实验值偏差的增大是弯头压降计算偏差带来的。

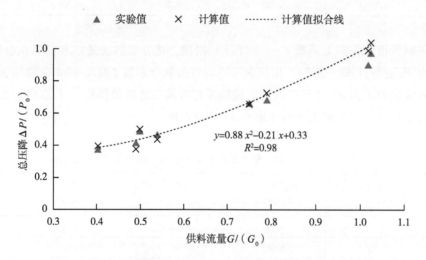

图 1　随着供料流量增大，专用系统供料管道总压降的变化趋势

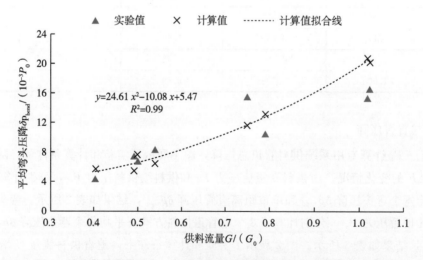

图 2　随着供料流量增大，专用系统供料管道平均弯头压降的变化趋势

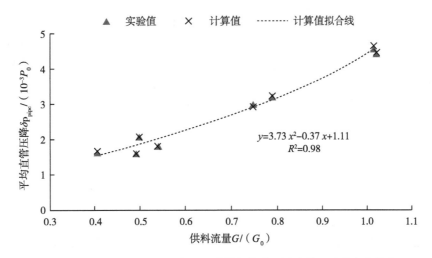

图 3 随着供料流量增大，专用系统供料管道平均直管压降的变化趋势

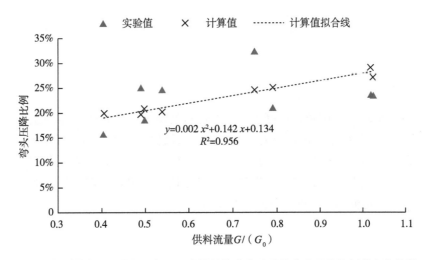

图 4 随着供料流量增大，专用系统供料管道弯头压降占总压降比例的变化趋势

就供料管道中弯头压降和直管压降的比例而言，由图 4 可知，在本文研究的供料流量取值范围内，供料管道中弯头压降占总压降的 15%～35%，专用系统供料管道压降主要是由直管压降构成的，即主要由沿程水头损失造成的。

2.3 双管道供料与单管道供料

由以上分析可知，降低供料管道中的供料流量，可以有效降低供料管道中的压降。为了降低专用系统供料管道压降，可以采用双管道并联供料方式降低每根管道的供料流量，从而达到降低供料管道总压降的目的。

对某化工厂的 2 个双管道供料方案下专用系统供料干管的压降整理如表 4 所示。由表 4 可知，与单管道供料方式相比，采用了双管道供料方式后，供料流量 $G/(G_0)$ 在 1.0 附近时可以降低供料管道压降约 54%。对于专用系统，供料孔板后压力限制值 $P_{s,max}/(P_0)$ 约为 2.18，由表 2 可知，若采用单管道供料方式，供料流量 $G/(G_0)$ 在 1.0 附近时供料孔板后压力 $P_s/(P_0) = 2.00$ 已经接近此限值，压力仪表示数波动及供料流量增加都很有可能造成供料孔板后压力超过限值，而采用双管道供料方式处理同样的供料流量，供料孔板后压力仅为限值的 50%～65%。因此采用双管道供料方式来降低专用系统供料管道压降是非常有必要的。

与单管道供料方式下管道压降的计算方式相似,可以利用式(5)计算双管道方式下的管道压降,此时供料级供料压力相对偏差绝对值在15%左右。值得注意的是,双管道的物料进入供料级前需要合并,利用 $\zeta = 0.47$ 计算大流量下的管道压降误差较大,因此,计算物料在双管道输送时的压降用 $\zeta = 0.47$ 计算,而计算物料在进入供料级前的合并管道中的压降用 $\zeta = 0.38$ 计算。其中,$\zeta = 0.38$ 由表2中供料流量较大的两个方案的弯头阻力系数平均后得到。

表4 专用系统双管道供料的供料压降实验结果

流量 $G/(G_0)$	供料孔板后压力 $P_s/(P_0)$	供料级供料压力 $P_e/(P_0)$	双管道供料压降实验值 $\Delta P/P_0$	单管道供料压降计算值 $\Delta P/P_0$
1.090	1.40/1.34	0.918	0.478	1.040
0.959	1.23/1.17	0.804	0.424	0.925

3 结论

为了探究降低某化工厂供料管道压降的方法,本文推导了专用系统供料管道的压降公式,以该化工厂的单管道和双管道供料方案为依据,对一般流量工况 G_0 下的供料管道压降进行了计算,主要结论如下:

在单管道供料流量 $0.4\ G_0 \sim 1.0\ G_0$ 的情况下:允许计算结果与实际相对偏差为10%时,可采用式(5)计算专用系统供料管道压降;专用系统正常运行情况下,供料管道压降主要受管道压强及供料流量影响,且与供料流量的平方成正相关关系;专用系统供料管道90°弯头阻力系数约为0.47;专用系统供料管道压降主要由沿程水头损失构成,供料管道中90°弯头压降仅占总压降的15%~35%。

在一般供料流量 G_0 的情况下:与单管道供料方案相比,采用双管道供料方案可以降低供料管道压降约54%,使得供料孔板后压力仅为限值的50%~65%。

参考文献:

[1] 李玉柱,贺五洲. 工程流体力学 [M]. 北京:清华大学出版社,2006:95-96.

[2] ZARKOVA L, PIRGOV P. Thermophysical properties of diluted F - containing heavy globular gases predicted by means of temperature dependent effective isotropic potential [J]. Vacuum, 1997, 48 (1):21-27.

Research on pressure drop of feeding pipeline in a chemical factory

ZENG Ming-jie

(Honghua Industrial Corporation Limited of Sichuan, Emeishan, Sichuan 614200, China)

Abstract: For the sake of system safety, it's an upper limit on the rear pressure of the feeding orifice plate on the specialized system, while the stage needs to maintain a certain feeding pressure under the running state. When there is a large pressure drop between the rear of the specialized system orifice plate and the stage, the rear pressure of the specialized system orifice plate may exceed the limit value, which poses a threat to the safety of the specialized system. This paper deduces the calculation formula of pipeline pressure drop in the form of pressure. According to several feeding flow schemes of a chemical factory, this paper calculates the local resistance coefficient of the 90° bend of the specialized system feeding pipeline, studies the relationship between specialized system feeding pressure drop and feeding flow, and compares the change of the pressure drop of the specialized system feeding pipeline under the condition of single pipeline and double pipeline. The results show that the pressure drop of specialized system feeding pipeline is mainly affected by pipeline pressure and feeding flow, and mainly consists of head loss along the pipeline. The resistance coefficient of the 90° bend of the specialized system feeding pipeline is about 0.47, and the coefficient is affected by the feeding flow. By using double feeding pipeline, the feeding pressure drop of specialized system can be reduced to about 1/2 of that of single feeding pipeline.

Key words: Feeding pipeline; Feeding flow rate; Pressure drop; Local resistance coefficient

专用设备轴承动态测试装置设计与应用研究

肖　欧

（核工业理化工程研究院，天津　300180）

摘　要：小轴与轴窝是专用设备中唯一的动静接触点，起到了支承和传递振动的作用，轴与窝的径向相对位移将直接影响着专用设备的运行性能。本文在未改变现有阻尼器结构的前提下，基于微型电涡流位移传感器技术，建立了一种微小轴承相对位移测试装置，解决了在小空间范围实现准确测量微小轴承相对位移的难题，该装置在转子状态监测和轴承结构设计得到了实际应用，得到进动状态下轴承径向相对位移量的渐变规律。

关键词：专用设备；相对运动；进动

小轴与轴窝是专用设备中唯一的动静接触点，起到了支承和传递振动的作用，小轴与轴窝之间的松动和不良摩擦可能会导致转子系统的非线性振动，引发故障，从而影响专用设备安全、有效地运行[1]。试验中观察到转子在运行时偶有异常响声出现，同时伴随较大幅度的进动出现，由于转子系统的复杂性，往往难以确定故障的来源。为了确定小轴与轴窝之间是否存在相对运动，亟须建立一种有效地轴承动态测试方法和装置，从试验角度对专用设备轴承径向相对运动情况进行深入研究，获取轴承与轴窝间径向相对运动的数据，确定故障来源。为支承参数设计提供试验验证和技术支持，填补20 余年轴承测试技术领域的技术"空白"。

1　关键技术及难点分析

由于轴承附近空间狭小，并且小轴与轴窝接触位置处于油液中，使测试系统的设计存在一定的难度，主要表现在以下两点：

（1）结构设计：被测物体小轴的体积较小（直径约为 1.5 mm），这就要求测量传感器的体积不能太大，同时轴承附近可用空间最高处仅有 8 cm，实现轴承与轴窝相对运动测量与常规振幅测量较为不同，测量相对运动时，传感器需要与小轴一体或者与轴窝一体，而且还不能影响支承性能，因此如何通过结构设计安装传感器实现测试成为首要解决的一大难题。

（2）测量精度要求高，测试环境特殊：轴承径向相对位移量为微米量级且小轴与轴窝接触位置处于油液中，特殊环境下如何保证高精度测量成为一个难题。

2　轴承动态测试装置设计

2.1　轴承径向相对位移测试方案设计

在狭小的空间内实现轴承径向相对位移测量是结构设计首要的关键技术，通过轴承振动原理及下支承参数设计要求分析，提出了以下设计方案：

为准确监测轴承相对轴窝运动情况，传感器需固定于下支承上，由图 1 所示利用下支承中导向环与轴窝之间的间隙，将导向环下端加长，中间开孔安装位移传感器，即可实现轴承径向位移测量，而导向环的作用仅起到小轴与轴窝安装的导向及定位作用，导向环的厚度增加及材料变化不会引起下支承系统设计参数变化及其他功能。同时采用此设计方案测量部位为小轴尖部，可以避免轴承弓形回转

作者简介：肖欧（1987—）男，高级工程师，硕士，主要从事试验设计等工作。

给测量结果产生干扰。

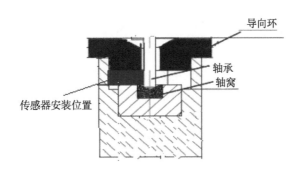

图 1　传感器安装位置

2.2　结构设计

为达到节省空间并最大限度地反映小轴与轴窝相对位移的目的，对导向环下端加厚并对其侧面开通孔安装传感器，同时考虑导向环金属材质可能会对测量产生影响，将导向环进行分体式设计如图 2 所示，其中弹簧固定处采用原材质，传感器安装位置采用胶木材质，这样既保证了弹簧固定处连接刚度，又避免了金属材质对测量的影响。为保证传感器有效测量范围设计了传感器安装具，安装传感器时先将传感器安装具插入导向环内孔处，再将传感器安装与导向环侧壁开孔处，当传感器表面顶到传感器安装具外表面时，传感器即安装到位，这样既保证了间隙要求，又满足了传感器安装的便捷性。

图 2　分体式导向环结构示意

2.3　传感器选型

随着科技的不断进步，目前市场上位移传感器种类较多，除传统的电涡流位移传感器外，还包括光幕投影位移传感器、光纤位移传感器、光谱共焦等精密位移测量传感器[2]。考虑到传感器工作环境处于油液中，油液会影响光的传递，为保证测量精度，无法使用光幕、光纤、光谱位移等传感器，而电涡流位移传感器已经成为专用设备试验测试中的成熟技术，真空及油液环境不会对其测量精度产生影响，因此选择其作为轴承径向相对位移的测量传感器。根据传感器选型要求，经过前期调研确定了一款线圈直径仅有 1 mm 的国产微型传感器，实现该测试装置核心技术国产化；并且为了对比测试精度调研了一款进口传感器，与之相比国产传感器具有相同的技术指标，传感器技术参数如表 1 所示。

表 1　传感器技术参数

传感器名称	测量原理	生产厂家	量程	工作温度范围	绝对误差	尺寸/直径
位移传感器	电涡流式	（国产）	0～0.5 mm	−50～150 ℃	0.01% FSO	1 mm（线圈）
		（进口）				

3 测试精度

3.1 标定方法及标定装置设计

测量轴承径向相对位移传感器体积较小，仅有一个米粒大小（图3），且标定前已安装于测试装置内部，为保证标定的测试环境与使用环境一致，降低环境影响，提高测量的准确性，一般采用现场标定的方式，但现有标定装置无法实现标定，因此为保证测试精度开展了标定装置设计，其原理为利用螺旋测微仪推动悬空且与轴窝不接触的轴承向电涡流位移传感器方向移动，通过得到轴承的位移变化量和传感器相应输出电压值即可完成一次标定。标定装置中设计了定位部件，以保证轴承初始位置与实际装机轴承位置一致，同时还设计了限位部件，保证了轴承移动的直线度，不会出现移动过程中轴承各方向摆动的问题（图4）。

 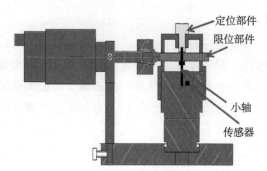

图3 传感器实物 图4 标定装置示意

3.2 标定结果

对完成装配的传感器进行静态标定，位移传感器标定结果如表2所示，位移传感器标定曲线如图5所示。

表2 位移传感器标定结果

位移/mm	电压/V	位移/mm	电压/V
0	0	0.14	2.860
0.02	0.417	0.16	3.260
0.04	0.831	0.18	3.659
0.06	1.241	0.20	4.057
0.08	1.649	0.22	4.455
0.10	2.055	0.24	4.852
0.12	2.458	0.25	5.051

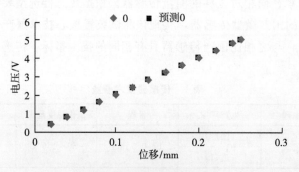

图5 位移传感器标定曲线

4 验证与应用

4.1 试验验证

为了验证升速性能,对专用设备上端及中部进行振动监测,并对底部异常响声进行监测,同时为了验证测试效果,在轴承径向处同时安装国产和进口两种传感器对同一小轴同时进行测量,两种传感器互为校验。

安装轴承动态测试装置时,专用设备升速过程中未出现异响及进动情况,同时升速过程中国产传感器及进口传感器测量轴承径向相对位移测量数值基本一致(图6)。

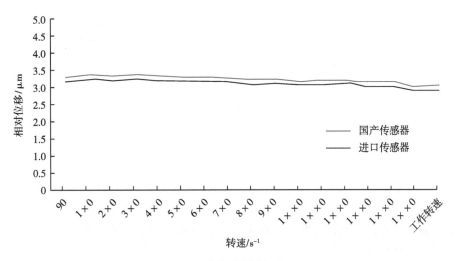

图6 两种传感器验证结果

4.2 应用情况

应用该装置开展了进动状态下轴承运动情况研究。利用技术成熟的可调节电磁轴承实现转子工作转速下承载力的动态调节。随着承载力的不断减小,小轴与轴窝的运动状态从一种稳定的状态逐渐变成一种"打滑"状态,当承载力调节到1 N时,由于总传振能力不足,通过时域信号及频谱分析转子出现了进动情况,并且进动发生时轴承处振幅变化较大且响应较快(图7、图8)。

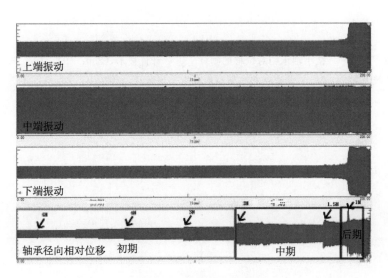

图7 转子各测点时域信号

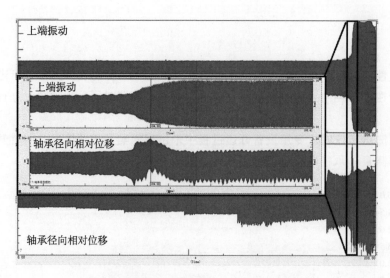

图 8 进动时转子下导磁环及轴承径向时域信号

5 结论

本文建立了一种轴承动态测试装置,并在转子状态监测和轴承结构设计得到了实际应用。主要结论如下:

(1) 设计了轴导向环结构和标定装置,在未改变现有阻尼器结构的前提下,完成了分体式阻尼器结构设计,实现轴与窝相对位移测量。

(2) 解决了在小空间范围实现准确测量轴承径向相对位移的难题,测量精度达 0.1 μm 量级。

(3) 测试装置在转子状态监测和轴承结构设计得到了实际应用,得到进动状态下轴承径向相对位移量的渐变规律。

致谢

感谢院、所、室领导对本项研究的支持,感谢全体同事的帮助!感谢粒子输运与富集技术国家重点实验室的资助!

参考文献:

[1] 杨光明,张小章,董金平. 微小轴承相对位移的测量 [J]. 计量技术,2007 (9):16 - 18.
[2] 张洪润. 传感器技术大全 [M]. 北京:北京航空航天大学出版社,2020.

Design and application of dynamic testing device for bearing of special equipment

XIAO Ou

(Research Institute of Physical and Chemical Engineering of Nuclear Industry Department of
Centrifugal Technique, Tianjin 300180, China)

Abstract: The small shaft and shaft socket are the only static and dynamic contact points in the special equipment, which play the role of supporting and transmitting vibration, Based on the technology of micro eddy current displacement sensor, a measuring device for the relative displacement of micro bearing is established without changing the structure of the existing damper, the problem of measuring the relative displacement of micro-bearing accurately in a small space is solved. The device has been applied to rotor condition monitoring and bearing structure design, the gradual change law of the radial relative displacement of the bearing in the precession state is obtained.

Key words: Special equipment; Relative motion; Forward motion

中国核科学技术进展报告（第八卷）

同位素分离分卷　　Progress Report on China Nuclear Science & Technology (Vol. 8)　　2023 年 10 月

锗-72同位素离心分离级联方案及运行控制研究

李　敏，张　睿，闫　昊，钟　平，车　军

（中核第七研究设计院有限公司，山西　太原　030012）

摘　要：四氟化锗是电子芯片生产领域的重要原材料，提高 Ge-72 同位素丰度能够带来芯片性能的大幅提升，采用气体离心法分离 Ge-72 同位素具备广阔的市场前景。Ge-72 是锗同位素中中间偏轻的组分，通过一次分离无法有效提高丰度，级联设计中考虑采用两步法分离，先分离出包含 Ge-70 和 Ge-72 的较轻组分的中间产品，再分离得到富集的 Ge-72 同位素，通过计算构建了由两个分离级联搭接而成的级联结构。两个级联的产品组分分别在轻馏分端和重馏分端，为了实现目标组分的分离、保证级联产生的扰动对产品丰度影响最小，通过开展级联静态及动态水力学分析，确定了扰动传播规律，得出了适用于 Ge-72 同位素分离级联的运行控制方式。

关键词：级联结构；扰动传播规律；运行控制方式

　　锗是一种重要的稀有稀散金属，主要应用于光纤和红外设备生产，同时在芯片、太阳能电池、生物科技等领域具有极其重要的潜在价值，是一种重要的战略资源。天然稳定的锗同位素有 5 种，分别是 ^{70}Ge、^{72}Ge、^{73}Ge、^{74}Ge、^{76}Ge，丰度分别为 20.37%、27.31%、7.76%、36.73%、7.83%。在半导体工业中，高丰度的 ^{72}Ge 越来越受到重视，四氟化锗作为电子芯片生产领域的重要原材料，^{72}Ge 同位素丰度的提高能够带来芯片性能的大幅提升[1]，在芯片生产制程快到物理极限的情况下，较高丰度 ^{72}Ge 同位素具有很大的市场。

　　我国气体离心法分离同位素技术主要用于铀同位素生产，而用于铀以外的稳定同位素分离虽早有实践，但一直未形成工业化规模能力。本文针对百公斤级规模 ^{72}Ge 同位素生产开展离心级联方案及级联运行控制方法研究。

1　离心法分离锗-72同位素级联方案

1.1　分离介质

　　气体离心法分离稳定同位素，其分离效应取决于待分离气体不同组分间的相对分子质量之差，分离介质一般需要满足热稳定性较好、相对分子质量较大等要求。天然氟是单一同位素元素，离心分离介质一般优先选择氟化物。天然的四氟化锗（分子式 GeF_4）分子量 148.633，熔点为 -36.5 ℃（升华），在 25 ℃下饱和蒸气压为 850 kPa，满足气体离心分离基本条件。对于锗同位素来说，四氟化锗是能够满足离心分离级联要求并且较为理想的分离介质。

　　值得注意的是，四氟化锗在常温下是高压气体，具有较强的腐蚀性，对人的眼、皮肤、上呼吸道黏膜及肺有刺激作用，在系统设计中需要考虑减压供料，以及设置局部排风净化系统等，本研究不做相关内容的表述。

1.2　产品质量控制

　　目标产品同位素丰度：^{72}Ge 同位素丰度 $C_0 \geq 58\%$。

　　为控制产品质量，除 ^{72}Ge 同位素丰度要求外，还需要对产品中的杂质含量进行限制。产品杂质含量限值要求如表 1 所示。

作者简介：李敏（1990—），女，辽宁锦县人，工程师，本科，现主要从事铀浓缩工程咨询、设计、科研工作。

表 1 产品杂质含量限值

杂质	Ar	CO_2	HF	N_2	O_2	SiF_4	SO_2
分子量	40	44	20	28	32	104	64
限值/Vppm	<25	<25	<25	<25	<25	<500	<25

1.3 级联方案分析

天然稳定的锗有 5 种同位素，离心法分离^{72}Ge 同位素是多组分分离问题，采用迭代法进行级联计算并优化。^{72}Ge 是锗同位素中中间偏轻的组分，离心级联一次分离无法有效分离出较高丰度的^{72}Ge 同位素，因此工程实际中考虑采用"两步法"分离。通过离心级联首先分离出包含^{70}Ge 和^{72}Ge 的轻馏分端中间产品，再分离^{72}Ge 和^{70}Ge 及杂质，最终得到富集的^{72}Ge 同位素。

1.4 级联结构方案

分离^{72}Ge 同位素的离心级联由两个阶梯形级联搭接而成。第一级联共有 32 个分离级，第二级联共有 22 个分离级，级联结构示意如图 1 所示。

在第一级联中，通过供料流 F_1 供入 GeF_4 气体，从重馏分端取出重尾料，从轻馏分端取得包含^{70}Ge 和^{72}Ge 的中间产品，并供入第二级联；在第二级联中，通过重馏分端产品料流 W_2 取出符合丰度要求的^{72}Ge 同位素产品，通过轻馏分端料流 P_2 取出包含^{70}Ge 同位素和各种杂质的轻尾料。

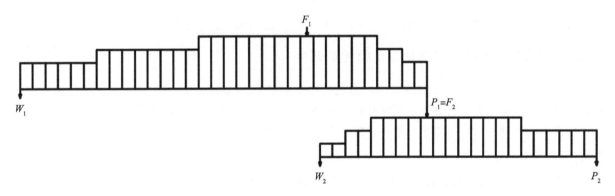

图 1 级联结构示意

级联供料流、轻馏分端料流、重馏分端料流分别以 F_i、P_i、W_i 表示。经计算，第一、第二级联各个料流中各组分丰度及流量如表 2 所示。

表 2 各组分丰度及流量

第一级联	^{76}Ge	^{74}Ge	^{73}Ge	^{72}Ge	^{70}Ge	流量/（g/h）
F_1	7.83%	36.73%	7.76%	27.31%	20.37%	200.00
P_1	0.13%	15.11%	9.17%	44.03%	31.56%	120.00
W_1	19.43%	71.69%	6.38%	2.50%	0	80.00
第二级联	^{76}Ge	^{74}Ge	^{73}Ge	^{72}Ge	^{70}Ge	流量/（g/h）
$F_2 = P_1$	0.13%	15.11%	9.17%	44.03%	31.56%	120.00
P_2	0	0.05%	0.29%	13.19%	86.47%	28.72
W_2	0.17%	19.89%	12.12%	58.00%	9.81%	91.28

根据表 2 可知，第二级联重馏分端产品中 ^{72}Ge 同位素丰度为 58%，符合目标产品同位素丰度要求。同时根据表 1 可知，杂质中分子量最大的 SiF_4 分子量为 104，仍小于 $^{70}GeF_4$ 分子量，即杂质全部向级联轻馏分端方向移动，在第二级联轻尾料中富集；假设原料中杂质 SiF_4 能达到 0.1%，那么经过级联分离后产品中 SiF_4 含量能够下降至 1×10^{-8} 以下。因此，级联产品满足质量控制要求。

1.5 ^{72}Ge 同位素提取率

分析级联产品的产率及 ^{72}Ge 同位素提取率。级联供料流量（即第一级联供料流量）、产品流量以 G_{F_1}、G_{W_2} 表示，级联供料中 ^{72}Ge 丰度、产品中 ^{72}Ge 丰度以 C_{F_1}、C_{W_2} 表示。

级联整体供料流量 $G_{F_1} = 200$ g/h，最终产品料流流量 $G_{W_2} = 91.28$ g/h，级联产品产率计算公式为：

$$\chi = G_{W_2} / G_{F_1} 。 \tag{1}$$

计算得到的产品产率约为 45.64%。

级联产品中 ^{72}Ge 同位素丰度 $C_{W_2} = 58\%$，产品流量 $G_{W_2} = 91.28$ g/h，^{72}Ge 同位素提取率计算公式为：

$$\eta = (C_{W_2} G_{W_2}) / (C_{F_1} G_{F_1}) 。 \tag{2}$$

计算得到目标产品 ^{72}Ge 同位素提取率约为 96.93%。

1.6 小结

通过级联计算构建两步法分离 ^{72}Ge 同位素的级联，目标产品 ^{72}Ge 同位素丰度 58%，级联目标产品提取率达到 96% 以上，产率达到 40% 以上，且产品满足质量控制要求。

2 离心法分离锗-72 同位素级联运行控制研究

^{72}Ge 是锗同位素中中间偏轻的组分，通过离心级联进行两步法分离，第一级联目标控制组分在级联轻馏分端，第二级联目标控制组分在级联重馏分端，两个级联的运行控制方式不同。为了保证级联运行产生的扰动对产品丰度影响最小，需要开展级联运行控制方法研究。

2.1 级联水力学方程

离心分离 ^{72}Ge 同位素的级联由两个独立的阶梯级联搭接组成，对于每个级联：级联总级数为 N；供料级为 N_f；级联供料料流为 F_i；轻馏分端料流为 P_i；重馏分料流为 W_i。

^{72}Ge 同位素分离级联采用的是双向关联型离心机，其分流比 $\theta(i)$ 和单机供料流量 $g(i)$、重馏分压强 $P_W(i)$、轻馏分压强 $P_p(i)$ 相关。离心机单机分离公式为：

$$\theta(i) = f_1(P_W(i), P_p(i), g(i)) 。 \tag{3}$$

级联总质量守恒方程为：

$$F = P + W 。 \tag{4}$$

级联级间质量守恒方程为：

$$\begin{cases} n(1)g(1) = n(1)g(1)(1-\theta(1)) + n(2)g(2)(1-\theta(2)) - W \\ n(i)g(i) = n(i-1)g(i-1)\theta(i-1) + n(i+1)g(i+1)(1-\theta(i+1)) (i \neq 1, N_F, N) \\ n(N_F)g(N_F) = n(N_F-1)g(N_F-1)\theta(N_F-1) + n(N_F+1)g(N_F+1)(1-\theta(N_F+1)) + F \\ n(N)g(N) = n(N)g(N)\theta(N) + n(N-1)g(N-1)\theta(N-1) - P \end{cases} \tag{5}$$

式中，n 为各级机器数。

精料压强 $P_p(i)$ 与上一级供料流量关联（边界处另做处理）：

$$P_P(i) = f_2(g(i-1)) 。 \tag{6}$$

级联结构形式确定后，各级机器数 n 确定，级联方程组共有 "$3N+1$" 个方程，共有 $g(i)$、$\theta(i)$、$P_W(i)$、$P_P(i)$、F、P、W 合计 "$4N+3$" 个未知数，需要补充 "$N+2$" 个参数，根据产品需求，给定 F、P、W 3 个参数中的 2 个。剩余 N 个参数可以通过直接或间接给定各级的 $g(i)$、$\theta(i)$、$P_W(i)$、$P_P(i)$ 来确定，基于此引入了级联的控制方法。

建立一个 N 级的双向关联型离心级联仿真模型，对级联运行控制方式进行仿真研究，级联仿真模型如图 2 所示。

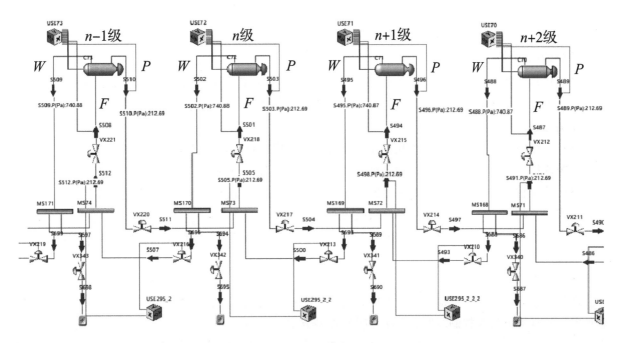

图 2　级联仿真模型

2.2　扰动传播规律分析

根据双向关联型离心级联仿真模型，开展级联水力学分析，研究分离级可控参量变化对各级的影响，分析扰动传播规律（图 3）。

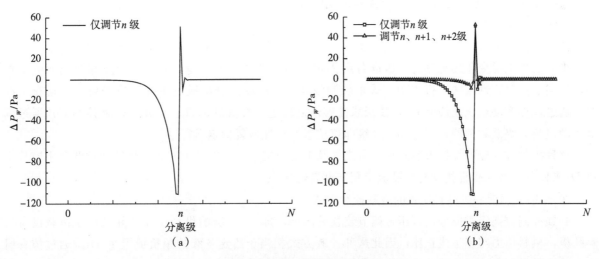

图 3　级联重馏分压强变化情况

假定在级联稳定运行过程中，第 n 级重馏分压强突然增大，其余各级的重馏分压力调节装置开度不变化的情况下，根据双相关联型离心机单机分离特性，产生的压强静态扰动向级联两端传播[2-3]：压强扰动向轻馏分方向传播距离较短，仅相邻的 2～3 级重馏分压强产生较轻微波动后恢复稳定；扰动主要向重馏分端传播，传播距离较远且波动较大，影响范围达 10 余级。级联重馏分压强变化趋势如图 3 （a）所示。经测试验证发现，通过对扰动产生的第 n 级及相邻的 $n+1$、$n+2$ 级的重馏分压强进行调整，级联能够快速恢复稳定运行，如图 3 （b）所示。

2.3 控制方法分析

根据扰动传播规律可知，双向关联型级联的扰动主要传播方向与铀浓缩单向关联型离心级联类似，扰动放大后主要向重馏分方向传递，对轻馏分端影响较小。分析适用于 ^{72}Ge 同位素分离级联的运行控制方式。

（1）当级联目标控制组分在级联轻馏分端时，可采用各级压力调节装置与分离级重馏分压力联锁的柔性级联控制方式，通过联锁控制各级重馏分压力调节装置前压强[4]，相当于给定各级的 $P_w(i)$，使动态扰动向重馏分方向传递，保证轻馏分端产品丰度及流量维持稳定。这种控制方式与铀浓缩级联控制方式基本相同，是当前比较成熟的级联运行控制方式。

（2）当级联目标控制组分在重馏分端时，上述控制方式无法满足运行控制需求，可考虑以下 3 种控制方式。

① 刚性级联控制方式。

通过固定各个分离级重馏分端的孔板、孔塞等手段，间接给定分离级 $P_w(i)$、$G_w(i)$，并且仅依靠重馏分端料流回流来控制级联，即刚性级联控制方式。

对于刚性级联控制方式，固定各个分离级重馏分端的孔板或孔塞的流通截面 D_i 后，各分离级重馏分出口压力 $P_w(i)$ 和流量 $G_w(i)$ 不可调整，级联在不发生工况变化或扰动时能够维持稳定运行，并且控制方法简单。由图 3 可知，一旦发生某级流通截面偏移目标值，会向重馏分端影响多级，级联无法自行恢复成原有工况，若扰动发生在靠近重馏分端的分离级，那么会对重馏分端产品流量及丰度产生较大影响。

② 间接控制分离级重馏分出口压强和流量的级联控制方式。

将刚性级联控制方式中分离级重馏分出口位置固定开度的孔板、孔塞等更换成能够调节开度的阀门或调节装置，通过控制调节装置的开度（即流通截面 D_i）来间接控制重馏分出口压强和流量。

当未发生工况变化或扰动时，级联各级固定重馏分调节装置开度、依靠重馏分端料流回流来控制，等同于按照刚性级联运行控制方式来控制级联；当级联某分离级发生扰动或需要改变运行工况时，通过计算手动或联锁调节 D_i，使级联能够恢复稳定。根据图 3 （b）可知，这种控制方式通过调节扰动级第 n 级及相邻的 $n+1$、$n+2$ 级即可使级联快速恢复稳定运行。

这种控制方式能够维持重馏分端产品流量及丰度稳定，运行中产生的扰动能够通过调节重馏分出口 D_i 来使其恢复，保证扰动对产品流量及丰度影响最小。

③ 联锁控制前一级供料压强的级联控制方式。

联锁控制分离级重馏分出口压力调节装置后压强，即 $n-1$ 级的供料压强，并且由于级联设有供料孔板，供料压力与流量成正比，因此这种控制方式相当于给定各级的单机流量 $g(i)$。通过仿真研究，采用该控制方法对重馏分进行扰动分析，当在某分离级引入一个约 5% 的压强扰动后，扰动向级联两端传播：在重馏分方向相邻级出现的扰动最大，之后迅速衰减，传递 1～3 级后基本恢复稳定；轻馏分方向，相邻级扰动最大，之后逐渐衰减，但扰动能够一直传递至轻馏分端后。

采用这种控制方式，若扰动发生在靠近轻馏分端，则级联能够很快恢复稳定；但是当扰动发生在重馏分端时，扰动将会影响整个级联。

2.4 小结

根据目标组分的流动方向和级联扰动规律分析，第一级联采用各级调节装置与重馏分压力关联的柔性级联控制方式，第二级联采用各级固定重馏分调节装置开度、依靠重馏分端料流回流即间接控制分离级重馏分出口压力和流量的控制方式，将两种运行控制方式组合使用，能够保证级联运行产生的扰动对产品丰度影响最小。

3 结论

（1）离心法分离锗-72同位素级联选择"两步法"分离方案，离心级联通过两个阶梯形级联搭接而成，级联目标产品^{72}Ge同位素丰度58%，级联目标产品提取率达到96%以上，产品满足质量控制要求。

（2）离心法分离锗-72同位素级联采用组合运行控制方法，即第一级联采用各级调节装置与重馏分压力关联的柔性级联控制方式，第二级联采用各级固定重馏分调节装置开度、重馏分端料流回流的级联控制方式。这种组合运行控制方式能够实现目标产品的分离，保障运行中产生的扰动对产品丰度影响最小。

参考文献：

[1] 孙启明，周明胜，潘建雄，等. 以四氟化锗为介质离心分离^{72}Ge同位素技术研究 [J]. 同位素，2021，34（5）：475-479.

[2] 赵晶，曾实. 离心机特性参数的水力学分析 [J]. 清华大学学报（自然科学版），2006（9）：1577-1580.

[3] 李维杰，武中地，曾实. 刚性离心级联水力学特性分析 [J]. 原子能科学技术，2016，50（1）：1-6.

[4] 寇丽. DCS系统在离心工程中的应用 [J]. 过滤与分离，2013，23（4）：35-38.

Research on cascade scheme and control method of germanium - 72 isotope centrifugation

LI Min，ZHANG Rui，YAN Hao，ZHONG Ping，CHE Jun

(CNNC No. 7 Research & Design Institute Co., Ltd., Taiyuan, Shanxi 030012, China)

Abstract：Germanium tetrafluoride is an important raw material in the field of electronic chip production. The increase of Ge - 72 isotope abundance can significantly improve chip performance and Ge - 72 isotope separation by gas centrifugal method has broad market prospects. Ge - 72 is the light one in the intermediate components of germanium isotopes, which cannot be increased effectively by a single separation. The two - step separation method is considered in the cascade design. The intermediate products containing the lighter fractions of Ge - 70 and Ge - 72 are separated firstly and then the enriched Ge - 72 is obtained. The cascade structure composed of two independent cascades has been constructed by calculation. The products of two independent cascades are the light fraction and the heavy fraction respectively. In order to realize the separation of the target components and ensure the minimum effects of the disturbances on product abundance, it is necessary to study the operation control mode of cascade. Through the static and dynamic hydraulic analysis of the cascade, the disturbance propagation has been determined，and the operation control mode which is suitable for the Ge - 72 isotope separation cascade has been obtained.

Key Words：Cascade structure；Disturbance propagation law；Operation control mode

离心级联的动态水力学过程 1— 模型

曾　实

（清华大学工程物理系，北京　100084）

摘　要：离心级联中总是存在水力学的动态过程，减少动态过程对分离的不利影响或者利用动态过程提升分离性能是值得研究的课题。针对离心分离级联，给出了包括单向关联型离心机、供料和取料部分的动态水力学模型。为简明起见，忽略了其他部件如压缩机、管道、调节器等的动态模型。在给定模型方程中系数的情况下，可像研究扩散级联动态水力学过程一样，分析离心级联的动态水力学过程。

关键词：同位素分离；离心机；级联水力学；动态过程

　　与同位素分离扩散级联一样，同位素分离离心级联也存在水力学的动态过程（也称过渡过程），即水力学状态随时间变化的过程。但关于离心级联动态过程中的水力学问题的研究，较少能在公开的文献中见到。究其原因，可能有：

　　（1）研究的难度太大。与扩散级联相比，离心级联的主要差别在于分离器。相对于扩散分离器，获取描述离心机的动态过程的规律难度非常大。到目前为止，还未在文献中发现有关离心机动态过程的理论或者实验研究。在理论研究上，主要的方法是进行数值模拟，但这是极其复杂的。可以想象，在对离心机稳态流体动力学的模拟都存在较多问题的情况下，模拟动态过程更是困难得多。而实验研究则需要获取在不同供料取料、不同滞留量、不同分流比等情况下，分离性能与水力学状态随时间变化的规律，这可能比理论研究的难度更大。

　　（2）研究的必要性不大。对于如铀同位素分离那样的大规模同位素分离，级联基本上运行在设定的工作状态。按时间来说，动态过程仅占全部分离过程的极小一部分，可以忽略不计。按对级联运行的影响来说，长期的铀同位素分离实践表明，动态过程的存在没有对级联的稳定运行有明显的影响。再考虑到研究难度如此之大，因此没有必要研究。

　　然而，对于离心法用于同位素分离，不仅是如铀同位素分离这样的大规模分离，还有不同规模的多种多样的稳定同位素分离，分离介质的量可能不是很大，全部分离过程持续时间并不是很长，这样动态过程的影响就不一定能够忽略不计了。研究动态过程，减少其对正常级联运行的不利影响也就有了必要性。在 20 世纪 80 年代，俄罗斯学者就研究了如何缩短动态过程[1-2]。

　　其实，动态过程的影响并不都是负面的，一些研究就探讨了通过研究微量同位素的丰度变化，用于核安保核查[3]，或者利用动态过程来进行中间同位素的分离[4-5]，取得比稳态分离更高的丰度。

　　关于离心级联动态过程较早的模拟研究有一些报告[6-7]，近期又有了一些相关的研究[8-9]。合适的离心机动态过程模型是模拟级联动态过程的关键。虽然可以把离心机视为一个容器，但考虑到沿半径方向气体密度（压强）呈指数分布的特性、精贫取料支臂位置及取料口前存在激波、含有精料隔板（也许含有贫料隔板）的结构等情况，不能把离心机简单地视为一个容器。在参考文献[6-7]的研究中，没有考虑隔板，而参考文献[8-9]中，没有详细的描述，但模型的建立上应该也类似。

　　精贫料隔板的存在，确定了离心机的类型。根据隔板的结构及相应的取料室与分离室的相互影响关系，把离心机划分为单向关联型和双向关联型，得到了两种类型离心机的静态水力学关系式[10]。

作者简介：曾实，男，教授，博士，主要从事同位素分离基础理论研究。
基金项目：国家自然科学基金（11575097，11911530087）。

这些关系式既符合实际观察总结的规律，也可以从数值模拟的角度总结出来[11]。类似的分析可导出描述这两种类型离心机动态过程的动态水力学关系式[12]。但是，由于没有实验总结的离心机动态水力学规律，不能对理论导出的离心机的动态水力学关系式进行验证。但在静态情况下，理论与实际规律的符合在一定程度上说明分析具有合理性。因此，在对离心级联进行动态水力学过程模拟时，选择理论导出的离心机动态水力学关系式是合理的。

本文的目的就是给出离心级联动态过程模拟的模型及模型求解的方法。

1 描述动态过程的方程

图 1 为典型的双管道级联中部示意。对第 n 级，F_n 为向级联的供料，W_n 和 P_n 分别是贫料和精料，G_n 为离心机的入口流量。其他的量定义在相应的节点处（即标注符号"○"处）。p_n 为供料节点处压强，p'_n 和 p''_n 分别为精、贫料节点处的压强，$L'_{1,n}$ 和 $L''_{1,n}$ 分别是在精、贫料节点处流向相邻级的流量，$L'_{2,n}$ 和 $L''_{2,n}$ 分别是由精、贫料管道流入相邻级供料节点处的流量。

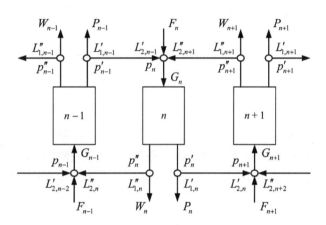

图 1 典型的双管道级联中部

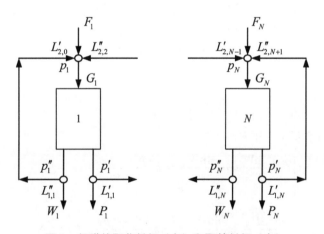

图 2 级联的取贫料级（左）和取精料级（右）

为了简化对方法的描述，图 2 中所考虑的级联结构中忽略了一些部件。例如，在级间可能存在的压缩机、流量控制孔板等。这些部件的引入，不是提升水力学模拟准确性的关键。把这些部件纳入考虑，并不复杂，仅多添加相应的方程而已，可参考相应文献[6-7,10]。

1.1 供料取料

显然，对各级离心机的供料节点，有：

$$G_n = L'_{2,n-1} + L''_{2,n+1} + F_n 。 \tag{1}$$

离心机的中部压强很低，离心机的供料流可视为阻塞的声速流动：

$$G_n = c_n p_n , \tag{2}$$

式中，c_n 为一系数。借鉴扩散分离中的分析思路，对精料管道可得：

$$p_n'^2 - p_{n+1}^2 = a_n' L_{2,n}'^2 + b_n' L_{2,n}'^2 , \tag{3}$$

$$c_n' \frac{\partial p_n'}{\partial t} = L_{1,n}' - L_{2,n}' 。 \tag{4}$$

类似地，对贫料管道有：

$$p_n''^2 - p_{n-1}^2 = a_n'' L_{2,n}''^2 + b_n'' L_{2,n}''^2 , \tag{5}$$

$$c_n'' \frac{\partial p_n''}{\partial t} = L_{1,n}'' - L_{2,n}'' 。 \tag{6}$$

上面两式中，a_n'、b_n'、c_n'、a_n''、b_n''、c_n'' 都是系数。

1.2 离心机

根据参考文献 [12]，对单向关联型离心机，其动态水力学方程如下：

$$L_{1,n}' + P_n = -e_n + f_n p_n''^2 + g_n G_n , \tag{7}$$

$$d_n \frac{\partial}{\partial t}(L_{1,n}' + P_n) = G_n - (L_{1,n}' + P_n) - (L_{1,n}'' + W_n) 。 \tag{8}$$

式中，d_n、e_n、f_n、g_n 都是系数。这里，我们仅考虑单向关联型离心机。对双向关联型离心机，把上式用相应的动态水力学方程取代即可。

目前还能以另一种方式模拟离心机水力学的动态过程，即利用单纯轴向流的简化和引入变密度等温刚体解的概念，通过数值方法模拟[13]。这个方法稍微复杂，但模拟动态水力学过程的同时，也可以模拟离心机中丰度的动态过程。因此，需要模拟级联中的丰度动态过程，应选择这个方法。

1.3 精贫取料

在贫料端，有条件：

$$L_{2,0}' = L_{2,1}'' , \quad p_0 = p_1 。 \tag{9}$$

p_W 为某个给定的值。在精料端，有：

$$L_{2,N+1}'' = L_{2,N}' , \quad p_{N+1} = p_N 。 \tag{10}$$

对于各级供料 F_n，

$$F_n = \begin{cases} F & (n = N_F) \\ 0 & (n \neq N_F) \end{cases} 。 \tag{11}$$

式中，F 为给定的值。对取料 W_n 和 P_n，有：

$$\begin{cases} t'' \dfrac{\partial^2 \ln W_1}{\partial t^2} + \dfrac{\partial \ln W_1}{\partial t} = k'' \dfrac{p_1' - p_W}{p_W} & (n = 1) \\ W_n = 0 & (n > 1) \end{cases} ; \tag{12}$$

$$\begin{cases} t' \dfrac{\partial^2 \ln P_N}{\partial t^2} + \dfrac{\partial \ln P_N}{\partial t} = -k' \dfrac{p_N' - p_P}{p_P} & (n = N) \\ P_n = 0 & (n < N) \end{cases} 。 \tag{13}$$

式中，p_W 和 p_P 分别为设定的压强；W 和 P 分别为设定的贫、精料量；k'、t'、k''、t'' 为给定的系数。注意，在式（12）和式（13）中，k' 和 k'' 前的符号是不同的。

式（1）至式（13）中，涉及 G_n、$L_{1,n}'$、$L_{2,n}'$、$L_{1,n}''$、$L_{2,n}''$、F_n、W_n、P_n、p_n、p_n'、p_n''（$n = 1, 2, \cdots, N$），以及 $L_{2,0}'$、p_0、$L_{2,N+1}''$、p_{N+1} 共 "$11 \times N + 4$" 个未知数，"$11 \times N + 4$" 个方程。

这里需要说明式（12）和式（13）中第 1 个方程的意义。设想在取料处由孔板控制取料大小。在式（12）中，假定 $(p_1'' - p_W)/p_W$ 为常数。因此易得解为：

$$\frac{\partial \ln W_1}{\partial t} = \frac{\partial \ln W_1}{\partial t}\bigg|_{t=0} e^{-\frac{t}{t'}} + k'' \frac{p''_1 - p_w}{p_w}(1 - e^{-\frac{t}{t'}}) \ . \tag{14}$$

当 $t \to \infty$ 时，

$$\frac{\partial \ln W_1}{\partial t} = k'' \frac{p''_1 - p_w}{p_w} \ . \tag{15}$$

上式可近似为：

$$\frac{\Delta W_1}{W_1} = k'' \frac{p''_1 - p_w}{p_w} \Delta t \ . \tag{16}$$

即若 $p''_1 < p_w$ 时，要 $\Delta W_1 < 0$，要减少取料，也就是要缩小孔板孔径，使 p''_1 增加，反之则要增加取料，使 p''_1 减少。这样取料的目的是控制压强 p''_1 在设定值。在式（13）中，类似地有：

$$\frac{\partial \ln P_N}{\partial t} = \frac{\partial \ln P_N}{\partial t}\bigg|_{t=0} e^{-\frac{t}{t'}} - k' \frac{p'_N - p_P}{p_P}(1 - e^{-\frac{t}{t'}}) \ . \tag{17}$$

当 $t \to \infty$ 时，上式为：

$$\frac{\partial \ln P_N}{\partial t} = -k' \frac{p'_N - p_N}{p_P} \ , \tag{18}$$

近似为：

$$\frac{\Delta P_n}{P_n} = -k' \frac{p'_N - p_P}{p_P} \Delta t \ . \tag{19}$$

由此可知，ΔP_N 的变化方向与 $p'_N - p_P$ 的变化方向相反；若 $p'_N < p_P$ 时，$\Delta P_N > 0$，即要放大孔径，增加取料，使 P_N 增加，反之则减少取料，使 P_N 减少。这样取料的目的是控制取料量 P_N 在设定值范围内。

2 方程的求解

有多种方法可以求解方程组，这里给出一种简单而典型的方法。

2.1 方程的离散

对含有时间导数项的方程，需要进行离散。采用 Crank - Nicolson 格式，式（4）为：

$$c'_n \frac{p_n^{'(m+1)} - p_n^{'(m)}}{\Delta t} = \frac{1}{2}(L_{1,n}^{'(m+1)} - L_{2,n}^{'(m+1)}) + \frac{1}{2}(L_{1,n}^{'(m)} - L_{2,n}^{'(m)}) \ , \tag{20}$$

式中，圆括号中上标表示时间步。类似地，式（6）和式（8）可分别写为：

$$c''_n \frac{p_n^{''(m+1)} - p_n^{''(m)}}{\Delta t} = \frac{1}{2}(L_{1,n}^{''(m+1)} - L_{2,n}^{''(m+1)}) + \frac{1}{2}(L_{1,n}^{''(m)} - L_{2,n}^{''(m)}) \ , \tag{21}$$

$$d_n \frac{L_{1,n}^{'(m+1)} + P_n^{(m+1)} - L_{1,n}^{'(m)} - P_n^{(m)}}{\Delta t} = \frac{1}{2}(G_n^{(m+1)} - L_{1,n}^{'(m+1)} - P_n^{(m+1)} - L_{1,n}^{''(m+1)} - W_n^{(m+1)})$$
$$+ \frac{1}{2}(G_n^{(m)} - L_{1,n}^{'(m)} - P_n^{(m)} - L_{1,n}^{''(m)} - W_n^{(m)}) \ . \tag{22}$$

对式（12）和式（13）的离散复杂一些。采用中心差分，式（12）左边的第 1 项可离散为：

$$t'' \frac{\partial^2 \ln W_1}{\partial t^2} \approx \frac{t''}{\Delta t^2}(\ln W_1^{(m+1)} - 2\ln W_1^{(m)} + \ln W_1^{(m-1)}) \ . \tag{23}$$

式（12）左边第 2 项可离散为：

$$\frac{\partial \ln W_1}{\partial t} \approx \frac{1}{\Delta t}(\ln W_1^{(m+1)} - \ln W_1^{(m)}) \ . \tag{24}$$

这样，式（12）的第 1 式的离散为：

$$\frac{t''}{\Delta t^2}(\ln W_1^{(m+1)} - 2\ln W_1^{(m)} + \ln W_1^{(m-1)}) + \frac{1}{\Delta t}(\ln W_1^{(m+1)} - \ln W_1^{(m)})$$
$$= \frac{k''}{2}\left(\frac{p_1^{''(m+1)} - p_w}{p_w} + \frac{p_1^{''(m)} - p_w}{p_w}\right) \ . \tag{25}$$

同样，可得式（13）的离散方程为：

$$\frac{t'}{\Delta t^2}(\ln P_N^{(m+1)} - 2\ln P_N^{(m)} + \ln P_N^{(m-1)}) + \frac{1}{\Delta t}(\ln P_N^{(m+1)} - \ln P_N^{(m)})$$

$$= -\frac{k'}{2}\left(\frac{p_N'^{(m+1)} - p_P}{p_P} + \frac{p_N'^{(m)} - p_P}{p_P}\right) 。$$

(26)

式（1）至式（3）、式（5）、式（7）、式（9）至式（11），以及式（20）至式（22）、式（25）、式（26）构成需要求解的代数方程组。

2.2 方程的求解

对方程组的求解，原则上可采用一般的 Newton 迭代法。上面的离散方程组可简写为：

$$Ax = b 。$$

(27)

注意，因为方程是非线性的，所以系数矩阵 A 是 x 的函数，其中，$x \equiv (x_1, x_2, \cdots, x_N)$，$x_n \equiv (G_n, L'_{1,n}, L'_{2,n} L''_{1,n}, L''_{2,n}, F_n, W_n, P_n, p_n, p'_n, p''_n)$。假定第 m 时间步的变量 x 已知（记为 $x^{(m)}$），可用经典的 Newton 迭代法求解式（27）：

$$x_{i+1} := x_i - \omega J^{-1}(x_i)(b - A x_i) ,$$

(28)

式中，i 为迭代步数，J 为 $b - Ax$ 的 Jocobi 矩阵，ω 为亚松弛系数，$x_0 = x^{(m)}$。

3 结论

对离心级联动态过程的模拟方法进行了理论上的阐述。不同于过去的研究，模拟的关键在于需要有描述离心机动态水力学过程的动态模型。无论从理论上还是实验上，获得这种模型是极其困难的。这里我们采用了在静态时所得的水力学规律得到验证的一种动态模型，预期比过去所用模型更符合实际。

这里仅给出了离心机、供取料的动态水力学模型，以构成一个简化但完整的级联水力学模型。其他级联部件的模型完全可采用扩散级联中部件的模型，根据需要加入级联中。一些忽略了的因素，如管道中的滞留量，根据需要纳入考虑。

除水力学模型外，级联管网中的其他部件的模型涉及很多系数，需要合理给定。给定系数后，就能像模拟扩散级联一样分析离心级联的动态水力学过程。

参考文献：

[1] VETSKO M, DEVDARIANI O A, LEVIN E V, et al. Simulation of transient processes in cascade installations for separation of multicomponent mixtures of stable isotopes [J]. Isotopenpraxis isot environ health stud, 1982, 18 (8)：288 - 293.

[2] VETSKO V M, LAGUNTSOV N I, LEVIN E V, et al. Transient processes in double cascades for separating multicomponent isotopic mixtures [J]. At energy, 1987, 63 (3)：692 - 697.

[3] HIGASHI K. Transient behavior of minor isotopes in cascade for uranium enrichment [J]. J nucl sci technol, 1975, 12 (4)：243 - 249.

[4] SOSNIN L YU, TCHELTSOV A N, KUCHELEV A P, et al. Centrifugal extraction of highly enriched ^{120}Te and ^{122}Te using the non - steady state method of separation [J]. Nucl instr methods phys res A, 2002, 480：36 - 39.

[5] ZENG S, YING C. Separating isotope components of small abundance [J]. Sep sci technol, 2002, 37 (15)：3577 - 3598.

[6] MALIK M N, AFZAL M, TARIQ G F. Mathematical modeling and computer simulation of transient flow in centrifuge cascade pipe network with optimization techniques [J]. Computers math applic, 1998, 36 (4)：63 - 76.

[7] MALIK M N, AFZAL M, TARIQ G F, et al. Global solution algorithm with some assisting techniques for modeling unsteady flow in centrifuge cascade pipe network [J]. Comput methods appl mech engrg, 1999, 36 (4)：257 - 269.

[8] ORLOV A, USHAKOV A, SOVACH V. Mathematical model of nonstationary separation processes proceeding in the cascade of gas centrifuges in the process of separation of multicomponent isotope mixtures [J]. J eng phys & thermophys, 2016, 90 (2): 258 - 265.

[9] ORLOV A A, USHAKOV A A, SOVACH V P, et al. Modeling of nonstationary processes during separation of multicomponent isotope mixtures [J]. Sep sci technol, 2018, 53 (5): 796 - 806.

[10] 曾实, 姜东君. 关于离心级联的静态水力学模型 [C] //2011 年中国核学会同位素分离分会. 贵阳, 2011.

[11] ZHANG Y N, ZENG S, JIANG D J, et al. On the static hydraulic properties of gas centrifuges [C] //Proc. 14th Int. Workshop on Separation Phenomena in Liquids and Gases. Stresa, Italy, 2017.

[12] 李维杰, 曾实, 武中地. 离心机的动态水力学模型 [C] //中国核学会. 中国核科学技术进展报告 (第四卷). 北京: 中国原子能出版社, 2015: 336 - 340.

[13] ZENG S, LEI Z G, BORISEVICH V D, et al. A method for analyzing the transient hydraulics in a gas centrifuge [C] //Proc. 15th Int. Workshop on Separation Phenomena in Liquids and Gases. Wuxi, 2019.

Dynamic hydraulic process in centrifuge cascades (1) —Models

ZENG Shi

(Department of Engineering Physics, Tsinghua University, Beijing 100084, China)

Abstract: Dynamic hydraulic process in a gas centrifuge cascade always exists. It is worth investigating the ways of mitigating negative effects of the process on separation performance or exploiting the process for better separation performance. Here a dynamic hydraulic model for centrifuge cascade is presented, including the centrifuges of the so-called uni-directionally connected type, feed and withdrawals. For the sake of simplicity, other components such as the compressors, pipelines, and regulators are ignored. Given the coefficients in these model equations, the dynamic hydraulic process in a gas centrifuge cascade can be analyzed in the same way as that of the dynamic hydraulic process in a diffusion cascade.

Key words: Isotope separation; Centrifuge; Cascade hydraulics; Dynamic process

离心机过渡过程的丰度方程初步求解

曾 实

（清华大学工程物理系，北京 100084）

摘 要：针对描述气体离心机单机中过渡过程的丰度方程进行了数值求解。时间离散采用 Grank-Nicolson 格式，空间一阶导数的离散采用迎风差分格式，二阶导数采用中心差分格式。对离散所得到的每个时间步的非线性代数方程采用通常的 Newton 迭代法求解。以 Iguaçu 离心机为例，对离心机充气到卸载的整个过渡过程的分离情况进行了模拟。所得结果与实际观察结果的规律一致，展示了对离心机过渡过程分离进行分析的可能性。对求解中出现的解的振荡等问题也进行了说明。

关键词：气体离心机；过渡过程；同位素分离；丰度方程；数值求解

过渡过程在离心机的运行过程中是无法避免的。所谓过渡过程，是水力学状态和丰度状态从一个状态到另一个状态的变化过程。只要存在水力学或者丰度状态的变动，都会导致离心机中过渡过程发生。例如，供料的扰动、分流比的扰动，或者机器运行状态的变化等。

离心分离技术的发展日趋成熟。早已不仅用于铀同位素 ^{235}U 和 ^{238}U 的分离，而且用于多种稳定同位素的分离[1-2]，用于乏燃料的后处理也在研究中[3-4]。通常情况下，离心级联的分离模式是稳态运行，即级联的水力学状态基本与时间无关，这样各级的分离情况也与时间无关。只要水力学状态调整合适，级联就能够按照设计的预期进行分离。通常情况下，过渡过程占据了正常分离的时间，都被认为是无用的，需要避免或尽可能缩短。

然而，正确利用好过渡过程，可以取得比稳态分离更好的分离效果，在参考文献［5］和参考文献［6］中，分析了利用过渡过程来获取更高的丰度，甚至用来缩短过渡过程。Sosnin 等把过渡过程用于实际，获取高丰度的产品[7]。近年来，似乎人们对过渡过程产生了新的兴趣。Smirnov 等探讨利用改变级联运行方式产生的过渡过程来缩短到达设计运行方式过渡过程的时间[8]。Orlov 等连续对级联的过渡过程进行了分析[9-11]。

但是，上述所有的分析中，都假定离心机的分离状态与过渡过程无关。一方面，这样假定可以大幅降低分析的难度，使分析得以进行；另一方面，假定与实际情况不符，可能使分析结果存在较大误差。实际情况是，只要水力学状态或丰度状态发生变化，离心机的分离状态量就不是常数，在扰动后到达另一个稳态的过渡过程中，描述稳态时离心机的水力学方程和分离特性方程都不成立。但分析过渡过程中的离心机水力学问题和分离问题是极其困难的。通过单纯轴向流的简化和引入变密度等温刚体概念，一定程度上能够对离心机过渡过程的水力学状态进行分析[12]。在此基础上，可以建立描述过渡过程中离心机内流场中各同位素组分的丰度方程[13]。求解这个丰度方程，也可以实现对过渡过程中的离心机分离状态进行分析。

本文的目标是求解描述过渡过程中离心机的丰度方程（简称"丰度方程"）。鉴于篇幅关系，文章的重点仅限于方程的求解，并讨论相关的求解问题，不对离心机分离的过渡过程进行详细分析。

作者简介：曾实，男，教授，博士，主要从事同位素分离基础理论研究。

基金项目：国家自然科学基金（11575097，1181101277）。

1　丰度方程

考虑如图 1 所示的离心机的分离室。Z 和 a 分别为转子的高度和半径；转子角速度为 Ω。图 1 中，下部为精取料端，P 为精料（含轻组分较多的取料）；上部为贫取料端，W 为贫料（含重组分较多的取料）。供料为 F，在轴向位置 Z_F 处供入。供料、精料、贫料中同位素混合气体第 i 组分的丰度分别是 C_i^F、C_i^P、C_i^W。

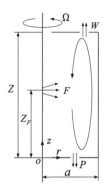

图 1　离心机分离室示意

基于变密度等温刚体模型[1]，利用径向平均法和单纯轴向流[2]的简化，描述离心机中丰度轴向分布的丰度方程如下[13]：

$$\frac{a^2}{4\rho D A^2}\int_0^{A^2}\frac{\Psi}{A^2-x}\Big(\int_x^{A^2}\rho\,\mathrm{d}x'\Big)\mathrm{d}x\,\frac{\partial C_i}{\partial t}-\frac{\pi a^2}{A^2}\int_0^{A^2}\rho\,\mathrm{d}x\int_0^z\frac{\partial C_i}{\partial t}\mathrm{d}z'$$

$$=-\Big(\frac{1}{4\pi\rho D}\int_0^{A^2}\frac{\Psi^2}{A^2-x}\mathrm{d}x+\pi\rho D a^2\Big)\frac{\partial C_i}{\partial z}+\frac{a^2}{4A^2}\int_0^{A^2}\Psi\,\mathrm{d}x\,\frac{\partial^2 C_i}{\partial z^2}+$$

$$\frac{(\Omega a)^2}{2R_0 T_0 A^2}\int_0^{A^2}\Psi\,\mathrm{d}x\Big(\sum_{j=1}^{N_C}M_j C_j-M_i\Big)C_i-P(C_i-C_i^P)\qquad(0<z<Z_F),\qquad(1)$$

$$\frac{a^2}{4\rho D A^2}\int_0^{A^2}\frac{\Psi}{A^2-x}\Big(\int_x^{A^2}\rho\,\mathrm{d}x'\Big)\mathrm{d}x\,\frac{\partial C_i}{\partial t}+\frac{\pi a^2}{A^2}\int_0^{A^2}\rho\,\mathrm{d}x\int_z^Z\frac{\partial C_i}{\partial t}\mathrm{d}z'$$

$$=-\Big(\frac{1}{4\pi\rho D}\int_0^{A^2}\frac{\Psi^2}{A^2-x}\mathrm{d}x+\pi\rho D a^2\Big)\frac{\partial C_i}{\partial z}+\frac{a^2}{4A^2}\int_0^{A^2}\Psi\,\mathrm{d}x\,\frac{\partial^2 C_i}{\partial z^2}+$$

$$\frac{(\Omega a)^2}{2R_0 T_0 A^2}\int_0^{A^2}\Psi\,\mathrm{d}x\Big(\sum_{j=1}^{N_C}M_j C_j-M_i\Big)C_i-W(C_i^W-C_i)\qquad(Z_F<z<Z)。\qquad(2)$$

式中，

$$\Psi=\frac{\pi a^2}{A^2}\int_x^{A^2}\rho w\,\mathrm{d}x\,,\quad x=A^2[1-(r/a)^2]。\qquad(3)$$

式中，w 为气体轴向速度；ρ 为气体密度；T_0 为气体平均温度；$A^2=M(\Omega a)^2/2R_0 T_0$ 为速度系数；D 为气体互扩散系数；R_0 为普适气体常数；C_i 为气体第 i 组分在轴向位置 z 处的径向平均丰度；M_i 为第 i 组分的摩尔分子量；M 为气体的平均摩尔分子量。可令 $M=\sum_{i=1}^{N_C}C_i^F M_i$，$N_C$ 为同位素混合物的组分数。

求解的初始条件为：

$$C_i = C_i^F \ (t = 0) \text{。} \tag{4}$$

在任何时候，上下两个取料端的边界条件都为：

$$\frac{\partial C_i}{\partial z} = 0 \ (z = 0; \ z = Z) \text{。} \tag{5}$$

由于式（4）为齐次条件，无法完全定解，因此还需要下面离心机中总的质量守恒条件：

$$\int_0^Z \int_0^a \frac{\partial \rho C_i}{\partial t} 2\pi r \mathrm{d}r \mathrm{d}z = FC_i^F - PC_i^P - WC_i^W \text{。} \tag{6}$$

注意，在供料点处，精、贫料段丰度相同，因此有丰度连续条件：

$$C_i(z \to Z_F^-) = C_i(z \to Z_F^+) \text{。} \tag{7}$$

2 方程的求解

2.1 丰度方程的离散

首先离散丰度方程。对时间离散，采用二阶精度的 Crank – Nicolson 格式，即对形如 $\partial f(t, x)/\partial t = g(t, x)$ 的方程，

$$\frac{f^{(m+1)} - f^{(m)}}{\Delta t} = \frac{1}{2}(g^{(m+1)} + g^{(m)}) \text{。} \tag{8}$$

式中，圆括号中的上标表示时间步，Δt 为时间步长。对空间离散，把精料段和贫料段分别均匀分为 N_P 和 N_W 个离散节点，步长 Δz 分别为 $\Delta z_P = Z_F/(N_P - 1)$ 和 $\Delta z_W = (Z - Z_F)/(N_W - 1)$。$N_P$ 不一定与 N_W 相等，Δz_P 也不一定与 Δz_W 相等。节点序数从取料位置到供料位置从 1 开始标注，如图 2 所示。注意精料段的第 N_P 节点与贫料段的第 N_W 节点实际上是同一节点。为区别精料段和贫料段中的丰度，在精料段和贫料段中离散节点上的丰度分别以 C' 和 C'' 来表示。对其他需要区别的量也进行类似处理。在精料段，第 n 节点上的丰度未知数是丰度 $(C'_{1,n}, C'_{2,n}, \cdots, C'_{N_C,n})$，在贫料段为 $(C''_{1,n}, C''_{2,n}, \cdots, C''_{N_C,n})$。记未知数为 $\boldsymbol{x} \equiv (\boldsymbol{x}', \boldsymbol{x}'')$，这里 $\boldsymbol{x}' \equiv (C'_{1,1}, C'_{1,2}, \cdots, C'_{1,N_P}; \cdots; C'_{i,1}, \cdots, C'_{i,N_P}; \cdots; C'_{N_C,1}, \cdots, C'_{N_C,N_P})$，$\boldsymbol{x}'' \equiv (C''_{1,N_W}, C''_{1,N_W-1}, \cdots, C''_{1,1}; \cdots; C''_{i,N_W}, \cdots, C''_{i,1}; \cdots; C''_{N_C,N_W}, \cdots, C''_{N_C,1})$。注意，$\boldsymbol{x}''$ 中节点序号是降序排列的。

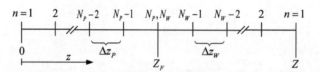

图 2 轴向离散

离散方程可写为：

$$\begin{cases} \sum\limits_{i'=1}^{N_C} \sum\limits_{n'=1}^{N_P} (\alpha'_{i',n',n} C'_{i',n'} + \beta'_{i',n',n} C''_{i',n'}) = b'_{i,n} \ (1 \leqslant i \leqslant N_C, 1 \leqslant n < N_P) \\ \sum\limits_{i'=1}^{N_C} \sum\limits_{n'=1}^{N_P} (\alpha''_{i',n',n} C'_{i',n'} + \beta''_{i',n',n} C''_{i',n'}) = b''_{i,n} \ (1 \leqslant i \leqslant N_C, 1 \leqslant n < N_W) \end{cases} \text{。} \tag{9}$$

式中，α、β 是未知数系数。在精料段为书写简洁，记：

$$\begin{cases} h_1' = \dfrac{a^2}{4\rho D A^2} \displaystyle\int_0^{A^2} \dfrac{\Psi}{A^2-x}\Big(\int_x^{A^2}\rho\,\mathrm{d}x'\Big)\mathrm{d}x \\[4mm] h_2' = -\dfrac{\pi a^2}{A^2}\displaystyle\int_0^{A^2}\rho\,\mathrm{d}x \ , \ c_i' = \dfrac{(\Omega a)^2}{2R_0 T_0 A^2}\displaystyle\int_0^{A^2}\Psi\,\mathrm{d}x \\[4mm] d' = -\Big(\dfrac{1}{4\pi\rho D}\displaystyle\int_0^{A^2}\dfrac{\Psi^2}{A^2-x}\mathrm{d}x + \pi\rho D a^2\Big) \\[4mm] e' = \dfrac{a^2}{4A^2}\displaystyle\int_0^{A^2}\Psi\,\mathrm{d}x \end{cases} \tag{10}$$

这样，式（1）的左端不是单纯的 $\partial f(t,x)/\partial t$ 形式，因此左端的离散不能照搬式（8）的离散方式。为简单起见，用以下方式进行离散：

$$\frac{h_1'^{(m+1)} + h_1'^{(m)}}{2}\frac{C_i'^{(m+1)} - C_i'^{(m)}}{\Delta t} + \frac{h_2'^{(m+1)} + h_2'^{(m)}}{2}\int_0^z \frac{C_i'^{(m+1)} - C_i'^{(m)}}{\Delta t}\mathrm{d}z' \ 。 \tag{11}$$

记

$$f^{(m)} = \frac{h_1'^{(m+1)} + h_1'^{(m)}}{2}C_i^{(m)} + \frac{h_2'^{(m+1)} + h_2'^{(m)}}{2}\int_0^z C_i^{(m)}\mathrm{d}z' \ , \tag{12}$$

$$g^{(m)} = \Big[d'\frac{\partial C_i}{\partial z} + e'\frac{\partial^2 C_i}{\partial z^2} + c'\Big(\sum_{j=1}^{N_C}M_j C_j - M_i\Big)C_i\Big]^{(m)} \ 。 \tag{13}$$

这样，式（1）的离散形式可以按式（8）表达。对式（12）第 2 项中的积分，用简单的梯形求积近似：

$$\int_0^z C_i^{(m)}\mathrm{d}z' = \frac{\Delta z}{2}\Big(C_{i,1}'^{(m)} + 2\sum_{n'=2}^{n-1}C_{i,n'}'^{(m)} + C_{i,n}'^{(m)}\Big) \ 。 \tag{14}$$

对空间的一阶导数项采用迎风差分，二阶导数项采用中间差分。注意，采取迎风差分是必要的，否则计算中解会产生振荡甚至不收敛。在精料段，两项时间导数项的系数总体效果的符号为

$$\frac{a^2}{4\rho D A^2}\int_0^{A^2}\frac{\Psi}{A^2-x}\Big(\int_x^{A^2}\rho\,\mathrm{d}x'\Big)\mathrm{d}x \ , \ \frac{\pi a^2}{A^2}\int_0^{A^2}\rho\,\mathrm{d}x \tag{15}$$

与轴向一次导数项符号相反，

$$-\Big(\frac{1}{4\pi\rho D}\int_0^{A^2}\frac{\Psi^2}{A^2-x}\mathrm{d}x + \pi\rho D a^2\Big) \ , \tag{16}$$

因此，式（13）的第 1 项为

$$\Big(d'\frac{\partial C_i}{\partial z}\Big)_n^{(m)} = d_n'^{(m)}\frac{C_{i,n+1}'^{(m)} - C_{i,n}'^{(m)}}{\Delta z} \ , \tag{17}$$

式中，下标 n 为节点序数，$\Delta z = \Delta z_P$。式（13）的第 2 项为

$$\Big(e'\frac{\partial^2 C_i}{\partial z^2}\Big)_n^{(m)} = e_n'^{(m)}\frac{C_{i,n+1}'^{(m)} - 2C_{i,n}'^{(m)} + C_{i,n-1}'^{(m)}}{\Delta z^2} \ 。 \tag{18}$$

在 $m+1$ 时间步，对有丰度的非线性项需要进行线性化处理。采用 Newton 线性化，

$$\Big[c'\Big(\sum_{j=1}^{N_C}M_j C_j - M_i\Big)C_i\Big]^{(m+1)} = \tag{19}$$

$$c_n'^{(m+1)}\Big(\sum_{j=1}^{N_C}M_j C_{j,n}'^{(m)}C_{i,n}'^{(m+1)} + \sum_{j=1}^{N_C}M_j C_{j,n}'^{(m+1)}C_{i,n}'^{(m)} - M_i C_{i,n}'^{(m+1)} - \sum_{j=1}^{N_C}M_j C_{j,n}'^{(m)}C_{i,n}'^{(m)}\Big) \ 。$$

对 m 时间步的丰度的非线性项不需要进行线性化处理，

$$\left[c'\left(\sum_{j=1}^{N_C} M_j C_j - M_i \right) C_i \right]^{(m)} = c_n'^{(m)} \left(\sum_{j=1}^{N_C} M_j C_{j,n}'^{(m)} - M_i \right) C_{i,n}'^{(m)} 。 \tag{20}$$

综合起来，离散的式（1）为：

$$\frac{h_1'^{(m+1)} + h_1'^{(m)}}{2\Delta t} C_{i,n}'^{(m+1)} + \frac{h_2'^{(m+1)} + h_2'^{(m)}}{2\Delta t} \frac{\Delta z}{2} \left(C_{i,1}'^{(m+1)} + 2\sum_{n'=2}^{n-1} C_{i,n'}'^{(m+1)} + C_{i,n}'^{(m+1)} \right) -$$

$$\frac{\mathrm{d}_n'^{(m+1)}}{2\Delta z} \left(C_{i,n+1}'^{(m+1)} - C_{i,n}'^{(m+1)} \right) - \frac{e_n'^{(m+1)}}{2\Delta z^2} \left(C_{i,n+1}'^{(m+1)} - 2C_{i,n}'^{(m+1)} + C_{i,n-1}'^{(m+1)} \right) -$$

$$\frac{c_n'^{(m+1)}}{2} \left(\sum_{j=1}^{N_C} M_j C_{j,n}'^{(m)} C_{i,n}'^{(m+1)} + \sum_{j=1}^{N_C} M_j C_{j,n}'^{(m+1)} C_{i,n}'^{(m)} - M_i C_{i,n}'^{(m+1)} \right) +$$

$$\frac{P^{(m+1)}}{2} \left(C_{i,n}'^{(m+1)} - C_{i,1}'^{(m+1)} \right) =$$

$$\frac{h_1'^{(m+1)} + h_1'^{(m)}}{2\Delta t} C_{i,n}'^{(m)} + \frac{h_2'^{(m+1)} + h_2'^{(m)}}{2\Delta t} \frac{\Delta z}{2} \left(C_{i,1}'^{(m)} + 2\sum_{n'=2}^{n-1} C_{i,n}'^{(m)} + C_{i,n}'^{(m)} \right) +$$

$$\frac{\mathrm{d}_n'^{(m)}}{2\Delta z} \left(C_{i,n+1}'^{(m)} - C_{i,n}'^{(m)} \right) + \frac{e_n'^{(m)}}{2\Delta z^2} \left(C_{i,n+1}'^{(m)} - 2C_{i,n}'^{(m)} + C_{i,n-1}'^{(m)} \right) +$$

$$\frac{c_n'^{(m)}}{2} \left(\sum_{j=1}^{N_C} M_j C_{j,n}'^{(m)} - M_i \right) C_{i,n}'^{(m)} - \frac{c_n'^{(m+1)}}{2} \sum_{j=1}^{N_C} M_j C_{j,n}'^{(m)} C_{i,n}'^{(m)} -$$

$$\frac{P^{(m)}}{2} \left(C_{i,n}'^{(m)} - C_{i,1}'^{(m)} \right) 。 \tag{21}$$

$C_{i,1}'^{(m)}$ 即是 $C_i^{P(m)}$。注意，由于式（1）仅在域内（$0 < z < Z_F$）适用，因此上式中 $2 \leqslant n \leqslant N_P - 1$。将离散式（21）乘以2，取式（9）中的 α' 分别为：

$$\begin{cases} \alpha_{i,1,n}' = \dfrac{h_2'^{(m+1)} + h_2'^{(m)}}{2\Delta t} \Delta z - P^{(m+1)} \\[2mm] \alpha_{i,n',n}' = \dfrac{h_2'^{(m+1)} + h_2'^{(m)}}{\Delta t} \Delta z \ (2 \leqslant n' \leqslant n-2) \\[2mm] \alpha_{i,n-1,n}' = \dfrac{h_2'^{(m+1)} + h_2'^{(m)}}{\Delta t} \Delta z - \dfrac{e_n'^{(m+1)}}{\Delta z^2} \\[2mm] \alpha_{i,n,n}' = \dfrac{h_1'^{(m+1)} + h_1'^{(m)}}{\Delta t} + \dfrac{h_2'^{(m+1)} + h_2'^{(m)}}{2\Delta t} \Delta z + \dfrac{\mathrm{d}_n'^{(m+1)}}{\Delta z} + \dfrac{2e_n'^{(m+1)}}{\Delta z^2} \\[2mm] \qquad - c_n'^{(m+1)} \left[\left(\sum_{j=1}^{N_C} M_j C_{j,n}'^{(m)} - M_i \right) + M_i C_{i,n}'^{(m)} \right] + P^{(m+1)} \\[2mm] \alpha_{i,n+1,n}' = -\dfrac{\mathrm{d}_n'^{(m+1)}}{\Delta z} - \dfrac{e_n'^{(m+1)}}{\Delta z^2} \ ; \ \alpha_{j,n,n}' = -c_n'^{(m+1)} M_j C_{i,n}'^{(m)} \ (j \neq i) \end{cases} \tag{22}$$

未定义的未知数系数为0。式（9）中的 $b_{i,n}'$（$2 \leqslant n \leqslant N_P - 1$）为

$$b_{i,n}' = \frac{h_1'^{(m+1)} + h_1'^{(m)}}{\Delta t} C_{i,n}'^{(m)} + \frac{h_2'^{(m+1)} + h_2'^{(m)}}{\Delta t} \frac{\Delta z}{2} \left(C_{i,1}'^{(m)} + 2\sum_{n'=2}^{n-1} C_{i,n'}'^{(m)} + C_{i,n}'^{(m)} \right) +$$

$$c_n'^{(m)} \left(\sum_{j=1}^{N_C} M_j C_{j,n}'^{(m)} - M_i \right) C_{i,n}'^{(m)} - c_n'^{(m+1)} \sum_{j=1}^{N_C} M_j C_{j,n}'^{(m)} C_{i,n}'^{(m)} + \tag{23}$$

$$\frac{\mathrm{d}_n'^{(m)}}{\Delta z} \left(C_{i,n+1}'^{(m)} - C_{i,n}'^{(m)} \right) + \frac{e_n'^{(m)}}{\Delta z^2} \left(C_{i,n+1}'^{(m)} - 2C_{i,n}'^{(m)} + C_{i,n-1}'^{(m)} \right) -$$

$$P^{(m)} \left(C_{i,n}'^{(m)} - C_{i,1}'^{(m)} \right) 。$$

类似地，在贫料段对节点 n 处（$2 \leqslant n \leqslant N_W - 1$）的离散方程，式（9）中的 β' 分别为：

$$
\begin{cases}
\beta''_{i,1,n} = \dfrac{h''^{(m+1)}_2 + h''^{(m)}_2}{2\Delta t}\Delta z + W^{(m+1)} \\[3mm]
\beta''_{i,n',n} = \dfrac{h''^{(m+1)}_2 + h''^{(m)}_2}{\Delta t}\Delta z \quad (2 \leqslant n' \leqslant n-2) \\[3mm]
\beta''_{i,n-1,n} = \dfrac{h''^{(m+1)}_2 + h''^{(m)}_2}{\Delta t}\Delta z - \dfrac{e''^{(m+1)}_n}{\Delta z^2} \ ; \\[3mm]
\beta''_{i,n,n} = \dfrac{h''^{(m+1)}_1 + h''^{(m)}_1}{\Delta t} + \dfrac{h''^{(m+1)}_2 + h''^{(m)}_2}{2\Delta t}\Delta z - \dfrac{d''^{(m+1)}_n}{\Delta z} + \dfrac{2e''^{(m+1)}_n}{\Delta z^2} \\[3mm]
\quad - c''^{(m+1)}_n \Big[\big(\sum\limits_{j=1}^{N_C} M_j C''^{(m)}_{j,n} - M_i \big) + M_i C''^{(m)}_{i,n} \Big] - W^{(m+1)} \\[3mm]
\beta''_{i,n+1,n} = \dfrac{d''^{(m+1)}_n}{\Delta z} - \dfrac{e''^{(m+1)}_n}{\Delta z^2} \ ; \ \beta''_{j,n,n} = - c''^{(m+1)}_n M_j C''^{(m)}_{i,n} \quad (j \neq i)
\end{cases}
\tag{24}
$$

注意，这里：

$$
\Delta z = \Delta z_W \ , \ h''_2 = \frac{\pi a^2}{A^2}\int_0^{A^2}\rho \mathrm{d}x \quad (= -h'_2)\ 。
\tag{25}
$$

对 h''_1、c''、d''、e''、f''，在形式上与式（10）中一样，但在贫料段进行计算。在贫料段，两项时间导数项的系数总体效果的符号

$$
\frac{a^2}{4\rho DA^2}\int_0^{A^2}\frac{\Psi}{A^2-x}\Big(\int_0^x \rho \mathrm{d}x'\Big)\mathrm{d}x \ , \ \frac{\pi a^2}{A^2}\int_0^{A^2}\rho \mathrm{d}x
\tag{26}
$$

与轴向一次导数项符号相同，

$$
-\Big(\frac{1}{4\pi\rho D}\int_0^{A^2}\frac{\Psi^2}{A^2-x}\mathrm{d}x + \pi\rho Da^2 \Big) \ ,
\tag{27}
$$

这样，式（13）的第 1 项应该为

$$
\Big(\mathrm{d}'\frac{\partial C_i}{\partial z}\Big)_n = \mathrm{d}'_n \frac{C'_{i,n} - C'_{i,n+1}}{\Delta z}\ 。
\tag{28}
$$

右端项 $b''_{i,n}$ $(2 \leqslant n \leqslant N_W - 1)$ 为

$$
\begin{aligned}
b''_{i,n} = &\frac{h''^{(m+1)}_1 + h''^{(m)}_1}{\Delta t}C''^{(m)}_{i,n} + \frac{h''^{(m+1)}_2 + h''^{(m)}_2}{\Delta t}\frac{\Delta z}{2}\Big(C''^{(m)}_{i,1} + 2\sum_{n'=2}^{n-1}C''^{(m)}_{i,n} + C''^{(m)}_{i,n}\Big) + \\
&c''^{(m)}_n\big(\sum_{j=1}^{N_C}M_j C''^{(m)}_{j,n} - M_i\big)C''^{(m)}_{i,n} - c''^{(m+1)}_n\sum_{j=1}^{N_C}M_j C''^{(m)}_{j,n}C''^{(m)}_{i,n} + \\
&\frac{d''^{(m)}_n}{\Delta z}\big(C'^{(m)}_{i,n} - C'^{(m)}_{i,n+1}\big) + \frac{e''^{(m)}_n}{\Delta z^2}\big(C''^{(m)}_{i,n+1} - 2C''^{(m)}_{i,n} + C''^{(m)}_{i,n-1}\big) - \\
&W^{(m)}\big(C''^{(m)}_{i,1} - C''^{(m)}_{i,n}\big)\ 。
\end{aligned}
\tag{29}
$$

$C''^{(m)}_{i,1}$ 即 $C^{W(m)}_i$。

现在考虑边界条件。在精贫取料端，式（5）给出：

$$
C'^{(m+1)}_{i,2} - C'^{(m+1)}_{i,1} = 0 \ , \ C''^{(m+1)}_{i,2} - C''^{(m+1)}_{i,1} = 0 \ ,
\tag{30}
$$

即有（$n=1$）：

$$
\alpha'_{i,1,n} = 1 \ , \ \alpha'_{i,2,n} = -1 \ , \ b'_{i,n} = 0 \ ;
$$
$$
\beta''_{i,1,n} = 1 \ , \ \beta''_{i,2,n} = -1 \ , \ b''_{i,n} = 0 \ 。
\tag{31}
$$

2.2 守恒方程的离散

由式（6）得到：

$$\iint\limits_{0\ 0}^{Z\ a} \frac{\partial \rho C_i}{\partial t} 2\pi r \mathrm{d}r \mathrm{d}z = \iint\limits_{0\ 0}^{Z\ a} \left(C_i \frac{\partial \rho}{\partial t} + \rho \frac{\partial C_i}{\partial t} \right) 2\pi r \mathrm{d}r \mathrm{d}z$$

$$= \int_0^a \frac{\partial \rho}{\partial t} 2\pi r \mathrm{d}r \int_0^Z C_i \mathrm{d}z + \int_0^a \rho 2\pi r \mathrm{d}r \int_0^Z \frac{\partial C_i}{\partial t} \mathrm{d}z \tag{32}$$

$$= \frac{1}{Z}(F - P - W) \int_0^Z C_i \mathrm{d}z + \int_0^a \rho 2\pi r \mathrm{d}r \int_0^Z \frac{\partial C_i}{\partial t} \mathrm{d}z = FC_i^F - PC_i^P - WC_i^W,$$

即有：

$$\frac{1}{Z}(F - P - W) \int_0^Z C_i \mathrm{d}z + \frac{\pi a^2}{A^2} \int_0^{A^2} \rho \mathrm{d}x \int_0^Z \frac{\partial C_i}{\partial t} \mathrm{d}z = FC_i^F - PC_i^P - WC_i^W \text{。} \tag{33}$$

其离散形式为：

$$\left(\frac{f'^{(m+1)}}{Z} - \frac{h_2'^{(m+1)} + h_2'^{(m)}}{2\Delta t} \right) \Delta z_P \left(C_{i,1}'^{(m+1)} + 2\sum_{n'=2}^{N_P - 1} C_{i,n'}'^{(m+1)} + C_{i,N_P}'^{(m+1)} \right) + P^{(m+1)} C_{i,1}'^{(m+1)}$$

$$\left(\frac{f''^{(m+1)}}{Z} + \frac{h_2''^{(m+1)} + h_2''^{(m)}}{2\Delta t} \right) \Delta z_W \left(C_{i,1}''^{(m+1)} + 2\sum_{n'=2}^{N_W - 1} C_{i,n'}''^{(m+1)} + C_{i,N_W}''^{(m+1)} \right) + W^{(m+1)} C_{i,1}''^{(m+1)}$$

$$= F^{(m+1)} C_i^{(m+1)} + F^{(m)} C_i^{(m)} - P^{(m)} C_{i,1}'^{(m)} - W^{(m)} C_{i,1}''^{(m)} \tag{34}$$

$$-\left(\frac{f'^{(m)}}{Z} + \frac{h_2'^{(m+1)} + h_2'^{(m)}}{2\Delta t} \right) \Delta z_P \left(C_{i,1}'^{(m)} + 2\sum_{n'=2}^{N_P - 1} C_{i,n'}'^{(m)} + C_{i,N_P}'^{(m)} \right)$$

$$-\left(\frac{f''^{(m)}}{Z} - \frac{h_2''^{(m+1)} + h_2''^{(m)}}{2\Delta t} \right) \Delta z_W \left(C_{i,1}''^{(m)} + 2\sum_{n'=2}^{N_W - 1} C_{i,n'}''^{(m)} + C_{i,N_W}''^{(m)} \right) \text{。}$$

这里，

$$f' = f'' = F - P - W \text{。} \tag{35}$$

把离散方程表示为：

$$\sum_{i'=1}^{N_C} \sum_{n'=1}^{N_P} \left(\alpha_{i',n',n} C_{i',n'}' + \beta_{i',n',n} C_{i',n'}'' \right) = b_{i,n} \ (1 \leqslant i \leqslant N_C, \ n = N_P) \text{。} \tag{36}$$

因此有（$n = N_P$）：

$$\begin{cases} \alpha_{i,1,n} = \left(\dfrac{f'^{(m+1)}}{Z} - \dfrac{h_2'^{(m+1)} + h_2'^{(m)}}{2\Delta t} \right) \Delta z_P + P^{(m+1)} \\[3mm] \alpha_{i,n',n} = 2\left(\dfrac{f'^{(m+1)}}{Z} - \dfrac{h_2'^{(m+1)} + h_2'^{(m)}}{2\Delta t} \right) \Delta z_P \ (2 \leqslant n' \leqslant N_P - 1) \\[3mm] \alpha_{i,N_P,n} = \left(\dfrac{f'^{(m+1)}}{Z} - \dfrac{h_2'^{(m+1)} + h_2'^{(m)}}{2\Delta t} \right) \Delta z_P \\[3mm] \beta_{i,1,n} = \left(\dfrac{f''^{(m+1)}}{Z} + \dfrac{h_2''^{(m+1)} + h_2''^{(m)}}{2\Delta t} \right) \Delta z_W + W^{(m+1)} \\[3mm] \beta_{i,n',n} = 2\left(\dfrac{f''^{(m+1)}}{Z} + \dfrac{h_2''^{(m+1)} + h_2''^{(m)}}{2\Delta t} \right) \Delta z_W \ (2 \leqslant n' \leqslant N_W - 1) \\[3mm] \beta_{i,N_W,n} = \left(\dfrac{f''^{(m+1)}}{Z} + \dfrac{h_2''^{(m+1)} + h_2''^{(m)}}{2\Delta t} \right) \Delta z_W \end{cases} \text{。} \tag{37}$$

$b_{i,n}$ 为式（34）的右端项。

在供料点，由连接条件（7）：

$$C_{i,N_P}'^{(m+1)} = C_{i,N_W}''^{(m+1)} \text{。} \tag{38}$$

即有（$n = N_W$）：

$$\alpha''_{i,N_P,N_P} = 1, \ \beta''_{i,N_W,n} = -1, \ b''_{i,n} = 0 。 \tag{39}$$

代数式（9）的系数矩阵的图样如图 3 所示（以 $N_C = 3$ 为例）。

2.3 求解

离散方程的求解并不复杂，这里进行简单的描述。方程可写为：

$$Ax = b 。 \tag{40}$$

用经典的迭代法求解：

$$x_{p+1} = (1-\omega)\,x_p + \omega A^{-1} b , \tag{41}$$

式中，ω（$0 < \omega \leqslant 1$）为亚松弛系数；p 为迭代次数。因为系数矩阵 A 的阶并不大，$A^{-1}b$ 的计算可直接求解，如高斯消去法。考虑到 A 为稀疏矩阵，这里采用 Markowitz 方法[14]。

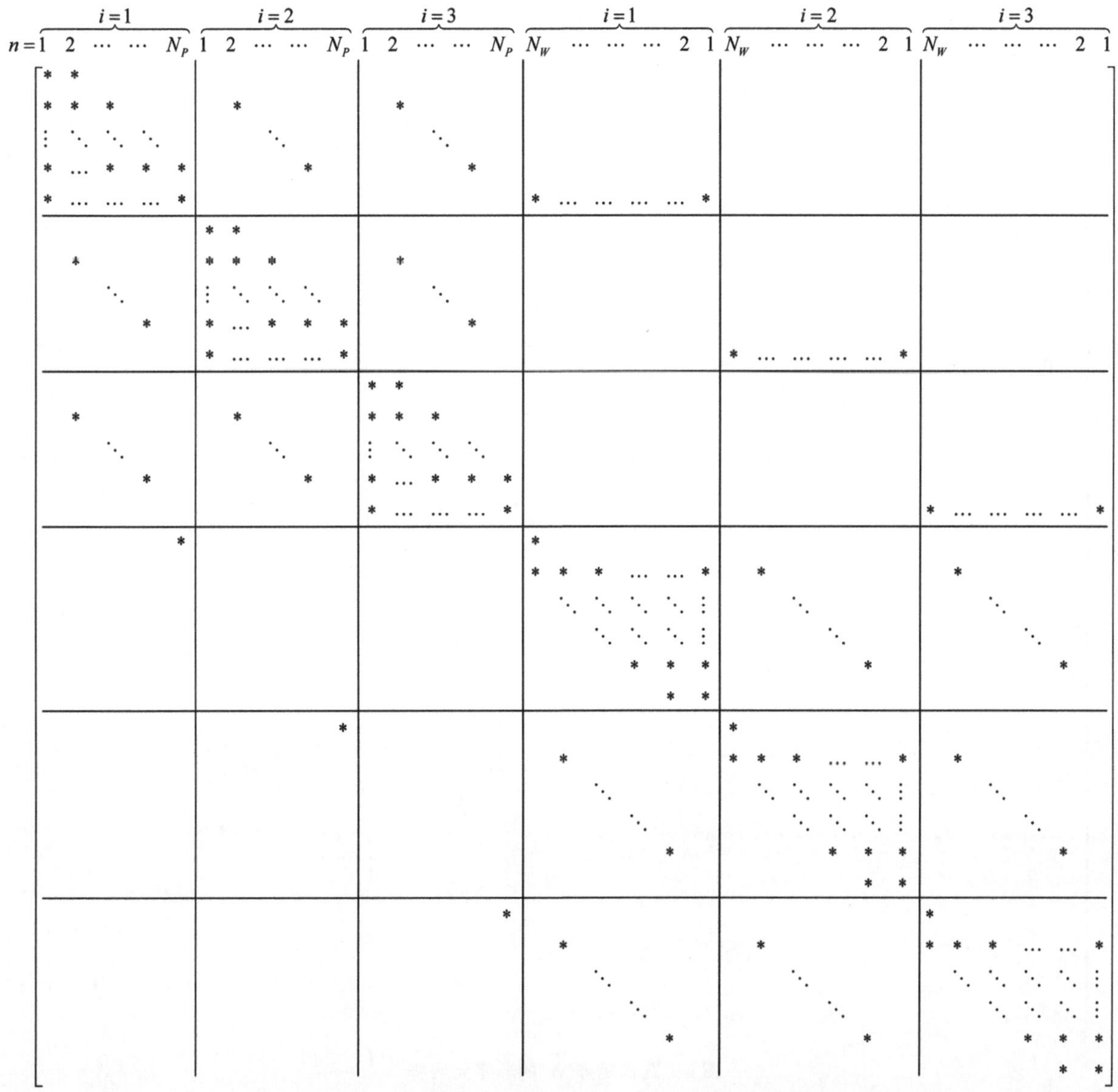

图 3　离散所得代数方程系数矩阵 A 图样

注意到式（21）中左端第 3 项，即

$$-\frac{c_n^{\prime(m+1)}}{2}\Big(\sum_{j=1}^{N_C}M_jC_{j,n}^{\prime(m)}C_{i,n}^{\prime(m+1)}+\sum_{j=1}^{N_C}M_jC_{j,n}^{\prime(m+1)}C_{i,n}^{\prime(m)}-M_iC_{i,n}^{\prime(m+1)}\Big)。 \tag{42}$$

涉及所有组分，这样使矩阵 $\mathbf{A}$ 的非零元的范围扩散得很开，所有组分的丰度必须同时求解，导致求解的时间耗费较大，且占用的内存比较多。解决这个问题的方法是把该项移至方程右端，切断了一个组分和其他组分的关联。记这个迭代矩阵为 $\overline{\mathbf{A}}$，其非零元的图样如图 4 所示。

为便于比较，图中以"0"代表过去非零元存在的地方。那么，迭代过程如下：

$$\boldsymbol{x}_{p+1}=(1-\omega)\,\boldsymbol{x}_p+\omega\overline{\mathbf{A}}^{-1}\,\overline{\boldsymbol{b}}\,, \tag{43}$$

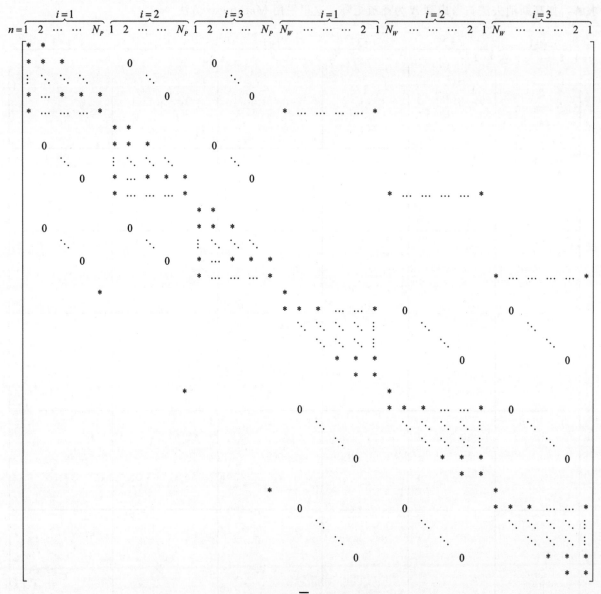

图 4　迭代矩阵 $\overline{\mathbf{A}}$ 的非零元图样

式中，$\overline{\boldsymbol{b}}$ 为 $\boldsymbol{b}$ 加入从左端移入的项（42）所得的右端项。实际上，因为迭代过程中一个组分与其他组分没有关联，迭代过程（43）实际上分为了 N_C 个子迭代过程：

$$\boldsymbol{x}_{i,p+1}=(1-\omega)\,\boldsymbol{x}_{i,p}+\omega\overline{\mathbf{A}}_i^{-1}\,\overline{\boldsymbol{b}}_i\,(i=1,2,\cdots,N_C)。 \tag{44}$$

式中，$\boldsymbol{x}_i = (\boldsymbol{x}_i', \boldsymbol{x}_i'')$，$\boldsymbol{x}_i' \equiv (C_{i,1}', \cdots, C_{i,N_P}')$，$\boldsymbol{x}_i'' \equiv (C_{i,N_W}'', \cdots, C_{i,1}'')$。图 5 给出了 $\overline{\boldsymbol{A}}_i$ 的非零元图样。

上面的迭代过程比式（41）要简单得多，占用的内存要少得多。不过，其收敛性要比式（41）要差，如收敛，则需要更多的迭代次数来取得相同的收敛精度。如果用时间来衡量的话，迭代方法式（44）可能比式（41）耗时少。

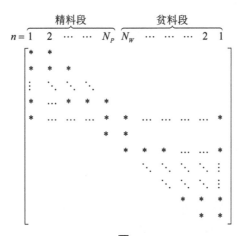

图 5　迭代矩阵 $\overline{\boldsymbol{A}}_i$ 的非零元图样

3　结果与讨论

考虑一台离心机从充气开始，然后封闭运行，最后气体排空的过程。离心机的结构参数在表 1 中给出。假定离心机线速度为 $V = 700\ \text{m/s}$，侧壁上下温差 $\Delta T = 0.5\ \text{K}$，采用参考文献［12］中的简化取料模型 2 进行取料的模拟，其中精贫料取料装置的阻力系数以及取料装置上的流量孔板系数如表 2。分离介质为 UF$_6$。

表 1　Iguaçu 模型离心机的基本结构参数

a /m	Z /m	Z_F /m	T_0 /K
0.06	0.5	0.25	300

表 2　精、贫取料装置的阻力系数 c 和孔板系数 d

c_l' / (Torr²·h/g)	c_t' / (Torr²·h²/g²)	c_l'' / (Torr²·h/g)	c_t'' / (Torr²·h²/g²)	d' / (g/Torr·h)	d'' / (g/Torr·h)
0.4	0.01	0.4	0.01	0.48	0.576

精贫料段各分成 15 个点，即 $N_P = N_W = 15$。在 $t = 0\ \text{s}$ 时刻，对达到转速的离心机供料，供料量 $F = 10\ \text{mg/s}$。为便于分析起见，供料中 ^{235}U 丰度设置成 0.5，这样两个组分的丰度分布关于 0.5 则具有对称性。供料后 100 s，切断供料和关闭精贫取料，离心机进入封闭运行状态。在 200 s 时，打开精贫取料对离心机进行抽空。图 6 给出了从充气开始（侧壁压强为 $p_w = 0\ \text{Pa}$）到抽空共 400 s 期间的水力学过渡过程情况。

图 6 显示，充气刚开始时，侧壁压强上升很快，到 100 s 时，基本达到平衡，此时供料量与取料量相等，离心机水力学状态达到稳定。在 200 s 抽空时，侧壁压强下降很快，然后逐渐减慢，显示刚抽空时排空速度很快。在 400 s 时，侧壁的压强还有约 30 Pa。

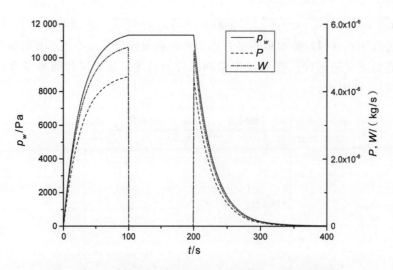

图 6　过渡过程中侧壁压强 p_w 和取料量 P 和 W 的变化

图 7 为在过渡过程中分离系数的变化。在 100 s 之前，即离心机的充气阶段，单位质量差全分离系数 γ_0 上升到 1.115。进入封闭运行后，分离系数迅速上升，200 s 封闭结束时，γ_0 达到了 1.265。这和实际及过去的理论分析结果是符合的：封闭运行的分离系数大于供取料时的分离系数。200 s 后的抽空阶段，分离系数迅速下降。原因在于抽空初期，随着迅速抽空，对流增加，混合增强；而到抽空后期，气体减少，环流减弱，且逐渐无分离介质可分离。这个结果也是符合实际观察现象的。

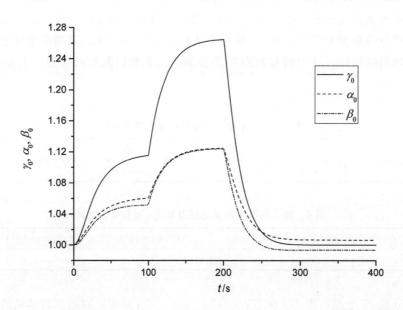

图 7　过渡过程中单位质量差全分离系数 γ_0 与浓缩系数 α_0 和贫化系数 β_0 的变化

图 8 展示的是从充气开始直到 350 s 之间每隔 50 s 丰度沿离心机轴向的分布。明显地，在精料、贫料取料端，由于应用了边界条件（5），丰度分布看上去有不自然的弯折。当轴向分点足够多时，这种弯折会不明显。在抽空后期，丰度是大于 0.5 的，且分布基本为常数，这说明对这个算例而言，在抽空的过程中 ^{238}U 的排出速率大于 ^{235}U 的排出速率，整个离心机已基本没有分离效果了。

上面的模拟结果显示，模拟符合实际所观察到的规律。鉴于本文的重点是要讨论丰度方程的求解问题，这里就不再对分离的过渡过程进行进一步分析，而对方程求解进行更多讨论。

过渡过程丰度方程的求解实际上存在一些困难，目前的求解只能说是求解的初步尝试，未能真正做到完全的求解。困难在于：

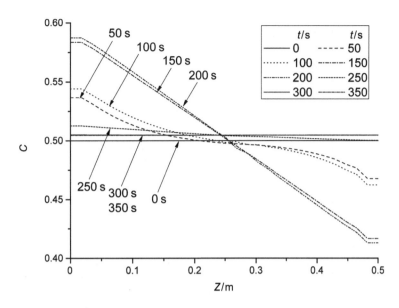

图 8 过渡过程中不同时间点的丰度的轴向分布

（1）增加 ΔT，在 100 s 进行封闭运行时，出现丰度小于 0 或大于 1 的非物理的结果。图 9 为封闭运行前后两个时间步的丰度分布。在封闭运行前一时刻（$t = 99.999$ s），丰度分布正常，但封闭运行后，贫料段上的丰度在供料附近出现大幅振荡，在随后的几个时间步振荡增加，然后求解失败。值得注意的是振荡仅出现在贫料段。

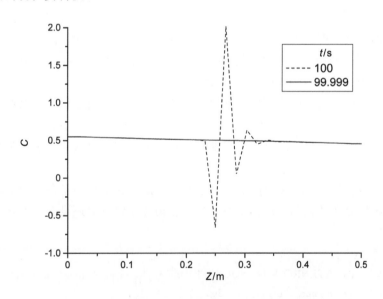

图 9 封闭运行前后两个时间步的丰度的轴向分布

（2）增加精料、贫料段的离散分点数 N_P 和 N_W（即减小 Δz_P 和 Δz_W）也导致丰度出现振荡，同上面（1）中情况一样，最终出现非物理的丰度结果。图 10 为取 $N_P = N_W = 30$ 时，5 个时间点的丰度轴向分布。随着时间的推进，丰度梯度增加，振荡从贫取料端开始产生，然后向逐渐向供料点发展并增大，最终导致求解失败。振荡仅出现在贫料段，而且是整个贫料段，越近供料点处，振幅越大。

虽然增加侧壁温度梯度和增加离散节点数的变化都导致了丰度轴向分布的振荡，但从式（24）看，对第 n 节点的丰度方程，这两种变化涉及所有方程未知数系数的变化，即 $\beta'_{i,n',n}$（$1 \leqslant n' \leqslant n+1$）和 $c''^{(m+1)}_n$。不过，很难从系数的表达式判断这两种变化是否产生了一样的效果，很难说这两种变化产生振荡的机制是一样的。

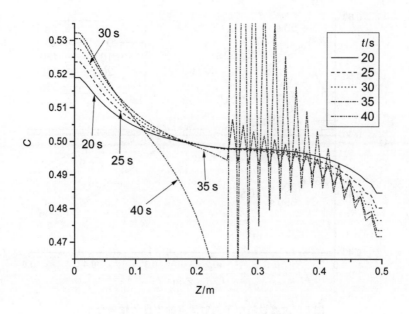

图 10 减小 Δz_P 和 Δz_W 后过渡过程中 5 个时间点的丰度轴向分布

方程本身的数学性质、离散的格式、边界条件等也可能导致振荡的产生。预期振荡问题不是一个很容易解决的问题，在这里就不详细分析了，留在下一步进行研究。

4 结论

对过渡过程的离心机丰度方程进行初步的求解。对丰度方程时间项的离散采用了 Crank‐Nicolson 格式，对一阶轴向导数项和二阶轴向导数项分布采用一阶迎风差分格式和中心差分格式。对离散得到的代数方程组，用通常的 Newton 迭代法求解。

以离心机从充气到抽空的过程为例进行模拟。在充气过程中，离心机的分离系数迅速增大。当离心机水力学状态基本稳定后，进入封闭运行，分离系数进一步增加。当分离基本稳定后，抽空离心机，分离系数迅速下降。滞留量下降到一定程度时，离心机没有分离效应。这些现象与实际观察结果一致。

用丰度方程分析过渡过程，还需要解决求解过程中的困难：增加转子温度梯度或增加轴向离散节点数都会导致轴向丰度分布的振荡。产生振荡的数学和物理原因目前还没有得到合理的解释。

参考文献：

[1] BORISEVICH V D, IGNATENKO V G, SULABERIDZE G A, et al. Application of stable isotopes in Russian Federation [J] . J radioanal nucl chem, 1996, 205 (2)：181‐184

[2] EGLE B J, HART K J, AARON W S. Stable isotope enrichment capabilities at Oak Ridge National Laboratory [J] . J. radioanal. nucl. chcm., 2014, 299：995‐999.

[3] PALKIN V A. Reprocessed uranium purification in cascades with ^{235}U enrichment to 5% [J] . At. energy, 2013, 115 (1)：32‐37.

[4] SMIRNOV A YU, SULABERIDZE G A, ALEKSEEV P N, et al. Evolution of isotopic composition of reprocessed uranium during the multiple recycling in light water reactors with natural uranium feed. Phys [J] . At. nuclei., 2011, 75 (13)：1616‐1625.

[5] LAGUNTSOV N I, LEVIN E V, NIKOLAEV B I, et al. Some distinctive features of transient processes in the separation of multicomponent isotope mixtures in cascades [J] . At. energy, 1987, 62 (6)：452‐458.

[6] VETSKO V M, LAGUNTSOV N I, LEVIN E V, et al. Transient processes in double cascades for separating multicomponent isotopic mixtures [J]. At. energy, 1987, 63 (3): 692 – 697.

[7] SOSNIN L Y, TCHELTSOV A N, KUCHELEV A P, et al. Centrifugal extraction of highly enriched ^{120}Te and ^{122}Te using the non – steady state method of separation [J]. Nucl. instr. methods phys. res. a., 2002, 480: 36 – 39.

[8] MUSTAFIN A R, SMIRNOV A Y, SULABERIDZE G A, et al. Features of transient processes in cascades with additional product flow stream [C] //XVII int. sci. conf. "phys. chem. processes at. syst." . Moscow, 2019.

[9] ORLOV A, USHAKOV A, SOVACH V. Mathematical modeling of nonstationary separation processes in gas centrifuge cascade for separation of multicomponent isotope mixtures [J]. MATEC web of conf., 2016, 72: 106.

[10] ORLOV A A, USHAKOV A A, SOVACH V P. Mathematical model of nonstationary separation processes proceeding in the cascade of gas centrifuges in the process of separationof multicomponent isotope mixtures [J]. J. eng. phys. thermophys, 2017, 90 (2): 258 – 265.

[11] ORLOV A A, USHAKOV A A, SOVACH V P, et al. Modeling of nonstationary processes during separation of multicomponent isotope mixtures [J]. Sep. sci. technol., 2018, 53 (5): 796 – 806.

[12] ZENG S, BORISEVICH V D, SMIRNOV A Y, et al. Solution of the simplified fluid dynamic equation for transient processes in a gas centrifuge [J]. J. phys.: conf. ser., 2022, 2147: 12002.

[13] 曾实. 基于径向平均法的离心机过渡过程的丰度方程 [J]. 同位素, 2022, 35 (1): 1 – 7.

[14] MARKOWITZ H M. The elimination form of the inverse and its application to linear programming [J]. Manage. sci., 1957, 3: 255 – 269.

A Preliminary solution of the concentration equation for transient processes in a gas centrifuge

ZENG Shi

(Department of Engineering Physics, Tsinghua University, Beijing 100084, China)

Abstract: The abundance equation describing the transient process in a single gas centrifuge is numerically solved. A Crank-Nicolson scheme is adopted for time discretization, an up-wind scheme and a central difference scheme are used, respectively, for the discretization of the first-order and second derivatives in space. The resulting nonlinear algebraic equations at each time step is solved by employing an ordinary Newton iteration method. Taking Iguacu centrifuge as an example, the separation during a transient process from the gas filling-up to the evacuation is simulated. The results are consistent with the laws from observation in practice, which demonstrates the possibility of analyzing transient processes in gas centrifuges. The problems such as oscillations in the solution were also discussed as well.

Key words: Gas centrifuge; Transient process; Isotope separation; Abundance equation; Numerical solution

离心机过渡过程丰度方程求解中非物理解的解决方法

曾　实

（清华大学工程物理系，北京　100084）

摘　要： 研究并解决离心机过渡过程丰度方程的初步求解中轴向分布在离心机端部出现弯折和在贫化段振荡的非物理解问题。在取料端用丰度分布光滑条件取代物质无渗透条件，解决取料端丰度分布的不合理折弯问题。用迎风差分格式离散空间二阶导数项、去除第 1 时间导数项解决丰度分布的振荡的问题。数值结果表明，解决的方法是成功的，能够获得光滑的无振荡的丰度分布，且去除第 1 时间导数项不影响丰度分布的时间演化。

关键词： 气体离心机；过渡过程；同位素分离；丰度方程；数值求解

利用径向平均法，在过渡过程中离心机中丰度的变化可由过渡过程的丰度方程来描述[1]。这个方程具有时间的一阶导数项及空间的一阶和二阶导数项。在稳态情况下，方程就是 Cohen 丰度方程[2]。为简单起见，在不引起歧义的情况下，我们把过渡过程的丰度方程简称为丰度方程。

由于丰度的过渡过程与流体动力学的过渡过程是耦合的，因此这两个过渡过程必须同时进行求解。关于离心机流体动力学的过渡过程的求解是极其困难的。为使求解可行，基于"变密度等温刚体"模型，能够建立描述离心机流体动力学的简化模型[3]。在参考文献［4］中针对这个模型给出了一个求解的数值方法，这里不再赘述。在此基础上，对丰度方程进行了初步的求解[5]。求解方法对丰度方程时间导数项采用了 Crank-Nicolson 格式进行离散；用迎风差分和中心差分分别对空间导数一阶导数项和二阶导数项进行离散。模拟了一个具有侧壁热驱动，包含充气、封闭、抽空 3 个部分的过渡过程，以检验模型和求解方法。

然而，模拟的结果有些出人意料，出现了非物理的问题：

（1）在两个取料端，丰度出现不光滑的弯折。

（2）丰度分布出现振荡。振荡发生在侧壁热驱动较大时，有下面两种情况：

① 运行状态转换时间点，即由封闭运行状态转换为取料状态时；

② 轴向的离散点数目较多时。

这些问题最终导致模拟失败。如存在如上的两个问题，求解的方法实际上是不可用的。在这里，我们对这两个问题进行分析，讨论并给出解决问题的方法。

1　丰度方程及初始条件和边界条件

描述离心机中丰度轴向分布的丰度方程为

$$\frac{a^2}{4\rho D A^2}\int_0^{A^2}\frac{\Psi}{A^2-x}\Big(\int_x^{A^2}\rho\,\mathrm{d}x'\Big)\mathrm{d}x\,\frac{\partial C_i}{\partial t}-\frac{\pi a^2}{A^2}\int_0^{A^2}\rho\,\mathrm{d}x\int_0^z\frac{\partial C_i}{\partial t}\,\mathrm{d}z'$$

$$=-\Big(\frac{1}{4\pi\rho D}\int_0^{A^2}\frac{\Psi^2}{A^2-x}\,\mathrm{d}x+\pi\rho D a^2\Big)\frac{\partial C_i}{\partial z}+\frac{a^2}{4A^2}\int_0^{A^2}\Psi\,\mathrm{d}x\,\frac{\partial^2 C_i}{\partial z^2}$$

作者简介： 曾实，男，教授，博士，主要从事同位素分离基础理论研究。

基金项目： 国家自然科学基金（11575097，11911530087）。

$$+ \frac{(\Omega a)^2}{2R_0 T_0 A^2} \int_0^{A^2} \Psi \mathrm{d}x \left(\sum_{j=1}^{N_C} M_j C_j - M_i \right) C_i - P(C_i - C_i^P) \qquad (0 < z < Z_F) , \tag{1}$$

$$\frac{a^2}{4\rho D A^2} \int_0^{A^2} \frac{\Psi}{A^2 - x} \left(\int_x^{A^2} \rho \mathrm{d}x' \right) \mathrm{d}x \, \frac{\partial C_i}{\partial t} + \frac{\pi a^2}{A^2} \int_0^{A^2} \rho \mathrm{d}x \int_z^{Z} \frac{\partial C_i}{\partial t} \mathrm{d}z'$$

$$= - \left(\frac{1}{4\pi \rho D} \int_0^{A^2} \frac{\Psi^2}{A^2 - x} \mathrm{d}x + \pi \rho D a^2 \right) \frac{\partial C_i}{\partial z} + \frac{a^2}{4A^2} \int_0^{A^2} \Psi \mathrm{d}x \, \frac{\partial^2 C_i}{\partial z^2} \tag{2}$$

$$+ \frac{(\Omega a)^2}{2R_0 T_0 A^2} \int_0^{A^2} \Psi \mathrm{d}x \left(\sum_{j=1}^{N_C} M_j C_j - M_i \right) C_i - W(C_i^W - C_i) \qquad (Z_F < z < Z) 。$$

式中，

$$\Psi \equiv \frac{\pi a^2}{A^2} \int_x^{A^2} \rho w \mathrm{d}x , \quad x = A^2 [1 - (r/a)^2] 。 \tag{3}$$

这里，r 为径向坐标；z 为轴向坐标；$A^2 = M(\Omega a)^2 / 2R_0 T_0$ 为速度系数；转子的高度和半径分别为 Z 和 a；角速度为 Ω；w 为气体轴向速度；ρ 为气体密度；T_0 为气体平均温度；D 为气体互扩散系数；R_0 为普适气体常数。对有 N_C 个同位素组分的同位素混合物，C_i 表示气体第 i 组分在 z 处的径向平均丰度，M_i 为第 i 组分的摩尔分子量，$M = \sum_{i=1}^{N_C} C_i^F M_i$ 为气体的平均摩尔分子量。F、P、W 分别是离心机的供料、精料和贫料，C_i^F、C_i^P、C_i^W 分别是第 i 组分在 F、P、W 中的丰度。

求解的初始条件为

$$C_i = C_i^0 \, (t = 0) 。 \tag{4}$$

式中，C_i^0 为已知的轴向坐标 z 的函数。若初始状态为对离心机空转子进行充气的状态，可认为 $C_i^0 = C_i^F$。

在精料、贫料取料端的边界条件为

$$\frac{\partial C_i}{\partial z} = 0 \, (z = 0; \ z = Z) 。 \tag{5}$$

该条件对应于取料端物质无渗透，即端部无取料的情况。这个条件也应用于有取料的情况。

离心机中有各组分质量守恒条件：

$$\iint_0^Z \int_0^a \frac{\partial \rho C_i}{\partial t} 2\pi r \mathrm{d}r \mathrm{d}z = F C_i^F - P C_i^P - W C_i^W 。 \tag{6}$$

在供料点处，有丰度连续条件：

$$C_i(z \to Z_F^-) = C_i(z \to Z_F^+) 。 \tag{7}$$

2 问题及改进

对丰度方程的离散，时间离散采用 Crank - Nicolson 格式，空间一阶导数的离散采用迎风差分格式，空间二阶导数项采用中心差分格式。关于离散和方程的求解，以及初步模拟的结果，在参考文献 [3] 有详细的描述，这里不再赘述，仅对求解中出现的问题部分进行分析。

Iguaçu 模型离心机的基本结构参数如表 1 所示，运行的线速度为 $V = 700 \ \mathrm{m/s}$。Z_F 为供料的轴向位置，位于转子正中部。

表 1　Iguaçu 模型离心机的基本结构参数

a /m	Z /m	Z_F /m	T_0 /K
0.06	0.5	0.25	300

模拟的过程是离心机从充气开始，100 s 供取料同时关闭后封闭运行，200 s 气体开始排空的过程。气体介质为 UF$_6$。离散时间步长 $\Delta t = 0.001$ s。离心机精料、贫料段的离散节点数为 N_P 和 N_W。根据情况，节点数分别取 15 和 30 两种，以分析所用的数值方法对网格加密的反应。

2.1　问题 1：取料端丰度不光滑

取 $N_P = N_W = 15$。图 1 给出了从充气开始每隔 50 s 直到 350 s 轴向的丰度分布。由于取料边界应用的是条件（5），因此在两个取料端，丰度分布突然弯折，出现非常不自然的水平分布。在 50~350 s，既有封闭运行也有取料的运行，这个弯折总是存在的。从实际上考虑，很难理解这种不光滑分布的合理性。因此，为使丰度光滑分布，用如下边界条件代替条件（5）：

$$\frac{\partial^2 C_i}{\partial z^2} = 0 \ (z = 0; z = Z) 。 \tag{8}$$

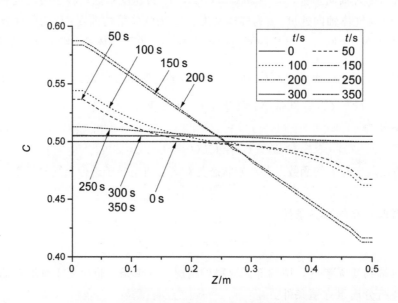

图 1　过渡过程中不同时间点的丰度的轴向分布

这个条件的物理意义是要求丰度分布在取料端光滑。对离心机中流动，流体宏观的流动方向都是从供料点向取料端的流动。采用迎风差分进行离散：

$$\begin{cases} \dfrac{1}{\Delta z_P^2}(C_{i,n+2} - 2C_{i,n+1} + C_{i,n}) = 0 \quad (n = 1) \\[2mm] \dfrac{1}{\Delta z_W^2}(C_{i,n'+2} - 2C_{i,n'+1} + C_{i,n'}) = 0 \quad (n' = 1) \end{cases} 。 \tag{9}$$

式中，Δz_P 和 Δz_W 分别是离心机浓缩段和贫化段的离散空间步长，n 和 n' 分别是精料段和贫料段上的离散节点的序数，在取料点为 1，在供料点 $n = N_P$，$n' = N_W$，对应的是同一轴向位置 $z = Z_F$。

采用条件（8）后，所得的轴向的丰度分布如图 2 所示。很明显，取料端处丰度的不合理弯折得到消除。与图 1 的丰度分布比较，两端外消除了弯折的丰度分布在其他地方也有变化，但不算明显。需要指出，在图 1 中，观察 $t = 50$ s 和 100 s 这两个时刻在贫取料端的丰度分布，可见在弯折附近有轻微的波动。实际上，当侧壁热驱动增加时，这个波动会增大，与其他可能导致振荡的因素共同作用，更容易导致无意义的振荡结果。

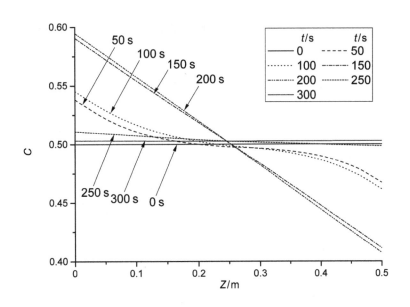

图 2 不同时间点的在取料端光滑的丰度轴向分布

2.2 问题 2：丰度分布的振荡

把侧壁温差 ΔT 从 0.5 K 增加到 1 K，导致丰度分布振荡。

2.2.1 运行状态转换

仍然取 $N_P = N_w = 15$。原本在图 2 光滑的丰度分布在供料点处贫料一侧变为振荡，如图 3 所示。分析发现，振荡的起始都是离心机改变运行状态时。第一次振荡发生在由 $t = 99.999$ s 的充气运行转换到 $t = 100$ s 的封闭运行时，然后随时间逐渐消失。第二次振荡发生在由 $t = 199.999$ s 的封闭运行转换到 $t = 200$ s 的排空运行时，然后也逐渐消失。

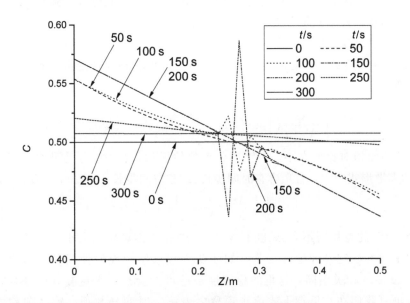

图 3 侧壁温差增加后丰度的轴向分布

2.2.2 轴向离散分点数增加

现在取 $N_P = N_w = 30$，丰度分布在图 4 给出。供料点贫料一侧，在 $t = 16$ s 时还未出现丰度分布的振荡，但在 $t = 20$ s 振荡已比较明显。之后随时间振荡迅速发展，求解失败。贫料一侧的振荡也影响到了精料一侧的丰度分布。在 $t = 24$ s 和 28 s，供料点精料一侧的丰度大幅偏离了 0.5。对空间二阶导数项采用迎风差分进行离散,这种情况得到改善,但未根本解决供料点处贫料一侧的振荡问题。

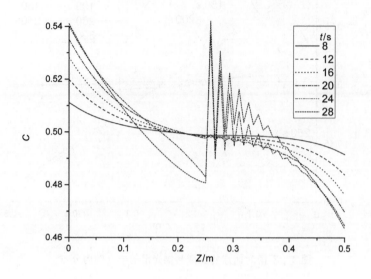

图 4 $N_P = N_W = 30$ 所得的丰度轴向分布

2.3 问题分析和解决方法

对丰度方程(1)(2),位置 $z = Z_F$ 实际上是一个间断点,方程的系数是不连续的。例如,对 Ψ:

$$\Psi(z = Z_F^-) = -P ,$$
$$\Psi(z = Z_F^+) = W 。 \tag{10}$$

在间断附近出现解的振荡是很自然的。因此,从理论上看,解决丰度分布振荡的方法可以借鉴如流体力学中间断问题的解决方法。在这里的分析中,我们暂不采用这些严格的、较为复杂的方法,而是从一些基本概念出发,处理振荡问题。

对增加离散分点数出现的振荡,出现的时间段还是在较早的充气过程中($t = 20\,\text{s}$),并不需要离心机的状态转变($t = 100\,\text{s}$)。根据式(1)和式(2),运行状态的转变主要是改变了方程中函数 Ψ 及其相关的量,即

$$\int_0^{A^2} \frac{\Psi}{A^2 - x} \left(\int_x^{A^2} \rho \mathrm{d}x' \right) \mathrm{d}x , \quad \int_0^{A^2} \frac{\Psi^2}{A^2 - x} \mathrm{d}x , \quad \int_0^{A^2} \Psi \mathrm{d}x 。 \tag{11}$$

相应地,改变了各项的相对比例大小。而轴向分点数的增加,也改变了方程各项的相对比例。在式(1)和式(2)的离散形式中[3],各项含有时间步长 Δt 和空间步长 Δz(Δz_P,Δz_W)的方式分别为

$$\frac{1}{\Delta t} , \frac{\Delta z}{\Delta t} , \frac{1}{\Delta z} , \frac{1}{\Delta z^2} , 1 。 \tag{12}$$

式中,最后一个"1"的意思既不含 Δt 也不含 Δz。对各项相对比例大小的变化,一个容易想到的问题是离散方程求解的稳定性问题。因此,如涉及方程求解的稳定性问题,与我们熟知的稳定性条件与 $\Delta t / \Delta z$ 或 $\Delta t / \Delta z^2$ 相关不同,这里的稳定性条件可能会是一个更复杂的条件,因为方程中含有两种时间导数项(我们在这里把上式第 1 项称之为第 1 时间导数项,第 2 项称之为第 2 时间导数项):

$$\frac{\partial C_i}{\partial t} , \int_0^z \frac{\partial C_i}{\partial t} \mathrm{d}z' 。 \tag{13}$$

但是，一般来说，稳定性问题是可以通过减小时间步长得到解决的，即一个不稳定的问题在把时间步长减小到足够小时，问题就变为稳定的。然而，数值计算表明，减小 Δt 未能改善求解丰度方程的稳定性。

当去掉时间导数项后，离散方程的求解很顺利，进一步增加离散分点也不存在问题。这表明方程求解失败与时间导数项相关。增加离散分点，即减小 Δz，在式（13）的两个时间导数项中，增加了第 1 项的比重。也就是说，第 1 项的贡献增大到一定程度时会导致丰度分布出现振荡、方程求解失败。图 5 绘出了同时含有第 1 和第 2 时间导数项的丰度分布，而图 6 为把第 1 导数项移除之后的丰度分布。

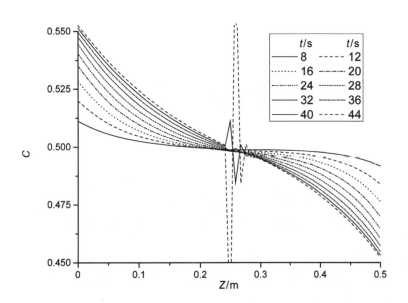

图 5　同时含有第 1 和第 2 时间导数项的丰度轴向分布

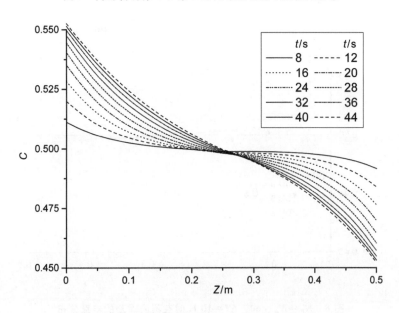

图 6　移除第 1 项时间导数项的丰度轴向分布

首先，对比图 4 和图 5，可见空间二阶导数项采用迎风差分的效果。图 4 中的振荡出现得更早，且范围比图 5 要大。其次，移除第 1 导数项完全消除了丰度分布的振荡，令人吃惊的是，其在消除了丰度分布的振荡的同时并未影响丰度的分布。为展示这一点，把图 5 中在 $t = 44$ s 时的丰度分布单独抽出进行比较（图 7），含有第 1 导数项和不含第 1 导数项的丰度分布在振荡区域之外，的确非常一致。图中的小图是供料点附近的丰度分布放大图，以便更清楚地反映两者之间的差异。

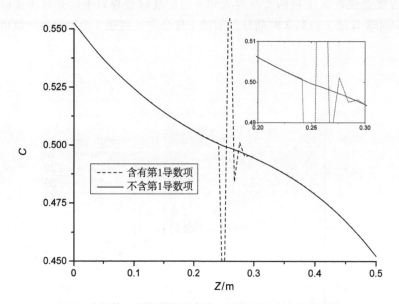

图 7　含有第 1 导数项和不含第 1 导数项的丰度分布比较

为确认问题已得到解决，现取 $N_P = N_w = 60$，$\Delta T = 10$ K。图 8 和图 9 分别给出了几个不同时刻的丰度分布及分离系数随时间的变化。这里不对这些结果所蕴含的物理意义及实际应用进行分析，这方面的分析将在其他进行相关研究的地方进行。

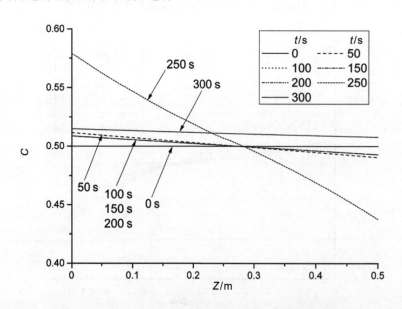

图 8　$N_P = N_w = 60$，$\Delta T = 10$ K 时在不同时刻的丰度分布

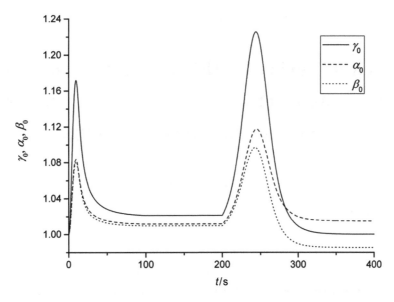

图 9 $N_P = N_W = 60$，$\Delta T = 10$ K 时分离系数随时间的变化

3 结论

针对过渡过程丰度方程求解中的问题进行了分析和处置。

对取料端处出现的丰度分布不合理的弯折，可以用丰度光滑条件取代无渗透条件解决。

对增大热驱动时丰度分布在贫料段上的振荡问题，需要采用下面的方法解决：

（1）空间二阶导数项需要采用迎风差分进行离散。

（2）移除第 1 时间导数项。

移除第 1 时间导数项消除了丰度分布的振荡，但并未改变丰度的时间变化行为。因此，这个结果意味着我们的结果可以用于离心机在过渡过程中的分离分析。但是，该项在丰度的时间演化过程中的作用，还有待进一步深入分析。

参考文献：

[1] 曾实．基于径向平均法的离心机过渡过程的丰度方程 [J]．同位素，2022，35（1）：1 - 7.

[2] MURPHY, G M. The theory of isotope separation as applied to the large - scale production of[235]U [M]．California：McGraw - Hill Book Company，Inc，1951.

[3] ZENG S. A method for analyzing the transient hydraulics in a gas centrifuge [C] //Proc. 15th Int Workshop on Separation Phenomena in Liquids and Gases. Tsinghua University Press，May 13 - 17，2019，Wuxi，Jiangsu Province，China，78 - 85.

[4] ZENG S，BORISEVICH V D，SMIRNOV A Yu，et al. Solution of the simplified fluid dynamic equation for transient processes in a gas centrifuge [J]．J. Phys.：Conf. Ser.，2022，2147：012002.

[5] 曾实．离心机过渡过程的丰度方程初步求解 [R]．清华大学工程物理系技术报告，北京，2020.

An approach of revolving the unphysical solutions in the solution of the concentration equation for transient processes in a gas centrifuge

ZENG Shi

(Department of Engineering Physics, Tsinghua University, Beijing 100084, China)

Abstract: In the solution of the concentration equation for transient processes in a gas centrifuge, two problems were encountered in the axial concentration distribution: the unphysical bends appeared at the two withdrawal ends of the centrifuge and the distribution oscillation occurred at the stripping section. The unreasonable bends of the concentration distribution at the two ends is tackled by replacing the no-permeation condition of mass by the smooth-distribution condition of concentration. The problem of oscillation in the concentration distribution is treated by discretizing the second order spatial derivative with an up-wind scheme and removing the first temporal derivative term. Numerical results show that the methods employed are successful in resolving the two problems, enabling us to obtain smooth non-oscillatory concentration distribution. The removal of the first temporal derivative term has no effect on the evolution of the concentration.

Key words: Gas centrifuge; Transient process; Isotope separation; Concentration equation; Numerical solution

中国核科学技术进展报告（第八卷）
同位素分离分卷　　Progress Report on China Nuclear Science & Technology (Vol. 8)　　2023 年 10 月

过滤器在离心级联中的应用分析

欧　科，孙　丹，李　平，李　玲，付　强

（中核陕西铀浓缩有限公司，陕西　汉中　723300）

摘　要：UF$_6$作为铀浓缩厂级联的供料，其化学性质比较活泼，容易与其他物质发生化学反应，生成固体粉末。粉末在离心机中不断沉积，会使离心机分流比改变或者损坏离心机，最终影响整个级联的安全、稳定、运行。为了消除这种影响，经过分析研究，选取合适孔径的过滤装置，将其安装到某级联中运行。通过对有无过滤器参与运行的数据分析研究，结果显示，有过滤器运行时，可以降低精料增压泵故障率。在有过滤器运行时的一年间，端部机组平均摩功增长量为 0.37 W，在没有过滤器运行的一年间，端部机组平均摩功增量为 0.91 W。有过滤器运行时与没有过滤器运行时相比，精料端部机组主机故障率降低了 10%。研究结果为过滤器参与离心级联运行提供了数据支持，对级联安全、稳定、经济运行具有重要意义。

关键词：级联；粉末；过滤器；离心机；摩功

　　UF$_6$气体作为离心机的工作介质，其化学性质比较活泼，容易与空气等反应生成一些粉末状物质。经分析，这种物质的主要成分为氟化铀酰，有可能会进入主机，在主机中沉积，增大主机摩擦功率，若在主机内部产生不均匀沉积，还会破坏转子平衡，威胁主机安全稳定运行[1]。部分物质会在孔板处沉积，堵塞孔板。长时间的沉积，会加剧主机分离功的损失。有研究表明，精料端的沉积物水平高于贫料端，级联中粉末存在向精料端输运的现象。

　　为实现级联安全、稳定、经济运行，控制级联内粉末沉积量显得尤为重要。而在级联关键工艺节点加装过滤器能有效减少粉末沉积。国内某级联是俄式柔性级联，在对其各个工艺节点备用线路上加装过滤器运行后，取得了较好的实际效果。但是，有些必要的工艺操作只能在主线上运行，而主线并未加装过滤器，必然会对级联经济及其稳定运行产生一定影响。因此，在某级联工艺节点主线加装过滤器是十分必要的。

1　过滤器介绍

　　在俄罗斯提供的有关级联沉积物的资料中，相关研究人员认为其粉末状物质主要成分为 UO$_2$F$_2$、UOF$_4$和 UF$_5$，主要是 UF$_6$与空气中的水、与设备材料腐蚀后的产物。国内某研究院对沉积物进行分析结果显示，UO$_2$F$_2$质量分数达到 95% 以上[3]。在对级联中设备进行解体后发现：在级联内部机组补压机内腔、精料流管道、电调阀、孔板、阀门，供取料厂房精料增压泵、管道、阀门处均有明显的固态沉积物堆积。安装过滤器可以有效过滤该颗粒物质。过滤装置压降主要与装置滤芯有效面积、等效厚度、孔隙率、粉末颗粒直径、工艺节点温度压力等因素有关。假定工艺气体在过滤材料孔隙间的流速满足达西条件，则有：

$$\frac{\Delta P}{W} = \frac{\mu q}{KA} \tag{1}$$

式中，W 为滤芯厚度，m；μ 为流体黏度，pa·s；q 为体积流量，m³/s；A 为滤芯表面积，m²；K 为渗透率。

　　运用于级联系统的微米级孔径过滤装置，入口及出口处的压降值较小，可以忽略。在设计过滤装置时，为取得较好的过滤效果，需要尽可能使用小孔径的滤芯，这会导致过滤装置压降的增加，为此

作者简介：欧科（1993—），男，陕西勉县人，工程师，硕士研究生，主要从事同位素分离研究。

需要增加过滤装置的表面积 A，为保证合适的供料压力，以最大流量的 1# 流为例，ΔP 取 133 pa，利用式（1）可算出 A 约为 25 m²。

对过滤器进行建模分析，以 1# 节点工艺参数做过滤器的速度场与压力场分布建模分析，结果如图 1a 所示，进口速度是主管道供料气流的速度，在进入过滤器之前基本保持定值。在接近过滤器滤芯部分时速度逐渐变小，进入滤芯后较进入滤芯前速度变大，这是因为在气流从孔径进入滤芯时，阻力由大变小，造成气流速度由小变大。而气流透过滤芯之后，气流通道由小变大，在气流压力作用下进入出口，造成了气流流速由大变小却仍要高于进口时的速度。如图 1b 所示，滤芯进口面压力较大，且进入滤芯通道前时压力不变，直到进入滤芯后，压力会有所降低，这是因为气流通道变小，气流紊乱程度增大，造成了气流间阻力增大，消耗了能量。而气流通过滤芯后，压力会降低很多，这是因为气流空间突然变大，故压力会变小。

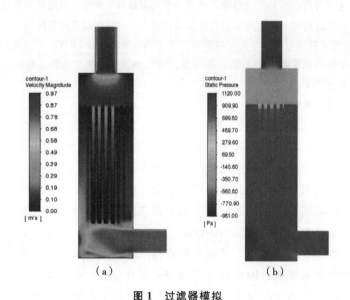

图 1　过滤器模拟

（a）过滤器速度分布云图；（b）过滤器压力分布云图

考虑到厂房实际安装面积与工艺要求，总有效表面积取 30 m²，即使用 30 根烛形滤芯组装为 1 个过滤装置，过滤器由于在室内使用，所以过滤器壳体按常温、常压容器标准设计。过滤管材质选用烧结不锈钢过滤管，采用外光内毛的过滤管，减少迎气流面的粉尘黏附性[3]。将下端封闭的烛形中空体过滤管通过多孔板与压板（图 2）垂直悬吊于过滤器内部，将过滤器分隔为两部分。正常工作时，含粉末的气体从过滤器下部进入，再通过滤芯，一方面，因为重力，所以粉末会向过滤器下方沉积；另一方面，粉末会被滤芯过滤，实现固—气分离，保证进入离心机中气体的清洁度。

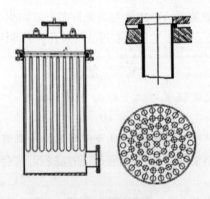

图 2　过滤器示意

过滤器的单个滤芯长为 2 m，直径为 8 cm，厚度为 4.8 mm。通过实验选取了较为符合某级联运行的滤芯，过滤装置采用的滤芯外形尺寸一致，不同工艺节点过滤器计算压差与实际运行压差如表 1 所示。不同工艺节点过滤器前后计算压差与实际运行压差几乎相同，选取的过滤器型号基本满足计算与实际需求。有些工艺节点的实际压差较计算值大可能是由于过滤器入口和出口管道布局造阻力。

表 1   不同工艺节点过滤器计算压差与实际运行压差

工艺节点序号	滤芯规格	计算压差/mmHg	实际压差/mmHg
1	SG003 - A1 - 50 - 1000	0.9	1.3
5	SG003 - A1 - 50 - 1000	1.5	1.7
9	SG003 - A1 - 50 - 1000	1.8	1.9
11	SG003 - A1 - 50 - 1000	1.9	2.2

2   过滤器运行分析

2.1   对精料增压泵的影响

级联中的过滤器在运行一段时间后，其内部必然会沉积一些粉末，在对某级联 5♯ 流过滤器滤芯运行一段时间后称重，得到了数据（表 2）。

表 2   A 级联 5♯ 流过滤器称重情况

序号	滤管编号	投运前滤管质量/g	累积工作时间/天	滤管称重质量/g	单根滤管增重量/g
1	5♯	1099.13	34 天	1105.89	5.76
2	7♯	1137.10	34 天	1145.09	5.99
3	8♯	1078.39	34 天	1083.55	5.16
4	9♯	1105.43	34 天	1110.26	4.83
5	10♯	1108.76	34 天	1113.58	4.82
6	1♯	1142.44	34 天	1147.82	5.38
7	13♯	1140.83	34 天	1143.49	3.66
单根平均增重					5.08 g

经计算，一个过滤器一年平均增重 1.63 kg，对于某级联，其中间精料流有 3 个，所以每年在中间精料流中总的粉末沉积量至少有 4.89 kg。级联中的粉末不断向精料段运输，对精料增压泵的稳定运行也有一定影响。对未装过滤器的一年里及装完过滤器的一年里精料增压泵的故障次数进行统计，非压力变化会导致增压泵过载而异常停车，增压泵故障次数统计如图 3 所示。装完过滤器以后，增压泵故障停车次数较没装过滤器前减少了 50%。将泵拆开后发现，其出口有较多绿色附着物，对绿色附着物进行理化分析，结果显示绿色附着物主要为 UO_2F_2。

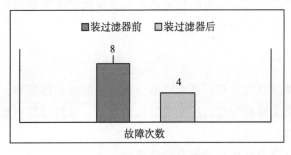

图 3   增压泵故障次数统计

2.2 级联精料端部机组摩擦功变化

由于中间精料流作下一层架的供料流，当中间精料流中有粉末物质时，会随着供料进入供料点机组主机。日积月累会在料管内壁沉积使料管堵塞或在转子内壁沉积。当精料料管出现堵塞现象时，其精料流量减小，分离性能下降。如果一台主机的精料料管被完全堵死，则该主机从供料管进入的物料全部通过贫料管流出，因此主机不仅完全不做功，还相当于增加了一条供料与贫料之间的通道，增加了混合损失；贫料取料管如果全堵情况类似，那么这都会导致主机摩功增长，影响主机安全[1]。若粉末在转子内壁产生不均匀沉积，则可能会损坏主机。

级联粉末在级联内有向精料端部输运的趋势，所以，重点关注级联精料端部机组摩功变化。为了分析精料端部机组在没有过滤器运行时与有过滤器运行时的摩功变化，取级联精料端部机组 6 次摩功测量值，前 3 次是在无过滤器运行时一年的摩功，后 3 次是在有过滤器运行时一年的摩功，前后级联工艺工况未改变。在有无过滤器运行时测得的后一次摩功减去前一次的摩功可得到各层架端部机组摩功增长变化（表3）。如表3所示，在有过滤器运行时，各层架端部机组区段平均摩功增长量较没有过滤器运行时小，一年间最大增长量为 4 层架两次摩功增长量之和仅为 0.41 W。而在没有过滤器时，一年间最大摩功增长量为 4 层架的两次摩功增长量之和为 1.08 W。无过滤器时端部机组一年的摩功平均增长量为 0.91 W，有过滤器时端部机组一年的摩功平均增长量为 0.37 W。

表 3   各层架端部机组摩功增长变化

层架编号	未装过滤器前摩功增长量/W		装过滤器摩功后摩功增长量/W	
1 层架	0.59	0.27	0.04	0.36
2 层架	0.49	0.44	0.12	0.16
3 层架	0.42	0.36	0.30	0.08
4 层架	0.69	0.39	0.14	0.27

2.3 端部机组主机故障率变化

级联粉末进入主机后，势必对离心机安全、稳定运行产生一定影响[4]。粉末在级联中沉积是一个累加效应，微量的沉积对于主机的影响不会立刻显现出来，一般会在沉积到一定量后在一段时间里以主机故障的形式显现。由于粉末向级联精料端机组输运，所以对精料端部机组主机的影响较为明显。气体离心机转速偏离额定转速或者损机，在这里统称为故障机器。以过滤器未投运的时间为时间节点，经过统计，在过滤器未投运的 6 个月里，精料端部机组故障主机数占总的故障主机数为 25%，在过滤器投运后的 6 个月里，精料端部机组故障主机数占总的故障主机数的 15%。有过滤器运行时与没有过滤器运行相比，精料端部机组故障主机率降低了 10%。对于精料端部机组主机来说，中间精料流有过滤器运行时，会降低进入主机的粉末量，从而降低了主机运行故障率，延长了精料端机组主机寿命，对于级联安全、稳定运行有重要意义。

3 结论

通过对过滤器属性与性质研究分析，选取了适合各料流的过滤器型号。在运行一段时间后，分别从级联精料增压泵故障次数及精料端部机组主机摩功增长量、精料端部机组主机故障率等对过滤器参与级联运行给予了不同方面的评价。

（1）有过滤器运行时可以降低精料增压泵故障率。

（2）对级联精料端部机组而言，有过滤器参与运行可以减少机组摩功增长量。

（3）有过滤器参与运行与无过滤器参与运行相比，精料端部机组主机故障率降低了 10％，有过滤器运行可在一定程度上降低精料端部机组主机故障率。

致谢

在论文及相关工作中，感谢车间领导孙丹及孟强对我工作的帮助与指导，也感谢李平主任对我的建议与帮助，方溪阔与张鑫在我工作过程中提供了相关资料支持，在此表示真挚的谢意。

参考文献：

[1] 欧科. 级联层架精料流有漏对级联的影响 [J]. 科技视界，2022（9）：30 - 32.
[2] 姚浩田. 级联中沉积物的理化分析 [J]. 陕铀科技，2018（3）：1 - 8.
[3] KENETH R，BILLY H，MIKE W，et al. 应用于高温气体过滤的烧结金属过滤器 [J]. 产业用纺织品，2007（9）：23 - 29.
[4] 高磊，陈平，于金光，等. 离心级联区段粉末堵塞判断及处理 [C] //中国核学会. 中国核科学技术进展报告（第五卷）：中国核学会 2017 年学术年会论文集第 4 册（同位素分离分卷）. 北京：中国原子能出版社，2017：84 - 87.

Analysis of the application of filters in the centrifugal cascade

OU Ke，SUN Dan，LI Ping，LI Ling，FU Qiang

(CNNC Shaanxi Uranium Enrichment Co. , Ltd. , Hanzhong, Shaanxi 723000，China)

Abstract： UF_6 is used as a feed for the uranium enrichment plant cascade and is chemically active, and easy to react with other substances to form solid powders. The continuous deposition of powder in the centrifuge can cause changes in the centrifuge shunt ratio or damage the centrifuge, ultimately affecting the safe and stable operation of the entire cascade. In order to eliminate this effect, after analysis and research, a filter of suitable pore size was selected and installed into a cascade for operation. The data analysis study with and without the filter involved in the operation showed that the data analysis showed that the failure rate of the concentrate booster pump can be reduced when the filter is operated. At stable process conditions, the average frictional power increase in the concentrate end unit was 0. 37 W during one year of operation with the filter, compared to 0. 91 W during one year of operation without the filter. The mainframe failure rate of the finishing end unit was reduced by 10％ when operating with the filter compared to operating without the filter. The results of the study provide data support for filter participation in centrifugal cascade operation, which is important for safe, stable and economic operation of the cascade.

Key words： Cascade；Powder；Filter；Centrifuge；Friction work

铀浓缩工厂机组并联工艺研究

吴海军

（中核陕西铀浓缩有限公司，陕西　汉中　723312）

摘　要： 在铀浓缩工厂中，在进行某些检修工作或产品丰度有较大变化时，级联需要调整运行级数才能保证在相对较高的效率下运行。通常，级联通过并联机组的方式来实现减少运行级数，由于工艺管道设置局限性，机组并联需要通过旁通管道或氟利昂管道来实现。本文结合管道压降理论计算及系统异常时线路变化情况，对机组并联工艺方式进行了分析，结果表明利用旁通管道即可实现中间机组并联运行，而实现端部机组并联运行时，在利用氟利昂供料管道时会造成并联机组供料流量分配不均，需要利用机组氟利昂取料管道来实现并联。当端部机组并联运行时，在发生机组关闭等情况下需要进行特殊的应急处置。

关键词： 铀浓缩；机组并联；应急处置

　　铀浓缩工厂中，由一个或几个区段并联而成有独立自动化执行机构的机群称为机组。机组断开退出工艺回路后，其他机组可通过机组旁通管相连，保证级联正常运行。

　　目前，国内铀浓缩工厂的级联结构一般以产品丰度 4.0% 为主工况进行设计，建成后通过级联结构的变化，可生产丰度 3.0%～5.0% 范围的产品。而某些核电站需要使用 3.0% 以下的低丰度核燃料，以现有的跨接、分级或转换供料点等方式，无法搭建出接近理想级联的结构，级联效率较低，需要将部分机组并联运行，提高级联的运行效率。

1　级联系统结构

1.1　级联

　　由于单个离心机的充气量和分离能力有限，要得到足量的铀产品，必须将成千上万台离心机按照工艺要求以多个机组的形式串、并联起来，一组同时具有供料、取贫料与取精料的连续串联分离级称为一个层架[1]。层架级联是由两个或两个以上的层架组成的级联，若层数始终为 1，则级联为阶梯形级联。原料从供取料系统经过串级间管道供入机组，经过主机分离后，从级联贫料端机组取出贫料，从级联精料端机组取出精料。

1.2　机组

　　由一个或几个区段并联而成、有独立自动化执行机构的机群称为机组，机组断开退出工艺回路后，其他机组可通过机组旁通管相连，保证级联正常运行，机组结构示意简图如图 1 所示。

　　在机组供料干管两端、贫料干管及精料干管的贫料端分别设手动阀，用于与氟利昂处理系统的连接，4 个手动阀称为 1Φ、2Φ、3Φ 和 4Φ。

作者简介：吴海军（1989—），男，江苏阜宁人，工程师，工学学士，现主要从事铀浓缩分离工作。

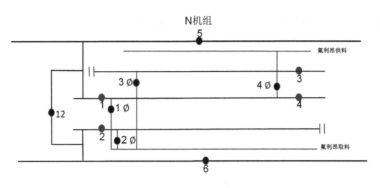

图 1　机组结构示意

2　机组并联方式设计

2.1　中间机组并联

对于某级联中，若要将两个机组并联运行，则可通过机组的旁通管道来实现，以 N 机组和 N+1 机组为例，中间机组并联运行示意简图如图 2 所示。

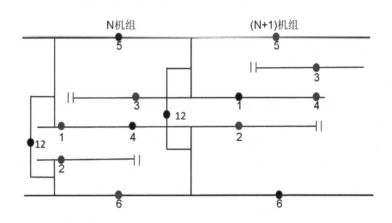

图 2　中间机组并联示意

当 N 机组和 N+1 机组并联运行时，必须保证两个机组具备相同的供料丰度、精料丰度、贫料丰度。如图 2 所示，N 机组前级的精料向 N 机组供料，N+1 机组后级的贫料向 N+1 机组供料。对于理想级联，某一级的供料由前分离级轻馏分和后一级的重馏分组成，两者的丰度一致，因此当 N 机组和 N+1 机组并联运行时，N 机组前级的精料和 N+1 机组后级的贫料丰度一致，N 机组和 N+1 机组具备相同的供料丰度，精料丰度与贫料丰度的一致性类似。

机组具有独立自动化执行机构，在异常情况下，机组可与工艺回路断开，其他机组通过该机组旁通管相连，保证级联工艺回路畅通。为此，在 N 机组 N+1 机组并联运行时，需要将 N 机组 6 阀、N+1机组 5 阀断电常开，同时将其状态信号跟随本机组相应的另一旁通阀信号，保证并联机组出现异常后联锁机构正常执行。

2.2　贫料端部机组并联

在处理机组异常或调整贫料产品丰度时，为提高级联的运行效率，需要减少贫化区的运行级数。在将贫料端部机组并联运行时，以 0 机组和 1 机组为例，若同样采用上述中间机组并联运行方式，由于 0 机组无前分离级，将 0 机组 4 阀关闭后，0 机组的供料被中断，因此需要通过其他方式实现贫料端部机组的并联运行。

通过对与机组相连的氟利昂系统管道研究，在保持中间机组并联方式不变的情况下，可以利用额外的氟利昂供料管道实现0机组、1机组的供料管道并联，从而实现贫料端部机组的并联运行，其结构示意简图如图3所示。

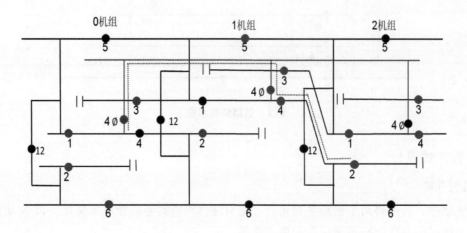

图3　氟利昂供料管道实现贫料端部机组并联示意

另外，利用额外的氟利昂取料管道实现0机组、1机组的贫料管道并联，同样可以实现贫料端部机组的并联运行，其结构示意简图如图4所示。

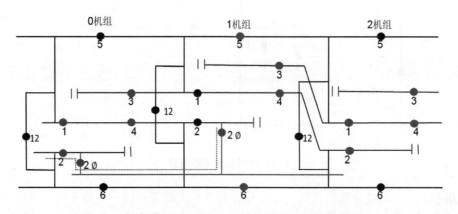

图4　氟利昂取料管道实现贫料端部机组并联示意

2.3　精料端部机组并联

以M-1机组和M机组为例，若要将精料端部M-1和M两个机组并联运行，同样可利用氟利昂供料管道或氟利昂取料管道实现，其中利用氟利昂供料管道实现精料端部机组并联运行示意简图如图5所示。

另外，同样可以采用类似的方法，通过额外的氟利昂取料管道实现精料端部机组的并联运行。

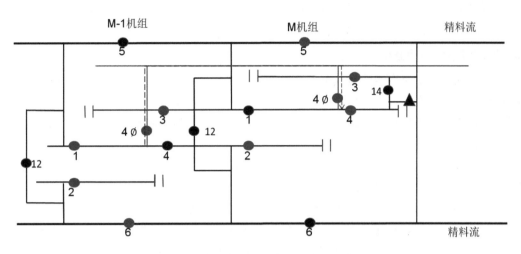

图 5　氟利昂供料管道实现精料端部机组并联示意

3　可行性分析

3.1　管道压降的计算

根据铀浓缩工厂机组规模的不同，机组干管通常采用 DN250 - DN400 工艺管道，机组供料管径等同或略大于精料、贫料管径；机组旁通干管及机组间通常采用 DN300 - DN400 工艺管道，机组旁通干管及机组间管径等同或略大于机组供料管径；氟利昂供料干管通常采用 DN100 - DN150 工艺管道，氟利昂取料干管通常采用 DN150 工艺管道。故在采用机组旁通管道实现中间机组并联运行时，不会产生因管道中介质流动压降而造成并联线路流量分布不均问题。若采用氟利昂供料干管或取料干管实现端部机组并联时，由于氟利昂供料干管或取料干管管径相对较小且管路较长，故需要对管道中介质流动压降进行理论计算，确定并联管道中的流量分布情况是否满足工艺要求。

流体在管道中流动时的压降可分为直管压降和局部障碍所产生的压降。局部障碍包括管道中的管件、阀门、流量计，以及容器、设备的进出口等，对于管道内局部压降，各种管件、阀门和流量计等的局部压降可通过当量长度法和局部阻力系数法确定，也可换算成直管的当量长度并根据直管压降计算公式求得其局部压降。由管段进出口标高不同引起的静压根据重力公式可得：流体为气体介质时静压可忽略不计，结合流体因管段或系统进出口截面变化而引起的速度压差，可得[2]：

$$\Delta P_{\mathrm{p}} = 1000 \cdot \lambda \cdot \frac{L}{d} \cdot \frac{\rho \cdot v^2}{2} + \sum \kappa \cdot \frac{\rho \cdot v^2}{2g} + (v_2^2 - v_1^2) \cdot \rho/2 \tag{1}$$

式中，λ 为沿程损失系数；L 为直管段长度，m；d 为管道内径，mm；ρ 为流体密度，kg/m³；κ 为每一个管件、阀门等的阻力系数；g 为重力加速度，m/s²，一般取 9.8 m/s²；v_1 为进口端流体速度，m/s；v_2 为出口端流体速度，m/s。

工艺管道的沿程损失系数可根据雷诺数及管壁的相对粗糙度查阅或根据流体流动状态进行计算，工艺管道的长度和管径可在现场测量得到，管道内部介质的密度及流速受到环境温度、管道布局、管道内部压力等情况影响，管道中的弯管、三通、阀门、法兰连接、变径等情况根据现场实际情况测得。由于各铀浓缩工厂厂房布局、规模等差异，氟利昂系统的管道设置不尽相同，现以某生产线为例，在利用氟利昂供料干管实现贫端部机组并联时，在生产现场对氟利昂供料管道观测得到，物料从 X＋1 机组供料管道供出后经过约 6 m 长 DN65 及 18 m 长 DN100 管道流入至 X 机组供料管道，该段管段上共有 90°弯头 16 个、法兰连接 16 个、三通 7 处，管道变径 4 处，代入式（1）估算物料从 X＋1 机组至 X 机组的压降约 250 P。通常机组供料压力为 50 多个 P，故在上述工程利用氟利昂供料干管实现贫料端部机组并联时，会由于氟利昂管道压降较大导致 X 机组供料压力较低，造成 X＋1 机组、

X 机组供料流量分配不均。而在利用氟利昂取料干管实现端部机组并联时，取料管道出口均设置有增压装置，能够将并联机组中的精料或贫料完全取出。

3.2 异常期间线路畅通性分析

通过分析，在利用机组旁通管道或氟利昂取料管道可实现机组的并联运行。由于铀浓缩级联系统具有连续运行的特点，在系统发生异常或事故后，必须确保能将异常点所在机组与工艺回路断开，其他机组可通过机组旁通管相连，实现级联正常连续运行，因此需要对机组并联运行方式下的异常情况进行分析，确认异常情况下级联线路的畅通性。

如图 2 所示，中间机组并联时，当 N 机组异常关闭时，N 机组旁通阀打开、N 机组关闭，此时 N−1 机组精料通过 N、N+1 机组精料旁通管道同 N+1 机组精料供入至 N+2 机组，N+1 机组贫料通过 N 机组贫料旁通管道供入至 N−1 机组；当 N+1 机组异常关闭时，N+1 机组旁通阀打开、N+1 机组关闭，此时 N 机组精料通过 N+1 机组精料旁通管道同 N+1 机组精料供入至 N+2 机组，N+2 机组贫料通过 N+1、N 机组贫料旁通管道供入至 N−1 机组。故在 N、N+1 机组关闭时，N、N+1 机组在执行联锁后，级联运行线路均能保持畅通。

利用氟利昂取料管道实现贫料端部机组并联运行时，最终贫料流关闭时，打开 0 机组 S12 阀，将最终贫料流回流至 0 机组供料管道，0 机组压力上升较快时，可视情况打开 0 机组 5、6 阀及 2 机组 S12 阀将最终贫料流分流至 1、2 机组供料管线；当 0 机组异常关闭时，0 机组旁通阀打开、0 机组关闭，此时氟利昂取料管道向最终贫料流方向被中断，手动旁通并关闭 1 机组，2 机组贫料通过 0、1 机组贫料旁通管道供入至最终贫料流；当 1 机组异常关闭时，1 机组旁通阀打开、1 机组关闭，此时 1 机组贫料管道与氟利昂取料管道无法自动截断，需要手动关闭 2Φ 将 1 机组与工艺回路断开。

利用氟利昂取料管道实现精料端部机组并联运行时，最终精料流关闭时，M 机组 S14 阀自动打开，最终精料流回流至 M 机组供料管道，M 机组压力上升较快时，可视情况打开 M 机组 5、6 阀将最终精料流分流至 M−1、M−2 机组供料管线；当 M 机组异常关闭时，M 机组旁通阀打开、M 机组关闭，此时氟利昂取料管道向最终精料流方向被中断，手动旁通并关闭 M−1 机组，M−2 机组精料通过 M−1、M 机组精料旁通管道供入至最终精料流；当 M−1 机组异常关闭时，M−1 机组旁通阀打开、M−1 机组关闭，此时 M−1 机组精料管道与氟利昂取料管道无法自动截断，需要手动关闭 3Φ 将 M−1 机组与工艺回路断开。

4 实施效果

在生产特定丰度产品或区段故障退出时，尤其是在产品丰度相对较低时，采用机组并联运行方式可使级联各级离心机数量和流量尽可能贴近理想流量分布，在一定程度上提高级联的分离效率。对特定的机组采用并联运行方式，能在一定程度上提高级联在某些产品上的生产效率，实际提升效果和生产线的规模、结构和产品丰度有关，下面以公司部分运行案例进行举例说明。

案例一，公司年度低丰度产品需求量较大，为解决某级联在生产低丰度产品时分离效率差、精料产品流量过低等问题，将 N 机组某区段跨接至中间某机组后，将 N−1 机组二级与 N 机组并联，在较高效率下实现了 1.8%、2.4%、2.5% 等丰度产品的生产。在项目实施后，该生产线在生产 2.4% 丰度产品时，年分离功实际增加约 13 t SWU，生产 1.8% 丰度产品时，年分离功增加约 23 t SWU。

案例二，在对公司某生产线贫料端部 A 机组某一区段退出运行时，该机组仅剩 2 列主机运行，若 A−1、A 机组按现串联方式运行，为保证 A 机组不超载，需要大幅降低 A 机组贫料压力，届时级联分离能力大幅下降；若将 A−1、A 机组并联运行，级联分离能力比 A−1、A 机组串联运行明显提升，通过级联理论计算，检修期间采用机组并联运行方式，将每年减少分离功损失约 16 t SWU。

5 结论

利用机组旁通管道或氟利昂取料管道可实现机组的并联运行，在生产特定丰度产品或区段故障退出时，采用机组并联运行方式可使级联各级离心机数量和流量尽可能贴近理想流量分布，在一定程度上提高级联的分离效率。利用机组旁通管道可实现级联中间机组的并联运行，在利用机组氟利昂供料管道实现端部机组并联运行时，物料在氟利昂管道的压降较大，会造成并联机组供料流量分布不均，需要通过氟利昂取料管道实现端部机组的并联运行。利用机组旁通管道实现中间机组并联运行时，并联机组关闭时，自动执行预设联锁后，级联运行线路均能保持畅通；在利用机组氟利昂取料管道实现端部机组并联运行时，最端部机组关闭时，次端部机组精料或贫料会被中断，需要手动关闭次端部机组；次端部机组关闭时，需要手动其氟利昂取料管道截断阀，将次端部机组与工艺回路断开。

参考文献：

[1] 周风华，叶有洲等．铀浓缩级联操作工［M］．北京：中国原子能出版社，2019：12－14．

[2] 中核新能核工业工程有限责任公司．铀浓缩工程工艺管道设计规定：Q/GU JS GYA 007［S］．太原：中核新能核工业工程有限责任公司，2020：10－18．

Research on parallel connection technology of unit in uranium enrichment plant

WU Hai-jun

(China Nuclear Shaanxi Uranium Enrichment Co., Ltd., Hanzhong, Shaanxi 723312, China)

Abstract：In the uranium enrichment plant, the cascade needs to adjust the operating stages to ensure relatively high efficiency in the case of some maintenance work or great changes in product abundance. Usually, the cascade reduces the number of operating stages by paralleling the units. Due to the limitation of process pipeline setting, the parallel connection of units needs to be achieved through bypass pipelines or Freon pipelines. Combining with the theoretical calculation of pipeline pressure drop and the line changes when the system is abnormal, this paper analyzed the parallel connection process of units. The results indicate that parallel operation of intermediate units can be achieved by using bypass pipelines, while parallel operation of end units will cause uneven distribution of feed flow of parallel units when using Freon feeding pipeline, so it is necessary to use Freon taking pipeline of unit to realize parallel operation. When the end units are operating in parallel, special emergency response is required in case of unit shutdown or other situations.

Key words：Uranium enrichment；Unit parallel connection；Emergency response

铀浓缩级联机组密封性判断方法研究

杨　晨

（中核陕西铀浓缩有限公司，陕西　汉中　723000）

摘　要：工艺系统是离心铀浓缩工厂的关键系统，高真空密封性是其安全稳定运行的前提。当系统密封性被破坏时，会出现空气漏量上升，轻杂质传感器示数增大等现象，会导致主机摩擦功率升高，级联分离效率下降，严重时其至会导致主设备失衡失效，对系统造成无法挽回的损失，因此当工艺系统密封性破坏时需要及时进行找漏消漏工作。本文通过对空气漏量异常升高时级联机组密封性破坏判断方法进行分析研究，并根据理论计算进行辅助验证，总结出一种不影响主机正常运行的机组区段密封性判断的方法，为主机安全稳定运行提供良好的真空环境。

关键字：密封性；空气漏量；摩擦功率

　　离心级联在进行 UF_6 气体的分离时，管道内及机器内部为连续负压运行状态，这就要求工艺系统必须长期保持良好的密封性。但整个工艺系统庞大，随着运行时间的增加，生产过程中系统难免会出现密封性被破坏的现象。每日空气漏量是监测工艺系统密封性的直接依据，工艺人员根据空气漏量的变化趋势可以及时判断工艺系统密封性是否遭到破坏，并通过系统参数特征判断密封性破坏的位置，有针对性地进行密封性破坏的消除工作，为主机安全运行提供良好的真空环境。本文通过对级联系统实际找漏情况进行分析，并根据理论计算进行辅助验证，提出级联系统机组密封性判断的新方法，对系统稳定运行具有现实意义，同时该方法适用于各铀浓缩级联系统，具有一定的社会效益。

1　密封性破坏的现象及影响

　　当工艺系统的密封性遭到破坏时，除了日空气漏量会出现异常上升外，部分参数及设备运行情况也会出现不同的现象及不良影响。

1.1　密封性破坏的现象

　　（1）日空气漏量数值异常上升；

　　（2）精料收料容器入口压力上升较快，精料净化频次增加；

　　（3）级联轻杂质气体分析仪的示数上升；

　　（4）精料流运行补压机压比可能会下降；

　　（5）主设备摩擦功率上升。

1.2　密封性破坏的不良影响

　　（1）进入主机的轻杂质含量超标时，会影响其内部流体分布，可能导致转子失衡，造成掉周，甚至损机；

　　（2）漏入系统的空气中的水分与 UF_6 反应生成的固态产物在离心机供料处及精料孔板处沉积，造成有效孔径变小甚至完全堵塞，导致单机分流比下降；

　　（3）轻杂质进入工艺系统，在离心分离过程中，经过主机的分离效果全部汇集至精料流，降低精料流流量，导致级联的分离效率下降。

作者简介：杨晨（1995—），女，工学学士，工程师，研究方向为同位素分离。

2 密封性破坏的判断

2.1 密封性破坏的可能原因

根据工艺系统结构及设备特性，分析可能造成系统密封性被破坏的原因分为两部分：

（1）仪表、阀门或连接处外漏；

（2）设备外漏（如补压机、调节器等）。

2.2 密封性破坏可能引起的参数变化

已知理想气体状态方程：

$$PV = \frac{m}{\mu}RT。 \tag{1}$$

式中，μ 为空气的摩尔质量：29 g/mol；V 为离心机容积；T 为温度：300 K；R 为气体常数：8.31 J/（mol·K）。

根据式（1）可得，当运行过程中密封性遭到破坏时，所引起的变量有且仅有 Δm、ΔP。

2.3 密封性破坏的判定依据

假设某 N 台离心机组成的级联每日空气漏量的变化量 $\Delta m = 2$ g/d，根据式（1）可得：

$$\Delta P = \frac{\Delta m \cdot RT}{N V \mu} = \frac{129}{N} \text{ mmHg/s} = \frac{0.0015}{N} \text{ mmHg/s}。 \tag{2}$$

根据式（2）可得，当 N 台离心机所组成的级联密封性被破坏且 $\Delta m = 2$ g/d 时所引起的压力变化可以忽略不计。

工艺系统中所有设备及管道都是经真空测量合格后才能接入系统运行的，技术文件规定了工艺系统渗漏值控制标准为 $\Delta P \leqslant 25$ μmHg/d。在这里认为，正常运行的工艺系统渗漏的均为干燥的空气，将所有连接管道折合到单台离心机进行计算，对 N 台离心机组成的级联，根据式（1）可得：

$$\Delta m_{空} = N \cdot \Delta m = N \times 3.86 \times 10^{-4} \text{ g/d}。 \tag{3}$$

综上所述，对于一个稳定运行的工艺系统，在密封性未遭到破坏时，每日计算所得的精料净化日空气漏量即为工艺系统日空气渗漏量，且是较为稳定的值。因此，当实际运行过程中，日空气漏量出现异常上升的变化，就要考虑系统密封性被破坏。

3 级联机组密封性破坏的判定

3.1 系统密封性破坏判定

统计一号工程工艺系统正常运行时的日空气漏量后，发现自 2021 年 10 月 19 日开始，该系统日空气漏量开始出现波动趋势，2021 年 10 月 27 日出现明显上涨趋势，之后又达到了一个新的稳态，由此判定系统密封性破坏且漏率恒定。日空气漏量统计如图 1 所示。

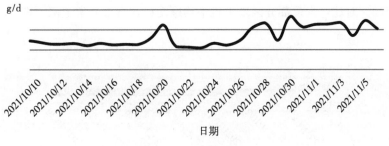

图 1 日空气漏量统计

3.2 系统密封性破坏检查

在排除该漏点并不是近期计划性工作所造成的后，按照供取料系统、级联间仪表、级联间管线、机组和区段的顺序进行找漏工作。

3.2.1 供取料系统密封性破坏检查

对供取料系统的精料收料管段、精料收料容器连接管、精料净化线、供料管线等进行检查，根据密封性测量数据及判断期间的日空气漏量数值变化来判断供取料系统密封性未被破坏。

3.2.2 级联间仪表密封性破坏检查

对级联系统所有仪表密封性进行检查，期间发现某仪表引压阀弹簧箱外漏且 $\Delta P = 0.396$ Pa/s，已知该仪表引压管体积约为 5.02×10^{-4} m³，根据式（1）可得：

$$\Delta m_空 = \frac{\Delta P \times \mu V}{RT} = 0.199\,86\ \text{g/d}。 \tag{4}$$

根据计算结果可得，此处阀门弹簧箱外漏并不是此次日空气漏量异常上升的主要因素。

3.2.3 级联间管线密封性破坏检查

对级联系统供料流、精料流、中间料流密封性进行检查，根据密封性测量数据及判断期间的日空气漏量数值变化判断级联间管线密封性未被破坏。

3.3 级联机组密封性破坏判定及处理

排除所有除机组外的管道、设备密封性被破坏的可能性之后，将漏点锁定在级联机组内部。

3.3.1 机组区段密封性判断方法的制定

根据找漏规程规定，当需要对机组找漏时，将待判断机组依次关闭不大于 15 min 后打开。记录期间精料端机组的轻杂质气体分析仪最大偏差量，计算均方根偏差。

$$\Delta C(n) = C(n)_{\max} - C_0， \tag{5}$$

$$\sigma_{\Gamma A} = \sqrt{\frac{1}{n-1} \sum_{i=1}^{n} (\Delta C(n) - \overline{\Delta C})^2}。 \tag{6}$$

式中，n 为被关闭的机组数；$\Delta C(n)$ 为 n 机组的偏差值；$\overline{\Delta C}$ 为 n 机组偏差值的算术平均值。认为 $\Delta C(n) > \overline{\Delta C} + 5\sigma_{\Gamma A}$ 的机组是有小漏的。

根据相关规程内容，在进行区段密封性检查时，可测量区段主机封闭状态下的摩擦功率，通过主机摩擦功率及其增长量进行判断。

为准确进行有漏机组的判断，根据上述规程规定制定两种有漏机组的判断方法：

方法一：根据关闭机组时轻杂质气体分析仪变化量进行判断；

方法二：根据区段主机封闭状态下摩擦功率增长量进行判断。

为减少机组密封性判断期间所造成的分离功损失，拟初步对系统漏点进行初步判断：对系统被破坏前后系统轻杂质气体分析仪数值变化进行统计，并对该级联机组区段主机摩擦功率进行测量，通过与历史数据（2021.4）对比，发现部分区段主机平均摩功或均方根异常上涨（图2、表1）。

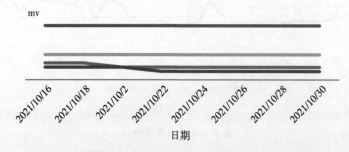

图 2 空气漏量异常上升前后系统轻杂质气体分析仪变化

可以看出，系统虽存在漏点，但未引起轻杂质仪表数值变化，无法通过传感器数值判断漏点的位置。

表 1　部分机组区段主机摩功变化数据统计

时间	a/1 区段		b/2 区段		b/3 区段	
	区段平均摩功/W	均方根	区段平均摩功/W	均方根	区段平均摩功/W	均方根
2021.9	−0.13	0.01	0.26	0.03	0.11	0
2022.3	0.30	0.02	0.31	0.12	0.26	0.03
时间	c/3 区段		d/2 区段		d/3 区段	
	区段平均摩功/W	均方根	区段平均摩功/W	均方根	区段平均摩功/W	均方根
2021.9	−0.14	0.03	−0.03	−0.01	−0.04	0.01
2022.3	0.21	0.03	0.54	0.06	0.66	0.06
时间	e/2 区段					
	区段平均摩功/W			均方根		
2021.12	0.03			0.01		
2022.3	0.50			0.02		

为进一步确定上述机组区段主机平均摩擦功率异常是否为密封性破坏导致，决定对上述机组区段进行密封性判断工作。

3.3.2　方法一的判断结果

依次将待判断机组关闭 15 min，统计关闭机组期间层架精料端机组轻杂质气体分析仪最大偏差量（表 2）。

表 2　机组区段密封性判断参数

机组	a 机组	b 机组	c 机组	d 机组	e 机组
$\Delta C(n)$	0	0	0	0	0

根据统计对上述机组密封性判断时 $\Delta C(n)$ 均为 0，不满足有小漏机组的判定条件 $\Delta C(n) > \overline{\Delta C} + 5\sigma_{\Gamma A}$，即当前该系统密封性被破坏的漏量过小，无法根据该方法判断漏点所在。

3.3.3　方法二的判断结果

在对待判断机组关闭期间对区段各截断组主机进行封闭状态下的摩擦功率增长量测量，发现 e/2 区段数据异常，结果如表 3 所示。

表 3　e/2 区段主机摩擦功率增长量统计

截断组	1	2	3	4	5	6	7	8	区段平均摩功/W	均方根
摩功增长量/W	0.24	1.8	0.26	0.26	0.24	0.18	0.22	0.25	0.46	0.39

注：测量时间间隔为 28 min。

根据封闭状态下 e 机组区段各截断组主机摩擦功率增长量结果，初步判断 e/2 区段第 2 截断组密封性可能被破坏。为进一步确定 e/2 区段第 2 截断组密封性是否被破坏，对 e/2 区段第 2 截断组主机进行封闭状态下的空载摩擦功率增长量测量，结果表 4、表 5 所示。

表 4   e/2 区段第 2 截断组各装架空载平均摩擦功率测量结果统计

装架	01	02	03	04	05	06	07	08	09	10	11	12
摩功增长量/W	7.21	2.52	4.5	2.19	3.82	2.82	2.87	2.46	3.1	2.95	2.52	2.56

注：测量时间间隔为 12 min。

表 5   e/2 区段主机封闭状态下空载摩擦功率测量结果

条件	单台主机摩功到达 7.5 W		平均摩功到达 6 W	摩功增长量
位置	01 - 2	01 - 6	01 装架	第 2 截断组
摩功	＊9.48 W	＊9.09 W	＊6.3 W	3.33 W/12min

综上所述，可根据 e/2 区段封闭状态下主机摩擦功率测量结果判断 e/2 第 2 截断组密封性可能被破坏，漏点所在位置可能为 201 装架。根据上述判断，检查发现 e/2 - 01 装架某已损主机贫料隔膜阀弹簧箱外漏且 $\Delta P = 0.019 \mathrm{Pa/s}$，根据式（1）可得：

$$\Delta m_{空} = \frac{\Delta P \times \mu V}{RT} = 5.726 \ \mathrm{g/d}。 \tag{7}$$

根据计算结果该处漏点每日漏入空气与日空气漏量异常增长量基本一致，漏点消除后，日空气漏量变化曲线如图 3 所示，与密封性被破坏之前一致。

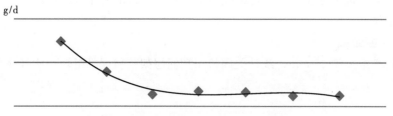

图 3   漏点消除后日空气漏量变化曲线

4   级联机组密封性破坏判断新方法的提出

根据第 3 节中有漏机组的确定过程及结果，发现本次有漏机组的判定过程采取找漏规程的判定方式无法判断 e 机组密封性遭到破坏，与实际情况不符，现对该原因进行分析。

4.1   原因分析

根据找漏规程规定，确定机组区段小漏的判定依据为精料端部机组轻杂质气体分析仪的变化量。

已知该系统轻杂质气体分析仪最小变化量为 1 mv（能检测到的最小轻杂质体积含量约为 0.071%），计算在本次机组密封性破坏间其变化量、当 $\Delta Q = 1$ mv 时的轻杂质变化量如表 6 所示。

表 6   计算结果

ΔQ	0.3 mv
当 $\Delta Q = 1$ mv 时的轻杂质变化量	18.25 g/d

根据计算结果可得精料端机组轻杂质气体分析仪输出值变化量应约为 0.3 mv，因此无法根据找漏规程中有漏机组的判定方法判断出本次漏点。

4.2   机组区段密封性判断新方法的提出

根据上述数据分析，结合实际运行情况，提出以下机组区段密封性判断方法：

（1）首先，统计系统近一段时间主机降周台数或损机台数较为集中的机组区段，对这些机组区段主机摩擦功率进行测量，通过区段主机平均摩擦功率及均方根的变化情况，初步判断有漏机组；

（2）密封性破坏时，在封闭的状态下，设备的摩擦功率增长量会明显增大。因此筛选出可能有漏的机组后，将这些机组区段截断成最小空间测量主机封闭状态下的摩擦功率增长量（以 10 min 或主机全部同步为测量间隔）；

（3）根据测量结果确定漏点所在的区段截断组，将该区段退出运行与系统可靠截断，对该截断组进行真空封闭状态下的摩擦功率测量（以 10 min 或主机全部同步为测量间隔）；

（4）根据测量结果确定有漏主机或有漏的供、精、贫管线；

（5）配合检修人员进行探漏，确认具体漏点并进行消漏工作。

4.3 两种机组区段密封性判断的优缺点对比

从运行级联的连续性、经济性、安全性等方面对两种机组区段密封性判断的方法进行对比，总结其优缺点（表 7）。

表 7 两种机组区段的优缺点对比

方法一（原找漏规程中的密封性判断方法）	方法二（根据摩擦功率增长量的密封性判断方法）
a. 耗时：将待判断机组依次关闭 15 min 后进行判断，可预估工作期间造成的分离功损失； b. 对传感器灵敏度依靠性高：根据理论计算，现系统安装的轻杂质气体分析仪量程范围宽且整个系统体积较大，无法对小漏进行准确判断，适用范围小	a. 耗时：对待判断机组区段进行主机摩擦功率增长量测量，测量周期为 10 min 或主机全部同步，测量周期无法固定，不可预估工作期间造成的分离功损失； b. 漏点判断准确：密封性被破坏时，封闭状态下主机摩擦功率变化明显，可以对小漏进行准确判断，适用范围广

5 结论

本文对实际运行状态中空气漏量异常升高时级联机组密封性破坏判断的方法进行分析研究，并进行理论计算和辅助验证，可得出以下结论：

（1）系统密封性良好的情况下，日累计空气漏量是一个较为稳定的数值；

（2）找漏规程中的机组区段密封性判断方法在系统出现小漏时无法进行准确的漏点判断；

（3）区段、截断组漏点判断时可利用主机摩擦功率增长量进行具体判断；

（4）根据本次找漏情况，根据判断方式可以更高效准确地完成机组区段密封性判断及消除工作；

（5）新方法适用于各铀浓缩工厂级联系统，具有一定的社会效益。

致谢

在此向实际找漏过程中，以及写作过程中提供帮助的所有成员表示衷心的感谢。

参考文献：

［1］ 铀浓缩技术丛书-主工艺分册［M］. 北京：中国原子能出版社，2021.12

［2］ 李军建，王小菊. 真空技术［M］. 北京：国防工业出版社，2014.

［3］ 杨小松，李红彦，孙继全. 级联轻杂质含量计算和分析［J］. 科技视界，2016（1）：96－115.

［4］ 饶毅. 离心级联漏流影响分析［M］//中国核学会. 中国核科学技术进展报告（第五卷）——中国核学会 2017 年学术年会论文集第 4 册同位素分离分卷. 北京：中国原子能出版社，2017.

Research on sealing judgment method of uranium enrichment cascade unit

YANG Chen

(CNNC Shaanxi uranium enrichment Co. , Ltd. , Hanzhong, Shaanxi 723000, China)

Abstract: Process systems are key systems in centrifugal uranium enrichment plants, high vacuum tightness is the premise of its safe and stable operation. When the sealing of the system is damaged, the air leakage will increase, and the number of the light impurities sensor will increase, it will lead to the increase of the friction power of the main engine, the decrease of the cascade separation efficiency, and even the imbalance of the main equipment in severe cases, cause irreparable losses to the system, so when the sealing of the process system is damaged, it is necessary to find and eliminate leaks in time. This paper analyzes and studies the judgment method of sealing failure of cascade unit when the air leakage is abnormally increased, and carry out auxiliary verification according to theoretical calculation, a method to judge the section tightness of the unit without affecting the normal operation of the main engine is summarized, provide a good vacuum environment for the safe and stable operation of the machine.

Key words: Tightness; Air leakage; Friction power

基于准稳态模型的 UF$_6$ 升华供料模拟分析

肖　雄

（中核陕西铀浓缩有限公司，陕西　汉中　723300）

摘　要： 铀浓缩厂固体 UF$_6$ 原料经过加热升华供入离心级联进行分离浓缩，以达到提升 ^{235}U 丰度的目的。本文介绍了铀浓缩生产供料工艺流程，从热力学、动力学及传热传质角度对加热升华过程进行了理论分析。在铀浓缩供料工艺的基础上，采用准稳态模型对固体 UF$_6$ 加热升华过程进行模拟，分析加热升华过程中控制参数和相态的变化规律。通过以上研究，为固体 UF$_6$ 加热升华供料过程的理论分析提供技术手段，有助于了解供料工艺表象下的本质，为供料工艺的优化和改进提供参考。

关键词： 六氟化铀；升华；准稳态模型；模拟分析

目前，铀浓缩工厂供料系统以一定的压力和流量连续不断地向离心级联供入轻杂质合格的气态六氟化铀（简称 "UF$_6$"），经过分离浓缩达到提升 ^{235}U 丰度的目的。由于浓缩生产工艺和生产能力的需求，固体 UF$_6$ 需要经加热汽化后，以气态形式进入离心级联，气化即固体 UF$_6$ 定压加热后升华为气体。为保证 UF$_6$ 加热升华和持续供料过程的安全可控性，运行期间严格控制升温速率，通过温度和压力传感器监测、减压调节阀控制的方式进行升华供料。

从原料厂制备完成到浓缩厂分离浓缩前的运输和贮存过程中，UF$_6$ 均以固体形式存在。原料 UF$_6$ 通常是由固体 UF$_4$ 在氟气流中加热氟化制备，经冷却凝化后得到的不定型固体块状物[1]。

为分析和掌握 UF$_6$ 加热升华过程中控制参数和相态的变化规律，为理论分析提供技术手段，为供料工艺的优化和改进提供参考。本文以铀浓缩厂一组（即两个）48X 型 UF$_6$ 容器供料工艺和运行数据为基础，采用准稳态模型作为 CFD（即计算流体动力学）模拟的数值计算模型，通过 CFD 进行固体 UF$_6$ 升华供料过程的模拟分析。

1　UF$_6$ 供料工艺

1.1　工艺流程

铀浓缩厂供料系统主要设备包括压热罐（或加热箱）、UF$_6$ 原料容器、过滤器、保温箱、减压调节阀、温度和压力传感器及真空阀门、工艺管道等。

浓缩厂 48X 型 UF$_6$ 容器（图 1）的关键参数有：公称直径 1220 mm，公称长度 3020 mm，最小容积 3.084 m³，装料限值 9539 kg，一般情况下，容器约装有 9000 kg 的固体 UF$_6$[1]。

UF$_6$ 加热升华供料工艺流程，是在压热罐（或加热箱）内，传热介质（空气）被电加热器（一般为电加热丝）加热，热空气由风机驱动沿设定的风道循环流动，通过对流传热使压热罐（或加热箱）内回风空气温度均匀上升或保持稳定，为固体 UF$_6$ 升华提供稳定的气浴热源。升华供料期间，升华的 UF$_6$ 气体经供料管道进入过滤器进行过滤、稳压，再进入保温箱内经减压调节阀控制和调节，将所需要的压力和流量连续稳定地供入级联进行分离浓缩（图 2）。

作者简介： 肖雄（1994—），男，本科，工程师，现主要从事核燃料循环中铀浓缩离心分离和相关科研工作。

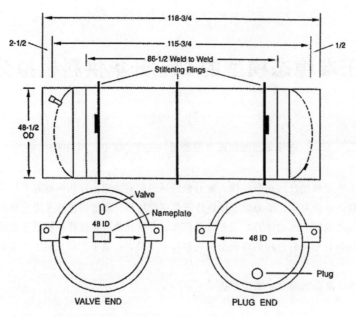

图 1   48X 型 UF₆ 容器示意[1]

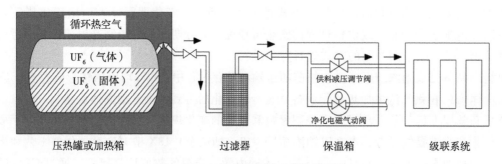

图 2   UF₆ 加热升华供料工艺流程示意

1.2   供料过程分析

在一个加热供料周期内，室温状态下的 UF₆ 容器放入压热罐（或加热箱）内，随内部空气一起被加热升温，当 UF₆ 温度达升华点且吸收足够的升华潜热后，便升华为气体。因此，将一个加热供料周期分为预热和升华供料两个阶段。预热阶段是从室温 UF₆ 容器装入压热罐（或加热箱）内加热开始，直至开始供料之前；升华供料阶段是从供料开始直至供料结束退出供料之前。UF₆ 加热升华过程如图 3 所示。

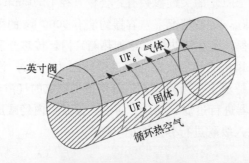

图 3   UF₆ 加热升华过程

UF₆ 容器加热升华过程中以压热罐（或加热箱）内的回风温度作为控制变量，因数值计算过程中模拟条件有所局限。所以，作出以下理想假设：

（1）在每台阶加热温度下，加热箱室内气浴热源均匀分布；

（2）模拟计算的控制变量（即容器器壁的温度）等于加热箱室内的回风温度；

（3）模拟计算所参照的实验数据为铀浓缩厂两台 3 m³ 容器并联供料期间升华供料的运行数据；

（4）UF₆ 加热升华过程视为充分升华过程，即定压升华过程。

实验过程中容器器壁初始温度设定为 298.13 K（25 ℃），最终温度设定为 343.15 K（70 ℃），升温方式采用分台阶且控制速率≯10 K/h。

2 升华理论分析

本文采用数值模拟方法，它是以数值计算为基础，借助计算机求解物理过程的方法。本节从理论上分析升华过程，为数值模拟计算奠定理论基础。

升华是某种纯物质在一定的条件下直接从固体转变为气体的物理过程。UF₆ 的相变过程如图 4 所示，UF₆ 三相点处的温度和压力为 64 ℃、150 kPa。当 UF₆ 压力低于三相点处的平衡压力时，无论温度怎样变化，固体 UF₆ 均可以不经过液化过程直接升华为气体。

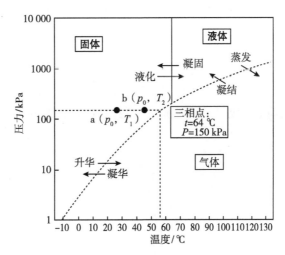

图 4   UF₆ 相变过程示意

2.1   热力学分析

UF₆ 升华过程是一个非平衡过程。根据热力学理论，实验中假定 UF₆ 加热升华是一个充分升华的过程，即定压升华过程，因此选用吉布斯函数进行计算。

通过理论分析可得，固体升华过程中，其所在系统的吉布斯自由能自发减小。因此，增大温差能够有效增加升华的驱动力，从而提高升华速率。

2.2   动力学分析

由参考文献［2］可知，纯物质升华过程可以通过反应速率常数表示。

通过理论分析可得，提高加热温度可以提高升华速率。

2.3   传热传质分析

据铀浓缩厂供料工艺和 1.2 节中假设可知，UF₆ 加热升华过程中加热箱室内的气浴热源均匀分布，从而能够保证容器器壁温度基本均匀。在加热升华过程中，物料内部、固体域和气体域之间的传热方式以热传导为主，从靠近容器器壁的物料到物料中心的温度会呈现逐渐降低、分层分布的现象。由图 4 可知，当固体 UF₆ 温度达到升华点时，温度较高的固体物料表面在升华，且其内部也可能存在升华现象。所以，物料中心很难均匀达到升华温度并吸收相应的升华潜热，中心物料易在升华末期残留。

在 UF_6 升华供料期间，通过控制升温速率来控制升华速率不超过限值。根据道尔顿分压定律，若升华的 UF_6 气体能够及时排出容器，降低 UF_6 气体的分压，可以提高升华速率。因此，及时排出升华气体可以提高升华速率。

综上分析，为保证 UF_6 升华过程快速且稳定的进行，需要同时满足两个条件：

（1）稳定均匀地加热热源，且适当提高热源的温度；

（2）及时排出升华气体，降低 UF_6 气体分压。

3 准稳态模型

若某过程进行得相当缓慢，系统状态在短时间内基本不变或被破坏后就可以及时恢复，随时都不会显著偏离平衡状态，该过程被称为准稳态过程。由于 UF_6 升华过程进行得比较缓慢，所以符合准稳态过程。在此，将 UF_6 升华供料过程分为预热阶段和若干个升华供料阶段，对准稳态模型作出如下假设：

（1）一个升华供料阶段的准稳态过程是某 4 h 的瞬态过程；

（2）一个准稳态过程中固体质量不变，即体积不变；

（3）将固体域和气体域分开计算时，由于气/固相交界面处温差小，因此可以忽略；

（4）质量传递发生在气/固相交界面处，发生在容器器壁附近的质量传递以一定的传热传质关系映射到气/固相交界面处。

UF_6 升华供料期间，质量源包括两部分：一部分是气/固相交界面处的质量源 $S_{m,1}$；另一部分是容器器壁附近的质量源 $S_{m,2}$。从第一个升华供料准稳态过程发展到第二个升华供料准稳态过程后，需要对气体域和固体域几何空间重新划分。确定新的准稳态过程气/固相分界面的方式如图 5 所示。

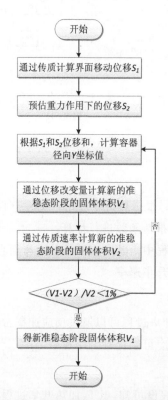

图 5　新的准稳态阶段气/固相分界面位置确定

传质计算通过 Fluent 的 profile 文件进行气/固相数据传递，通过固体域计算交界面的温度分布，再通过传质计算得到传质 profile，以传质 profile 作为气体域输入条件进行计算，准稳态模型模拟计算的数据交换方法如图 6 所示。

图 6　准稳态模型模拟计算的数据交换方法

4　计算模型和结果分析

4.1　计算模型

计算建模选用 48X 型 UF$_6$ 容器作为几何模型，进行三维立体建模（图 7）。几何模型中以第一个升华供料稳态阶段气/固相分界面作为 x-z 平面，与 x-z 平面垂直方向作为 y 轴。

图 7　计算模型的几何模型

准稳态模型将 UF$_6$ 容器分割为气体域和固体域分别进行计算，其中固体域采用瞬态计算，只计算温度场；气体域采用稳态计算，将升华供料阶段的每 4 h 作为一个稳态过程进行计算。

4.2　计算结果分析

4.2.1　温度分布云图

选取气体域 $y=0.3$ m 和固体域 $y=-0.3$ m 平面计算得到温度分布云图（图 8 和图 9）。可以看出，气体域和固体域的温度分布都是温度由中心向壁面逐渐升高。

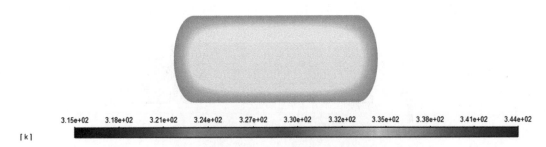

图 8　气体域 $y=0.3$ m 平面温度分布云图

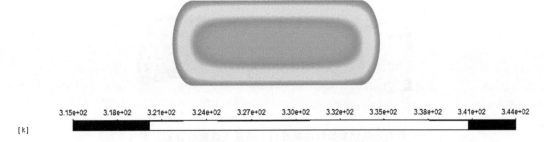

图 9　气体域 $y=-0.3$ m 平面温度分布云图

4.2.2 气体流线分布云图

从供料初始准稳态阶段与供料中期准稳态阶段的气体流线分布（图10）。可以看出：两阶段的流线分布规律基本相同；供料中期阶段比供料初始阶段的流线分布更均匀，因为供料中期阶段进入了更稳定的升华阶段。

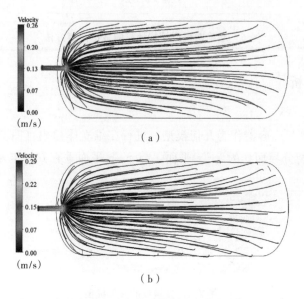

图 10　供料初始和中期准稳态阶段气体流线分布云图

（a）供料初始准稳态阶段；（b）供料中期准稳态阶段

4.2.3 压力分布云图

从供料初始准稳态阶段与供料中期准稳态阶段的气体压力分布（图11）。可以看出：供料初始准稳态阶段过渡至供料中期准稳态阶段，容器内部的压力分布规律相同；压力变化出现在出口处，由伯努利原理可知，出口处流速变化，导致压力也随之变化。

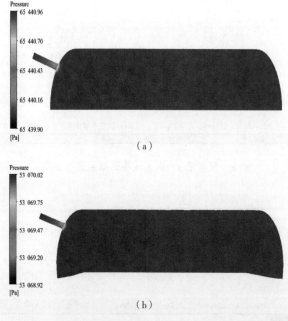

图 11　供料初始和中期准稳态阶段气体流线分布云图

（a）供料初始准稳态阶段；（b）供料中期准稳态阶段

综上分析，以准稳态理论为基础，针对固体 UF_6 升华供料过程，建立的区域间的数据交换方法，实现了气体域和固体域既能分别计算又能够较好的耦合。所以，可以认为选取准稳态模型模拟计算 UF_6 升华供料过程是可行的。

5 结论

本文通过选用 CFD 模拟计算中的准稳态模型对不定型块状固体 UF_6 加热升华供料过程进行模拟，从而掌握了铀浓缩厂 UF_6 升华供料过程中控制参数和相态的变化规律。

（1）准稳态模型适用于固体 UF_6 加热升华供料的模拟计算，可以较好地进行供料过程的模拟；

（2）准稳态模型为加热升华供料过程的理论分析提供了技术手段，有助于了解供料工艺表象下的本质，对供料工艺的优化和改进具有参考意义；

（3）准稳态模型可以针对产能不同的模块化工程级联进行供料匹配性计算和过程模拟，对比不同的供料组合和系统布置方式，选取最优的设计和运行方式，可以用于指导实际生产和工程建设，对于浓缩厂模块化工程级联中供料系统的设计和运行具有参考意义。

本文所引用的实际运行数据和数值计算所建立的模型和实际运行工艺存在一定的偏差，但通过以上计算分析，选取准稳态模型仿真模拟 UF_6 升华供料过程是可行的。

准稳态模型模拟计算的结果，为后续开展 3 m^3 容器升华供料模拟、3 m^3 或 30 B 容器冷凝收料模拟及其他过程验证奠定基础，还为模块化铀浓缩工程中供取料能力的匹配分析提供技术手段。

参考文献：

[1] USEC 股份有限公司. 六氟化铀精心操作实用手册 [M].9 版. 北京：中国原子能出版社，2006.

[2] SOMORJAI G A. Mechanism of sublimation [J]. Science，1968，162（3855）：755-760.

Simulation analysis of UF$_6$ sublimation feed based on quasi-steady-state model

XIAO Xiong

（CNNC Shaanxi Uranium Enrichment Co.，Ltd.，Hanzhong，Shaanxi 723300，China）

Abstract： The solid UF$_6$ feedstock of uranium enrichment plant is heated and sublimated for feeding into a centrifugal cascade for separation and enrichment to enhance ^{235}U abundance. In this paper, the feeding process of uranium enrichment production is introduced, and the heating sublimation process is analyzed theoretically from thermodynamic, kinetic and heat and mass transfer perspectives. Based on the feed process of uranium enrichment, a quasi-steady-state model is used to simulate the heating sublimation process of solid UF$_6$ and analyze the changes of control parameters and phase states during the heating sublimation process. The above study provides technical means for the theoretical analysis of the solid UF$_6$ heating sublimation feeding process, helps to understand the essence of the feeding process under the surface, and provides reference for the optimization and improvement of the feeding process.

Key words： Uranium hexafluoride；Sublimation；Quasi-steady-state model；Simulation analysis

变频器用国产控制器的 FMECA 分析

蔡玉婷

（中核陕西铀浓缩有限公司，陕西　汉中　723300）

摘　要：×××型晶体管变频器是 405 -Ⅱ期工程中频供电系统中的重要设备，属电压型变频器。变频器的控制系统中有国产控制器、控制电源匹配装置、IGBT 驱动板等多个功能部件，其中，国产控制器又分为主控制器和从控制器两个模块。由于国产控制器死机、通信异常等故障频发引起变频器跳车及负荷失电，因此本文通过 FMECA 分析法对 *** 型变频器的控制器进行分析，便于今后更好地开展变频器运行维护工作。

关键词：变频器；FMECA；控制器

　　陕铀二期中频电源由变频器提供，变频器的国产控制器主要实现变频器的信号传输、中枢控制及远传通信功能。近期国产控制器死机、通信异常等故障频发，甚至引起变频器故障跳车，且当通信异常时电气操作台无报警信号，无法对故障变频器进行及时响应。为了维护变频器的可靠运行，将对变频器国产控制器的故障模式及其影响进行分类，并对各类故障进行危害性分析。

1　国产控制器的组成

　　国产控制器分为主、从控制器，其组成包括二次电源电路、信号检测电路、主控电路单元，区别在于主控制器还另包含外围监控电路和人机界面两部分。主、从控制器之间通过 RS - 485 总线建立联系。变频器的状态显示、工况调整、切换操作、历史记录查询都在一个人机界面上实现。国产控制器内部结构示意如图 1 所示。

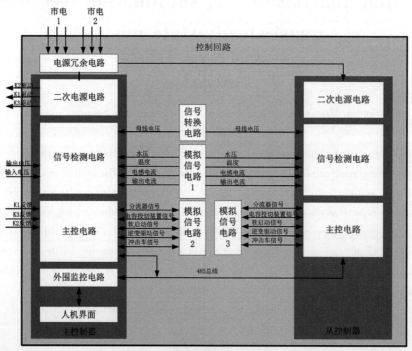

图 1　国产控制器结构示意

作者简介：蔡玉婷（1996 -），女，陕西汉中人，电气工程师，大学本科，主要从事电气技术工作。

2 变频器国产控制器的 FMECA 分析

2.1 FMECA 分析方法介绍

FMECA 主要由故障模式及影响分析（FMEA）和危害性分析（CA）两部分组成。其中，FMEA 是将系统中各产品的每个故障模式进行编码区分，并对各种故障所产生的影响逐层分类，根据 FMECA 制定的标准进行严酷度等级划分。CA 主要是从风险角度对 FMEA 进行补充和扩展，既有定性分析，又有定量分析[1]。

FMECA 作为一种通用的分析方法，既可用于各层级产品，也可用于过程。根据作用对象，可以把 FMECA 进一步分为功能 FMECA、硬件 FMECA、软件 FMEACA、过程 FMECA 和工艺 FMECA 等表现形式。在装备寿命周期的各个阶段，FMECA 方法均可发挥作用[1]。

国产控制器目前处于产品使用阶段，分析研究其使用过程中实际发生的故障、原因及其影响，可为提高国产控制器使用的可靠性，以及产品的改进、改型或新品研制及使用维修决策等提供依据。

2.2 国产控制器的 FMEA 分析

2.2.1 分系统约定层次

初始约定层次为变频器，约定层次为国产控制器，最低约定层次为主控电路、信号检测电路等部件。

2.2.2 严酷度等级（ESR）的评分标准

FMEA 分析制定了严酷度等级（ESR）的评分标准如表 1 所示。

表 1 严酷度等级（ESR）的评分标准

ESR 评分等级	严酷度等级	故障影响的严重程度
1、2、3（Ⅳ）	轻度的	不足以导致人员伤害、产品轻度损坏、轻度财产损失及轻度环境损坏，会导致非计划维护或修理
4、5、6（Ⅲ）	中等的	导致人员中等程度伤害、产品中等程度损坏、任务延误或降级、中等程度财产损坏及中等程度环境损害
7、8（Ⅱ）	致命的	导致人员严重伤害、产品严重损坏、任务失败、严重财产损坏及严重环境损害
9、10（Ⅰ）	灾难的	导致人员死亡、产品（如飞机、坦克、导弹及船舶等）毁坏，重大财产损失和重大环境损害

2.2.3 国产控制器的 FMEA 分析表

根据相关标准，分析得出国产控制器的故障模式、故障影响及严酷度等级如表 2 所示。

表 2 国产控制器的故障模式、故障影响及严酷度等级

初始约定层次：变频器					任务：提供中频电源		约定层次：国产控制器		分析人员：蔡玉婷	
代码	产品或功能标志	功能	故障模式		任务阶段工作方式	故障影响			严酷度	故障检测方法
			编码	内容		局部影响	高一层次影响	最终影响		
1	主控电路板	负责逆变器的运行控制	11	CAN 故障	提供中频电源	无法与 No2 柜建立通信	通信中断控制器面板无参数显示	变频器故障跳车	Ⅳ	面板报警显示
			12	端子松动	提供中频电源	无法检测温度、水压差及状态信号	控制器无法进行程序控制	变频器故障跳车	Ⅳ	面板报警显示

初始约定层次：变频器			任务：提供中频电源		约定层次：国产控制器			分析人员：蔡玉婷	
代码	产品或功能标志	功能	故障模式 编码	内容	任务阶段工作方式	故障影响 局部影响	高一层次影响	最终影响	严酷度	故障检测方法
2	信号检测电路板	负责外围的电压、电流、温度、状态信号检测	21	端子松动	提供中频电源	无法检测温度、水压差及状态信号	控制器无法进行程序控制	变频器故障跳车	IV	面板报警显示
			22	信号检测电路故障	提供中频电源	无法检测温度、水压差及状态信号	控制器无法进行程序控制	变频器故障跳车	IV	面板报警显示
3	二次电源板	负责交流接触器的驱动及整个控制器的电源供给转换	31	端子松动	提供中频电源	接触器的驱动模块失电、其余电路板失电	接触器不受控、控制器异常	变频器失控、变频器跳车	IV	面板报警显示
4	外围监控电路板	负责外围通信控制、本机逻辑判断	41	RS-485故障	提供中频电源	无法远程传通信	无法远程监控状态及参数信息	变频器故障跳车、无远传报警信号	IV	面板报警显示
			42	通信板故障	提供中频电源	无法远程传通信	无法远程监控状态及参数信息	变频器无影响	IV	面板报警显示
5	触摸屏	变频器控制及状态信息显示	51	黑屏或死机	提供中频电源	触摸屏黑屏	控制器"死机"面板无参数显示	变频器失控、变频器跳车	IV	面板报警显示

2.3 国产控制器的 CA 分析

对每一个故障模式的严重程度及其发生的概率进行分类，以全面评价产品故障模式的影响，其是 FMEA 的补充和扩展，只有进行 FMEA 分析后才能进行 CA 分析[2]。常用的 CA 分析方法有评分排序法、危害性矩阵分析法。

2.3.1 评分排序法

评分值由严酷度等级（ESR）和故障发生概率等级（OPR）的乘积得出 $C_{EO} = ESR \times OPR$。故障发生概率等级由故障发生概率的范围值来评定，故障发生概率等级（OPR）的评分标准如表 3 所示。为得到实际故障发生率，以 2017 年 1 月 1 日至 2022 年 11 月 10 日共 51 358 小时，计算 6 年内的平均故障发生率，如表 4 所示。最终评分排序如表 5 所示，由表 5 中可看出，危害度最高的故障模式为"黑屏或死机"。

表 3 故障发生概率等级（OPR）的评分标准

OPR	故障模式发生的可能性	故障发生概率 P_m 参考范围
1	极低	$P_m \leqslant 1e^{-6}$
2、3	较低	$1 \times 1e^{-6} < P_m \leqslant 1e^{-4}$
4、5、6	中等	$1 \times 1e^{-4} < P_m \leqslant 1e^{-2}$
7、8	高	$1 \times 1e^{-2} < P_m \leqslant 1e^{-1}$
9、10	非常高	$P_m > 1e^{-1}$

表4　6年内的平均故障发生率

事故类型	次数	平均故障时间	故障发生率/h⁻¹
CAN 故障	1	0.177 h	3.45×10^{-6}
通信端子松动	4	0.088 h	6.85×10^{-6}
RS - 485 故障	2	0.177 h	6.89×10^{-6}
信号检测电路故障	1	0.177 h	3.45×10^{-6}
黑屏或死机	34	0.440 h	2.91×10^{-4}
通信板故障	2	0.355 h	1.38×10^{-5}

表5　最终评分排序

故障类型	严酷度等级（ESR）	故障发生概率等级（OPR）	评分值（CEO）
通信板故障	1	3	3
CAN 故障	2	2	4
通信端子松动	2	2	4
信号检测电路故障	2	2	4
RS - 485 故障	3	2	6
黑屏或死机	2	4	8

2.3.2　危害性矩阵析分法

危害性矩阵分析方法以故障模式危害度 C_{m_j} 评价单一故障模式的危害性[3]。故障模式危害度是故障模式频数比 α_j、故障影响概率 β_j、产品的故障率 λ_p、工作时间 t 的乘积 $C_{m_j} = \alpha_j \times \beta_j \times \lambda_p \times t$。产品危害度 C_r 用以评价产品（单一部件或某单元）的危害性[3]，产品危害度为某产品的故障模式危害度之和 $C_r = \sum C_{m_j}$。按照以上方法计算出故障模式危害度及产品危害度（表6）。已知产品危害度及严酷度，故障危害性矩阵（图2）。由图2可知，触摸屏的产品危害度最高。最终可得出 FMECA 分析结果，如表7所示。

表6　产品危害度

故障模式编码	故障模式频数比 (α)	故障影响概率 (β)	产品的故障率 (λ_p)	工作时间 (t)	故障模式危害度 (C_{m_j})	产品危害度 (C_r)	严酷度类别
11	0.33	0.2	$1.03e^{-5}$	0.1	$6.79e^{-8}$	$2.05e^{-7}$	IV
12	0.67	0.2		0.1	$1.38e^{-7}$		IV
21	0.50	0.2	$1.03e^{-5}$	0.1	$1.03e^{-7}$	$2.06e^{-7}$	IV
22	0.50	0.2		0.1	$1.03e^{-7}$		IV
31	1.00	0.5	$6.85e^{-6}$	0.1	$3.42e^{-7}$	$3.42e^{-7}$	IV
41	0.50	0.2	$2.06e^{-5}$	0.1	$2.06e^{-7}$	$1.23e^{-6}$	IV
42	0.50	1.0		0.1	$1.03e^{-6}$		IV
51	1.00	0.5	$2.91e^{-4}$	0.1	$1.45e^{-5}$	$1.45e^{-5}$	IV

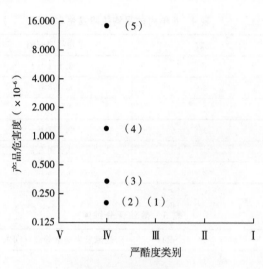

图 2 危害性矩阵

表 7 FMECA 分析结果

初始约定层次：变频器			任务：提供中频电源			约定层次：国产控制器			分析人员：蔡玉婷		
代码	产品或功能标志	功能	故障模式		任务阶段工作方式	严酷度类别	故障模式危害度 C_m				产品危害度（C_r）
			编码	内容			故障模式频数比（α）	故障影响概率（β）	产品的故障率（λ_p）	工作时间（t）	故障模式危害度（C_{m_j}）	
1	主控电路板	负责逆变器的运行控制	11	CAN故障	提供中频电源	IV	0.33	0.2	1.03e⁻⁵	0.1	6.79e⁻⁸	2.05e⁻⁷
			12	通信端子松动	提供中频电源	IV	0.67	0.2		0.1	1.38e⁻⁷	
2	信号检测电路板	负责外围的电压、电流、温度、状态信号检测	21	通信端子松动	提供中频电源	IV	0.5	0.2	1.03e⁻⁵	0.1	1.03e⁻⁷	2.06e⁻⁷
			22	信号检测电路故障	提供中频电源	IV	0.5	0.2		0.1	1.03e⁻⁷	
3	二次电源板	负责交流接触器的驱动及整个控制器的电源供给转换	31	通信端子松动	提供中频电源	IV	1.0	0.5	6.85e⁻⁶	0.1	3.42e⁻⁷	3.42e⁻⁷
4	外围监控电路板	负责外围通信控制、本机逻辑判断	41	RS-485故障	提供中频电源	IV	0.5	0.2	2.06e⁻⁵	0.1	2.06e⁻⁷	1.23e⁻⁶
			42	通信板故障	提供中频电源	IV	0.5	1.0		0.1	1.03e⁻⁶	
5	触摸屏	变频器控制及状态信息显示	51	黑屏或死机	提供中频电源	IV	1.0	0.5	2.91e⁻⁴	0.1	1.45e⁻⁵	1.45e⁻⁵

3 结论

通过 FMECA 分析法对国产控制器的故障进行危害性分析，由评分排序法和危害性矩阵法得出以下结论：

黑屏或死机的故障模式危害度最高，触摸屏的产品危害度最大。在今后的使用维护过程中，应合理制订检修计划，定期对触摸屏进行维修保养，避免危害度大的故障发生，维护系统稳定运行。

参考文献：

［1］　王锦妮，火建卫．定量危害性矩阵方法研究［J］．航空工程进展，2016，7（1）：8.

［2］　杨春宇．电力电缆故障分析与诊断技术的研究［D］．大连：大连理工大学，2013：14－15.

［3］　陈源．基于模糊 FMECA 方法的飞机供电系统可靠性分析研究［D］．成都：电子科技大学，2011：9－22.

FMECA analysis of domestic controllers for frequency converters

CAI Yu-ting

(CNNC Shaanxi Uranium Enrichment Co., Ltd., Hanzhong, Shaanxi 723300, China)

Abstract： The ×××× transistor inverter is an important equipment in the intermediate frequency power supply system of the 405 - II. phase project, which is a voltage-type inverter. The control system of the inverter has a number of functional components such as domestic controller, control power matching device, IGBT driver board, etc., among which, the domestic controller is divided into two modules: master controller and slave controller. Due to the frequent failures such as domestic controller crashes and abnormal communication caused by inverter jumping and load power loss, this paper analyzes the controller of the first-class inverter through FMECA analysis method, so as to better carry out the operation and maintenance of the inverter in the future.

Key words： Frequency converter; FMECA; Controller

铀丰度实时监测装置在铀浓缩工厂的应用研究

吕博文，肖　雄，金晓东

（中核陕西铀浓缩有限公司，陕西　汉中　723300）

摘　要：目前，国内铀浓缩厂丰度测量采用的是气体质谱计，其测量精度高，但是成本较高、操作相对复杂、维护费用昂贵，分析周期也较长（一般需要 2 h）。为了实现丰度的在线实时监测，提高丰度测量的时效性，在运行工况调整、系统出现异常时能够较快掌握产品丰度的变化趋势，在陕铀二期级联安装了铀丰度实时监测装置。本文总结了铀丰度实时监测装置在铀浓缩工厂的运行条件及应用情况，分析刻度周期、固态沉积物、工况变化等对测量结果的影响，为其后期在铀浓缩厂中推广应用提供参考依据。

关键字：铀丰度；实时监测；刻度周期；运行方式

1　测量基本原理

丰度仪测量铀浓缩工厂工艺管道中 UF_6 产品 ^{235}U 丰度的基本原理是利用 NaI 探测器对测量容器内气态 UF_6 中 ^{235}U 发射的特征 γ 射线强度进行测量来得到 ^{235}U 的量，利用传感器测量气体的压力和温度，再根据理想气体状态方程得到 UF_6 气体中 U 的总量，两者的比值即为 ^{235}U 的丰度，计算公式如下：

$$E = K\frac{(S-S_B)T}{P}。 \tag{1}$$

式中，E 为 UF_6 气体的丰度；S 为 ^{235}U 发射的特征 γ 射线计数率，$count \cdot s^{-1}$；S_B 为丰度仪的特征 γ 射线计数率的本底值，s^{-1}；T 为测量容器中 UF_6 气体的温度，K；P 为测量容器中 UF_6 气体的压力，Pa；K 为刻度系数，$keV \cdot s \cdot Pa \cdot K^{-1}$。

由式（1）可知，在测量容器体积一定的条件下，只需要获得测量容器中的气体压力、温度及特征 γ 射线的计数率即可得到 ^{235}U 的丰度。刻度系数 K 采用已知丰度的样品刻度得到。

丰度仪运行过程中，UF_6 气体不断流经测量容器，会与容器内壁发生化学吸附和物理吸附，从而沉积在容器的内表面。沉积在容器内表面的 U 中的 ^{235}U 也会发射特征 γ 射线，并且丰度仪周围环境中的高能宇宙射线和 γ 射线也会与探测器发生反应，从而形成 γ 射线计数。这些因素共同形成丰度仪的本底。随着监测仪的长期运行，测量容器表面的固态铀沉积物会不断增加，丰度仪本底值会发生变化，需要定期对其进行测量。同时，在丰度仪运行过程中，为保证测量结果的准确性，需要定期使用气体质谱计的测量丰度来对其刻度系数 K 值进行校准（此操作简称"刻度"）。

2　运行情况

丰度仪安装在铀浓缩工厂精料流上，物料从补压机后进入丰度仪，测量分析结束后，通过补压机入口进行平衡，丰度仪进出口压差约为 4.67 kPa，测量容器内压力可达 4.0 kPa，测量容器内特征 γ 射线的净计数率约为 1000 $count \cdot s^{-1}$。采用间歇测量模式，即打开测量容器出入口电磁阀进行气体置换 5 min 后关闭电磁阀，探测器测量容器内 UF_6 气体的 ^{235}U 特征射线（5 min），此时 UF_6 气体处于静止状态。测量结束后，将电磁阀打开，重新开始置换气体，不停循环。

作者简介：吕博文（1997—），男，陕西千阳人，助理工程师，本科，现从事同位素分离相关工作。

本底测量采用变压本底测量方法[1]在每天的同一时间进行一次，即利用电磁阀改变测量容器内气体压力，用 NaI 探测器测量容器内特征 γ 射线的计数率，得到不同压力下的 γ 射线计数率，对其进行线性拟合，得到压力为 0 时的 γ 射线计数率，也就是丰度仪的本底。刻度周期分为每日刻度和每 3 日刻度，两种刻度周期各运行一个月。

3　运行数据分析

为了分析丰度仪的运行情况，统计了两个月的丰度仪及气体质谱计的测量数据，其中丰度仪的测量值取气体质谱计测量同一时刻前后各半小时内测量值的平均值。

3.1　本底值变化情况

自丰度仪考核运行以来测量本底值的变化趋势如图 1 所示。

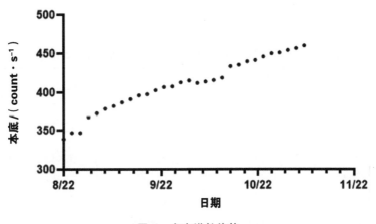

图 1　本底增长趋势

由图 1 可知，丰度仪的本底值总体呈上涨趋势，由 346.54 count·s⁻¹ 增长到 449.85 count·s⁻¹，增长的速率约为 1.4 count·s⁻¹·d⁻¹，按目前系统生产的产品丰度，特征 γ 射线净计数率约为 1000 count·s⁻¹，假设当测量容器本底增长至与净计数率相同时需要对测量容器进行清洗，计算得出在目前的工作条件下，丰度仪约每隔 1.3 年需要进行一次清洗。

3.2　丰度测量情况

铀浓缩级联一般每隔 8 h 使用气体质谱计测量一次 UF_6 产品中 ^{235}U 的丰度，其测量精度能达到 0.05％ 以内，因此可以认为气体质谱计测量得到的丰度值是 ^{235}U 的真实丰度，通过对比气体质谱计与丰度仪的测量丰度，能评价丰度仪的运行情况。

3.2.1　不同刻度周期下丰度测量情况

每日刻度模式下，一个月内气体质谱计与丰度仪的测量数据如表 1、图 2 所示，其中丰度仪的值为气体质谱计测量时刻前一小时内测量值的平均值。

表 1　每日刻度下，气体质谱计与丰度仪的测量数据

测量设备	丰度值数量	平均值	最小值	最大值	范围	标准偏差
气体质谱计	90	4.460％	4.440％	4.495％	0.055％	0.012 78
丰度仪	90	4.458％	4.412％	4.489％	0.077％	0.017 78

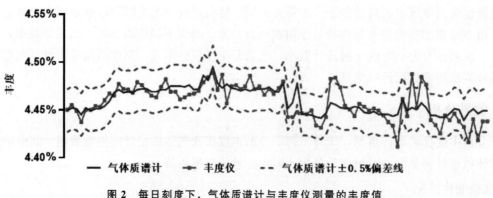

图2 每日刻度下，气体质谱计与丰度仪测量的丰度值

每3日刻度下，一个月内气体质谱计与丰度仪的测量数据如表2、图3所示，其中丰度仪的值为气体质谱计测量时刻前一小时内测量值的平均值。

表2 每3日刻度下，气体质谱计与丰度仪的测量数据

测量设备	丰度值数量	平均值	最小值	最大值	范围	标准偏差
气体质谱计	90	4.450%	4.425%	4.500%	0.075%	0.007 66
丰度仪	90	4.446%	4.416%	4.494%	0.078%	0.012 92

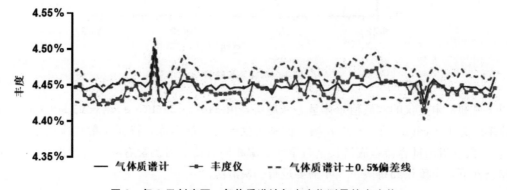

图3 每3日刻度下，气体质谱计与丰度仪测量的丰度值

由表1、表2及图2、图3可以看出，在每日刻度的情况下，气体质谱计一个月内测的丰度的平均值为4.460%，丰度仪测量平均值为4.458%，差值为0.002%。而在每3日进行刻度的情况下，气体质谱计一个月内测的丰度的平均值为4.450%，丰度仪测量平均值为4.446%，差值为0.004%。

3.2.2 不同刻度周期下，丰度仪与气体质谱计的测量偏差

表3、图4所示为不同刻度周期下，一个月内气体质谱计与丰度仪的测量值的相对偏差，其中丰度仪的值为气体质谱计测量时刻前一小时内测量值的平均值。

表3 不同刻度周期下，气体质谱计与丰度仪的相对偏差对比

刻度周期	丰度值数量	测量偏差平均值	测量偏差最小值	测量偏差最大值	范围	标准偏差
每日刻度	90	0.1842%	0	0.79%	0.79%	0.1881
每3日刻度	90	0.2049%	0	0.70%	0.70%	0.1642

由表 3 可以看出，每日刻度和每 3 日刻度情况下，与气体质谱计相比，丰度仪测量值结果的相对偏差均值分别为 0.184 2%、0.204 9%。

3.2.3 工况异常情况下，丰度仪测量情况

图 4 为某区段进行检修工作，机组旁联、区段卸料、级联工况调整期间丰度仪及气体质谱计的测量值。图 5 为某区段检修完成后，区段钝化、充料期间丰度仪及气体质谱计的测量值。

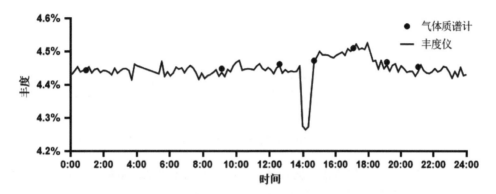

图 4　机组旁联情况下，气体质谱计和丰度仪的测量丰度

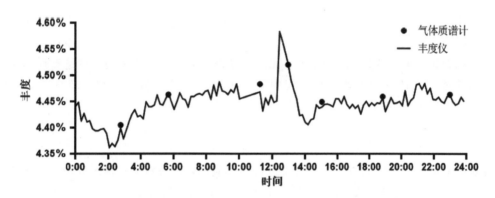

图 5　区段钝化、充料期间，气体质谱计和丰度仪的测量丰度

由图 4、图 5 可以看出，在机组旁联及区段钝化、充料期间，丰度仪测量值均出现预期的变化趋势，与气体质谱计测量值吻合性较好，能够较快响应级联系统工况变化导致的丰度变化。

3.2.4 容器累计丰度计算情况

目前，产品容器中的累计丰度采用质量加权的方式计算得出，图 6 为某罐产品收料过程中使用丰度仪数据替换气体质谱计数据计算的累计丰度变化情况。图 7 为使用不同方式筛选丰度仪数据计算的累计丰度变化情况。

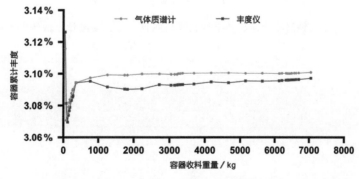

图 6　收料过程中，气体质谱计和丰度仪测量数据计算的累计丰度变化情况

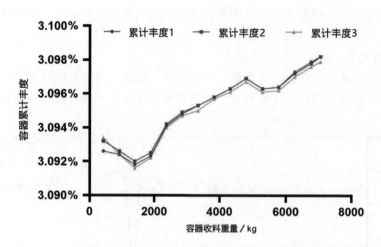

图 7　收料过程中，使用不同方式筛选丰度仪数据计算累计丰度变化情况

　　图 6 中丰度仪的值是使用气体质谱计测量时刻前一小时内丰度仪测量值的平均值来计算得出的累计丰度。可以看出，使用气体质谱计数据计算出的累计丰度为 3.1009%，使用丰度仪测量数据计算出的累计丰度为 3.0971%，相对偏差为 0.123%。

　　图 7 中累计丰度 1 为取丰度仪每 4 h 的平均丰度进行质量加权，累计丰度 2 为工况稳定时取每 4 h 平均丰度、工况波动期间取每小时的平均丰度进行质量加权，累计丰度 3 为去除本底测量及刻度期间的测量值后工况稳定时取每 4 h 的平均丰度、工况波动期间取每小时的平均丰度进行质量加权。由图可以看出采用 3 种方式计算的容器收料过程中累计丰度变化趋势基本一致，最终累计丰度分别为 3.0982%、3.0982%、3.0979%。

4　结论

　　铀丰度实时监测装置已在陕铀二期工程中进行实际应用，经过对运行情况分析，结果表明：①装置测量容器压力 29 毛时，净计数率约为 1000 count·s^{-1}，满足装置工作条件；②装置的本底增长的速率约为 1.4 count·s^{-1}·d^{-1}，计算得出，在装置当前的工作方式下，丰度仪每隔约 1.3 年需要进行一次清洗；③装置在每日刻度和每 3 日刻度模式下，测量数据较气体质谱计的相对偏差均小于 0.1%，可以满足工艺系统对于 UF$_6$ 丰度监测的需要，与每 3 日刻度模式相比，每日刻度模式相对偏差较小；④使用丰度仪数据计算的容器累计丰度较气体质谱计的偏差为 0.123%；⑤采用 3 种方式使用丰度仪数据计算的容器收料过程中累计丰度变化趋势及结果基本一致；⑥级联运行工况发生变化时，装置能实时反映产品丰度的变化趋势。

参考文献：

[1]　梁庆雷，邢博，应斌，等．铀离心浓缩厂铀丰度在线监测仪本底自动测量方法研究［J］．核技术，2016，39（8）：5.

Application of real-time monitoring device for uranium abundance in uranium enrichment plants

LV Bo-wen, XIAO Xiong, JIN Xiao-dong

(CNNC Shannxi Uranium Enrichment Co. , Ltd. , HanZhong, Shannxi 723300, China)

Abstract: Currently, the purpose of abundance measurement in domestic uranium enrichment plants is gas mass spectrometry, which has high measurement accuracy, but has high costs, relatively complex operations, high maintenance costs, and a long analysis cycle (usually 2 hours) . In order to achieve online real-time monitoring of abundance, improve the timeliness of abundance measurement, and quickly grasp the trend of product abundance changes when operating conditions are adjusted or the system is abnormal, a uranium abundance real-time monitoring device has been installed in the cascade . This article summarizes the operating conditions and application of the uranium abundance real-time monitoring device in uranium enrichment plants, and analyzes the impact of calibration period, sediment, and changes in operating conditions on the measurement results, Provide reference basis for its later promotion and application in uranium enrichment plants.

Key words: Uranium abundance; Real-time monitoring; Calibration period; Operation mode

基于 LabVIEW 的旋转机械动态信号分析系统开发

高剑波，张展毓

（核工业理化工程研究院，天津　300180）

摘　要： 旋转机械是一种常见的动力机械设备，其核心结构为转子，转子需要升速至额定转速并稳定运行。转子运行状态直接影响机械的功能和性能，因此，对旋转机械的运行状态的监测及故障诊断分析是必不可少的。LabVIEW 作为成熟的虚拟仪器开发平台，被广泛地应用于工业测试软件的开发，其图形化的编程语言为工程师提供了高效、快捷、友好的编程环境。本文立足专用设备转子运行期间的动态信号分析需求，提出信号分析系统的功能需求，包括频谱分析、趋势分析、寻峰、阶次分析、变形计算、直流量提取、频率跟踪及预警等。基于功能需求，设计了软件架构，通过 LabVIEW 模块化编程，完成动态信号分析系统的开发，并通过实测验证。本系统开发的重点和创新点是转子异常的预警，专用设备转子运行期间常见的异常为转子进动、振幅快速增长和变形超限，根据不同的异常进行了信号处理、分析的编程，实现了相关功能。

关键词： 旋转机械；动态信号；分析

对于高转速、复杂结构的旋转机械，转子运行时的动力学响应复杂，常规的转速、振幅监测不满足设备运行状态监测的需求，例如，需要增加对转子进动信号的跟踪识别、转子变形率的相关分析及多路信号的耦合计算，同时需要根据动态信号的实时分析，准确判断和预测机器的运行状态，对可能出现的故障或损机进行提前预警，为试验人员的现场决策提供有效的数据支撑，以上需求对测试系统的准确、快速分析和智能预警提出了更高的要求。

LabVIEW 是一种图形化编程语言的开发环境，是为测试测量而专门设计的开发平台，其图形化、模块化的编程方式，大幅提高了编程效率，其特有的虚拟仪器（VI）程序模块提供了十分友好的编程环境。LabVIEW 应用广泛，具有良好的平台兼容性，为程序的扩展使用和开发提供了良好的基础。此外，LabVIEW 提供了强大的处理分析 VI 模块，实用性强，应用广泛，可靠性高、稳定性强。基于以上优点，使用 LabVIEW 作为测试软件开发平台。

针对高速旋转机械专项试验启动、运行期间的转子动态信号测试及状态监测需求，开展动态信号测试系统开发，自主开发信号分析软件，实现转子转速、特征频率、振动、变形等动态信号的实时测试、跟踪监测和智能分析，为准确判断机器运行状态和快速预警提供技术支持，为试验运行决策提供依据。

1　开发逻辑

软件开发一般包括开发前的准备、开发实施和应用验证 3 个不同的阶段，具体技术路线如图 1 所示。

开发准备需要对应用场景、测试对象、功能需求等进行系统分析，确定软件的主要功能模块，明确具体的功能要求和指标要求，在此基础上初步完成软件顶层架构的设计。

开发实施需要根据测试需求分析，完成顶层架构设计，基于顶层架构，完成全部功能模块代码编写，并通过调试，然后开展软件整体的联调，修复 BUG（程序错误）。

应用验证需要采集真实信号并进行分析处理，实现每个功能，对软件进行整体运行实测与调试，全面修复 BUG，并对测试功能需求、指标要求等进行充分验证，对软件时效性、稳定性等进行测试与验证。

作者简介： 高剑波（1989—），男，山西阳泉人，高级工程师，工学硕士，主要从事机电与测试相关工作。

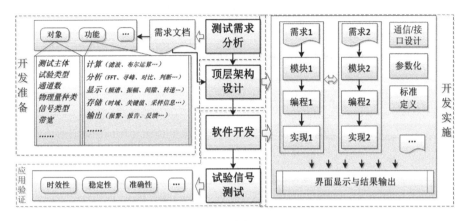

图 1　技术路线

2　需求分析

以 LabVIEW 数据流逻辑，提出软件测试需求，具体如图 2 所示。

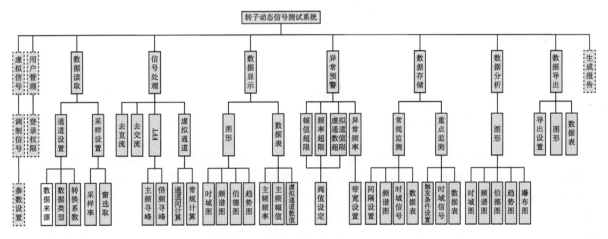

图 2　测试需求

基本功能需求共有 7 项，依次为数据读取、信号处理、数据显示、异常预警、数据存储、数据分析和数据导出。（其中：数据显示为软件界面实时显示，数据分析为离线分析。）

3　开发过程

3.1　整体架构

根据测试系统技术需求，采用模块化的编程思路，完成功能模块设计，如图 3 所示。将软件程序模块按数据结构和算法结构分为板卡接口、存储模块、显示图形、计算子程序等模块，计算子程序模块中包含预警、傅里叶变换、主频寻峰、通道设置等小程序模块。通过禁用/启用实现是否使用该项软件功能。

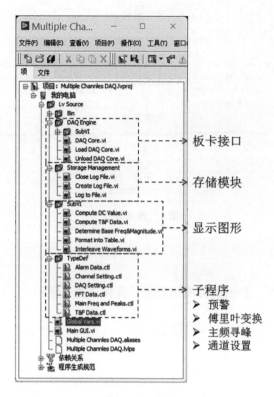

图3　整体架构

3.2　预警功能实现

预警功能主要分为两部分：一是转子变形、振幅超限报警，即采集信号的直流量和加流量幅值超限预警；二是转子进动报警，即异常频率识别及幅值超限预警。一般而言，转子进动频率与转速呈一定比例，因此，预警算法的逻辑为：手动设置比例系数（进动频率/转速）、带宽和振幅阈值，实时跟踪转子基频频率，软件根据设置参数自动计算和识别异常频率，如出现幅值超限的异常频率振动，即进行报警。

预警程序代码如图4所示。

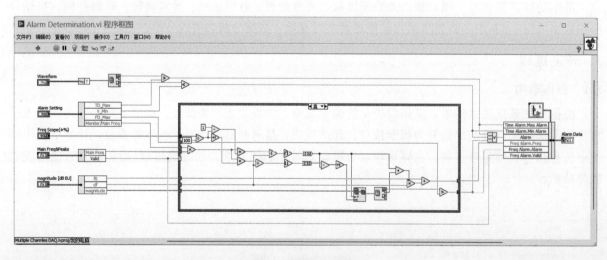

图4　预警程序代码

3.3 参数设置与结果显示

测试软件按架构设计分为两个界面：一是参数设置界面，通过该界面可以对通道参数、传感器参数、傅里叶变换参数、预警限值等进行相关设置；二是数据采集显示界面，将计算分析后的结果、图形显示在该界面。参数设置界面和采集显示界面如图 5 和图 6 所示。

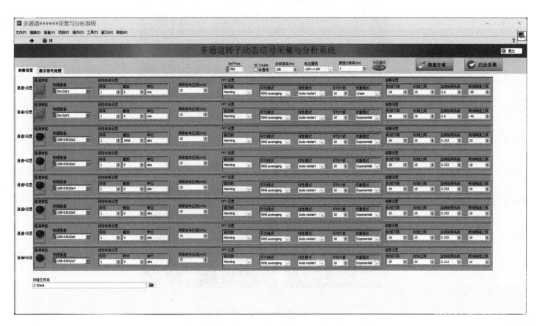

图 5　参数设置界面

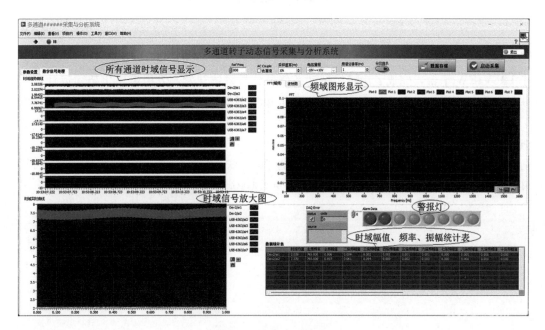

图 6　采集显示界面

4　应用验证

针对开发的专用设备动态信号测试系统，验证其功能满足设计要求，主要包括：①测试软件具有通道设置、采样设置、数据采集、傅里叶快速变换、时域与频域图形显示等基本功能，且运行正常；②软件具有变形超限、幅值超限、异常频率预警等报警功能，且运行正常。

将动态信号测试系统接入转子运行试验系统，设置进动频率预警系数为 0.25，超限幅值 0.015 mm，在转速达到 360 s⁻¹ 时出现进动预警（红色报警灯点亮），结果如图 7 所示。

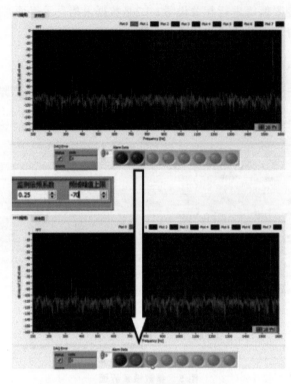

图 7　进动预警

5　结论

基于 LabVIEW 平台，完成了旋转机械动态信号分析系统开发，采用模块化架构设计，定制开发了测试软件，实现了动态信号实时测试、自动分析和状态预警等功能，并通过了实测验证。

参考文献：

[1] 高剑波，等. 基于试验数据分析的转子进动机理研究 [R]. 天津：核工业理化工程研究院有限公司，2020.

[2] 陈树学，刘萱. LabVIEW 宝典 [M]. 2 版. 北京：电子工业出版社，2017.

Development of dynamic signal analysis system for rotating machinery based on LabVIEW

GAO Jian-bo, ZHANG Zhan-yu

(Research Institute of Physical and Chemical Engineering of Nuclear Industry, Tianjin, 300180, China)

Abstract: Rotating machinery is a common power machinery equipment, its core structure is a rotor, the rotor needs to rise to the rated speed and run stably. The rotor operating state directly affects the function and performance of the machinery, so the monitoring and fault diagnosis analysis of the operating state of rotating machinery is indispensable. As a mature virtual instrument development platform, LabVIEW is widely used in the development of industrial test software, and its graphical programming language provides engineers with an efficient, fast and friendly programming environment. Based on the dynamic signal analysis requirements during the operation of the rotor of special equipment, this paper puts forward the functional requirements of the signal analysis system, including spectrum analysis, trend analysis, peak hunting, order analysis, deformation calculation, direct flow extraction, frequency tracking and early warning. Based on the functional requirements, the software architecture is designed, and the development of the dynamic signal analysis system is completed through LabVIEW modular programming, and it is verified by actual measurement. The focus and innovation point of this system development is the early warning of rotor abnormalities, and the common abnormalities during rotor operation of special equipment are rotor precession, rapid amplitude growth and deformation overrun, and signal processing and analysis are programmed according to different abnormalities to achieve relevant functions.

Key words: Rotating machinery; Dynamic signal; Analyse

铝箔内保护层成型技术优化研究

肖杰立，陆伟国

（核工业第八研究所，上海　201800）

摘　要：复合材料筒体是专用设备的关键部件，由铝箔内保护层和外部缠绕的碳纤维复合材料层组成。内保护层的制造工序主要包括轧制、裁剪、焊接。在服役试验中，发现部分试样的焊缝存在局部开裂现象，导致装置总体失效，对设备安全性造成不利影响。本文通过对复合材料筒体服役失效的机理分析，提出特殊载荷引起的薄壁构件压屈失稳是焊缝开裂的主要原因，并进一步提出采取激光焊接工艺优化、增加退火热处理工序的优化方案。经过试验研究和数据对比分析，确定适宜的成型工艺参数，提升焊缝的综合性能，有效消除开裂现象。

关键词：内保护层；激光焊接；铝箔热处理；力学性能

铝箔内保护层是专用设备的关键部件，作用是保障密封性、防止介质泄漏。内保护层通过轧制、裁剪、焊接分步成型，但在服役中发现部分试验件有焊缝局部开裂现象，引发专用设备失效。对此的机理分析表明：焊缝区域金属材料的冶金状态与其余区域不同，力学性能差异过大，工况引发的塑性变形集中于焊缝，同时焊缝成型质量受工艺条件的影响而存在波动，导致部分内保护层在承载后，因压屈失稳作用而在焊缝位置开裂。

目前已有学者通过焊接工艺优化或使用热处理技术以改善焊接结构的服役性能。宋少东等[1]提出了一种响应面与粒子群的组合算法来探究 2 mm 厚 6061 铝合金薄板激光焊接的最优工艺参数，表明该算法所寻找到的最佳参数组合能够有效提高焊接质量。文梦蝶等[2]发现激光功率、焊接速度和离焦量对异厚异质铝合金超薄板焊接质量有显著影响，经工艺试验得到了力学性能优越、成形良好的接头。韩冬瑞等[3]研究了热处理对轧制铝合金箔的影响，发现随着保温时间延长和热处理温度升高，铝箔的抗拉强度降低，伸长率上升；当温度高于 300 ℃时，温度对抗拉强度的降低作用减小，但对伸长率的提高作用增强。张军等[4]提出了一种高纯铝合金微量元素的固溶析出量化及表征其耐蚀性强弱的方法，发现硬态箔的再结晶完成温度为 250～300 ℃，析出相主要为 Fe、Si、Cu、Al 元素的中间化合物。

根据文献及失效分析，提出激光焊接工艺改进与退火热处理技术相结合的总体优化方案，以实现局部焊缝性能提升、整体结构性能均匀化为目的，抑制铝箔内保护层焊缝在工况下的开裂倾向。

1　研究方法

1.1　焊缝成型质量优化

现有的焊接成型工艺能够实现稳定焊接，因此无须对脉冲波形、频率、焊接速度等直接改变成型效果的参数进行大幅度调整，而应当以优化热输入及热场分布为目的，主要途径包括：①激光峰值功率；②光源偏移量；③激光离焦量。其中，光源偏移能够通过改变热场分布，增大金属熔化量，提升焊缝性能，适用于搭接接头，原理如图 1 所示。

作者简介：肖杰立（1994—），男，江西九江人，工程师，硕士，现从事复合材料构件有限元分析、专用设备成型工艺研究。

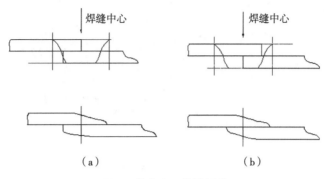

图 1　激光中心位置调整

(a) 调整前（无偏移）；(b) 调整后（有偏移）

1.2　内保护层整体热处理

铝箔内保护层的材质为 1060 工业纯铝，公称厚度为 0.1 mm。经过焊接的熔化、凝固过程，焊缝金属由轧态转变为铸态组织，冷作硬化效应消除，与母材性能差异明显，如图 2 所示。通过对内保护层进行整体热处理，使焊缝、母材金属均发生退火，能够显著降低二者的性能差异，消除内保护层在承载状态的变形集中倾向。

1060 工业纯铝在退火或冷作硬化状态使用，退火对冷却条件不敏感[1]。当变形度为 50%～70% 时，再结晶开始温度约为 280～300 ℃，再结晶退火温度约为 300～500 ℃，保温时间 0.5～3 h[6]。1060 工业纯铝的抗拉强度随热处理温度增加而逐渐降低，在 400 ℃以上将稳定于最低值，而断裂延伸率随热处理温度增加而逐渐增加，在 500 ℃左右达到最高值。抗拉强度在 150 ℃即开始明显降低，而延伸率在 200 ℃以上才出现显著提升[7]。由此开展热处理工艺参数研究。

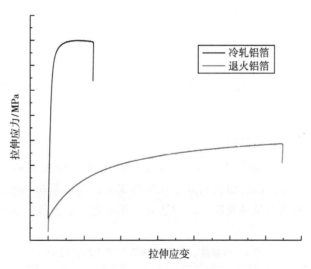

图 2　内保护层母材与焊缝的性能差异

1.3　铝箔力学性能测试

为判断焊接工艺改进及热处理工艺调试的应用效果，需要对经过相应加工过程的铝箔材料进行力学性能测试，确定其抗拉强度、断裂延伸率性能水平。拉伸试验前的铝箔试样如图 3 所示，试样均通过激光切割机自动制取，以保证尺寸一致。该类试样的制样和测试流程参考有关标准[8-9]执行。拉伸试样的平行段宽度为 12.5 mm，引伸计标距为 50 mm。

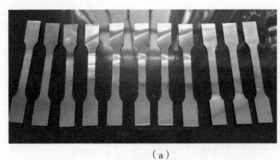 

（a）　　　　　　　　　　　　　　　　（b）

图 3　铝箔拉伸试样（试验前）

（a）母材试样；（b）带有焊缝的试样

2　焊接工艺研究

原始焊接工艺采用的峰值功率为 1.45 kW，无光源偏移，无离焦。经检测，焊缝抗拉强度平均为 95.3 MPa，断裂延伸率为 0.18%。铝箔材料的抗拉强度平均为 214 MPa，断裂延伸率为 5.2%。

2.1　光源偏移对焊缝性能的影响

保持峰值功率和搭接量不变，取光源偏移量为 0.08 mm 和 0.16 mm，制样并检测，数据如表 1 所示。结果表明：适当的光源偏移对焊缝性能产生有利影响，若光源偏移量为 0.16 mm，焊缝强度增幅 25%，延伸率增幅 61%。

表 1　光源偏移对力学性能的影响

试验条件	焊接工艺状态	光源偏移 0.08 mm	光源偏移 0.16 mm
	试样数量	8	7
抗拉强度	平均值/MPa	112.7	119.3
	离散率	3.60%	1.00%
断裂延伸率	平均值	0.26%	0.29%
	离散率	10.50%	4.70%

2.2　峰值功率及离焦量对焊缝性能的影响

经试验，在 1.45～1.80 kW 范围内若仅增加峰值功率，对焊缝性能将只产生不利影响，表明在此功率范围内的热输入量过高。通过引入离焦量作为新变量，与峰值功率联合调节，研究对焊缝性能的影响。检测数据如表 2 所示。结果表明：该方法对内保护层的焊缝性能无明显提升作用。

表 2　离焦量、功率对焊接力学性能的影响

编号	焊接参数		力学性能	
	功率/kW	离焦量/mm	断裂延伸率	抗拉强度/MPa
1	2.00	1.0	0.186%	103.3
2	2.50	1.2	0.197%	101.3
3	1.45	1.5	0.210%	100.0
4	1.80	1.5	0.200%	101.0
5	3.00	1.5	0.190%	100.2
6	1.65	2.0	0.146%	85.7

编号	焊接参数		力学性能	
	功率/kW	离焦量/mm	断裂延伸率	抗拉强度/MPa
7	3.00	2.0	0.167%	95.0
8	1.45	3.0	0.170%	81.0
9	2.45	3.0	0.160%	91.0

2.3 焊接参数优化

根据峰值功率、光源偏移、离焦量的调试研究，力学性能最佳的方案是：峰值功率 1.45 kW，光源偏移量 0.16 mm，离焦量 0。该工艺参数组合能够使焊缝力学性能得到显著改善，但铝箔内保护层除需要满足机械性能要求外，还应保障焊缝具有优异的气密性，因此需要对焊缝的气密性进行检验。

按照上述力学性能最佳的工艺方案制备 10 件铝筒，经气密性检测，通过率仅为 50%，表明焊缝力学性能提升与气密性通过率之间存在参数调整方向的冲突，需要对焊接工艺方案进一步优化调整，在主要改善气密性合格率的同时，维持足够的力学性能。

经调试，峰值功率维持 1.45 kW 不变，偏移量降低到 0.10 mm，制备 10 件内保护层，气密性检测结果为：9 件合格，1 件微量泄漏，合格率提升至可接受水平。基于该方案的拉伸试验数据如表 3 所示，抗拉强度为 113.4 MPa，断裂延伸率 0.27%，仍具有显著的力学性能改善效果。

表 3　功率 1.45 kW，偏移量 0.10 mm 试样力学性能

试样数量	断裂延伸率	抗拉强度
6		
平均值	0.27%	113.41 MPa
离散度	12%	3%
最大值	0.32%	117.39 MPa
最小值	0.22%	107.99 MPa

由此确定铝箔内保护层优化后的焊接工艺参数组合为：峰值功率 1.45 kW；光源偏移量 0.10 mm；无离焦量。与原始工艺参数形成的焊缝相比，优化后的工艺参数在保持气密性合格率为 90% 的同时，使焊缝的抗拉强度提升 19%，断裂延伸率提升 50%。

3　热处理工艺研究

根据焊缝失效机理，通过热处理使铝箔内保护层发生完全退火，实现焊缝、母材金属性能的完全均一化，将最大限度降低失效风险。但进一步研究表明，完全退火的铝箔质地过软，无法满足批量生产的操作条件，因而需要确定一种中间退火工艺，兼顾内保护层的可加工性及服役可靠性。

3.1　完全退火

据文献，以 400 ℃ 热处理温度，保温时间 1～4 h 进行试验。母材试验数据如表 4 所示，焊缝试验数据如表 5 所示。结果表明：400 ℃ 能够使铝箔发生退火现象，保温 1 h 即具备软化作用，保温 2 h 可产生充分的退火效果。

表 4　母材 400 ℃ 热处理数据

试验条件	热处理状态	无	400 ℃-1 h	400 ℃-2 h	400 ℃-4 h
	试样数量	8	12	10	10
抗拉强度	平均值/MPa	214.4	91.0	83.4	84.6
	离散率	0.60%	2.30%	1.50%	2.00%
断裂延伸率	平均值	5.2%	11.4%	10.2%	10.8%
	离散率	13.00%	15.00%	11.60%	13.80%

表 5　焊缝 400 ℃ 热处理数据

试验条件	热处理状态	无	400 ℃-1 h	400 ℃-2 h	400 ℃-4 h
	试样数量	8	7	9	8
抗拉强度	平均值/MPa	95.3	72.7	70.6	68.2
	离散率	4.80%	7.10%	4.00%	7.30%
断裂延伸率	平均值	0.18%	4.90%	4.40%	3.80%
	离散率	7.40%	30.20%	14.70%	29.10%

3.2　中间退火

进一步的，在 200～300 ℃ 进行了 5 h 热处理试验，试样性能无明显变化，表明该温度范围低于阈值，无法实现铝箔退火。

基于上述试验结果，以 350 ℃ 为基准进行热处理，保温时间设置为 1 h。经确认，在该制度下完成热处理的铝箔筒体可以正常完成后道生产工序制成产品。按照优化后的焊接参数组合制备焊缝样品，与母材样品同步进行热处理和力学性能测试，数据如表 6 所示，为避免重复性偏差，进行了两轮条件相同的试验。

结果表明，若采取 350 ℃/1 h 的热处理制度：①焊缝平均抗拉强度与母材平均抗拉强度的差值在 10 MPa 以内，且焊缝及母材的最小断裂延伸率均超过 3%，铝箔内保护层的母材区、焊缝区力学性能完全符合技术要求；②样品性能的稳定性良好，工艺具有可重复性，适用于批量化生产。

表 6　铝箔中间退火热处理力学性能数据

试验条件	试验轮次	1	2	1	1
	试样类型	焊缝	焊缝	母材	母材
	试样数量	14	15	7	8
抗拉强度	平均值/MPa	90.82	92.98	100.00	101.00
	离散率	2.0%	3.0%	1.0%	0.7%
	最大值/MPa	93.21	96.36	100.53	102.00
	最小值/MPa	87.21	89.57	98.28	100.10
断裂延伸率	平均值	8.12%	7.07%	11.60%	12.30%
	离散率	16.0%	24.0%	12.7%	6.9%
	最大值	10.14%	10.93%	13.30%	13.50%
	最小值	4.88%	4.71%	9.45%	10.90%

在拉伸试验中发现，按照优化后的焊接及热处理工艺获得的试样，有部分断裂于母材而非焊缝，表明此时的焊缝在结构上不再成为薄弱环节，与母材的性能近似，如图4所示。

图4 试样断裂位置

3.3 耐弯性能验证

热处理工艺能够有效提升带焊缝试样的断裂延伸率，实现承载变形的均匀化。对带焊缝试样进行弯折，如图5所示。图5（a）表明，未热处理的试样，其弯曲形状为尖锐的"V"形，焊缝剧烈变形，经1～3次反复弯折后，均发生焊缝断裂；图5（b）表明，经热处理的试样，其弯曲形状接近"U"形，焊缝附近变形为均匀，可耐受反复弯折，从而定性地证明了热处理技术对焊缝抗弯性能具有良好的改善效果。

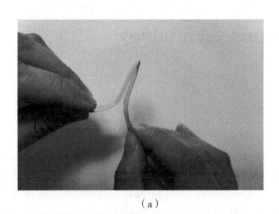 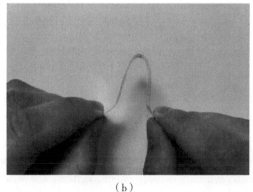

（a） （b）

图5 热处理对焊缝耐弯性能的改善
（a）热处理前；（b）热处理后

4 结论

经过研究，在改进激光焊接工艺，使焊缝力学性能得到初步提升的基础上，辅以焊后热处理技术，完成对铝箔内保护层构件的不完全退火，提高母材与焊缝的性能一致性。基于试验数据对比分析，得出以下结论：

（1）焊接工艺优化能够实现焊缝力学性能的提升。"峰值功率1.45 kW、光源偏移量0.10 mm、离焦量0 mm"的焊接参数相比原始参数，焊缝抗拉强度由95.3 MPa提升到113.4 MPa，增幅19％；延伸率由0.18％提升到0.27％，增幅50％。该方案在力学性能提升的同时保持了较高的气密性，实现了焊缝质量的优化，建议采取此焊接工艺进行铝箔内保护层的批量制造。

（2）热处理技术能够消除铝箔内保护层在焊缝发生集中变形的倾向。在"峰值温度 350 ℃，保温 1 h"的热处理制度下，母材抗拉强度为 100 MPa，断裂延伸率为 11%；焊缝抗拉强度为 91.9 MPa，断裂延伸率为 7.6%，均达到铝箔内保护层的技术要求，且工艺过程的稳定性良好，建议采取此热处理工艺进行铝箔内保护层的批量制造。

参考文献：

［1］ 宋少东，王燕燕，舒林森．基于 RSM - PSO 的 6061 铝合金激光焊接工艺优化［J］．激光与光电子学进展，2022，59（17）：227 - 233.

［2］ 文梦蝶，陈苗苗，陈素．异厚异质铝合金超薄板激光焊接工艺试验研究［J/OL］．［2023 - 05 - 18］．机械设计与制造：1 - 5. https：//doi. org/10. 19356/j. cnki. 1001 - 3997. 20230210. 022.

［3］ 韩冬瑞，黄天顺．空调热交换器用铝合金箔片热处理工艺研究［J］．热加工工艺，2016，45（12）：230 - 232，236.

［4］ 张军，李向东，赵威威．热处理对高纯铝箔结构和性能的影响［J］．湖北理工学院学报，2021，37（5）：33 - 39.

［5］ 王绪堂．变形铝合金热处理工艺［M］．长沙：中南大学出版社，2011：97 - 101.

［6］ 崔忠圻．金属学与热处理［M］．北京：机械工业出版社，2007：115 - 119.

［7］ 李念奎．铝合金材料及其热处理技术［M］．北京：冶金工业出版社，2012：74 - 82.

［8］ 中国国家标准化管理委员会．变形铝、镁及其合金加工制品拉伸试验用试样及方法：GB/T 16865—2013［S］．北京：中国标准出版社，2014.

［9］ 中国国家标准化管理委员会．铝及铝合金箔：GB/T 3198—2020［S］．北京：中国标准出版社，2021.

Research on optimization of aluminum foil inner lining forming technology

XIAO Jie-li, LU Wei-guo

(Eighth research institute of nuclear industry, Shanghai 201800, China)

Abstract：The composite material cylinder is a key component of specialized equipment, consisting of an aluminum foil inner protective layer and an outer wrapped carbon fiber composite material layer. The manufacturing process of the inner protective layer mainly includes rolling, cutting, and welding. In the service test, it was found that some of the weld seams of the samples had local cracking, leading to overall failure of the device and causing adverse effects on the safety of the equipment. This article analyzes the mechanism of service failure of composite material cylinders and proposes that the buckling instability of thin-walled components caused by special loads is the main cause of weld cracking. Propose laser welding process optimization and post weld heat treatment plans to optimize existing technologies. After experimental research and data analysis, suitable forming process parameters were determined, which improved the comprehensive performance of the weld and eliminated the phenomenon of cracking.

Key words：Inner protective layer；Laser welding；Aluminum foil heat treatment；Mechanical property

主机供料孔板堵塞的特征分析

李　钢

（四川红华实业有限公司，四川　峨眉山　614200）

摘　要：随着主机投运后运行时间的增长，生产线的生产能力逐步下降，其中主机供料孔板堵塞是产能下降的主要原因。主机供料孔板堵塞是普遍存在的现象，但生产线中有部分级此类问题较为严重。为判断主机堵塞情况，提高生产系统安全生产的可靠性，以及为后期计算参数修正提供依据，如何判断主机供料孔板堵塞在某级较为严重的方法是值得思考的问题。主机特性参数包括分流比、分离系数和摩擦功耗。其中分流比和分离系数是反映单级分离性能的重要参数，摩功是反映主机运行状态的重要参数。在生产运行过程中，对单级进行"取样"分析，可计算得到单级的分流比和分离系数，通过专用设备测量得到各台主机的摩功数据。为此，通过模拟计算某个单级内部分主机在不同堵塞程度下对生产线的影响，并比较单级特性参数的变化程度。结果表明各单级的分离系数和分流比均发生变化，但有堵级的分离系数变化程度远大于分流比的变化程度。另外，为进一步判断单级内的情况，可通过对主机摩擦功耗数据统计分析其标准偏差，反映主机的差异性，甄别单级内有堵的区段。

关键字：主机；堵塞；分离系数；摩擦功耗；标准偏差

主机的分流比和分离系数是单台主机分离性能的重要参数，摩擦功耗则反映主机的运行状态。由于生产线中单个级由多台主机并联构成，因此分流比、分离系数也是反映单个级的分离性能的重要参数，而多台主机摩擦功耗的平均值则反映单个级中主机的综合运行状态。在主机启动投运之后，随着设备运行时间增长，生产线的生产能力呈现缓慢下降的趋势，而主机供料孔板堵塞是产能下降的主要原因之一。通过对"取样"测量可计算级或区段的分流比和分离系数；对主机的摩擦功耗进行测量及分析，可掌握主机的运行状态。利用这些数据可分析主机供料孔板堵塞的特征情况。

1　生产线方案运行方案计算值与实际运行的偏差原因

由于单台主机的生产能力很小，因此需要将大量的主机以并联的形式在单级内运行。

1.1　主机"台差"引起的偏差

单个主机由诸多部件组装构成，在主机内的各种机械设备的加工过程中，存在因测量等多种因素造成的精度误差；同时主机在安装过程中也会产生安装误差。因为这些误差造成各台主机存在差异，而并联运行的设备由于存在运行不同的状态而形成"台差"，并且这种"台差"呈正态分布。在主机运行初期，"台差"可以称为"基础台差"。

1.2　主机供料能力下降引起"新台差"

主机、调节器和管线等各种设备构成生产线。随着运行时间的增长，各种设备部件的连接处（如法兰、阀门等）将出现松动、垫圈老化等现象，造成微量的空气漏入，处于负压状态生产线内。空气中的水蒸气和设备材质中的水与工作物质发生反应，生成固体物质。这些固体物质可能黏附于工艺管道内、孔板上，甚至黏附于主机内部。对于生产线内的工艺管道的管径来说，主机供料管和孔板的直径要小许多。因此，主机供料管和孔板堵塞是产能下降的主要原因。对于单级来说，供料管或孔板堵塞的主机形成"新台差"。在"基础台差"之上，这种"新台差"会进一步引起单级的分离性能变化。

作者简介：李钢（1975—），男，大学本科，主要从事同位素分离研究。

2 主机供料能力下降对生产线内单级的影响分析

为分析主机供料孔板堵塞对在生产线内各单级的影响，现构建一条生产线用于分析研究。生产线采用天然料供入，生产×.××产品，贫料×.××。生产线由18个单级组成单层架，供料点设在第8级，每个单级的贫料端控制压力设定为固定压力。对各级的主机数量进行圆整化，并实现生产线生产效率最大化。在此条件下，生产线内各单级的分流比和分离系数如表1所示。

表1　生产线内各单级分流比和分离系数

序号	1	2	3	4	5	6	7	8*	9
分流比	0.451	0.454	0.457	0.458	0.459	0.459	0.459	0.458	0.460
分离系数	1.380	1.380	1.384	1.385	1.385	1.386	1.386	1.385	1.386
序号	10	11	12	13	14	15	16	17	18
分流比	0.460	0.460	0.460	0.469	0.457	0.453	0.455	0.452	0.467
分离系数	1.386	1.386	1.386	1.392	1.384	1.381	1.383	1.381	1.390

注：＊为供料点。

2.1 级内部分主机供料过流能力下降对串级的影响

由于单级内部分主机供料能力下降，进入该部分主机内的物料减少，引起单级分离后物料的混合损失增大，分离性能下降。更为严重的是，如果主机的供料孔板被堵塞至一定程度后，主机的分离效应将不存在，甚至发生逆分离现象。即其他主机分离后的工作物质（贫料）由该主机的贫料进入，通过该主机内腔后，由该主机的精料流出。这将更大限度地破坏装架主机群的分离效应，增加单级的混合损失。

现假设生产线中第12级内部分主机的供料过流能力下降，造成进入该部分主机的供料量减少。而减少的流量则进入其他供料过流能力未下降的主机中，计算过程中各个单级的贫料端控制压力均未改变。

当第12级数台主机供料能力下降（下降率分别为-10％、-20％、-30％和-40％），而生产线的供入和产出量不变时，则精料中物料含量（C_P）和贫料中物料含量（C_W）情况偏差如表2所示。

表2　产品中物料中含量偏差

下降率	-10％	-20％	-30％	-40％
C_P	-0.045％	-0.144％	-0.317％	-0.582％
C_W	0.070％	0.365％	0.895％	1.705％

表2的数据说明，当第12级的部分主机供料能力下降，当生产线的供入量和产出量不变时将引起：①精料中物料含量偏离量降低。随着主机供料能力下降率增大，精料中物料含量偏离降低。②贫料中物料含量偏离量增大。随着主机供料能力下降率增大，贫料中物料含量偏离增大。

由于生产的目的是质量合格的产品，这就必须保证精料和贫料中物料的含量在可控范围内。因此，贫料中物料含量增大，供料量就必须减少，以保证贫料中物料含量符合要求。而精料中物料含量的降低，则必须提高端部机组的回流比。因此，当按照产品质量的要求控制时，生产线供入量和产出量偏差如表3所示。

表 3 生产线供入量和产出量偏差

堵塞程度	-10%	-20%	-30%	-40%
F	-0.071%	-0.354%	-0.850%	-1.604%
P	-0.093%	-0.376%	-0.872%	-1.625%
W	-0.093%	-0.375%	-0.871%	-1.625%
η	-0.093%	-0.376%	-0.871%	-1.626%

表3中数据表明，当第12级的部分主机供料能力下降并随着堵塞程度的加大引起：生产线的供料量减少，精料和贫料量减少，效率下降。这与生产线的实际现象是一致的。

2.2 级内部分主机供料过流能力下降对各串级特性参数的影响

另外，当第12单级内部分主机供料能力下降（下降率分别为-10%、-20%、-30%和-40%），在控制产品的质量时，各个单级的分流比及分离系数与方案值偏差数据如表4所示。

表 4 各个单级的分流比及分离系数与方案值偏差

级	-10%		-20%		-30%		-40%	
	θ	γ	θ	γ	θ	γ	θ	γ
1	0.04%	0.007%	0.16%	0.036%	0.38%	0.087%	0.71%	0.152%
2	0.04%	0.007%	0.11%	0.029%	0.24%	0.058%	0.46%	0.101%
3	0.02%	0.000%	0.09%	0.014%	0.18%	0.036%	0.35%	0.072%
4	0.02%	0.007%	0.07%	0.014%	0.13%	0.036%	0.26%	0.058%
5	0.02%	0.007%	0.04%	0.014%	0.13%	0.029%	0.24%	0.051%
6	0.02%	0.007%	0.04%	0.014%	0.11%	0.029%	0.22%	0.051%
7	0.02%	0.007%	0.04%	0.014%	0.11%	0.022%	0.20%	0.043%
8*	0.02%	0.000%	0.04%	0.007%	0.11%	0.022%	0.17%	0.036%
9	0.00%	0.000%	0.02%	0.000%	0.02%	0.000%	0.02%	0.000%
10	0.00%	0.000%	0.00%	0.000%	-0.02%	0.000%	-0.02%	-0.007%
11	0.00%	0.000%	0.00%	0.000%	-0.02%	-0.007%	-0.04%	-0.007%
12	0.00%	-0.303%	0.00%	-1.212%	-0.02%	-2.770%	-0.04%	-5.071%
13	0.00%	0.000%	-0.02%	0.000%	-0.04%	-0.007%	-0.06%	-0.014%
14	0.00%	0.000%	-0.02%	-0.007%	-0.04%	-0.007%	-0.09%	-0.022%
15	0.00%	-0.007%	-0.02%	-0.007%	-0.07%	-0.014%	-0.13%	-0.029%
16	-0.02%	-0.007%	-0.04%	-0.014%	-0.09%	-0.022%	-0.18%	-0.043%
17	-0.02%	-0.007%	-0.07%	-0.014%	-0.16%	-0.036%	-0.29%	-0.065%
18	-0.04%	-0.007%	-0.13%	-0.029%	-0.30%	-0.065%	-0.56%	-0.115%

注：* 为供料点。

由表4中数据可绘制当第12单级内部分主机供料能力下降（堵塞程度分别为-10%、-20%、-30%和-40%），在控制产品质量时，各个单级的分流比偏差情况（图1），各个单级的分离系数偏差情况（图2）。

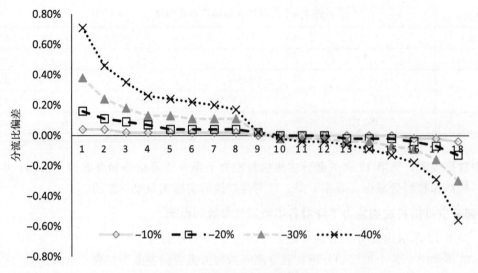

图 1　各个单级的分流比偏差

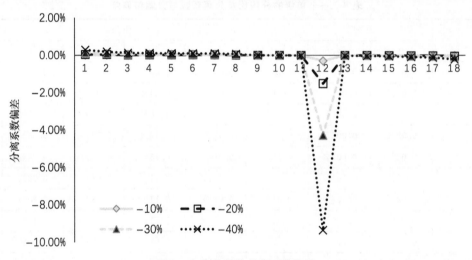

图 2　各个单级的分离系数偏差

数据表明，当第 12 级内部分主机供料能力下降，在控制产品的质量时：①供料点至精料端各单级的分流比将减小，供料点至贫料端各单级分流比将增大；②供料点至精料端各级分离系数将减小，供料点至贫料端各级分离系数将增大；③除第 12 单级外，各单级的分流比变化程度大于分离系数的变化程度；④第 12 单级的分离系数变化程度远大于分流比的变化程度。

以上的假设分析没有考虑单级供料混合不均匀情况，而分流比计算需要单级的供、精、贫"取样"数据，因此对单级的特征分析不易使用分流比数据，而在单级内区段的分析较为适用。

3　摩擦功耗

3.1　测量摩擦功耗的意义

主机正常运行后定期对机组摩擦功耗进行测量，可以判断机器是否过载，以便根据实际情况及时调整工况；另外，根据摩擦功耗的标准偏差变化趋势可以分析机器之间的差异，从而判断是否存在大量主机孔板、料管有堵的异常情况。

3.2 主机供料能力下降的台差表现

标准偏差是一种量度数据分布的分散程度的标准,用以衡量数据值偏离算术平均值的程度。标准偏差越小,这些值偏离平均值就越少,反之亦然。标准偏差的大小可以通过标准偏差与平均值的倍率关系来衡量。

$$\sigma = \sqrt{\frac{1}{n}\sum_{i=1}^{n}(W_i - \overline{W})^2} \text{。} \qquad (4-1)$$

式中,σ 为摩擦功耗的总体标准偏差;$\overline{W}$ 为平均摩擦功耗;W_i 为单台主机的摩擦功耗;n 为主机的运行数量。

测量摩擦功耗时,通常以区段为单位进行。理论上同一个区段内主机的运行状态、流量参数及环境参数基本相同,区段内各机器的摩擦功耗相差较小,因此可以通过标准偏差来分析区段内各机器之间存在的差异。由于部分主机供料孔板堵塞,造成该部分主机的供料量减少,因此,这部分主机的摩功降低,其他部分主机的摩功增大,导致这个单级的摩功标准偏差增大。

4 实际案例

4.1 案例1

某生产线某单级由 2 个区段构成,由于供料压力异常上升,通过取样分析及摩擦功耗测量,判断分离级的特征。分流比、分离系数和区段摩功偏差数据如表 5 所示。

表 5 分离系数及摩功标准偏差数据

	分流比	分离系数	摩功标准偏差
方案值	0.446	1.377	—
X1 区段实测值	0.793	1.249	0.9902
X2 区段实测值	0.334	1.330	0.7963

由表 5 中数据可看出,X1 区段的主机因供料孔板有堵导致级的部分流量进入 X2 区段,导致 X1 区段的分流比远大于 X2 区段,分离系数远小于 X2 区段和方案值,而摩功的标准偏差为 0.9902,远大于 X2 区段的标准偏差。根据数据统计,该区段的摩功标准偏差由之前的 0.7699 上涨到 0.9902,其余区段未发生明显变化。

4.2 案例2

某生产线某单级由 4 个区段构成,通过取样分析及摩功测量,计算得出分流比、分离系数及各区段摩功偏差数据,数据如表 6 所示。

表 6 分离系数及摩功标准偏差数据

		分流比	分离系数	摩功标准偏差
机组	方案值	0.452	1.4832	—
	实际值		1.3473	
Y1 区段实测值		0.4396	1.4406	0.9564
Y2 区段实测值		0.4360	1.4469	0.8726
Y3 区段实测值		0.4381	1.4453	0.9069
Y4 区段实测值		0.4333	1.4497	0.8538

由表 6 中数据可知，由于供料存在混合不均匀，该级的分离系数仅为 1.3473，较方案值偏低 9.163%。其中各区段中分流比从大到小，依次为 Y1＞Y3＞Y2＞Y4；分离系数从大到小，依次为其 Y4＞Y2＞Y3＞Y1；摩功的标准偏差从大到小，依次为 Y1＞Y3＞Y2＞Y4。以上数据表明，该级主机整体存在堵塞情况，其中，Y1 区段与其他区段相比较为严重。

5 结论

通过本文的分析得出如下结论：

（1）主机供料孔板堵塞的单级分流比变化不明显，而分离系数的降低程度较大。另外，由于实际单级的供料存在混合不均匀现象，因此分流比的变化不易用来判别单级变化情况，采用分离系数更合适。

（2）单级内摩擦功耗的标准偏差越大，表明该级机器间的差异越大，可能出现部分机器供料孔板堵塞的情况。

（3）在判断生产线内各单级是否内部分供料孔板堵塞时，可先判断单级的全分离系数变化程度，再对分离系数降低程度大的单级内区段采用分流比和摩功的标准偏差进一步判断。

参考文献：

[1] 应纯同. 同位素分离级联理论 [M]. 北京：中国原子能出版社，1986.

[2] 黄文旭，张庆，苗俊红，等. 概率论与数理统计 [M]. 北京：清华大学出版社，2011.

Characteristic analysis of the clogging of the host feed orifice plate

LI Gang

(Sichuan Honghua Industrial Co. , Ltd. , Emeishan, Sichuan 614200, China)

Abstract: With the growth of operating time after the mainframe was put into operation, the production capacity of the productionstring stage gradually decreased, among which the mainframe feed orifice plate clogging is the main reason for the decrease in capacity. The blockage of the mainframe feed orifice plate is a common phenomenon, but some of the production cascade levels have more serious problems of this kind. In order to determine the blockage of the mainframe, improve the reliability of the production cascade system and provide a basis for later calculation parameter correction. Therefore, it is worth thinking about the method to determine the clogging of the mainframe feed orifice plate at a certain level. The characteristic parameters include flow separation ratio, separation coefficient and friction power consumption (FPC) . Among them, the shunt ratio and separation coefficient are important parameters reflecting the single-stage separation performance, and the friction power is an important parameter reflecting the operation status of the host. In the process of production operation, the single-stage "sampling" analysis can be calculated to obtain the single-stage flow ratio and separation coefficient, and the FPC data of each main engine can be measured by special equipment. For this purpose, the impact of a single stage on a series of stages with different levels of blockage is simulated and the degree of variation of the single stage characteristics is compared. The results show that the separation coefficient and the shunt ratio of each single stage change, but the separation coefficient of a blocked stage changes to a much greater extent than the shunt ratio. In addition, to further judge the situation within a single stage, the standard deviation of the mainframe friction power consumption data can be statistically analyzed to reflect the variability of the mainframe and screen the blocked zones within a single stage.

Key words: Host; Blockage; Separation coefficient; Frictional power consumption; Standard deviation

无损检测在碳纤维复合材料筒体上的应用

徐静璇，王海燕，张冬冬

（核工业第八研究所，上海　201800）

摘　要：碳纤维复合材料具有质量轻、强度高及耐高温等特性，在高性能新材料等领域中有着广泛应用。然而，碳纤维复合材料在加工过程中容易产生裂痕、夹杂及分层等结构缺陷，导致材料使用过程存在极大的安全隐患。无损检测技术在碳纤维复合材料结构与完整性评价中有良好的应用价值，对保证材料及结构件的平稳可靠运行有着重大意义。本文通过采用无损检测方法——工业 CT 和超声 C 扫描，对碳纤维复合材料筒体的原始缺陷进行判断表征，分析碳纤维复合材料缺陷的存在类型及筒体内的分布情况。实验结果表明，碳纤维复合材料各层之间的交界区是原始缺陷最易存在的地方，这些原始缺陷增加了其早期开裂失效的风险。通过使用前的预先检测，可判断原始缺陷的严重程度，并在材料的使用过程中予以特别关注，也能进一步优化碳纤维复合材料的生产加工工艺，减少原始缺陷的存在。

关键词：碳纤维复合材料；工业 CT；超声 C 扫描

碳纤维复合材料是一种具有高强度、轻质化和优异的耐腐蚀性能等特点的新型材料。在航空航天、汽车、建筑、体育器材等领域得到了广泛应用[1]。然而，由于其材料特性与制造工艺的限制，碳纤维复合材料存在着难以发现的隐患和缺陷，如微裂纹、孔洞和层间剥离等。这些缺陷可能会导致材料的强度、刚度等力学性能下降，从而影响部件的安全性、可靠性和使用寿命。为了及早发现和修复碳纤维复合材料中的缺陷，无损检测技术被广泛应用[2-3]。

在碳纤维复合材料的无损检测中，因为碳纤维复合材料具有各向异性、非均匀性和多层次的结构，所以需要采用合适的检测方法来解决这些问题。此外，由于制造工艺的不同，材料中的缺陷类型和位置也会有所不同。因此，碳纤维复合材料的无损检测是现代材料研究领域的一个重要方向。目前，工业 CT 和超声 C 扫描作为非破坏性检测技术已经广泛应用于检测金属、塑料、陶瓷等材料的缺陷检测和质量控制，但其在碳纤维复合材料领域目前研究较少[4-6]。本文采用工业 CT 和超声 C 扫描对碳纤维复合材料筒体的原始缺陷进行了测试表征，分析了碳纤维复合材料缺陷的存在类型及筒体内的分布情况。实验结果表明，碳纤维复合材料各层之间的交界区是原始缺陷的最易存在的地方。通过无损检测可以提前有效检测出缺陷情况，从而更好地保障碳纤维复合材料在各个领域的安全性和可靠性。

1　工业 CT、超声 C 扫描原理及设备

1.1　工业 CT 原理及设备

工业 CT 是通过将物体放置在旋转平台上，并使用 X 射线或 γ 射线等能量较高的辐射源进行扫描，然后测量从不同方向进入和穿过物体的射线强度，最终重建出三维立体图像，以实现对物体内部结构的非破坏性检测与分析[5]。本文采用的工业 CT 设备主要为英华检测的 phoenix v | tome | x m CT 系统。

1.2　超声 C 扫描原理及设备

超声 C 扫描无损检测是利用超声波在被检测物体内传播时的反射、散射和透射等特性，通过探头对被检材料进行扫描并记录回波信号进行分析，以检测和评估被检测物体内部缺陷、异物、裂纹等

作者简介：徐静璇（1993—），女，工程师，主要从事复合材料制品研发及性能研究工作。

缺陷程度及位置的一种检测方法[6]。本文采用的超声 C 扫描设备主要为美国 UPK-T24 水浸式超声 C 扫描系统。

2 工业 CT 检测分析

工业 CT 和超声 C 扫描是无损检测技术中两个重要的检测方法，研究采用工业 CT 及超声 C 扫描的方法对碳纤维复合材料筒体（长度 100 mm）的原始缺陷情况进行了分析。首先采用工业 CT 对碳纤维复合材料筒体进行检测。图 1 为进行工业 CT 检测的碳纤维复合材料三维立体图，图 2 给出了碳纤维复合材料筒体缺陷体积分布统计情况。

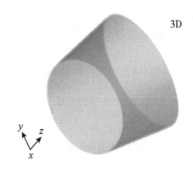

图 1　工业 CT 检测的碳纤维复合材料三维立体图

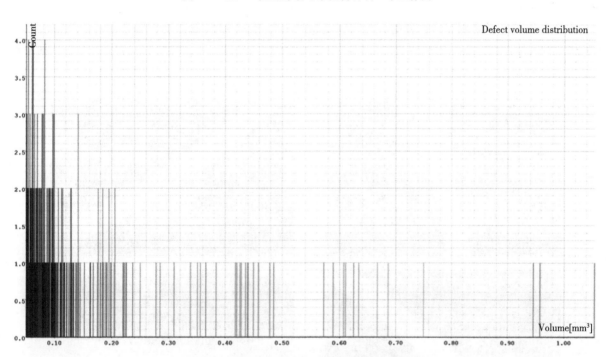

图 2　碳纤维复合材料筒体缺陷体积分布统计

由图 2 可知，大部分的缺陷都小于 0.6 mm³，有少量缺陷体积位于 0.6～1.06 mm³，碳纤维复合材料筒体缺陷总体分布情况如表 1 所示。

表 1　碳纤维复合材料筒体缺陷总体分布情况

类别	缺陷总体积/mm³	材料总体积/mm³	总面积/mm²	孔隙率	0.6 mm³ 以上缺陷总体积/mm³	0.6 mm³ 以上缺陷占比
数量	40.594	97 069.188	1054.095	0.04％	7.536	18.56％

由表 1 可知，碳纤维复合材料筒体孔隙率为 0.04%，其中大部分缺陷在 0.6 mm³ 以下，0.6 mm³ 以上的缺陷总体积为 7.536 mm³，占总体缺陷体积的 18.56%。碳纤维复合材料管缺陷分布情况如图 3 所示。

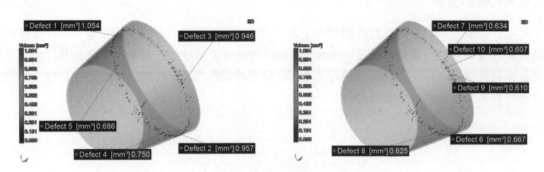

图 3　碳纤维复合材料管缺陷分布情况

由图 3 可知，这些缺陷的分布位置基本在一个圆周内，距离筒体的边缘大约 2 cm，完全可以排除因端面切割加工而引起的。除该圆周区域外，很少有较大的缺陷存在，零星的缺陷也在 0.2 mm³ 以下，测试的最小分辨率为 0.05 mm³，所以其他未能捕获缺陷的位置即使有缺陷，也小于 0.05 mm³。

图 4 给出了这些较大缺陷在复合材料筒体壁厚方向上的分布情况，为了更好地分析这些缺陷的分布形式，根据标尺分析了这些缺陷距离复合材料筒体内壁的分布距离，如表 2 所示。由表 2 可知，这些较大缺陷距离复合材料筒体内壁的分布距离主要集中在 1.03~1.1 mm 的位置，占比达 80%。由图 4 可知，较大缺陷距主要分布在复合材料筒体内壁的中间位置附近。推测这些地方应该位于环向缠绕层和螺旋缠绕层之间。

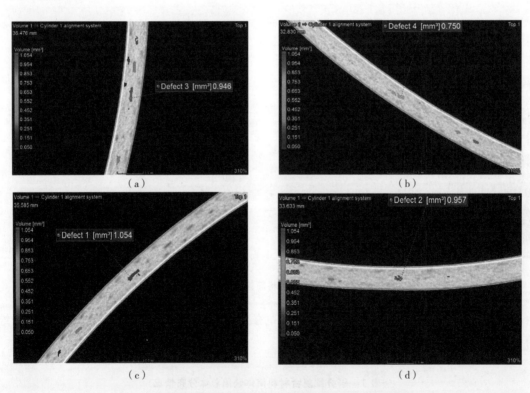

图 4　碳纤维复合材料筒体典型缺陷厚度方向上的分布情况

表 2　碳纤维复合材料筒体典型缺陷厚度方向上的分布位置统计情况

序号	缺陷大小/mm³	中心分布位置/mm	序号	缺陷大小/mm³	中心分布位置/mm
1	1.054	0.9375	6	0.667	1.0315
2	0.957	1.0315	7	0.634	1.0625
3	0.946	1.0625	8	0.625	1.0000
4	0.750	1.0315	9	0.610	1.125
5	0.686	0.4065	10	0.607	1.094

　　为了进一步验证缺陷的所在位置，我们对碳纤维复合材料结构进行了分析。碳纤维复合材料的整体结构为两层，内层为铝内衬，外层为碳纤维复合材料，该复合材料包括五层，从内向外分别为环向层、螺旋层、环向层、螺旋层、环向层。碳纤维复合材料各层厚度及缺陷分布情况如图 5 所示。

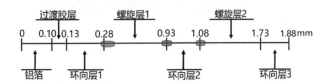

图 5　碳纤维复合材料各层厚度及缺陷分布情况

　　由图 5 可知，碳纤维复合材料的缺陷整体分布多集中在螺旋层与环向层之间，10 个较大的缺陷点中，有 8 个集中在 1.08 的位置，在 0.93 左右和 0.28 左右各有 1 个点，说明在碳纤维复合材料环向层和螺旋层交界的位置附近是其结构中原始缺陷最易存在的地方，这是因为铺层的变化容易形成纤维架空，气泡容易积聚。在加载的过程中，这些缺陷的存在会增加交界层开裂的可能性，为环向层碳纤维复合材料断裂之间、环向层与螺旋层之间的界面早期开裂提供了有利的条件。

3　超声 C 扫描检测分析

　　为了进一步验证样品缺陷的分布，我们同时采用超声 C 扫描对样品的缺陷情况做了检测，超声 C 扫描也是一种十分有效的复合材料无损检测方法，该方法与工业 CT 相比，分辨率要低些，但同样可以有效地表征复合材料的内部缺陷，碳纤维复合材料的超声 C 扫描的测试结果如图 6 所示。

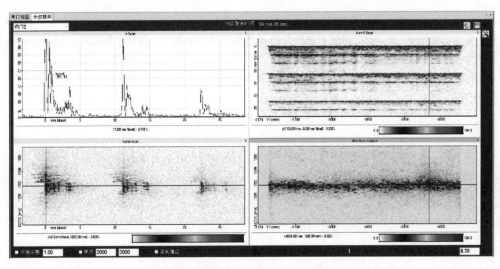

图 6　碳纤维复合材料的超声 C 扫描的测试结果

由图 6 可知，通过超声 C 扫描可以发现碳纤维复合材料内部 3 个比较大的缺陷，其分布位置与 CT 检测结果基本相同，在距离边缘约 20 mm 的圆周上，碳纤维复合材料筒体超声 C 扫描的定位情况如图 7 所示。

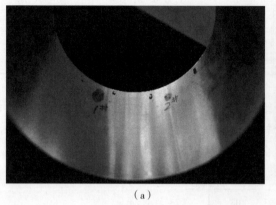 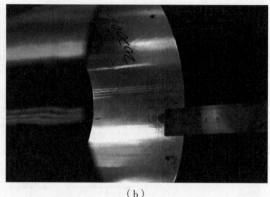

（a）　　　　　　　　　　　　　　　　　（b）

图 7　碳纤维复合材料筒体超声 C 扫描的定位情况

结合复合材料筒体 CT 的检测结果，可以发现超声 C 扫描与获得的缺陷应是 CT 扫描测试结果的最大的 3 个缺陷：1.054 mm^3、0.957 mm^3、0.946 mm^3，由此可以认为，碳纤维复合材料超声 C 扫描的最小检测缺陷在 0.9 mm^3 以上，同时进一步证明了碳纤维复合材料环向层与螺旋材料层之间是缺陷易发区，这些较大的缺陷增加了其早期开裂失效的风险。

4　结论

本文通过对碳纤维复合材料筒体进行 CT 和超声 C 扫描检测，可得出以下结论：

（1）碳纤维复合材料环向层和螺旋层交界的位置附近是其结构中原始缺陷最易存在的地方。

（2）碳纤维复合材料筒体内部微观缺陷大多小于 0.6 mm^3，部分大缺陷可以达到 0.9 mm^3。这些缺陷在碳纤维复合材料筒体加载的过程增加了早期开裂失效的风险。

（3）通过预先无损检测，可判断原始缺陷的严重程度，也能进一步优化碳纤维复合材料的生产加工工艺，控制产品质量，减少原始缺陷的存在。

参考文献：

[1] 齐姝婧，韩勇锡，李梦涵，等．碳纤维复合材料的应用领域及预测 [J]．化学工业，2021，39（2）：33-35.

[2] 王永伟，朱波，曹伟伟，等．碳纤维复合材料导线 X 射线无损检测技术开发及应用 [J]．化学分析计量，2015，23（5）：72-74.

[3] 张昭，肖迎春，李闵行，等．激光超声技术在航空碳纤维复合材料无损检测中的应用 [J]．航空工程进展，2015，5（3）：269-274.

[4] 赵洪宝，马丹，马超群，等．航空用碳纤维复合材料典型缺陷无损检测技术研究 [J]．电子制作，2020（24）：35-37.

[5] 董方旭，王从科，赵付宝，等．工业 CT 检测工艺参数对复合材料检测图像质量的影响 [J]．无损检测，2017，39（12）：15-19.

[6] 高伟．复合材料扫查方向对喷水超声 C 扫描结果影响的探讨 [J]．无损探伤，2020，44（2）：13-16.

Application of non-destructive testing on carbon fiber composite cylinder

XU Jing-xuan, WANG Hai-yan, ZHANG Dong-dong

(Eighth research institute of nuclear industry, Shanghai 201800, China)

Abstract: Carbon Fiber Composites (CFC) is widely used in aerospace and other fields due to its light weight, high strength and high temperature resistance. However, CFC materials are prone to crack, inclusion, delamination and other structural defects during processing, which lead to great potential safety hazards in the use of materials. Non-destructive testing (NDT) technology has good application value in the structural and integrity evaluation of CFC, and is of great significance in ensuring the smooth and reliable operation of materials and structural components. This article adopts NDT methods such as industrial CT and ultrasonic C-scan to determine and characterize the original defects of CFC cylinders, and analyzes the types of defects in CFC and their distribution inside the cylinder. The experimental results indicate that the boundary zone between the layers of CFC is the most prone location for original defects, which increases the risk of early cracking failure. By pre-testing before use, the severity of the original defects can be determined and special attention can be paid during the material's use. It can also further optimize the production and processing technology of CFC and reduce the presence of original defects.

Key words: Carbon fiber composites; Industrial CT; Ultrasonic C-scan

高强 4 号玻璃纤维线密度检测优化研究

张冬冬[1]，侯力飞[2]，沈　伟[1]

[1. 核工业第八研究所，上海　201800；2. 中核（天津）机械有限公司，天津　300300]

摘　要： 在某设备复合材料成型中需要同时使用 2 股高强 4 号（S4）玻璃纤维进行缠绕，根据质量文件规定，缠绕使用的 2 团玻璃纤维，两者线密度之和需要在规定的范围之内，因此玻璃纤维需要根据线密度大小进行配对后使用。对现阶段玻璃纤维线密度的分布情况进行了测试，并按照正态分布对随机配对的 2 团玻璃纤维线密度之和的分布情况进行了分析，取消配对作业后依然能够满足原技术指标要求的概率约为 98%。综合分析后最终确定：取消原先对 S4 玻璃纤维进行线密度全检后，再根据线密度之和规定进行两两配对的作业步骤。推荐采用对同一批次 S4 玻璃纤维进行抽检的方式控制玻璃纤维线密度波动，以达到在保证产品质量的同时，进一步提高生产效率的目的。

关键词： 高强 4 号；玻璃纤维；线密度检测

高强玻璃纤维因其优异性能得到广泛应用[1]。在某复合材料缠绕成型中会使用到 S4 玻璃纤维。根据现行的缠绕工艺技术条件，成型的同时使用经过线密度配对的两股 S4 玻璃纤维进行缠绕。由于纤维的体密度基本是恒定的，因此，线密度实际反映的是纤维的细度。在Ⅰ代产品中，复合材料最外层为玻璃纤维缠绕，如果两股纤维粗细相差较大，最终成型的复合材料会出现表面凹凸不平的情况，导致复合材料表面质量无法满足技术要求。因此，质量文件规定，缠绕复合材料使用的 2 团玻璃纤维需满足两者线密度之和在规定的范围之内，就是通常所说的纤维配对。为此，S4 玻璃纤维需要对线密度进行全检。在Ⅱ代复合材料缠绕时，S4 玻璃纤维的技术要求和检测规范沿用了Ⅰ代产品质量文件规定。

近年来，随着 S4 玻璃纤维工艺的不断进步，制备 S4 玻璃纤维的工艺方法从原先的两步"坩埚法"改为了更先进的一步"池窑法"[2-3]，玻璃纤维的质量稳定性包括线密度波动都有明显提升。另外，在Ⅱ代产品复合材料中，玻璃纤维缠绕于内层，外层需要再缠绕碳纤维。因此，一方面，玻璃纤维在Ⅱ代复合材料中的比例与Ⅰ代产品相比已大幅减少；另一方面，Ⅱ代复合材料表面为碳纤维，内层缠绕的玻璃纤维粗细不均匀对最终复合材料表面质量影响也大幅降低。在此前提下，针对提高生产效率的迫切需求，有必要开展玻璃纤维检测流程优化工作，研究取消玻璃纤维配对流程的可行性。

1　原材料及仪器设备

玻璃纤维：高强 4 号（S4），南京玻璃纤维研究设计院有限公司；

分析天平：XS - 205，精度 0.1 mg，梅特勒-托利多集团公司；

缕纱测长仪：YG086 型，常州第二纺织机械厂有限公司。

2　分析与讨论

根据质量文件规定，缠绕复合材料使用的 S4 玻璃纤维线密度应满足以下技术条件：批次内：106～118 tex，配对使用的 2 团玻璃纤维线密度之和应在 220～227 tex 范围内。分别对现阶段玻璃纤维的线密度团内和批次内分布情况进行测试，分析解现阶段 S4 玻璃纤维线密度的波动情况。

作者简介：张冬冬（1985—），男，山西长治人，硕士，现主要从事碳纤维复合材料性能研究工作。

2.1 团内线密度波动情况

在复合材料制品缠绕中玻璃纤维是连续使用的，而在线密度检测时所取的样品实际是每团纤维开始的一小段，因此需要检测 S4 玻璃纤维在团内的线密度波动情况，以评估线密度测试结果的可靠性。

在中核（天津）机械生产现场随机抽取了 2 团 S4 玻璃纤维，开展了团内线密度的波动情况分析。具体测试过程如下：使用缕纱测长仪和分析天平，每 10 m 称量 1 次玻璃纤维重量，对整团约 3300 m 的玻璃纤维进行线密度的测试分析。每团玻璃纤维测得 329 个数据，2 团玻璃纤维线密度波动分析如表 1 所示，使用 Minitab 软件对 2 团纤维的线密度在团内的总体分布情况分析如图 1 所示。

表 1　玻璃纤维团线密度波动分析

样本编号	样本数量	均值	最小值	最大值	离散系数
1#	329	109.4	107.9	111.1	0.53%
2#	329	112.1	110.1	113.7	0.60%

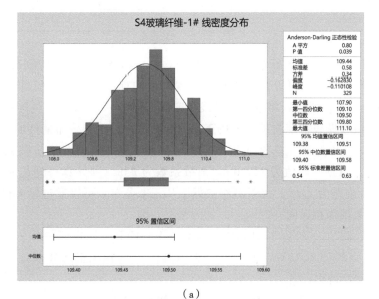

（a）

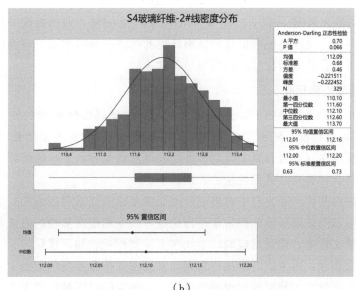

（b）

图 1　玻璃纤维 1# 和 2# 团内线密度分布

由表 1 可知，抽取的 2 团玻璃纤维的线密度在团内分布均满足 106～118 tex 技术指标要求，且离散系数均在 1％以内，线密度的团内波动很小。说明在测试线密度时取起头的一段纤维进行测试获得的线密度结果，用以对整团纤维的线密度进行评估的方法是可靠的。另外，由图 1 可知，玻璃纤维在团内的线密度分布基本符合正态分布特征。

2.2 批次内线密度波动情况

另外，对中核（天津）机械厂提供的 2022 年玻璃纤维线密度批次检测结果进行汇总分析，如表 2 所示。

表 2 2022 年玻璃纤维线密度批次检测结果

试样批次	样本数量	均值	最小值	最大值	离散系数
220109	30 836	112.0	106.1	115.0	1.84％
220401	30 732	112.2	108.4	112.1	1.72％
220510	34 811	112.4	107.3	115.7	1.50％
220612	11 798	111.5	108.8	114.8	1.48％

由表 2 可知，4 个批次 S4 玻璃纤维的线密度分布均在指标范围之内，离散系数都小于 2％。

在测得批次线密度数据后，可以通过批次线密度均值和标准差，计算配对后线密度值落在区间 [220，227] 的概率。为方便描述，将批次测得线密度数据称为 A 组数据，将配对后得到的线密度数据称为 B 组数据。A 组数据线密度测试数据按正态分布处理，由正态分布的性质可知，B 组线密度数据同样符合正态分布，且均值和方差为 A 组数据相应值的 2 倍。具体分析步骤如下：基于表 2 中测得的批次线密度即 A 组数据的均值为 112 tex，离散系数为 2％。则计算得到相应配对后数据即 B 组数据的均值为 224，标准差为 3.16。由于 B 组数据服从正态分布，可以通过标准化转化为标准正态分布的概率，计算 B 组数据落在区间 [220，227] 的概率，即

$$P(220 \leqslant B \leqslant 227) = P[220 - E(B)] / \sigma B \leqslant [B - E(B)] / \sigma B \leqslant [227 - E(B) / \sigma B]$$
$$= P[(-4.43) \leqslant Z \leqslant (1.26)]（其中，Z 为标准正态分布）。$$

使用正态分布表计算得到：

$$P[(-4.43) \leqslant Z \leqslant (1.26)] \approx 0.9782。$$

因此，B 组数据的值在区间 [220，227] 之间的概率约为 98％，即随机配对后数据的值绝大多数情况下能落在这个区间内。也就是说根据目前玻璃纤维的线密度分布情况，现场随机取用 2 团玻璃纤维，发生线密度之和不符合技术指标情况的概率是非常小的。

2.3 S4 玻璃纤维线密度检测优化

由前文的分析可知：①无论是团内，还是批次内，S4 玻璃纤维线密度的波动都较小；②根据目前 S4 玻璃纤维线密度波动情况，随机配对线密度值符合配对技术指标要求的概率约为 98％；③在 Ⅱ代产品中，玻璃纤维缠绕在复合材料制品内层，外层有厚度约 1.5 mm 厚的碳纤维层。因此，玻璃纤维线密度波动对 Ⅱ代复合材料产品表面质量的影响极小。

综合以上分析，在对 Ⅱ代产品生产中对玻璃纤维线密度检测要求可以放松，无须进行线密度密度配对，因此不再需要对每团玻璃纤维的线密度进行全检，而采用批次抽检的方式对玻璃纤维线密度进行质量控制。批次质量文件中，建议对玻璃纤维线密度检测作业做如下优化：

取消玻璃纤维配对作业，参考碳纤维抽样规则，在线密度指标不变的前提下，将入库玻璃纤维线密度由全检改为抽检根据批次供货对应的玻璃纤维团数，相应的批次抽检数量按表 3 执行。

表 3　玻璃纤维线密度入库检测抽样

批量范围	样本大小
2～15	2
16～50	3
51～150	5
151～500	8
501～3200	13
3201～35 000	20
35 001～50 000	32
≥50 001	50

　　抽检的玻璃纤维线密度需满足 106～118 tex 的技术指标要求。如不满足要求，则需加倍抽样量进行复测，复测合格后方可使用。

3　结论

　　通过对现阶段 S4 玻璃纤维团内和批次内的线密度检测分析可以得到以下结论：

　　（1）随机抽样 2 团玻璃纤维线密度团内离散系数均小于 1%，线密度在团内的波动极小，说明取起头的一段纤维对该团纤维的线密度进行评估是可靠的。

　　（2）4 个批次的 S4 玻璃纤维线密度检测结果显示，批内的离散系数都小于 2%，批次内线密度波动较小，批次线密度均值基本在 112 tex 左右。

　　（3）根据批次线密度的均值和离散分布结果，按照正态分布对随机配对线密度之和的分布情况进行了评估，结果显示符合技术指标要求的概率约为 98%。

　　（4）根据现阶段 S4 玻璃纤维线密度分布规律，以及玻璃纤维对 II 代复合材料产品表面质量影响较小的实际情况，建议以批次抽检替代原先线密度全检来实现对玻璃纤维线密度的总质量控制。

参考文献：

[1]　祖群，陈士洁，孔令珂．高强度玻璃纤维研究与应用 [J]．航空制造技术，2009（15）：4.

[2]　刘劲松．坩埚法玻璃纤维生产技术现状与发展 [J]．玻璃纤维，2005（4）：5 - 8.

[3]　唐秀凤．连续玻璃纤维发展及生产工艺简介 [C] //2005 年电子玻璃学术交流研讨会论文集，2005：70 - 77.

Research on detection of linear density of high-strength S4 glass fiber

ZHANG Dong-dong, HOU Li-fei, SHEN Wei

[1. Eighth research institute of nuclear industry, Shanghai 201800, China;
2. China Nuclear (Tianjin) Machine Co. , Ltd. , Tianjin 300300, China]

Abstract: In the molding of a certain equipment composite material, two strands of high-strength No. 4 (S4) glass fibers need to be wound at the same time, so the glass fibers are used in pairs. The quality document stipulates that the sum of the linear densities of the two glass fibers used for winding must be within the specified range, so the glass fibers need to be paired according to the linear density. The distribution of the linear density of glass fibers at the present stage was tested, and the distribution of the sum of the linear densities of two groups of glass fibers randomly paired was analyzed according to the normal distribution. The probability is about 98%. After a comprehensive analysis, it is finally determined: cancel the original full inspection of the linear density of the S4 glass fiber, and then perform pairwise pairing operations according to the sum of the linear densities. It is recommended to control the fluctuation of glass fiber linear density by random inspection of the same batch of S4 glass fiber, so as to achieve the purpose of further improving production efficiency while ensuring quality.

Key words: S4; Glass fiber; Linear density test

U 形复合材料波纹管结构设计理论分析

朱朝文，王海燕

（核工业第八研究所，上海　201800）

摘　要：近年来，高速同位素分离设备对柔性复合材料波纹管提出了较高的应用需求，本文以 U 形复合材料波纹管作为研究对象，从分离设备的设计要求出发，建立了复合材料波纹管弯曲性能及动态性能理论分析方法并通过实验验证。研究表明影响复合材料波纹管弯曲刚度的参数主要包括波纹段高度、厚度、波纹宽度及外保护层厚度、纤维材料等；同时纤维材料和波纹管的协调变形对复合材料波纹管高转速下的动态性能影响较大。因此，在复合材料整体结构设计中应根据设计指标综合考虑确定波纹管的波高、厚度、波宽等参数，并选择适宜的纤维材料并合理搭配，以进一步改善波纹管的弯曲刚度和动态性能。

关键词：复合材料波纹管；结构设计；弯曲刚度；动态性能

对于特种高速运行设备，提高运行速度是提升设备效率的常用手段[1]，而设备的固有频率导致了其最高运行速度有了明确限制。因此，设计上会采用波纹管作为连接件，以降低固有频率，使设备低速通过临界。

满足该条件的波纹管一方面需拥有良好的柔性，降低整个设备的临界速度，即较低的弯曲刚度；另一方面，运行速度的提升往往会对设备的整体结构、材料的性能提出很高的要求。另外，应用在这种场合中的波纹管也需要具有很高的强度，确保在长久的运行过程不发生破坏，维持设备的平稳运行。

复合材料相比金属材料，具有更高的比强度、比模量，能够承受较高的运行速度。本文选择纤维增强复合材料作为波纹管材料，结合复合材料的成型工艺及波纹管的性能特点，对 U 形复合材料波纹管开展分析评价，主要包括其弯曲刚度和动态性能。复合材料波纹管弯曲刚度数值的大小，决定了其降低设备临界速度的能力[2]；动态性能包括其在运行工况下的变形量、应力分布情况等，决定了其本身能否满足强度方面的要求。

目前，国内外的学者们对波纹管的研究主要应用于管道场合，内容涵盖了波纹管的设计方法、性能研究[3]。修筑等[4]通过 Nastran 对 U 形波纹管的轴向刚度进行了模拟分析，得到了厚度对其的影响关系，对波纹管轴向刚度计算公式进行了修正。李上青[5]基于 ANSYS 仿真，确定了波纹管的疲劳破坏位置，得到了波纹管尺寸参数与疲劳寿命的关系。舒朝霞等[6]对柔性转子用波纹管的弯曲刚度进行了测试方法研究，比较了轴向施力法、水平支撑法和静态激振法。

1　U 形复合材料波纹管结构

复合材料波纹管分析模型结构如图 1 所示，由波纹管、外保护层组成。波纹管部分为纤维增强复合材料，上下端为圆柱形结构，中间波纹段结构横截面呈 U 形。U 形波纹段由内外模具压制而成，波纹段中间圆角半径等于外模半径，波纹段两端圆角半径等于内模半径。波纹管的上下端为外保护层，模拟波纹管实际工况中的被连接设备。其中，复合材料波纹管、外保护层可以由不同的复合材料材料制成，在设计过程中需要进行区分。

作者简介：朱朝文（1993—），男，江苏盐城人，工程师，硕士，主要从事机械设计仿真相关工作。

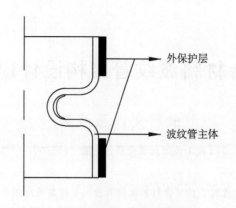

图 1　U 形复合材料波纹管结构

2　复合材料波纹管模拟计算

2.1　模型假设

为了简化复合材料波纹管的模拟计算，对上述模型进行假设：

（1）不考虑加工误差，波纹段为标准的 U 形结构；

（2）波纹管为 360°轴对称结构；

（3）不同结构处的复合材料皆为正交各向异性；

（4）复合材料各缠绕层紧密贴合且无预应力。

2.2　弯曲刚度模拟计算

2.2.1　计算方法

波纹管形状复杂且复合材料属于各向异性材料，无法进行常规的理论计算，借助模拟软件对复合材料波纹管的弯曲刚度进行计算分析。为了方便后续对比试验结果，模型的弯曲刚度计算方式如图 2 所示。

在复合材料波纹管模型的上方放置一块圆形夹板，并在距离夹板中心 $R2$ 位置施加大小为 F 的力。进行计算模拟后，读取夹板两侧的高度变化情况，提取出高度差 a。之后根据夹板尺寸得到夹板的偏转角 θ，最后计算出弯曲刚度 K[7]。

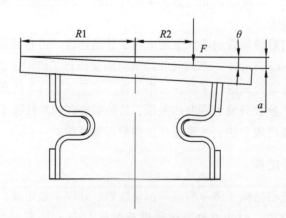

图 2　模型的弯曲刚度计算方法

2.2.2　材料与铺层的定义

将波纹管、外保护层定义为不同材料，分别输入材料特定参数。将夹板定义为金属各向同性材料，为了保证夹板在载荷的作用下保持平整不变形，夹板材料要有足够高的弹性模量。根据图 1 结构，将波纹管轴向分为两段，定义不同的铺层，分别为"波纹管＋外保护层"和波纹管。

波纹管部分是由复合材料按照特定角度制成的对称层合板结构。根据经验，对称铺层的对数不会影响计算的结果，故可将主体部分简化为一组铺层方向为 $\pm\alpha$ 的对称层合板。外保护层为环向成型，铺层可以简化为单一的 $0°$ 波纹管铺层，波纹管整体网格模型如图 3 所示。

2.2.3　载荷与计算

在施加载荷 F 时选取如图 2 中 $R2$ 位置附近的节点，之后将力 F 均分作用在这些节点上。约束面为整个波纹管的下表面，约束类型为固定。计算完成后整个模型高度方向的位移如图 4 所示。根据节点位移情况读取出下降高度 a，完成弯曲刚度计算。

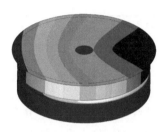

图 3　波纹管整体网格模型　　　　图 4　波纹管弯曲变形

2.3　动态性能模拟计算

在高速运行条件下，复合材料波纹管会受到载荷的影响，朝外侧扩张变形。波纹管在轴向上存在 U 形波纹段，波纹段上各部分在同一运行速度下受到的载荷也存在不同，这导致两者之间的变形不一致，波纹段形状将会发生改变。

2.3.1　单元和材料设置

由于运行工况下载荷沿着周向处处对称，所以采用二维轴对称平面单元模拟计算。将复合材料波纹管中的波纹管、外保护层定义为不同材料，需要根据成型工艺条件计算复合材料的层合板力学性能。

2.3.2　载荷和计算

模拟实际工况下的载荷进行计算，得到复合材料波纹管在运行工况条件下的变形量和应力分布情况，结果如图 5、图 6 所示。

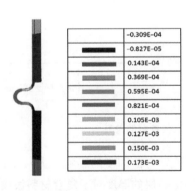
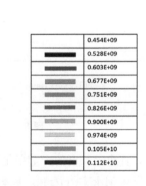

-0.309E-04	0.454E+09
-0.827E-05	0.528E+09
0.143E-04	0.603E+09
0.369E-04	0.677E+09
0.595E-04	0.751E+09
0.821E-04	0.826E+09
0.105E-03	0.900E+09
0.127E-03	0.974E+09
0.150E-03	0.105E+10
0.173E-03	0.112E+10

图 5　运行工况下波纹管变形量　　　图 6　运行工况下波纹管应力分布

3　复合材料波纹管弯曲刚度影响因素分析

3.1　几何参数影响

基于上述复合材料波纹管弯曲刚度计算方法，进行波纹段不同波高、不同厚度、不同波宽等几何参数下的波纹管弯曲刚度计算，得到结果如图 7 所示。

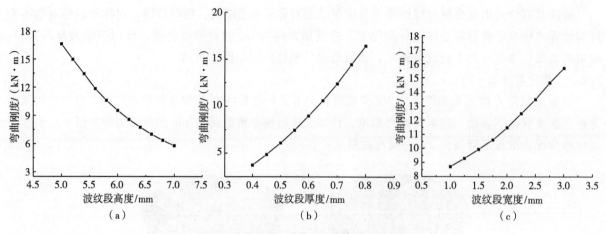

（a）　　　　　　　　　（b）　　　　　　　　　（c）

图7　弯曲刚度与波纹段几何参数的关系

由图7可知，随着波纹段高度的增加，复合材料波纹管的弯曲刚度是下降的；随着波纹段厚度的增加，复合材料波纹管的弯曲刚度上升；波宽对于复合材料波纹管弯曲刚度的影响也较大，随着波宽的增加复合材料波纹管弯曲刚度显著增加，所以在复合材料波纹管进行结构设计时，应根据实际弯曲刚度的指标要求，选择合适的波纹段高度、厚度及波宽参数。

此外，模拟计算了波纹管直边段长度、外保护层厚度对复合材料波纹管弯曲刚度的影响情况，如图8所示。

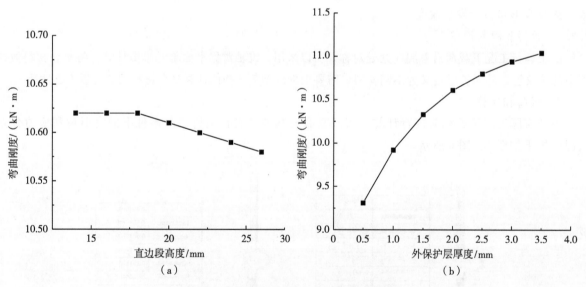

（a）　　　　　　　　　　　　　　（b）

图8　弯曲刚度与直边段几何参数的关系

由图8可知，直边段长度的少量变化对复合材料波纹管弯曲刚度的影响不大，其长度增加12 mm，其弯曲刚度仅下降0.04 kN·m/rad，基本可以忽略。外保护层的厚度对于复合材料波纹管的弯曲刚度也有一定影响，随着厚度的增加，这种影响逐渐减小，后趋于稳定。

3.2　材料选择影响

材料对于复合材料波纹管弯曲刚度的影响在于弹性模量的大小。对采用不同弹性模量纤维材料加工的波纹管进行弯曲刚度计算，得到结果如图9所示。由图可知，复合材料波纹管弯曲刚度随着波纹管加工材料弹性模量的增加而增加；而与外保护层材料弹性模量关系不大。

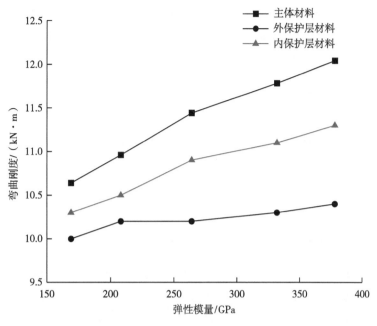

图 9 弯曲刚度与材料的关系

3.3 弯曲刚度理论分析结果的实验验证

研究采用复合材料波纹管弯曲刚度的检测试验来验证理论分析结果的可靠性,弯曲刚度测试装置如图 10 所示,采用上海申克机械有限公司的 RSA - 20 型万能试验机。试验前将位移传感器测点置于上夹板上,保持接触,数据清零。测试开始时,将移动横梁置于上夹板的指定偏置点处,并通过软件施加指定的载荷。待位移传感器数值稳定时读取数据,计算得到上夹板左右两侧的高度差。之后根据载荷、偏心距及上夹板的直径计算出复合材料波纹管的弯曲刚度,计算方法见 2.2.1。

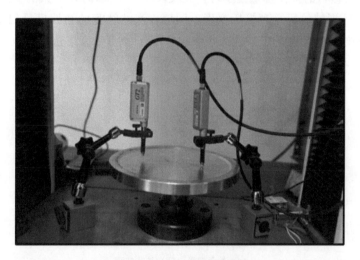

图 10 弯曲刚度测试装置

对 3 款不同几何尺寸的复合材料波纹管及 3 款几何尺寸相同但内外层增强材料存在差别的复合材料波纹管进行弯曲刚度测试。根据结构参数将弯曲刚度试验结果与模拟分析得到的结果分别进行对比,如表 1 和表 2 所示。

表 1 不同结构参数波纹管弯曲刚度试验与模拟结果对比

版型	试验结果/（kN·m/rad）	模拟结果/（kN·m/rad）
U1	3.34	3.31
U4	10.36	10.38
U5	6.06	6.57

表 2 结构参数相同外保护层材料不同的波纹管弯曲刚度试验与模拟结果对比

波纹管编号	外保护层材料	试验结果/（kN·m/rad）	模拟结果/（kN·m/rad）
2020 – b4 – 4	X8	11.5	10.60
2020 – b4 – 5	Y5	10.36	11.39
2020 – b4 – 7	Y5	10.82	10.63

考虑到制作工艺或其他因素影响，由表 1 和表 2 可知，试验测试得到的结果与理论分析模拟值具有相同的变化规律，基本吻合。综上所述，通过理论分析与实验验证后认为，在复合材料波纹管结构设计中应根据弯曲刚度的指标要求，综合考虑确定波高、波宽、波纹段厚度、外保护层厚度及纤维原材料的选择等关键参数。

4 复合材料波纹管动态性能分析

4.1 波纹管变形分析

由前面的分析可知，在工作运行条件下，复合材料波纹管的波纹段因承受载荷大小不同，导致内外侧的变形量存在差异，进而引发波纹段形状的改变[8]。这种形状的改变主要受到波纹管及外保护层材料弹性模量的影响。外保护层材料弹性模量越大，其外部所产生的变形就越小。当波纹管材料的弹性模量偏大、外保护层材料的弹性模量偏小时，波纹段 U 形底部向外扩张的变形量小于波纹段 U 形顶部的变形量，导致 U 形波纹段呈现挤压变形；同理，当波纹管的弹性模量偏小、外保护层材料的弹性模量偏大时，波纹段 U 形底部变形量大于波纹段 U 形顶部的变形量，导致 U 形波纹段呈现扩张变形。具体变形形状如图 11 所示。

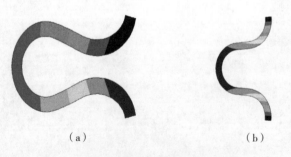

（a）   （b）

图 11 波纹段运行条件下的不同变形情况
（a）挤压变形；（b）扩张变形

4.2 波纹管应力分析

不同的变形形式和变形量大小都会对应力分布情况产生影响。为了选择比较合理的复合材料波纹管及外保护层材料，使 U 形波纹段变形较小，减少变形产生的应力。将 X7 和 Y5 两种材料进行组合，利用上述系统的复合材料波纹管动态分析功能进行模拟计算，结果如表 3 所示，其中，X7 材料的弹性模量小于 Y5 材料。

表3 不同材料组合下波纹段运行时的应力和变形结果

波纹管材料	外增强材料	内保护层最大应力/MPa	波纹段轴向变形量/mm	波纹水平段轴向应力/MPa	波纹段径向变形量/mm	波纹水平段周向应力/MPa
X7	X7	845	0.1547	−0.3	0.352	749
X7	Y5	814	0.1988	−1.0	0.320	683
Y5	X7	1490	0.3028	−8.7	0.310	679
Y5	Y5	1410	0.0526	−0.6	0.297	610

由表3可知,当波纹管及外保护层材料弹性模量高时,在运转工况下,复合材料波纹管的最大应力将出现在波纹管底部,数值超过1400 MPa,材料的安全系数不高。同时,由于波纹管较薄,过大的应力容易导致裂纹的扩张,容易造成波纹管损坏;当波纹管材料弹性模量高,而外保护层材料弹性模量低时,容易产生较大的轴向变形,其波纹水平段轴向应力也最大,为8.7 MPa的压应力;当波纹管与外保护层材料的弹性模量都较低时,在工况条件下,波纹管将发生较大的径向变形。径向变形越大,波纹水平段的周向应力越大。

由上述分析可知,为了保证运行工况下的复合材料波纹管性能正常,不发生损坏,综合考虑其波纹管材料需要采用低弹性模量材料X7,外保护层材料采用高弹性模量材料Y5。

4.3 动态性能理论分析结果的实验验证

研究采用复合材料波纹管动态运行试验进行理论分析结果的验证,将复合材料波纹管放置于真空腔体内部的转盘上,接通电机驱动运行。将高性能测速计放置于腔体外侧的玻璃罩之上,将激光探头对准转盘上的光标,并接通数据线,实现复合材料波纹管运行速度的实时显示。

每一个复合材料波纹管的运行试验都是从低速开始运行,依次测试其在不同运行速度下的运行情况。每次测试完成后停机取出,检查其波纹段是否发生损坏,若无异常,则提高运行速度再次进行试验。经过试验发现波纹管及外保护层分别采用Y5和X7纤维制备的复合材料波纹管,在升速运行过程中波纹管的纤维发生断裂,如图12所示。

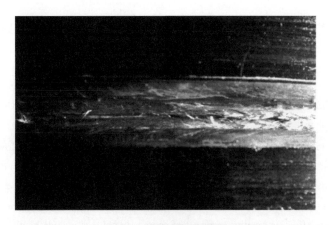

图12 波纹段纤维损伤

波纹管及外保护层分别采用X7和Y5纤维制备的复合材料波纹管2020−b4−7,进行多次运行试验,均成功达到了目标运行速度,试验结束后取出,该波纹管结构完好,无任何异常。可见其试验结果与动态性能的理论分析结果是相一致的。所以在复合材料波纹管设计中,对于纤维材料的选择除了考虑强度指标的要求,还应考虑整体协调变形能力,做好合理搭配。

5　结论

　　研究以 U 形复合材料波纹管作为对象，通过复合材料波纹管弯曲性能及动态性能的理论计算分析及实验验证，进一步明确了影响波纹管弯曲刚度及动态性能的关键因素，为复合材料波纹管的整体设计和材料选择奠定了基础，主要得到以下结论：

　　（1）研究的理论分析结果与实验结果基本一致，建立的分析计算分析方法可以很好地用于指导实际运行工况下复合材料波纹管的性能预测，指导整体结构设计及纤维材料选择；

　　（2）对复合材料波纹管弯曲刚度影响最大的几何参数包括波纹段高度、厚度、波纹宽度及外保护层厚度，在复合材料波纹管整体结构设计中应根据相关指标要求进行综合考虑；

　　（3）波纹管材料及外保护层材料的选择对复合材料波纺管弯曲刚度及动态性能影响较大，在复合材料波纹管结构设计中，应根据相关指标要求综合考虑进行选择并合理搭配。

参考文献：

[1]　苏芳，王晨升，贾进生．高速储能飞轮应力分析及优化设计 [J]．中国工程机械学报，2019，17（3）：247－251.

[2]　程道来，高相龙，纪林章，等．高速长轴转子振动的模态分析 [J]．机械设计与制造，2018（5）：229－231.

[3]　孙胜仁．大型膨胀节的设计方法研究 [D]．北京：北京化工大学，2015.

[4]　修筑，王纪民，马建敏．厚度变化对 U 形波纹管轴向刚度的影响 [J]．噪声与振动控制，2012，32（5）：189－192.

[5]　李上青．基于有限元的波纹管疲劳寿命影响因素分析 [J]．管道技术与设备，2016（3）：34－37.

[6]　舒朝霞，杨福江．波纹管弯曲刚度测试方法研究 [C] //中国核学会．中国核科学技术进展报告（第四卷）中国核学会 2015 年学术年会论文集第 4 册（同位素分离分卷）．北京：中国原子能出版社，2015：196－200.

[7]　魏鲲鹏，戴兴建，邵宗义．碳纤维波纹管弯曲刚度的测量及有限元分析 [J]．清华大学学报：自然科学版，2019（7）：587－592.

[8]　李向阳，刘渊，陈武超，等．纤维增强复合材料离心风机叶轮强度分析与对比 [J]．传动技术，2018，32（1）：35－39.

Analysis of structural design of U-shaped composite bellows

ZHU Chao-wen，WANG Hai-yan

(Eighth Research Institute of Nuclear Industry, Shanghai 201800, China)

Abstract： In recent years, more and more application requirements of composite flexible bellows have been put forward in high-speed isotope separation. In this paper, U-shaped composite bellows were the research objects. A theoretical analysis method for bending and dynamic performance of composite bellows has been established and verified by experiments, which is based on the requirements of isotope separation. The analysis results of bending performance of composite bellows show that the parameters affecting bending stiffness of composite bellows include height, thickness and width of corrugated region of bellows. In addition, fiber material and thickness of the outer protective layer also have influence on bending stiffness. In terms of dynamic performance, analyses reveal that fiber material and compatible deformation form of composite bellows are important factors. Therefore, the geometric parameters including height, thickness and width of corrugated region and material type of fiber need to be taken into account in the process of overall structure design of composite bellows in order to improve bending and dynamic performance of composite bellows.

Key words： Composite bellows；Structure design；Bending stiffness；Dynamic performance

专用设备内筒批量加工质量控制技术应用

曾一峰

（核工业第八研究所，上海 201822）

摘 要：针对专用设备内筒批量生产特点及有限抽取样本量，选取关键内控指标项并提出了考虑合理的质量限、供方及使用方风险的抽检方案。该抽检方案首次在方案 A 小批量加工中运用，从抽检结果来看制品质量都比较稳定。考虑到内控指标高于项目指标 3 倍，为进一步平衡供方风险将专用设备内筒剥离强度的检测水平改至特殊水平 S-2。在方案 D 批量加工过程中由于工艺水平提升，虽然子批数增加，但制品质量反而趋于稳定。案例应用表明经过试运行后方案调整有效降低了抽取的样本量，为今后专用设备内筒批检抽样检验方案的制定提供参考。

关键词：批量加工；抽检方案；专用设备内筒；质量评价

专用设备内筒经过前期小规模试验，已确定成型工艺参数及对应指标。而随着该内筒批量加工需求增加，要求保持制品质量一致性及生产效率的情况下，确立较为快速准确的方法及相关指标来反映批次的水平，确保专用设备长期可靠运行。因此，除了加强专用设备内筒成型过程控制，还应选取关键指标项适应批量加工的质量内控需求。对于项目明确要求的指标考虑内部加严，对于尚未定性确立的指标则进行参考监测。

1 专用设备内筒检测标准

专用设备内筒成型加工的工艺流程如图 1 所示，分为前道处理工序、中道缠绕工序、后道脱模加工工序，质量控制需要贯穿全工艺流程，若每一道工序都进行严格控制，则生产效率及经济性将大幅下降，本文主要选取恰当的指标来反映各工序质量，并随着批次稳定性对方案进行调整。基于现有检测方案及指标，选择合适的抽检方法有利于反映批次真实水平，为专用设备工业化大规模生产提高检测效率，降低人工成本。

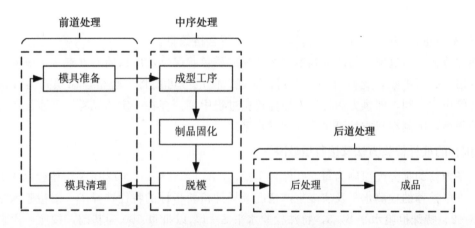

图 1 专用设备内筒成型加工的工艺流程

作者简介：曾一峰（1995—），男，湖南人，工程师，硕士，现主要从事成型工艺工作。

基于前期梳理关键工序和过程，前道处理工序及后道加工工序主要关系着专用设备内筒表观情况及各种界面的性能，主要通过内筒表观有无异常及剥离强度作为指标。

中道缠绕工序关系着专用设备内筒外表面质量及几何性能并直接影响整体复合材料性能，主要通过几何尺寸、失衡量、激振响应、爆破强度及模量作为指标。

内筒表观质量、几何尺寸、失衡量、激振响应在检测期间无须制样且不会造成损伤，可作为专用设备内筒日常生产质量监测的关键控制参数。

将内筒表观质量、几何尺寸及失衡量作为日常生产必检项，为质量内控、参数监测跟踪的重要依据。内筒表观质量主要影响后续缠绕，要求复合材料表面光滑平整，不得有纤维褶皱、断丝等缺陷。几何尺寸主要包括内筒的内径、圆度、直线度。失衡量主要为端部及两端总和指标，不得超过对应毫克量级指标。上述参数主要与机器设备、芯模状态有关，当加工过程在工艺参数控制范围内时，测试结果较为稳定，且检测设备及方案较为简单可靠。

将剥离强度选定为抽检合格判定项。剥离强度直接反映复合材料与内部的界面性能，直接关系到整个专用设备的长期可靠运行，但需要对内筒进行破坏性取样，而内筒剩余部分无法满足后续加工要求。

爆破强度及模量作为抽检参考判定项，爆破检测同样为破坏性检测，不仅反映专用设备的各项静力学性能，还可体现原材料状态，但只能在成型加工完成后进行制样，测试结果有 1～2 天滞后性。

激振响应影响专用设备的实际使用效果，虽无定性指标，但其一定程度也可以反映专用设备内筒轴向性能，所以激振响应也作为专用设备内筒体加工质量评价的参考项。

2 专用设备内筒质量抽检方案

2.1 参照标准

目前专用设备内筒批量阶段是为了后续大规模加工的工艺制度、生产节拍等开展试运行，为真实反映制品的加工水平，专用设备内筒质量抽检方案主要参照 GB/T 2828.1—2012《计数抽样检验程序 第 1 部分：按接收质量限（AQL）检索的逐批检验抽样计划》[1]。通过随机抽取的方式，以较少样品的检测来体现批次水平，具有一定经济性。基于概率论的二分布项理论可知，对于不合格率为 p 的批量产品，其一次接受概率为[2-3]

$$L(p) = \sum_{d=0}^{c} C_n^d p^d (1-p)^{n-d} . \tag{1}$$

式中，n 为样本数量，c 为不合格数量限制，d 为实际不合格数量。

由于抽样检验是通过样本的质量判断整批产品的质量状况[4]，所以使用方有一定概率将合格产品误判为不合格产品而拒收，此时对供方不利。同理，使用方可能将不合格产品误判为合格产品而接收，此时对使用方不利，即供方和使用方抽样检验过程中都会存在一定的风险。可通过辨别力来表征双方风险的平衡，限制在双方均可接受的合理水平。

2.2 基于国标的抽样检验方法及接收质量限

专用设备内筒的批分配原则为每 500 件为 1 批，GB/T 2828.1—2012 中关于检验水平共有 7 种规定，根据标准中推荐的检测水平及实际生产情况及样件检验指标的特性选择了一般检验水平Ⅰ、特殊检验水平 S-2、特殊检验水平 S-3、特殊检验水平 S-4，以批量 500 为基础，按照一次抽样方案对不同检验水平下的不同接收质量限 AQL＝1、4、6.5 进行了对比分析，如表 1 所示。表中的 AQL 以不合格品的百分数表示。Ac、Re 分别表示接收和拒绝的判断标准，均以不合格品的数量来表示。

表 1 不同检验水平下样本量及接收质量限情况

类别	一般检验水平 I			特殊检验水平 S-4			特殊检验水平 S-3			特殊检验水平 S-2		
AQL	1.0	4.0	6.5	1.0	4.0	6.5	1.0	4.0	6.5	1.0	4.0	6.5
样本量字码	F			E			D			C		
抽样量	20			13			8			5		
AC, Re	0, 1	2, 3	3, 4	0, 1	1, 2	2, 3	0, 1	1, 2	1, 2	0, 1	0, 1	1, 2
生产方风险质量为 5%	0.2	4.2	7.1	0.3	2.8	6.6	0.6	4.6	4.6	1.0	1.0	7.6
使用方风险质量为 10%	10	24	30	16	26	35	25	40	40	36	36	58
辨别力 OR	41	5	4	41	9	5	39	8	8	36	36	7

3 专用设备内筒检测指标合格判定项抽样标准的确定

专用设备内筒检测指标主要有内筒表观质量、几何尺寸、失衡量、激振响应、剥离强度、爆破强度及模量等。其中，内筒表观质量、几何尺寸、失衡量属于日常必检项；剥离强度为抽检合格判定项；激振响应、爆破强度及模量作为质量评价的参考项。下面对这些抽检项的抽样标准进行讨论。

3.1 铝箔内衬层剥离强度指标

铝箔内衬层剥离强度是评价铝箔内衬层与复合材料之间界面性能的重要指标，可作为铝箔内衬层处理工序质量控制的主要指标。图 2 给出了近阶段专用设备内筒铝箔剥离强度的测试结果统计情况。最大值为 2818 N/m，最小值为 1893 N/m，其中均值为 2477 N/m，标准差为 265。

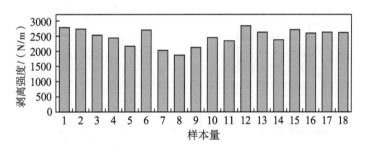

图 2 小批量加工阶段专用设备内筒铝箔剥离强度测试结果统计

从图 2 可以看出，专用设备内筒铝箔内衬层剥离性能测试结果存在一定波动，说明现有情况下该工序稳定性略低。通过计算其谷值剥离强度均值 99.7% 置信水平下限为 1749 N/m。所以确定其检验指标为：剥离强度谷均值大于等于 1749 N/m。从小批量加工抽检情况来看稳定性有待提高，但与检验指标之间还存在 30% 的安全裕度。

3.2 铝箔内衬层剥离强度抽检方案选取

在实际抽样过程中，除了内控最低指标不得低于确定的检验指标外，其抽检频率也应考虑到可能造成的两种后果，其一，频次过低难以准确反映出内筒批量加工水平，在后续加工过程才能发现问题；其二，过高的频次影响正常产量，给人员及设备造成大量浪费。

现阶段专用设备内筒以 500 件作为一个批次对于所参考的 GB/T 2828.1—2012 仍处于小批量，国标中批量最大可至 50 000/批，因而需要根据实际情况调整。同时为了平衡供方及使用方风险应选取辨别力 OR 对应的较低数值，即由表 1 可知在样本量确定的情况下，随着 AQL 的增加，对应鉴别水平越来越高。

基于内控加严的角度，对剥离强度已经提出了高于项目指标 3 倍的要求，通常应选用特殊检验水平，但特殊检验水平反而大幅增加使用方接受不合格品的概率。所以为了减小抽取样本数量，控制不合格品接受概率，综合考虑按特殊水平 S-4 进行抽检，选择 $AQL=6.5$ 的接收质量限，此时辨别力 OR 为 5，为样本量字码 E 中双方风险最为均衡的方案。

由于专用设备内筒加工任务主要依据项目进度调整，遂选定当每天生产量小于 38 件时，可以随机抽取 1 件，当生产量大于 38 件时，应适当增加样本抽取量，至少应满足每生产 38 件抽取 1 件的原则，保证最终批的抽检量不少于 13 件。另外，在较长时间停工后复工、重要原材料发生变化及工艺调整的情况下，则要坚持首件必检的原则。

当抽检样品不满足指标要求时，应重新进行取样，取样量为原来的 2 倍，若检测结果全部满足指标要求，则当天生产的专用设备内筒剥离性能检测合格，否则判定为不合格，不允许交付使用。

4 专用设备内筒检测参考项抽样标准的确定

4.1 专用设备内筒爆破强度及模量

专用设备内筒的爆破强度及模量是专用设备内筒加工质量评价的重要参考指标，虽然不是强制检测合格的判定项，但在生产过程中对于监控制品与原材料质量具有不可替代的作用。图 3 给出了方案 A 专用设备内筒的爆破强度及模量测试结果统计情况。

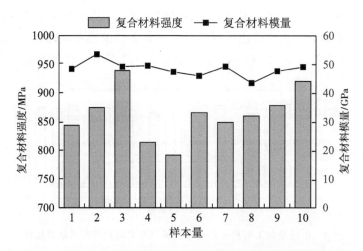

图 3 小批量加工阶段专用设备内筒的爆破强度及模量测试结果

通过统计计算得知，专用设备内筒的复合材料爆破强度及其模量均值分别为 853 MPa 和 45 GPa，依据方案 A 的铺层及任务要求规定其复合材料爆破强度指标为 ≥750 MPa，同时其弹性模量 99.7% 置信水平下限为 40 GPa，故规定该参考项的检验指标为复合材料爆破强度 ≥750 MPa，弹性模量 ≥40 GPa。

因专用设备内筒的爆破强度及其模量主要受材料选型及铺层影响，故在工艺参数确定的情况下，其测试结果比较稳定，而且该测试为破坏性检测，试验成本大且周期较长，需要确立更为慎重的抽检方案。

爆破强度及模量在项目指标仅作为参考项时，需要权衡考虑更多的是供方能够提供的质量水平和使用方能够负担得起的质量水平，遂选用特殊检验水平 S-2，在批量为 500 的情况下，抽检量为 5，接收量为 1，拒收量为 2。此时辨别力 OR 为 7，为样本量字码 C 中双方风险最为均衡的方案。当抽检发现其测试结果不满指标要求时，应查找原因，确定改进方案后才可以继续生产加工。另外，若在较长时间停工后复工、重要原材料发生变化及工艺调整的情况下，则要坚持首件必检的原则。

4.2 专用设备内筒激振响应

激振响应影响设备的实际使用效果，虽然在项目指标内无定量要求，但由于其一定程度上也可以反映专用设备内筒轴向性能，而且在检测过程中不会对内筒产生破坏，所以激振响应应作为专用设备内筒体加工质量评价的参考项。

小批量加工阶段共计完成了132件专用设备内筒的激振响应测试，抽样率约20%。分4次进行抽检，平均值为3341～3365 Hz，离散度范围5.4～7.7，极差范围27～31。

以上数据表明，同一批次下专用设备内筒的激振响应数值基本保持稳定，不同批次间工艺存在区别，造成激振响应数值上有偏差。

遂确定如下的指标判断准则，同一批专用设备内筒的激振响应离散度不得超过20 Hz，产品间极差不得超过50 Hz。

由于激振响应本身作为专用设备内筒质量的参考项，所以可以选择较为宽松的检验水平。考虑到模态试验不属于破坏试验，为了更好地监测内筒加工质量，为今后专用设备内筒批检抽样检验方案的制定提供技术参考，选择特殊检验水平 S-4，样品量字码 E，此时辨别力 OR 为 5，为样本量字码 E 中双方风险最为均衡的方案。即每38个产品抽检1个样品。若检测结果不满足检测指标要求，则需要及时查找原因，确定状态后再开展生产工作。

参照 GB 2828.1—2012，通过以上分析，建立了专用设备内筒生产相关质量监测指标的抽检方案，专用设备内筒质量抽检主要控制方案如表2所示。若在较长时间停工后复工、重要原材料发生变化及工艺调整的情况下作为新批次。

表 2　专用设备内筒质量抽检主要控制方案

项目类型	检测项目	检测水平	n	AQL	Ac	Re	抽样方法	复检规则
合格判定项	铝箔内衬层剥离强度	特殊水平 S-4	13	6.5	2	3	每天生产量≤38件时，可以随机抽取1件，当生产量＞38件时，适当增加样本量，抽样量遵循每生产38件抽1件的原则，抽样总量不小于规定要求	取样量为原来的2倍，检测结果全部满足指标要求，则当天生产的专用设备内筒内半层剥离强度检测合格，否则判定为不合格
检测参考项	专用设备内筒爆破强度及模量	特殊水平 S-2	5	6.5	1	2	约每100件抽1件，重要原材料及工艺变更首件必检，总量不小于规定要求	
	专用设备内筒激振响应	特殊水平 S-4	13	6.5	2	3	约每38件抽1件，重要原材料及工艺变更首件必检，总量不小于规定要求	

5　首次试运行情况

为试运行抽检方案，在方案 A（图4、图5）内筒的首次小批量加工过程中按照上述拟定方案进行抽检，判定项的实际抽检量大于选定频次。依据任务量及周期分为3个子批，按加工情况进行抽检。从抽检情况来看，内筒的检测结果比较稳定。方案 A 筒激振响应极差及离散度均在预设范围内，分3批进行抽检，平均值为3333～3350 Hz，最大离散度13，最大极差为30。专用设备内筒爆破强度及模量满足规定要求，剥离强度有1个样本低于预设指标，但仍在容许接受范围内。

经过抽检方案试运行阶段后，内筒作为试件装机满足设备使用要求，考虑到内控指标高于项目指标3倍，为平衡供方风险，将专用设备内筒爆破及铝箔内衬层剥离强度的检测水平放宽至特殊水平 S-2，将抽样量调整为5，接收数 Ac 调整为1，拒收数 Re 调整为2。

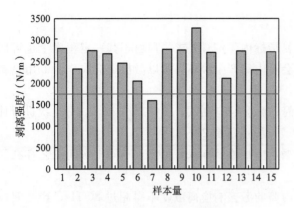

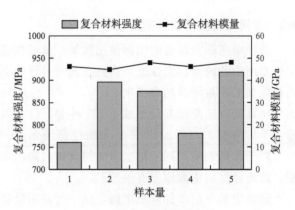

图 4　方案 A 剥离强度抽检情况　　　　　　图 5　方案 A 爆破抽检情况

6　批量加工运行情况

经过抽检方案调整后，在方案 D（图 6、图 7）批量加工过程后开展定期抽检，检测方法不变，但由于铺层方案的变更，将原定专用设备内筒爆破强度标准定为 1150 MPa，模量标准定为 65 GPa，激振响应结果略有区别。由于第 1 子批为试件批，第 6 子批数量较少，遂这两个子批未进行抽检。从抽检情况来看，样品剥离强度远高于预设指标，激振响应也在指标范围内。此次分 5 个子批进行激振响应抽检，平均值范围 3094～3109，最大离散度为 12，最大极差为 46。专用设备内筒爆破中有 1 个样本低于规定标准，该子批加工过程已及时开展排查工作，结果该样本厚度异常，导致结果偏低。

从抽检结果来看，经过工艺水平提升，多子批质量趋于稳定，抽检方案能够反映所存在的加工问题。

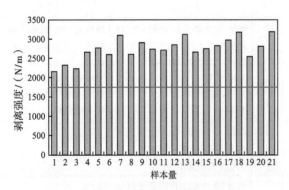

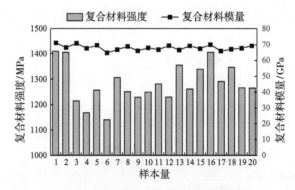

图 6　方案 D 各子批剥离强度抽检情况　　　　　图 7　方案 D 各子批爆破抽检情况

7　结论

本文从专用设备内筒工艺流程来进行成型加工的质量控制，提出了抽检方案并随任务要求及实际情况进行调整，主要结论如下：

（1）专用设备内筒检测指标主要有几何尺寸、失衡量、激振响应、剥离强度、爆破强度及模量等。抽检方案中选定了专用设备内筒的剥离强度为合格判定项，激振响应、爆破强度及模量为参考项。

（2）依据指标要求及铺层方案建立了专用设备内筒生产相关质量监测指标的抽检方案，实际生产过程中随任务要求进行抽检量的调整。

（3）抽检方案首次在方案 A 小批量加工过程中运行，从抽检情况来看，专用设备内筒复合材料性能都比较稳定。考虑到内控指标高于项目指标 3 倍，为进一步平衡供方风险将内筒剥离强度的检测水平放宽至特殊水平 S-2。

（4）在方案 D 批量加工过程由于工艺水平提升，子批数增加后制品质量反而趋于稳定，且抽检方案在降低抽取样本量的情况下仍能够反映质量波动情况。

参考文献：

［1］ 中华人民共和国国家质量监督检验检疫总局. 计数抽样检验程序 第1部分：按接收质量限（AQL）检索的逐批检验抽样计划：GB/T 2828.1—2012［S］. 北京：中国标准出版社，2013.

［2］ 李根成. 成败型产品一次抽样检验方案研究［J］. 国防技术基础，2008（2）：27 - 30.

［3］ 于善奇. 抽样检验与质量控制［M］. 北京：北京大学出版社，1991.

［4］ 张虹，侯代文，张宏欣. 一种火箭助飞鱼雷批检试验抽样检验方案［J］. 水下无人系统学报，2018，26（4）：364 - 368.

Application of quality control technology for batch processing of inner cylinders of specialized equipment

ZENG Yi-feng

(Eighth Institute of Nuclear Industry, Shanghai 201822, China)

Abstract：In view of the characteristics of mass production of inner cylinders for special equipment and limited sample size, key internal control indexes are selected and a sampling program is proposed to take into account reasonable quality limits, supplier and user risks. The sampling program was first applied in the small batch processing of Program A, and the quality of the products is relatively stable from the sampling results. Considering that the internal control index is 3 times higher than the project index, in order to further balance the risk of the supply side of the special equipment will be changed to a special level of peeling strength of the inner cylinder S - 2. In the program D batch processing due to the improvement of the process level, although the number of sub-batches but the quality of the products tends to be stabilized. Case application shows that after the trial run after the program adjustments to effectively reduce the sample size, for the future of special equipment inner tube batch testing sampling and inspection program to provide reference.

Key words：Batch processing；Sampling plan；Nuclear power structural parts；Quality evaluation

铝筒黏结专用胶黏剂性能提升研究

何利娜，徐静璇，蒲亚兵，朱隆嘉

（核工业第八研究院，上海　201800）

摘　要：本文通过采取不同的改性方案，对现有铝箔/复合材料黏结胶进行性能改性，并进行了研究和补充。通过研究不同改性方案对胶黏剂耐热性的影响，确定了最佳的改性方案，在此基础上，进一步研究确定了改性添加剂的最佳制备工艺及最佳添加配比，最后研究了胶黏剂改性前后各项性能的变化情况。结果显示改性后，胶黏剂的玻璃化转变温度和剥离强度都得到了明显提升。

关键词：胶黏剂；铝箔；剥离强度；复合材料

　　铝箔内衬的复合材料转筒在工况条件下运行一段时间后，在部件解体研究时发现，有个别转筒上的铝箔在端部焊缝处出现了开裂现象。为了进一步提高铝箔内衬焊缝在工况条件下的安全可靠性，需要进一步提高铝箔内衬与复合材料之间的黏结强度。影响黏结强度的因素有很多，包括被黏材料铝箔的表面处理状态、胶黏剂的黏结性能、胶黏剂预固化温度及时间、涂胶厚度等，在分析黏结破坏的时候，主要从界面破坏还是胶黏剂破坏入手。如果是胶黏剂破坏，提高黏结强度的方法是适当提高胶黏剂的内聚强度。如果是界面破坏，提高黏结强度的方法是从被黏材料或基材的表面处理入手。

　　为了增加界面黏结强度，前人对基材和被黏材料表面采用各种方式进行处理。厦门大学符琼等利用硅烷偶联剂对铝箔表面进行硅烷化处理，借助硅烷膜"分子桥"的作用，促进铝箔与黏结剂的结合力，还使用等离子体和底涂剂对尼龙表面进行处理，采用水性环氧树脂和丙烯酸树脂对硅烷膜进行改性处理，来提高铝箔与尼龙的黏结强度[1]。但在实际实验过程中，发现使用硅烷偶联剂对提高铝箔黏结强度的作用并不明显。

　　除了提高界面强度，胶黏剂本体的内聚强度及性能对其黏结性能也有重要影响。要根据具体的工况条件进行组分优化。首先黏结强度表现出温度依赖性[2]，研究表明，随着温度的升高或者降低，黏结强度都会发生改变[3]。高温条件下，黏结剂分子流动性增加，黏结剂模量降低，长时间持续高温也会导致进一步交联和热降解[4]；AHMED 课题组[5]研究结论是测试温度高于黏结剂 TG，胶层以内聚失效为主，此外，当温度升高到 60 ℃时，MBRACE SATURANT（胶黏剂牌号）（$TG=55$ ℃）和 ARALDITE 420（胶黏剂牌号）（$TG=62$ ℃）黏结剂强度只有初始强度的 32% 和 38%，以上研究表明，升温过程中复合材料黏结头失效模式和黏结强度取决于黏结剂的 TG[6]。现有 EP6201 铝箔黏结剂在室温及以上温度剥离破坏主要是以内聚失效为主。本文通过对现有铝箔胶黏剂 EP6201 中添加改性剂，增加胶黏剂的内聚强度，适当提高胶黏剂的 TG，来提高其对铝箔与复合材料的黏结强度。

1　原材料与实验设备

1.1　原材料

　　环氧树脂 EP828，壳牌石油（荷兰）公司；双氰胺，分析纯，阿拉丁化学试剂有限公司；超细双氰胺 3060，工业级，上海络合高新材料有限公司；超细双氰胺 5080，工业级，上海络合高新材料有限公司；封闭型异氰酸酯，工业级，广州增茂化工科技有限公司；潜伏性咪唑固化剂 Pn－40，工业

作者简介：何利娜（1979—），女，高级工程师，现主要从事胶黏剂、涂料配方等有机材料的设计、研发等工作。

级，日本味之素株式会社；液体芳香胺固化剂 H256，工业级，张家港雅瑞化工材料有限公司。EP6201 胶黏剂，自制。

1.2 主要实验设备

家用粉碎机，型号 M150A，天喜电器有限公司；实验室搅拌机，型号 0S40-PY0，大龙兴创实验仪器（北京）股份公司；电子天平，型号 PL6001，梅特勒-托利多仪器（上海）有限公司；微型三辊研磨机，型号 SD50，常州自力智能装备有限公司；数控专用缠绕机，型号自制，核工业第八研究所；电子万能试验机，型号 INSTRON5965，美国英斯特朗公司；差示扫描量热仪，型号 Q100，TA INSTRUMENTS-WATERS LLC；远红外鼓风干燥箱，型号定制，吴江市松陵电器设备有限公司。

2 实验方法及步骤

2.1 白胶的制备

使用家用粉碎机将固体颗粒状的双氰胺粉碎，细度达到手指捻摸时没有颗粒感。

使用电子天平称量，将固化剂（液体或粉体）按设定配比加入到标准双酚 A 环氧树脂中，搅拌，润湿分散，得到改性剂。

使用台面式三辊轧机研磨分散改性剂，轧制工艺为粗轧两遍、精轧两遍、细轧两遍。

2.2 胶黏剂的配制

使用电子天平配制原始的 EP6201 胶黏剂，加入适量的改性剂，搅拌均匀，备用。

2.3 胶黏剂的检验

对配制好的胶黏剂，用 Q100 差示扫描量热仪测试其化学反应放热行为曲线，测试条件为升温速度 10 ℃/min，测试温度范围为 25～250 ℃，氮气气氛，气体流速为 50 mL/min。

2.4 剥离试样的制备

按照相关作业指导书，先对涂有胶黏剂的铝箔转筒进行预固化，然后进行碳纤维复合材料缠绕、固化、脱模，同时在固化过程中对改性黏结胶做随炉固化小样。

在专用切割机上切割成剥离样条，样条长度为 150 mm，宽度为 20 mm。

2.5 剥离强度的测试

采用浮辊法，剥离速度为 10 mm/min，剥离长度为 100 mm。

2.6 玻璃化转变温度测试

随炉小样的玻璃化转变温度测试条件为升温速度 10 ℃/min，测试温度范围为 25～90 ℃，氮气气氛，气体流速为 50 mL/min。

模拟剥离化转变温度测试的条件及方法为升温速度 10 ℃/min，氮气气氛，气体流速 50 mL/min，先对待测胶黏剂从 25 ℃升温到 250 ℃，使其固化，然后降温到 20 ℃后，进行二次扫描，升温速度为 10 ℃/min，测试温度范围为 20～90 ℃。

3 结果与讨论

3.1 改性剂的选择

用玻璃化转变温度作相对比较参考，考察各改性材料对胶黏剂内聚强度的影响程度。实验方案及结果如表 1 所示。

由表 1 可知，在胶黏剂中添加适量的芳香胺固化剂 H256，胶黏剂的玻璃化转变温度基本不变，但化学反应速率加快，操作时间变短。添加封闭型异氰酸酯作为后固化剂，黏剂体系的操作时间不受影响，玻璃化转变温度有一定提高。由于原胶黏剂体系中含有环氧树脂、咪唑促进剂、双氰胺固化剂，因此添加适量这些物质，会提高热固性树脂的比例及整个体系的交联密度，从而提高内聚强度。由此可以看出，添加同等比例的环氧/潜伏性咪唑体系的玻璃化转变温度只提高了 15 ℃左右，而添加环氧/双氰胺树脂体系的胶黏剂，其玻璃化转变温度由之前的 32 ℃提高到 64 ℃，提高了 32 ℃，得到了明显提升。因此选定环氧/双氰胺体系作为研究方向，做进一步研究。

表 1   各种改性添加剂对胶黏剂 Tg 的影响情况

序号	EP6201	封闭型异氰酸酯	环氧/潜伏性咪唑	环氧/双氰胺	芳香胺 H256	DSC – TG/℃	操作时间
1	100					32.85	标准
2	100				3	32.86	未改变
3	100	12				47.11	反应加快
4	100		40			46.78	稍变短
5	100			40		63.85	稍变长
6	100			20		46.58	稍变长
7	100			60		66.66	稍变长

研究了在胶黏剂中添加 20％和 60％的环氧/双氰胺改性剂的玻璃化转变温度。结果显示添加 20％时，玻璃化转变温度只提升了 15 ℃左右；而添加 60％时，玻璃化转变温度提升了 34 ℃左右，与 40％添加量的结果相当。因此，初步选定添加 40％的环氧/双氰胺改性剂作为胶黏剂的改性组分。

对环氧/双氰胺体系进一步做铝箔对复合材料的剥离实验。剥离强度测试结果如表 2 所示。

表 2   剥离强度测试结果

样品	铝箔状态	测试条件	测试结果				失效形式
			项目	峰均	总均	谷均	
改性前	未进行热处理	常温	均值/（N/m）	3816	3496	3166	胶黏剂本体破坏
			Cv	11.2％	10.8％	13.5％	
改性后	未进行热处理	常温	均值/（N/m）	3829	3649	3497	胶黏剂本体破坏
			Cv	2.10％	2.27％	1.97％	
改性后	未进行热处理	在 90 ℃下处理 7 h 后，常温测试	均值/（N/m）	3589	3402	3224	胶黏剂本体破坏
			Cv	2.82％	2.79％	2.90％	
改性后	未进行热处理	在 60 ℃下测试	均值/（N/m）	2929	2788	2606	胶黏剂本体破坏
			Cv	20.63％	23.23％	26.70％	
改性前	热处理后	常温	均值/（N/m）	2645	2395	2146	胶黏剂本体破坏
			Cv	17.92％	9.61％	1.88％	
改性后	热处理后	常温	均值/（N/m）	2782	2639	2516	铝箔基本无胶
			Cv	4.51％	3.88％	3.07％	

由表 2 可知，添加环氧/双氰胺白胶作为改性剂，胶黏剂对未进行热处理的铝箔与复合材料的剥离强度谷均值由添加改性剂前的 3166 N/m 提高到 3497 N/m，添加改性剂的胶黏剂的试件在 90 ℃下处理 7 h 后，剥离强度约为 3224 N/m，在 60 ℃下测试的剥离强度为 2606 N/m。热处理后的铝箔对复合材料的剥离强度由改性前的 2146 N/m 提高到 2516 N/m，技术指标要求为 2000 N/m，添加改性剂后，其剥离强度高于技术指标 20％以上。

3.2 改性剂添加量的优化

为了系统研究改性剂添加量对铝箔剥离强度及玻璃化转变温度的影响，在前期实验基础上，使用环氧/双氰胺 3060 改性剂，设计了一组实验，具体情况如表 3 所示。

从实验结果来看，改性剂添加量越多，玻璃化转变温度越高，但随着改性剂添加量的增加，剥离形式逐渐变为界面破坏，说明胶黏剂的内聚强度太大。当添加量小于 28 份时，铝箔上有胶，为内聚破坏，在实际的测试实验中，剥离强度峰谷基本紧贴 2500 N/m 线，差别不大，比较平稳。从玻璃化转变温度和剥离强度两方面综合考虑，选择 3 号为最优配方。

表 3　白胶添加量对胶黏剂性能的影响

样品编号	白胶添加量（每 100 份 EP6201）	剥离强度/（N/m）	破坏形式	T_G/℃
1	30	2336	铝箔基本无胶	54.70
2	28	2441	铝箔有胶	52.73
3	25	2512	铝箔有胶	50.27
4	23	2617	铝箔有胶	47.66
5	20	2630	铝箔有胶	48.76
6	15	2419	铝箔有胶	45.80

3.3 改性前后铝箔—复合材料 90°剥离强度及耐热性变化

添加改性剂的胶黏剂，采用手动上胶到经过热处理后的铝筒上，在标准的预固化、缠绕及固化工艺制度下，制成复合材料筒，然后将复合材料筒切割成剥离试件。胶黏剂改性前后铝箔剥离强度的测试结果如表 4 所示。

表 4　胶黏剂改性前后铝箔剥离强度的测试结果

样品	测试条件	测试结果				失效形式
		项目	峰均	总均	谷均	
改性前	常温	均值/（N/m）	2645	2395	2146	胶黏剂本体开裂
		Cv	17.92%	9.61%	1.88%	
改性后	常温	均值/（N/m）	2782	2639	2516	胶黏剂本体开裂
		Cv	4.51%	3.88%	3.07%	
改性前	90 ℃处理 7 h 后，常温测试	均值/（N/m）	2452	2286	2034	胶黏剂本体开裂
		Cv	17.67%	13.72%	1.95%	
改性后	90 ℃处理 7 h 后，常温测试	均值/（N/m）	2491	2387	2241	胶黏剂本体开裂
		Cv	1.37%	1.15%	3.72%	
改性前	工况条件处理 200 h 后，常温测试	均值/（N/m）	2225	2149	2059	胶黏剂本体开裂
		Cv	3.44%	3.30%	3.37%	
改性后	工况条件处理 200 h 后，常温测试	均值/（N/m）	3353	2718	2259	胶黏剂本体开裂
		Cv	22.7%	17.16%	1.87%	

由表 4 可知，胶黏剂改性后的剥离强度谷均值较改性前提高 17% 以上。经过 90 ℃热处理后，改性后谷均值下降了 10%，为 2200 N/m 以上，高于改性前的 2059 N/m。改性前峰均值离散较大，改性后峰均值离散变小，胶黏剂的性能更稳定。经过工况条件处理 200 h 后，常温测试，胶黏剂改性后

的剥离强度谷均值与 90 ℃ 处理 7 h 处理后的结果相当，说明胶黏剂的剥离强度在 90 ℃ 的条件下具有一定的退化趋势，在 65 ℃ 条件下，其剥离强度是稳定的，基本没有退化。

DCS 测试结果显示，改性前胶黏剂的 TG 为 33.01 ℃，改性后为 58.63 ℃，提高了约 25 ℃。

4 结论

本文通过采用添加环氧胶黏剂作为改性剂来提高铝箔黏结胶的剥离强度，开展了一系列的实验，取得的成果和结论如下：

添加环氧/双氰胺胶黏剂体系作为改性剂来提高铝箔胶黏剂的剥离强度是一个非常有效的途径；当添加剂添加量为 25 份（每 100 份黏结胶）时，在适当提高黏结胶耐热性的同时，剥离强度和破坏形式达到了最优，剥离强度比改性前提高了 10% 以上；标准固化后，经过 90 ℃ 处理 7 h 后，剥离强度下降了约 10%；经过 90 ℃ 处理 7 h＋65 ℃ 处理 200 h 后，剥离强度与 90 ℃ 处理 7 h 后的结果相当，即 65 ℃ 下处理 200 h 铝箔对复材的剥离强度不影响。

参考文献：

［1］符琼. 铝箔表面无铬处理及铝箔/尼龙粘结的应用研究 ［D］. 厦门：厦门大学，2020.

［2］BANEA M D, SILVA L F M D. Static and fatigue behaviour of room temperature vulcanising silicone adhesives for high temperature aerospace applications. statisches verhalten und dauerfestigkeitsanalyse von vulkanisierten silikonklebstoffen für luftfahrtanwendungen bei hohen temperat ［J］. Materialwissenschaft und werkstofftechnik, 2010, 41 (5)：325 – 335.

［3］KANG S G, KIM M G, KIM C G. Evaluation of cryogenic performance of adhesives using composite-aluminum Double-lap joints ［J］. Composite Structures, 2007, 78 (3)：440 – 446.

［4］BUCH X, SHANAHAN M E R. Migration of Cross-linking agents to the surface during ageing of a structural epoxy adhesive ［J］. International journal of adhesion & adhesives, 2003, 23 (4)：261 – 267.

［5］AL – SHAWAF A, AL-MAHAIDI R, ZHAO X L. Effect of elevated temperature on bond behaviour of high modulus cfrp/steel double-strap joints ［J］. Australian journal of structural engineering, 2009, 10 (1)：63 – 74.

［6］LIU H, ZHAO X, BAIY, et al. Bond tests of high modulus cfrp/steel double-strap joints at elevated temperatures ［J］. Materials science, engineering, 2012：139 – 146.

Performance improvement of aluminum foil/composite adhesives

HE Li-na, XU Jing-xuan, PU Ya-bing, ZHU Long-jia

(Eighth Research Institute of Nuclear Industry, Shanghai 201800, China)

Abstract： In this paper, the performance modification of the existing aluminum foil/composite adhesive is carried out by adopting different modification schemes, and the research and filling is carried out. The influence of different modification schemes on the heat resistance of the adhesive determined the best modification scheme, on this basis, the best preparation process and the best addition ratio of the modified additive were further determined, and finally the properties of the adhesive before and after modification were developed. After the modification of the adhesive, the glass transition temperature and peeling strength of the adhesive were significantly improved.

Key words： Adhesive; Aluminum foil; Peel strength; Composite material

铝箔/复合材料黏结性能影响因素研究Ⅰ

何利娜，朱同舟，沈伟，蒲亚兵

（核工业第八研究所，上海　201800）

摘　要：影响铝箔/复合材料黏结性能的直接因素主要有胶黏剂性能、基材的表面处理状态、胶层厚度等。本文通过着重分析施胶过程中影响胶黏剂性能发挥的潜在因素，优化工艺操作条件及流程，使得铝箔/复合材料的剥离强度能够稳定地达到技术指标要求，满足批量生产时的黏结质量控制要求。

关键词：胶黏剂；铝箔；剥离强度；复合材料

由于对铝内衬用的铝箔进行了热处理，提高了铝箔的断裂延伸率，使得在同样的工艺条件下，铝箔内衬与复合材料转筒之间的剥离强度降低，接近于技术指标 2000 N/m。为了提高铝箔与复合材料的黏结性能，在铝箔黏结胶黏剂中添加了改性剂白胶来提高其耐热性和剥离强度。改性后的胶黏剂的玻璃化转变温度由 33 ℃提高到 52～58 ℃，剥离强度由 2100～2200 N/m 提高到 2400～2550 N/m。但同时也出现了一些新的问题，如不同试件之间的剥离强度波动较大，有的试件谷均值甚至会低于 2000 N/m。为了提高铝箔与复合材料之间黏结性能的稳定性与可靠性，需要对生产工艺的各个环节进行分析，找出可能的影响因素，并在此基础上对剥离强度有重大影响的工艺因素进行系统研究，确定最终的工艺条件，使得铝箔/复合材料的剥离强度能够稳定地达到技术指标要求，满足批量生产时的黏结质量控制要求。

1　黏结性能影响因素分析

仅凭有好的胶黏剂，未必能获得高的黏结强度，这是因为黏结质量的好坏，成功与失败，在很大程度上取决于黏结的工艺方法[1]。在复材筒铝内衬的黏结工艺过程中，主要有铝筒表面处理、配胶、涂胶、胶黏剂预固化、湿法缠绕、复材筒固化、冷却、切割等环节。铝筒的表面处理方法、表面处理剂的选择、表面处理温度、处理时间等因素，通过影响胶黏剂对铝箔的润湿性能、表面连接性能等来影响最终的黏结性能，对黏结效果影响非常大，这些都已被充分研究[2]。胶黏剂的配胶、涂胶对黏结效果也有很大影响，这是因为胶黏剂原材料黏度最大组分的黏度可以达到 100 000 mPa·s 以上，而胶层厚度却在 15～25 μm，即胶黏剂各组分必须达到微米级的混合均匀，才能获得稳定的黏结界面，这些方面的内容见相关研究报告[3]。复材筒的固化、冷却、切割等环节对剥离强度的影响将在以后做进一步的研究。本文主要研究胶黏剂预固化和湿法缠绕阶段工艺细节控制对剥离强度的影响。

在复材筒和铝内衬黏结工艺过程中，胶黏剂涂覆到铝筒表面进行预固化，形成胶黏剂层，然后进行复合材料湿法缠绕，期间胶黏剂和铝筒先形成黏结界面，其后是湿法缠绕胶对纤维和胶黏剂的黏结，随后在复材筒固化后形成胶黏剂与复材筒的黏结界面。如果湿法缠绕胶渗透到胶黏剂层，与胶黏剂层发生增强作用或者共固化，就会影响胶黏剂性能的发挥。为了消除湿法缠绕胶对胶黏剂性能的影响，需要系统研究胶黏剂的预固化度对剥离强度的影响，研究湿法缠绕胶与胶黏剂的相互作用机理，在此基础上，设定合理的工艺条件，确保胶黏剂性能的充分发挥。

作者简介：何利娜（1979—），女，高级工程师，现主要从事胶黏剂、涂料配方等有机材料的设计、研发等工作。

2 胶黏剂预固化度对剥离强度的影响

在实际生产中，胶黏剂是涂在导热性优异的铝箔表面的，胶层厚度为 10～28 μm，这可能使前一步的化学反应放热被铝箔基材带走，而不能有足够的热量促进下一步的化学反应进行，进而带来化学反应速率变慢甚至反应方式发生变化的风险。

研究了胶黏剂改性前后其在铝坩埚中正常取样（取样量 15～25 mg）和薄层取样（1.5～2.0 mg）两种情况下化学反应放热变化情况（表 1）。

表 1   胶黏剂固化反应放热曲线特征参数

制样条件	起峰温度/℃	峰顶温度/℃	峰终温度/℃	放热量/（J/g）
正常	65.79	111.85	180.06	230.0
薄层	68.28	120.88	172.48	234.5

由表 1 可知，正常取样和薄层取样下，胶黏剂的固化反应放热曲线基本没有变化，固化反应仍为一个峰，可以很好地完成链式促进反应。起峰温度升高了 2～3 ℃，峰顶温度由 111.85 ℃ 升高到 120.88 ℃，升高了 9.03 ℃，说明薄层取样时，基材散热在一定程度上提高了胶黏剂固化反应温度；峰终温度由 180.06 ℃ 下降到 172.48 ℃，下降了 7.58 ℃。固化反应峰宽变窄，说明薄层取样固化反应速率较快。

在此基础上，使用薄层涂胶的方式在铝坩埚内表面涂胶，采用差示扫描量热仪，通过等温实验，测量胶黏剂的残余放热，来检测胶黏剂在不同固化制度下的固化度。固化度 c 的计算公式见式（1）。

$$c = (\Delta H_1 - \Delta H_2) \times 100\% / \Delta H_1 。 \tag{1}$$

式中，ΔH_1 为胶黏剂初始的固化放热，测试方法为胶黏剂配制完成后，取胶黏剂 1.5～2.0 mg 涂抹在专用的铝坩埚内表面，然后以 10 ℃/min 的升温速率从 30 ℃ 升温到 250 ℃，测量其升温过程中的化学反应放热，即为 ΔH_1。

ΔH_2 为在 DSC 或烘箱中在一定温度下保温一定时间后，再用 DSC 测量从保温温度升温到 250 ℃ 过程中的化学反应放热。

胶黏剂在不同固化条件下的固化度测试结果如表 2 所示。

表 2   DSC 中不同固化条件下的固化度

等温温度/℃	等温时间/h	残余放热量/（J/g）	固化度
65	1	71.360	69.6%
	2	47.710	79.7%
75	1	45.490	80.6%
	2	21.213	90.5%
90	1	7.131	97.0%
	2	1.655	99.3%
	2	2.720	98.8%

注：固化度计算所用放热量为 234.5 J/g。

由表 2 可知，在 75 ℃ 下等温 1 h、2 h 后，残余放热分别为 45.49 J/g、21.213 J/g，固化度分别为 80.6%、90.5%。而若将固化温度降低到 65 ℃，相比于 75 ℃，固化温度降低了 10 ℃，固化 1 h、2 h 后的固化度分别仅有 69.6%、79.7%，固化度更低。

考虑到生产效率，我们研究了将固化温度提高到 90 ℃ 时的固化情况。在 90 ℃ 固化 1 h、2 h 后，固化度分别为 97.0%、99.3%，即在 90 ℃ 固化 1 h 后，可以得到较为充分的固化。

将坩埚放在鼓风烘箱中进行固化，固化一定时间后取出，采用差示扫描量热仪测试其残余放热（表 3）。

表 3　烘箱中不同固化条件下的固化度

等温温度/℃	等温时间/h	残余放热量/（J/g）	固化度
65	1.0	92.750	60.4%
	2.0	76.360	67.4%
	5.0	14.920	93.6%
	6.5	12.389	94.7%
75	1.0	55.740	76.2%
	2.0	34.460	85.3%
90	1.0	3.885	98.3%

由表 3 可知，经过 2 h 的固化，在 65 ℃、75 ℃ 下固化度仍低于 90%，也低于直接用 DSC 模拟的同等时间等温固化后的固化度。而当固化温度调整到 90 ℃ 时，固化明显加快，1 h 后，固化度就达到了 98.3%，高于 DSC 在 90 ℃ 等温 1 h 的固化度。

芯模体积和重量比较大，热容量比较高，与小坩埚相比，导热具有一定的时间差，忽略温度的影响，初步把此时间差定为 0.5 h。在工况条件下，制备复合材料转筒，并取样制备剥离试件，研究不同固化制度对剥离强度的影响，如表 4 所示。

表 4　不同固化制度下的剥离强度

实验编号	实验固化温度/℃	固化时间/h	固化度	剥离强度谷均值/（N/m）	失效形式
1#	65	2.5	67.4%	2154	胶黏剂本体开裂
2#	75	1.5	76.2%	2210	胶黏剂本体开裂
3#	75	2.5	85.3%	2407	胶黏剂本体开裂
4#	90	1.5	98.3%	2825	胶黏剂本体开裂

由表 4 可知，预固化度与剥离强度大小直接相关，预固化度越高，剥离强度越大，当预固化度达到 98.3% 时，剥离强度可以达到 2800 N/m 以上。

由以上研究可知，胶黏剂的预固化度对铝内衬与复合材料的黏结性能具有重要影响，预固化度越高，剥离强度也越高，预固化度为 98.3% 时，剥离强度达到了 2800 N/m 以上。

3　湿法缠绕胶预处理对胶黏剂剥离强度的影响

胶黏剂剥离强度的优劣不仅与胶黏剂的固化度有关，还与复合材料层缠绕胶有关。复材筒用湿法缠绕胶是一种环氧树脂和酸酐固化剂为主要成分复配改性的胶液体系，其采用 2-乙基-4-甲基咪唑作为促进剂。黏结胶黏剂的主要成分是改性环氧树脂、橡胶增韧剂、增黏剂、双氰胺、聚醚胺、改性咪唑、气相二氧化硅、偶联剂等，其中按化学反应当量比计算，固化剂远超计量比，由此获得较低的固化温度、较高的固化速度及优异的黏结性能。湿法缠绕胶和黏结胶都以环氧树脂作为主成分，因此固化剂是相互作用的，即缠绕胶的固化剂可以固化黏结胶，黏结胶的固化剂也可以固化缠绕胶，但存在组分相容性问题。

环氧树脂/酸酐树脂体系因其独特的优势成为一款常用的湿法缠绕树脂胶液，长期以来，得到许多科研单位及企业机构的关注，并对其进行了大量的研究[2-4]。也有人研究胺类固化剂与酸酐固化剂的相容性问题，但没有研究改性咪唑与酸酐的组分相容性[5]。在芦武刚编写的一份研究报告中曾提到，2-乙基-4-甲基咪唑过冷液体与液态透明的甲基四氢苯酐相遇时，会迅速结晶，在加热到75～80 ℃以上时，这种结晶会消失。而孙鑫等人在其研究中，通过使用改性咪唑与酸酐反应来制备潜伏性固化剂，延长酸酐体系的储存时间[6]。由此可以看出，改性咪唑与酸酐组分不相容，两者相遇时，会生成结晶物，从而影响改性咪唑的反应活性。在湿法缠绕胶配制过程中，通过先将2-乙基-4-甲基咪唑添加到环氧树脂中，充分搅拌均匀后，再加入酸酐固化剂，来消除这种组分不相容对2-乙基-4-甲基咪唑化学反应活性的影响。

在生产实际中发现，随着缠绕胶使用前室温下静置时间长短的变化，剥离强度也发生一定的变化（表5）。

表5　缠绕胶使用前静置时间与剥离强度的统计结果

试件编号	缠绕胶使用前静置时间/h	剥离强度/（N/m）	失效形式
5#	0	2256	胶黏剂本体开裂
6#	1.5	2245	胶黏剂本体开裂
7#	3	2571	胶黏剂本体开裂
8#	4.5	2506	胶黏剂本体开裂
9#	6	2654	胶黏剂本体开裂

由表5可知，缠绕胶使用前的静置时间对剥离强度具有重要影响，静置时间越长，剥离强度越高。当湿法缠绕胶与黏结胶相遇时，缠绕胶中的酸酐可能与黏结胶中的固化剂组分不相容，导致固化剂活性降低，进而影响黏结胶的黏结性能，导致剥离强度下降；随着缠绕胶使用前静置时间的延长，缠绕胶发生初期的化学反应，体系黏度增加，不易浸透到胶黏剂的内层，进而胶黏剂的本体性能得到了保护，剥离强度恢复到正常水平。

对缠绕胶X3R7在使用前采用两种预处理方法对其进行处理，即在室温下静置3 h和在使用温度下静置1 h。缠绕胶在不同处理条件下的剥离强度测试结果如表6所示。

表6　缠绕胶在不同处理条件下的剥离强度测试结果

样品	缠绕胶处理条件	热处理条件	剥离强度/（N/m）	保留率	失效形式
10#	使用温度下静置1 h	无	2844	100%	胶黏剂本体开裂
11#	室温下静置3 h	无	2910	100%	胶黏剂本体开裂
10#	使用温度下静置1 h	90 ℃/8 h处理	2860	101%	胶黏剂本体开裂
11#	室温下静置3 h	90 ℃/8 h处理	2791	96%	胶黏剂本体开裂
10#	使用温度下静置1 h	90 ℃/8 h处理＋工况条件	2826	99%	胶黏剂本体开裂
11#	室温下静置3 h	90 ℃/8 h处理＋工况条件	2472	85%	胶黏剂本体开裂

由表6可知，缠绕胶经过使用温度下静置1 h或在室温下静置3 h后再使用，剥离强度出现大幅提升。对样品进行90 ℃后固化处理8 h，剥离强度未见明显变化。继续对剥离试件在工况温度下热处理200 h后，发现缠绕胶使用温度下预处理1 h后的剥离强度略有下降，降幅在制样及测试波动范围内。而缠绕胶在室温下处理3 h的结果却有明显下降，剥离强度保留率只有85%。由以上实验结果可知，对湿法缠绕胶使用前在使用温度下静置1 h，然后进行缠绕，不仅可以大幅提高剥离强度，而且可以提高铝内衬与复材筒黏结性能的热稳定性。

4 结论

胶黏剂对铝内衬与复合材料的黏结性能优劣强烈依赖于其本体性能的发挥，而本体性能的发挥又依赖于施胶工艺过程。针对该胶黏剂，在当前工艺流程下，可以得到以下结论：

（1）缠绕前必须对胶黏剂进行预固化，预固化度越高，黏结性能越好，铝箔对复材筒的剥离强度越高，当固化度达到98.3％时，剥离强度达到2800 N/m以上。

（2）胶黏剂中的固化剂与缠绕胶中的酸酐组分不相容；当胶黏剂预固化度不够或缠绕胶黏度较小时，缠绕胶会渗入胶黏剂层，影响铝内衬与复材筒的黏结性能。通过对缠绕胶在使用温度下静置加热1 h后，再进行湿法缠绕，不仅可以大幅提高剥离强度，而且可以提高铝内衬与复材筒黏结性能的热稳定性。

参考文献：

[1] 李子东，李广宇，于敏. 现代胶粘技术手册 [M]. 北京：新时代出版社，2002.

[2] 齐锴亮，候伟，张维. 不同酸酐对环氧树脂固化体系的影响 [J]. 中国胶黏剂，2017，26（7）：8-10.

[3] 孙曼灵，郑水蓉，马玉春. 环氧树脂固化促进剂（Ⅱ）：环氧/酸酐体系的固化促进剂 [C] //第十六次全国环氧树脂应用技术学术交流会暨学会西北地区分会第五次学术交流会暨西安黏结技术协会学术交流会论文集，2012.

[4] 李秉海. 甲基纳迪克酸酐固化环氧树脂的动力学研究 [J]. 塑料科技，2023，30（1）：65-68.

[5] 刘琳，张晓逆. 胺类促进剂对环氧树脂/酸酐固化体系的影响 [J]. 工程塑料应用，2012，40（6）：10-13.

[6] 孙鑫，苟浩澜，周洋龙，等. 咪唑衍生物作为环氧树脂潜伏性固化促进剂的研究 [J]. 热固性树脂，2022，37（6）：27-32.

Study on influencing factors of adhesion properties of aluminum foil/composites Ⅰ

HE Li-na，ZHU Tong-zhou，Shen-Wei，PU Ya-bing

(Eighth Research Institute of Nuclear Industry, Shanghai 201800, China)

Abstract： The main direct factors affecting the bonding performance of aluminum foil/composite materials are adhesive properties and surface treatment status of substrates. Adhesive layer thickness and so on. In this paper, by focusing on the analysis of the potential factors affecting the performance of adhesives in the sizing process, the process operating conditions and processes are optimized, so that the peel strength of aluminum foil/composite materials can stably meet the technical index requirements and meet the bonding quality control requirements during mass production.

Key words： Adhesive; Aluminum foil; Peel strength; Composite materials

胶黏剂配制工艺对铝箔/复合材料黏结性能的影响

吴肖萍，何利娜，沈　伟，薛　峰

（核工业第八研究所，上海　201800）

摘　要：胶黏剂 EP6201A 是一款高黏度的铝箔/复合材料黏结剂，单次配制量在 30 克以下，通常采用手动搅拌，这会对黏结性能的稳定性带来较大风险。本文采用哈克旋转流变仪研究了胶黏剂原材料及其混合物的流变特性，提出胶黏剂分散均匀的技术条件，进而通过设计专用的搅拌转子确定搅拌速率及操作方法，获得了搅拌均匀的胶黏剂，铝箔/复合材料试件剥离曲线的波动性得到了明显下降，同时也提高了复合材料件批量生产中黏结性能的稳定性与可靠性。

关键词：胶黏剂；铝箔；剥离强度；复合材料

　　胶黏剂 EP6201A 是用于铝箔内衬与复合材料黏结的一款常温固化黏结剂，具有优异的黏结性能，铝箔对复合材料的 90°剥离强度可以达到 2800 N/m 以上。不同于一般胶黏剂，黏结时的胶层厚度往往需要达到 0.5 mm 以上，受制于应用条件，EP6201A 的胶层厚度控制在 0.03 mm 以下，严格意义上讲，它是复合材料树脂基体与铝箔之间黏结的过渡层，来改善复合材料树脂基体与铝箔的黏结性能。

　　EP6201A 组分黏度非常高，25 ℃下黏度最高可达 120 000 mPa·s 以上，对于黏度高的物料，在配制前，通常采用加热的方法来降低黏度以便于后续混合，但作为室温固化胶，温度将直接导致可操作时间降低，甚至直接固化；另外，由于胶黏剂的反应速度与胶液单次配制量密切相关，单次配制量越大，胶黏剂化学反应速率越快，可操作时间越短；单次配制量降低时，可在一定程度上延长可操作时间。在生产实际中，根据工艺要求，单次配制量在 20～50 g。针对这种物料黏度大、单次配制量小的工况，传统混合方法是采用手动搅拌，混合均匀性由操作人员凭经验判断，而胶黏剂各组分是否混合均匀直接关系到黏结性能的优劣，关系到黏结质量的一致性、稳定性与可靠性。还有一种混合技术是定体积比的混合器，常见的双组分胶管加混合头是基本又典型的一款胶黏剂混合器，但是对于 EP6201A，其一种组分在静置时容易分层，每次取料前都需要搅拌，而物料一旦储藏在胶管中，就无法对其在使用前进行搅拌，因此不适用与混料器配制。

　　研究确定胶黏剂的配制工艺对胶黏剂性能的良好发挥至关重要。即便是世界上最好的胶黏剂，如果没有可以重复并控制完美的配比混合，同样不能发挥出最佳性能。性能优越的胶黏剂需要配合合理的配制工艺才能得到安全、可靠和高性能的黏结效果[1]。HAAK MARSIII 流变仪是一种用于材料科学领域液态物质流变性质研究的仪器。许多专家学者采用该仪器，研究流体的流动特性，从而为配方设计及工艺参数调整提供参考[2-4]。本文采用 MARSIII 流变仪研究了胶黏剂 3 种物料的流变特性，在此基础上，选择合适的分散设备，确定合适的工艺参数，研究了新的配制工艺条件下，铝箔对复合材料的黏结性能。

1　原材料与实验设备

1.1　原材料

　　主剂 RB－1，自制；辅剂 HY－1，自制；改性添加剂 AD－1，自制。

作者简介：吴肖萍（1986—），女，工程师，现主要从事树脂胶黏剂配方研发及项目管理等工作。

1.2 实验设备

HAAK MARSIII 流变仪，美国 Thermo Fisher Scientific 公司；电动搅拌机 JJ－1，驰勒（上海）机械科技有限公司；电子天平，型号 PL6001，梅特勒-托利多仪器（上海）有限公司；电子万能试验机，型号 INSTRON5965，美国英斯特朗公司；差示扫描量热仪，型号 Q100，TA INSTRUMENTS-WATERS LLC；远红外鼓风干燥箱，型号定制，吴江市松陵电器设备有限公司。

2 实验方法

2.1 流动曲线测定

使用 HAAK MARSIII 流变仪进行测定，采用 PSL25 平板，平板间距 0.3 mm，取样量 2 mL，频率范围 0.1～2000 s⁻¹。

2.2 剥离强度制样

胶黏剂配制完成后，将其涂敷到铝箔表面，先进性预固化，固化完成后进行缠绕、后固化、脱模，并切割成试件，试件尺寸为 200 mm×20 mm。

2.3 剥离强度测试

将样品固定在专用夹具上，采用英斯特朗拉力机，对其进行90°剥离测试，剥离速度 100 mm/min。

3 结果与讨论

3.1 胶黏剂原材料流动特性测定

HAAK MARSIII 流变仪可以根据材料的不同物性在多个不同模块下对其进行测量，表征其不同的特性。图 1 是胶黏剂 3 种物料在 25 ℃下的流动曲线。

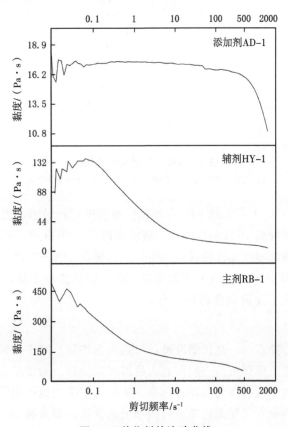

图 1　3 种物料的流动曲线

由图1可知，3种物料在不同的频率范围内都存在剪切变稀行为，是假塑性流体的典型特征。其中，主剂 RB-1 的初始黏度最大，随着剪切频率的增加，黏度迅速下降，当剪切速率达到 1 s⁻¹ 时，黏度下降趋势减缓，随剪切速率升高，黏度缓慢下降；而辅剂 HY-1 的初始黏度约为 130 Pa·s，随着剪切频率的增加，黏度迅速下降，当剪切速率达到 1 s⁻¹ 时，黏度下降趋势减缓，随剪切速率升高，黏度缓慢下降；最后是添加剂 AD-1，其剪切变稀的拐点发生在剪切速率为 $630\sim650$ s⁻¹，此时的黏度为 16 Pa·s，当剪切速率低于这个范围时，主要呈现出牛顿流体的特征，黏度基本不变，随剪切速率增加，为一条直线，当剪切频率高于这个范围时，黏度迅速下降。

在生产实践中，工作环境的控制温度范围为 $15\sim30$ ℃，分别测试了3种物料在 15 ℃、30 ℃ 下的流动曲线（图2）。

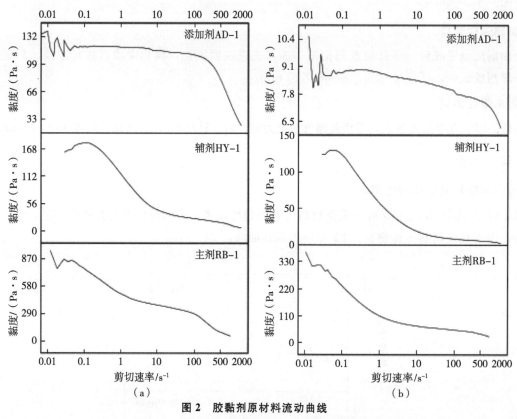

图2　胶黏剂原材料流动曲线

(a) 15 ℃原材料流动曲线；(b) 30 ℃原材料流动曲线

由图2可知，添加剂 AD-1 和主剂 RB-1 的黏度对温度比较敏感，当温度从 15 ℃ 升高到 30 ℃ 时，黏度迅速下降，前者下降到 10％ 左右大小，后者下降了一半以上。随着剪切速率的上升，添加剂 AD-1 在 30 ℃ 表现出的假塑性流体特征更加明显，而辅剂 HY-1 的流动曲线特征受温度影响不明显。而主剂 RB-1 的流动曲线上，15 ℃ 下黏度在 100 s⁻¹ 附近急剧下降，而在 30 ℃ 的黏度急剧下降拐点明显延后到 500 s⁻¹ 以上，下降幅度明显缩小。

3.2　胶黏剂配制工艺研究

胶黏剂配制技术的核心要点：一是计量准确，二是混合均匀。对于计量准确，目前采用电子天平称量计重，规定合理的偏差范围即可，一般作业人员都可以做到。对于混合均匀，一是要建立合理的混合方式、方法；二是要建立混合均匀的评价标准。采用人工手动搅拌混合时，评价标准一般是混合结束时，不同颜色和性状的物料之间无色差或肉眼可见的分相，而肉眼的分辨率往往因人而异，而且即使对于正常视力的人，其肉眼分辨率也达不到 50 μm，但施胶工艺中，胶层厚度一般只有 15～

30 μm，因此人工手动搅拌混合时会给胶黏剂黏结性能的稳定发挥带来风险。

电动搅拌机能够替代手动搅拌，前提条件一是转动的扭矩要足够大，适用于高黏度物料的搅拌；二是要能紧贴容器壁搅拌，有刮壁搅拌的功能，不能有搅拌的死角；三是搅拌过程不能将大量空气裹入胶黏剂中；四是搅拌速率可以变频调速，便于控制工艺参数。

经过调研，电动奶泡机、辅食料理机等都达不到理想的效果，一般的实验室搅拌机没有刮壁的功能，最后通过设计定制了一款搅拌转子（图 3），安装在小型实验室搅拌机上，达到了理想的效果。

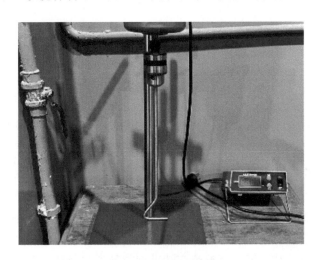

图 3　设计的搅拌转子

该转子易于擦洗，即使贴壁搅拌，也不会损伤容器；没有锐利的端头设计，操作安全；结实耐用，可以搅拌分散黏稠物料。

随后，又研究了分散工艺，具体过程如下：转子位置保持不变，在最低转速 100 r/min 下，观察转子旋转 40～50 转后，基本可以达到手动搅拌的效果，改变转子位置，进行刮壁搅拌，大约 2 min 后，容器中所有胶液可以达到手动搅拌效果，无明显丝状分相。继续搅拌 1 min，加强分散。采用手动混合和搅拌机混合两种胶黏剂方式制得的剥离试件，手动混合剥离曲线如图 4、图 5 所示。

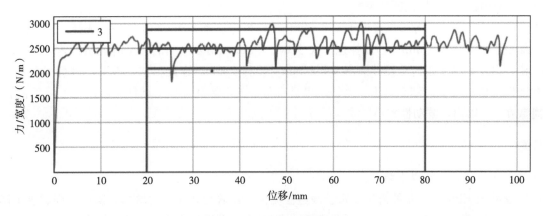

图 4　手动混合剥离曲线

由图 4 可知，手动搅拌混合时，虽然胶黏剂的平均剥离强度较高，但剥离面局部位置有成条的黏结薄弱点，经过分析，极有可能是胶黏剂混合不充分造成的。

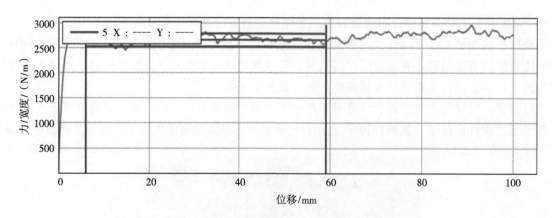

图 5　搅拌机混合剥离曲线

由图 5 可知,采用搅拌机进行混合后,剥离曲线的峰谷和峰顶波动差减小,剥离曲线波动较为平缓,在随机取样测试的长度为 100 mm 的剥离区域内,具有很好的黏结性能稳定性。

3.3　胶黏剂配制工艺优化

从前面的研究结果可知,胶黏剂 3 种原材料在不同的条件下表现出假塑性流体的特征,即剪切变稀行为。物料在储存和运输时,总是希望物料黏度越大越好,黏度越大,越不容易发生分相和沉淀,影响物料性能;在物料混合时,物料初始黏度高,则不利于混合。为了解决这一矛盾,通过添加流变性助剂,将物料做成假塑性流体,通过调整流变性助剂的种类和用量,来调节流动曲线的剪切变稀行为,以适应实际工况条件的需要。即在剪切速率为 0.001～0.5 s⁻¹ 时,具有高黏度,保证其储存和运输过程中的物料性能稳定性;在剪切速率 0.5～3 s⁻¹ 时,可以剪切变稀,以利于搅拌混合;在剪切速率为 4～200 s⁻¹ 时,黏度随剪切速率增加,缓慢降低,获得较为稳定的黏度,便于加工。

主剂 RB-1 在剪切速率达到 2 s⁻¹ 以上时,黏度增加随剪切速率增加趋势放缓,此时利于其混合分散;辅剂 HY-1 在剪切速率达到 10 s⁻¹ 以上时,黏度增加随剪切速率增加趋势放缓,此时利于其混合分散;改性添加剂 AD-1 的黏度受环境温度影响较大,黏度随剪切速率只有极缓慢的降低。因此,要获得较好的分散,分散时的剪切速率要高于 2 s⁻¹,分散前和分散过程中,物料最好存放在 25～30 ℃环境中储存,尤其是在秋冬季节。

生产实践中,剪切速率 2 s⁻¹ 接近于 120 r/min,即搅拌速率大于 120 r/min,选择的搅拌机搅拌速率每增加一下,是 100 r/min,即搅拌速率大于 200 r/min,结合前面的初步的配制工艺,搅拌均匀需要 300 转,设计的搅拌工艺为搅拌速率 300 r/min,搅拌 1 min。在此工艺条件下,进行了一定数量的产品黏结性能验证测试。结果显示,测试结果具有很好的一致性,单个试件剥离曲线上峰谷值和峰均值的离散在 2% 以内,波动性较小。

4　结论

通过本文研究,得到以下结论:

(1)胶黏剂 EP6201A 3 种物料都属于假塑性流体,随着剪切速率的增加,黏度不同程度下降。

(2)经过研究,确定了合适的分散设备和分散工艺,采用该设备,在 300 r/min 的搅拌速率下,搅拌 1 min,胶黏剂各组分可以得到充分混合与分散,制得的试件在剥离强度测试曲线上峰谷值和峰均值的离散在 2% 以内,波动性明显下降。

参考文献:

[1] HANS P B,王新.双组分胶粘剂应用现状及新型混合方式 [J].黏结.2011,32(1):50-51.

[2] 石竟成.大庆喇嘛甸油田含蜡原油流变特性实验研究 [D].大庆:东北石油大学,2017.

［3］ 陈鹏．剪切稀化流体在简化 CTM 模型中的流动及混合特性研究［D］．北京：北京化工大学，2020.

［4］ 谢培玉．差速搅拌捏合机的流体流变分析与制造工艺研究［D］．青岛：青岛科技大学，2012.

［5］ 何利娜，等．铝箔/复合材料黏结胶的性能提升［Z］．核工业第八研究所，2023.

Effect of adhesive formulation process on adhesion properties of aluminum foil/composite

WU Xiao-ping，HE Li-na，Shen-Wei，XUE-Feng

(Eighth Research Institute of Nuclear Industry，Shanghai 201800，China)

Abstract：The adhesive EP6201A is a high viscosity foil/composite adhesive with a single formulation of less than 30 grams，typically using manual agitation，which poses a high risk to the stability of the bonding performance. In this paper，the rheological characteristics of adhesive raw materials and their mixtures were developed by using a HAAKE rotation rheometer，and the technical conditions for uniform dispersion of adhesives were proposed，and then the mixing rate and operation method were determined by designing a special stirring rotor，and the adhesive with uniform stirring was obtained，and the fluctuation of the peeling curve of aluminum foil/composite specimens was significantly reduced，and the stability and reliability of the bonding performance in mass production of composite parts were also improved.

Key words：Adhesive；Aluminum foil；Peel strength；Composite material

纤维缠绕张力 PID 控制策略应用研究

田恒杰，惠国毅

（核工业第八研究所，上海　201800）

摘　要：纤维增强复合材料以其比强度高、比刚度高、可设计性好等诸多优异性能，在航空航天、能源开发、汽车制造等领域发挥着越来越重要的作用。本文以纤维缠绕工艺的张力控制为研究对象，基于纤维特性满足于工艺需求，通过改进张力闭环控制策略，达到纤维缠绕张力控制的目的。针对纤维缠绕启动时，在较大张力目标设定下，纤维有一个突然绷紧的过程，易使纤维绷断，本文设计了有条件的增量式 PID，保证张力施加的稳定性。为进一步提高缠绕过程中张力控制性能，本文设计了变速积分控制策略，提高张力控制响应的快速性。

关键词：纤维缠绕工艺；张力控制；有条件增量式 PID；变速积分控制策略

缠绕张力对纤维缠绕产品强度存在重要影响，是保证缠绕制品性能的一项关键因素，市场上绝大多数缠绕机均是通过尾张力控制，这种控制方式不利于施加较大张力。另外，缠绕制品张力不可控、不稳定，张力很容易在退纱、导纱过程中部分释放，尤其是在快速加、减速阶段，由于纤维束导纱行程较长，芯模和纱团响应不一致，更容易出现张力释放，最终残余在制品上的张力无法保证稳定可控，使施加张力与制品上残余张力有偏差。

本文设计闭环控制策略，在传统的控制策略 PID 的基础上，结合纤维缠绕工艺需求，进一步优化控制策略。在初始启动大张力施加时，为防止纤维突然绷断，使得输入增量可控，达到缓慢施加张力目标，本文设计有条件的增量式 PID。而在纤维缠绕过程中，根据张力铺层制度，每层的张力施加要求不同，对于张力系统快速性、超调量等性能指标要求较高，本文设计了变速积分 PID，能够根据张力施加的实际情况，实现在线调节控制参数，提高张力控制的性能。

1　张力控制在纤维缠绕的设计

在纤维缠绕成型工艺过程中，对纤维张力进行人工或自动的调整，使缠绕张力可以得到有效控制的装置称为张力控制系统[1-2]。该系统能够实现张力实时监测、反馈并自动控制，称为闭环控制系统。张力设定值由缠绕工艺制度给出，作为系统的输入量。张力轮上的传感器检测到压力变化，通过放大元件、A/D 转换单元，得到张力实际值，也称为系统反馈量，输入值与反馈值的偏差量趋向于零，达到一定的稳定性和快速性要求。为方便人工操作，还需要设计人机交互界面，进行相关控制参数输入和控制操作。闭环控制原理如图 1 所示。

为了保证浸胶质量、稳定芯模上纤维束的张力，采用后置张力轮的方式施加张力，即张力施加采用多级张力轮的方式，从纤维束运行路径角度讲，先完成胶液浸润，后施加张力，从而实现纤维束以相对松散的状态浸入胶液中，从而实现充分浸润，尤其是内部纤维束，再对含胶纤维束施加张力，张力轮尽量靠近芯模，从而最大限度减小过程释放。设计专用大张力控制仪和张力检测轮，实现张力精确施加与在线检测、显示与反馈调节，具备手动或自动设定张力大小的功能，实现逐层张力动态设定。

作者简介：田恒杰（1994—），男，硕士，工程师，现主要从事装备研发等科研工作。

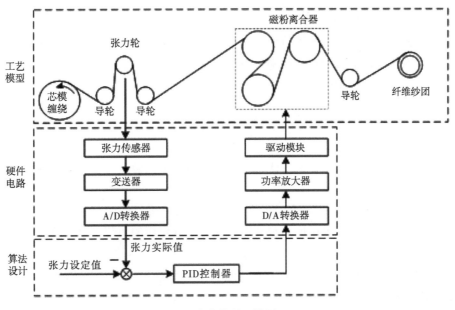

图1 张力控制系统原理

2 张力控制算法设计

基于计算机控制系统输入的模拟量信号，大多数包含各种谐波噪声等干扰信息，这些信息主要来源于传感器、硬件电路和所处工作环境温湿度。为了得到可靠的模拟量信号，实现精确控制，必须增加滤波模块。对于不规则随机信号干扰，可以用数字滤波方法予以削弱或滤除[3]。数字滤波，即通过一定的数学方式，用计算机编程去除杂波信号，也称为程序滤波。

2.1 数字滤波——基于中位值的算术平方值法

第一步：取 n 个采样数据 x_i，$i=1,2,\cdots,n$，首先，将 n 个数字按一定的大小顺序排序为 X_i。

第二步：将按照一定大小顺序排列的 X_i，舍去前 M 和后 M 个数据，即

$$\underbrace{X_1,X_2,X_3,\cdots,X_M}_{M},\underbrace{X_{M+1},\cdots,X_{N-M}}_{N-2M},\underbrace{X_{N-M+1},\cdots,X_N}_{M}。 \tag{1}$$

第三步：将筛选后的数据重新计为 $Y_j=X_i,i=M+1,\cdots,N-M,j=1,2\cdots,N-2M$。

第四步：数据 $Y_j(j=1,2,\cdots,N-2M)$，求 Z，使得与 Y_j 平方和最小，即

$$Z=\min\Big[\sum_{i=1}^{N-2M}(Y-Y_j)^2\Big], \tag{2}$$

取极值，求得 $Z_{\min}=\dfrac{1}{N-2M}\sum_{i=1}^{N-2M}Y_j$。

2.2 有条件的增量式 PID 设计

纤维缠绕张力启动时，在初始目标张力较大时，会使得纤维突然绷紧，容易造成断纱。为了保证施加张力的快速性，同时纤维不绷断，本文设计阶梯增量式 PID 控制，可以对控制量增量进行限幅，使得输出控制增量速度可控。增量式 PID 控制的输出量为[4]

$$\Delta u(k)=K_P\times\Delta e(k)+K_I\times e(k)+K_D\times[e(k)-e(k-1)+e(k-2)]。 \tag{3}$$

式中，$e(k)=y(k)-y_{ss}$，$y(k)$ 为实际张力输出值，y_{ss} 为初始张力设定值，K_P、K_I、K_D 分别为比例、积分、微分系数。在初始张力很大的情况下，为满足系统的快速性等要求，计算出的控制量增量较大，造成纱线绷断。所以要对输出增量进行限幅，设限幅参数为 $\Delta u_{\max}$，当满足 $\Delta u(k)\geqslant\Delta u_{\max}$ 时，$\Delta u(k)=\Delta u_{\max}$。

2.3 控制策略——变速积分 PID 设计

纤维缠绕张力控制闭环系统，为了精确控制张力，提高系统的稳定性，防止系统出现较大超调量和震荡剧烈，减小系统的调节时间，一般采用积分分离法，即在系统误差较大时，取消积分作用，在误差减小到一定值后，再加上积分作用，可以使得系统的动态性能较好[5-7]。积分输出表达式：

$$u_i(k) = ak_i \sum_{i=0}^{k-1} e(i)T, \ |e(k)| > A, a = 0; \ |e(k)| < A, a = 1。 \tag{4}$$

由于该算法在 PD 和 PID 之间切换。在纤维缠绕过程中，无论是环向还是螺旋缠绕，当丝嘴带着纱线在芯模封头出，由于快速变化的出纱速度与芯模转速动态失衡，将会导致纱线张力与设定值出现较大偏差。

变速 PID 的思想是，根据偏差大小，决定累加误差的速度。即当偏差较大时，减缓积分作用，当偏差较小时，增大积分作用。采用该算法能够实现对积分作用的调节，避免直接切换对缠绕制品产生冲击。

根据以上原理，需要设计一个系数 $g(e(k))$，该系数与 $e(k)$ 有一定函数关系，当 $e(k)$ 增大时，$g(e(k))$ 减小，即 $\Delta e(k) = e(k) - e(k-1) > 0$，$g(e(k)) - g(e(k-1)) < 0$；当 $e(k)$ 减小时，$g(e(k))$ 增大，即 $\Delta e(k) = e(k) - e(k-1) < 0$，$g(e(k)) - g(e(k-1)) > 0$；变速积分 PID 积分项输出表达式为：

$$u_i(k) = k_i \left\{ \sum_{i=0}^{k-1} e(i)T + g(e(k))e(k) \right\} T。 \tag{5}$$

设系数 $g(e(k))$ 与偏差当前值 $e(k)$ 设为反比例一次函数，且 $g(e(k)) \in [0,1]$，则 $g(e(k))$ 与 $e(k)$ 的表达式为

$$g(e(k)) = \begin{cases} 1, & e(k) \leqslant B \\ -\dfrac{1}{C}\big[\,|e(k)| - (B+C)\big], & B \leqslant e(k) \leqslant B+C。 \\ 0, & e(k) \geqslant B+C \end{cases} \tag{6}$$

从式（6）可以看出，g 的值在 $[0,1]$ 之间，当 $e(k)$ 值大于 $B+C$，不在对当前的误差值进行积分累积，当 $e(k)$ 值小于 B 时，对当前的误差进行累积积分，即积分输出变为 $u_i(k) = k_i \sum_{i=0}^{k-1} e(i)T + e(k)T$，此时同常规 PID 控制的积分项相同。当 $e(k)$ 在 B 和 $B+C$ 之间，对当前的误差进行部分累积积分，其值随 $e(k)$ 的大小而变化。

综上，变速积分的 PID 输出为

$$u(k) = k_p e(k) + k_i \left\{ \sum_{i=0}^{k-1} e(i)T + g(e(k))e(k) \right\} T + k_d[e(k) - e(k-1)]。 \tag{7}$$

3 实验

本文针对纤维缠绕张力在初始阶段施加张力及缠绕过程不同目标张力，通过 MATLAB 工具搭建模型，对这一过程张力控制进行了仿真。在初始阶段设定张力 80 N，在 0.4～0.8 s、0.8～1.2 s、1.2～1.6 s、1.6～2 s 设定张力为 60 N、40 N、60 N、80 N。张力控制对比，如图 2 所示。

设初始施加张力的目标值为 80 N，由图 2 可知，在 0～0.2 s，初始张力设定为 80 N，变速积分 PID，调节时间为 0.20 s，有条件增量式调节时间为 0.38 s（表 1）。对比可知，有条件增量式 PID，能够在一定程度上实现在初始阶段的张力缓慢施加功能。

在 0.4～0.8 s、0.8～1.2 s、1.2～1.6 s、1.6～2.0 s，分别设定 60 N、40 N、60 N、80 N 的目标张力，由图 1 可知，均能跟踪的目标值。其快速性控制性能指标如表 2 所示。

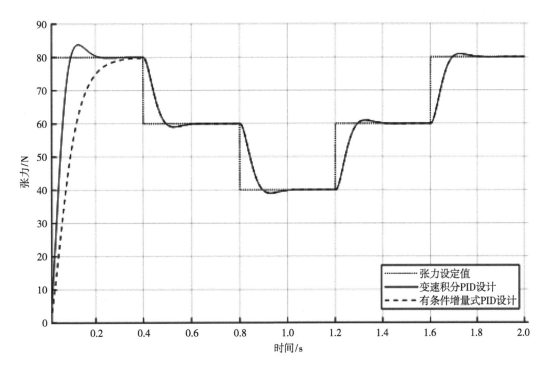

图 2　张力控制对比

表 1　初始张力不同策略调节时间

策略	有条件增量式 PID	变速积分 PID
调节时间	0.20 s	0.38 s

表 2　快速性控制性能指标

时间/s	目标张力/N	调节时间/s
0.4~0.8	60	0.236
0.8~1.2	40	0.208
1.2~1.6	60	0.274
1.6~2.0	80	0.267

4　结论

本文主要介绍了张力控制系统的滤波算法和控制策略在纤维缠绕机中的应用，详细地介绍了基于中位值的算术平方值法，该方法通过一定的计算和判断误差程序，减少干扰信号在有用信号中的比重，在实践中有着良好的滤波功能。

（1）本文所设计有条件增量式 PID 能够在初始施加大张力的条件下，对纤维突然绷紧的过程，实现缓慢施加张力，提高了张力控制的稳定性。

（2）本文所设计变速积分 PID 能够在缠绕过程中，根据张力施加的实际情况，在线调节控制参数，快速跟踪不同的张力设定值，提高了张力控制的快速性。

参考文献：

[1]　贾春明. 四自由度数控缠绕机控制系统设计 [D]. 哈尔滨：哈尔滨理工大学，2017.

[2]　张志坚，宋长久，章建忠，等. 纤维缠绕张力对玻璃钢制品质量的影响及控制措施 [J]. 玻璃钢/复合材料，

2019 (11)：4.

[3] 向红军，雷彬．基于单片机系统的数字滤波方法的研究 [J]．电测与仪表，2005，42 (9)：3.

[4] 董学勤，刘希璐．基于增量式 PID 的改进算法 [J]．浙江工商职业技术学院学报，2012，11 (3)：4.

[5] 徐平安．复合环形气瓶缠绕张力及其控制系统的研究与设计大直径 [D]．长沙：中南大学，2009.

[6] 刘燕燕．基于人工神经网络改进型参数整定的智能 PID 控制研究 [D]．北京：中国石油大学，2010.

[7] 许家忠，杨健，刘美军，等．纤维缠绕张力控制系统的设计 [J]．控制工程，2019，26 (2)：6.

Research on the application of PID control strategy for filament winding tension

TIAN Heng-jie，HUI Guo-yi

(Eighth Research Institute of Nuclear Industry, Shanghai 201800，China)

Abstract： Fiber reinforced composites with high specific strength，high specific stiffness and good designability should play an increasingly important role in aerospace，energy development，automobile manufacturing and other fields．In this paper，the tension control of filament winding process is studied．Based on the fiber characteristics，the tension control is achieved by improving the tension closed-loop control strategy．In order to ensure the stability of tension applied，a conditional incremental PID is designed for fiber winding，which is easy to break under the setting of larger tension target．In order to improve the performance of tension control in winding process，a variable speed integral control strategy is designed to improve the speed of tension control response.

Key words： Filament winding process；Tension control；Conditional incremental PID；Variable speed integral control strategy

缠绕机运动控制改进应用

惠国毅，田恒杰

（核工业第八研究所，上海　201800）

摘　要：针对缠绕机运动控制做改进应用研究。在不改变原系统和缠绕软件、保持操作流程不变、兼容原伺服电机、包含原设备所有功能的前提下。通过运动控制以模块化设计，整合大部分接口，采用以太网口与工控机通信，提高通信效率。对运动控制算法进行了改进，并应用了 PID 算法，有效提高了系统的稳定性和响应速度；并对速度曲线的加减速算法进行了优化，提高了运动过程的平滑性和效率；设计分段补偿误差算法，减少了运动过程中的误差。在实际应用中缠绕设备运行稳定，生产制品全部满足性能指标，设备性能得到了显著改善。

关键词：缠绕机；运动控制；控制算法；改进应用

缠绕机在专用设备生产中起到重要的作用，但其运动控制系统在实际应用中存在一些问题，例如，运动不稳定、响应速度较慢等。为了解决这些问题，我们对缠绕机的运动控制进行了改进研究。在改进原理方面，我们首先关注控制系统构架的设计。在控制系统构架的设计中，我们采用了一种模块化的方式，以便更好地管理和控制各个部分。这种模块化设计使得系统更加灵活，可以根据实际需求进行扩展和调整。此外，我们对通信方式进行了优化，采用高效可靠的通信协议，以确保实时性和可靠性。通过优化控制系统构架，我们可以提高缠绕机运动控制系统的整体性能和稳定性。下面将进一步介绍改进的具体内容。

1　缠绕机运动控制系统构架改进

一般缠绕机采用标准数控系统，不但成本较高，其扩充和修改的范围也极为有限，并且难以将其他专业技术、特殊需求集成到控制系统。针对这些情况，设计了一种可以实现多轴联动插补的开放式数控系统，该系统采用上位工控机和下位高性能多轴运动控制器的主从式控制结构，驱动单元采用伺服电机驱动[1]。

缠绕机控制系统类似采用上位工控机和下位多轴运动控制卡的主从式控制架构，伺服驱动方式采用脉冲加方向的位置控制方法，并结合纤维缠绕的动作要求编制逻辑控制程序。运动控制器采用位置控制方式对伺服控制器进行控制。可用于专用生产环境下的多轴纤维缠绕机上。运动控制系统主要由运动控制器及计算机运算系统等相关硬件组成。主要硬件包括：运动控制器、工控机、伺服驱动器、伺服电机、电源等；缠绕机运动控制构架如图 1 所示。

1.1　通信方式

原运动控制系统与工控机通信方式为 PCI 总线，现改进需要确定不同输入输出量的类型，原有的工控机、张力仪及电机驱动对应接口。将数据整合，以更加高效的通信方式进行传输，配置相关参数设计。从高效性和稳定性，以及设备调试方便性出发，对通信方式设计进行全面的改进。

整合数据：将不同设备的数据整合，以更高效的方式进行传输。这包括将传感器数据、控制命令等整合为统一的数据格式，以便在通信过程中进行传输和处理。此外，需要配置相关参数，确保数据的准确性和一致性[2]。

作者简介：惠国毅（1985—），男，本科，工程师，现主要从事专用设备制造研究及产线自动化研发工作。

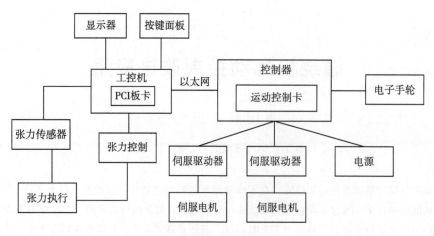

图1 缠绕机运动控制构架

工控机通信：与工控机的通信方式采用总线模式，通过集成网线通信进行信息交互。新的运动控制模块配置相关 IP 地址，以实现与工控机的数据传输和控制命令交互。以太网通信具有高扩展性、高扩充性、兼容性好、技术支持广泛、配置更加灵活方便等优点，能确保新运动控制器和工控机的数据传输兼容性和实时性。

电机通信：为了满足原有电机的通信方式，新运动控制模块与原电机采用数字量和模拟量方式进行信息交互。这意味着新的控制模块需要提供与电机通信所需要的接口和协议，以确保数据的准确传输和控制命令的可靠执行。

通过全面的通信方式设计，缠绕机的运动控制系统能够与运动控制模块、工控机、张力仪和电机驱动之间实现高效的信息交流。这样的设计能够提高系统的整体性能，并为后续的控制算法改进和系统优化奠定基础。

1.2 运动控制核心模块化

缠绕机运动控制改进，基于原有的缠绕机械系统、操作界面、调试软件和操作系统的前提下，改进运动控制核心。运用新的运动控制核心并加以模块化设计，整合大部分端口通过以太网接口直接与工控机通信，省去大量硬件电路的变更。

运动控制模块的功能多元，从高阶多轴的圆弧插补卡，到点对点的运动装置皆可实现，原运动控制系统最多支持 2 轴运动控制，改进后的运动控制模块最多支持 4 轴的运动控制。其结合了 4 轴全功能运动控制（脉冲加方向、模拟量和全数字 PWM 输出于一体）32 路本地数字 I/O，控制伺服12 bit、16 bit 分辨率模拟量可选，8 路 12 位/16 位可选 ADC 输入和两路手轮通道的完全光电隔离的控制器，大幅提高了控制系统的整体稳定性和可靠性。与传统板卡级运动控制器相比，不仅降低了接线的复杂性，具有屏蔽功能的工业插头和外壳，也大幅提高了系统的抗干扰能力。

通过运动控制核心模块化的优化，缠绕机的运动控制系统能够更加高效地实现运动控制功能，并提供了可靠的运动控制性能。该设计方案为整个缠绕机运动控制改进项目的成功实施奠定了坚实的基础。

2 缠绕机运动控制算法改进

2.1 PID 算法在缠绕机运动控制的应用

PID 控制算法是一种常用的反馈控制算法，该算法通过测量系统输出与期望值之间的差异，并根据该差异进行比例、积分和微分调节，实现对系统运动过程的精确控制。

PID 算法在缠绕机运动控制中起到关键提升作用。通过比例控制、积分控制和微分控制的结合，PID 算法能够实现对主轴和小车的精确控制，提高系统的响应速度、稳定性和抗干扰能力。具体而言，比例控制可以快速响应系统的误差，积分控制能够减小持续存在的稳态误差，微分控制可以抑制系统的振荡和超调。通过调节 PID 参数，可以优化控制效果，满足缠绕机的运动需求。

然而，PID 算法也存在一些局限性。例如，对于非线性系统和快速变化的工作条件，PID 控制可能无法满足要求，需要结合其他高级控制算法进行改进。此外，PID 参数的调节也需要经验和实验验证，以确保系统性能的最优化。

综上所述，PID 算法在缠绕机运动控制中具有重要的应用价值，能够提供稳定性、精确性和可靠性的控制效果，为缠绕机的运动控制提供了可靠的基础。

2.2 速度曲线的加减速算法应用

在缠绕机运动控制系统中，加减速算法的优化对于提高系统性能和运动平滑性至关重要。

在设备生产运行时，小车电气需要高速的左右换向移动，若没有相对适宜的加减速算法，极易产生剧烈的抖动，会对于电机寿命造成不良影响，也会威胁到定位的精准度和生产产品的质量。需要控制模块对伺服电机做出合理控制，由此实现相对于平稳的运行，同时又能适当降低零部件的损坏程度，保证其更加可靠。

S 曲线加减速算法是一种优化算法，通过在加减速过程中引入平滑的 S 曲线来实现更加平滑的运动。S 曲线加减速算法基于指定的加速度和减速度，以及加减速时间，计算出每个时间点的目标速度。该算法的核心是通过平滑的曲线过渡，减小加减速过程中的冲击和震荡。

S 曲线加减速算法的公式如下：

$$加速阶段：v(t) = v_0 + (1 - \cos(\pi t/t_a)) \times 0.5 \times (v_{max} - v_0), \tag{1}$$

$$减速阶段：v(t) = v_{max} - (1 - \cos(\pi t/t_d)) \times 0.5 \times (v_{max} - v_{end})。 \tag{2}$$

式中，$v(t)$ 表示 t 时刻的目标速度，v_0 表示起始速度，v_{max} 表示最大速度，v_{end} 表示目标速度，t_a 表示加速时间，t_d 表示减速时间。

通过使用 S 曲线加减速算法，可以实现更平滑的速度过渡，减小设备运动过程中的冲击和震荡，提高系统的平滑性和稳定性。

综上所述，S 曲线加减速算法在缠绕机运动控制中具有重要的应用价值，能够提高系统的平滑性、稳定性和运动性能。通过合理选择算法参数，可以实现精确的速度控制和减小运动过程中的冲击，提高缠绕机的生产效率和质量。

3 缠绕机运动控制改进实施分析与验证

3.1 系统性能测试分析

伺服驱动器都有一个脉冲分频输出的功能，可以把电机反馈的编码器脉冲经过分频后输出，作为上位系统闭环的参考。A、B 是相差 90° 的脉冲，一转里边有很多个脉冲，依靠它可以分辨转角和转速，Z 相是零位脉冲，一转只有一个脉冲。编码器的 A、B 相是两列脉冲，或正弦波，或方波，两者的相位相差 90°，因此既可以测量转速，又可以测量电机的旋转方向。通过示波器对电机反馈编码器脉冲的测试反映了电机转速的平稳性相当良好（图 2）。

通过测试软件对电机闭环中曲线图可知，接近理想的闭环测试曲线反应 PID 控制算法的应用使得电机的响应速度、过充、平稳性都相对良好（图 3）。

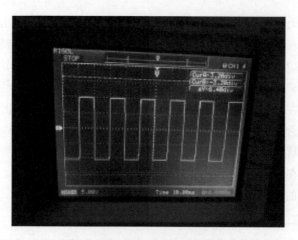

图 2　电机反馈编码器脉冲方波

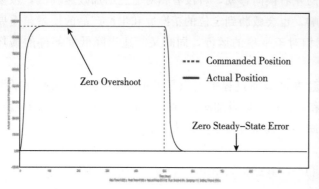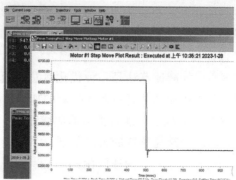

图 3　电机闭环测试曲线

3.2　优化措施验证

通过实验满足各项性能指标，其主要达到的性能指标分为设备性能测试、缠绕数据验证、实物观察验证和 24 小时连续开机实验，其指标完成情况如下。

通过运动控制改进的缠绕机在性能测试中，完全达到要求的性能指标参数（表 1）。

表 1　设备性能测试

项目	要求	实测指标
运行精度测试	±0.10 mm	±0.08 mm
排线精度测试	±0.15 mm	±0.10 mm
均分圆周检验	±0.10 mm	±0.07 mm

在实机缠绕实验中，缠绕数据的各项参数都比改进前有显著提高（表 2）。

在实物缠绕观察中，以正常方式缠绕试验工件，工件纤维排列质量达到要求。纱线按照程序设计要求，均匀排布在芯模表面，无滑纱、离缝等异常现象。

在 24 小时连续开机实验中，模拟螺旋缠绕运动，将速度旋钮置于 50％处，缠绕机连续运行 24 小时无设备故障；或模拟螺旋缠绕运动，将速度旋钮置于 50％处，每天运行 8 小时，连续 3 天无设备故障。

表 2　缠绕数据验证

项目	改进前数据	改进后数据
主轴转角分辨率	0.05°	0.01°
主轴重复定位精度	±0.05°	±0.03°
主轴最大转速	200 rpm	350 rpm
小车最大运动速度	0.8 m/s	0.8 m/s
小车行走分辨率	0.05 mm	0.01 mm
小车重复定位精度	±0.1 mm	±0.05 mm
缠绕角	10°～90°	10°～90°
主轴轴向窜动	≤0.05 mm	≤0.03 mm
主轴径向窜动	≤0.05 mm	≤0.03 mm

综上所述，经过改进后的缠绕机在各项性能指标上表现良好，能够满足现行工件缠绕相关技术要求。机械部件的优化改善及系统功能的完善提高了系统的运动精度、稳定性和操作性能。此外，还解决了原运动控制系统存在的不少弊端，如不定期的加载未响应、程序停止时的失速、手动模式操作过快时的反向运行等。经过对应工厂生产 30 批次工件，合格率达到 100％（表 3），使其适用于批量生产的现行工件缠绕任务。

表 3　工件合格率

检验数量	多参数合格率	失衡量合格率
30	100％	100％

4　结论

本文针对缠绕机运动控制的改进应用进行了深入研究和分析，并实施了性能分析与验证。通过对控制系统构架和运动控制算法的改进，以及系统性能测试和优化措施的分析，得出以下结论：

控制系统构架的改进：通过对缠绕机运动控制的系统构架进行优化，实现了模块化设计和可扩展性。这样的构架使得控制系统更加灵活、可靠，并方便进行后续的升级和改进；控制轴数从 2 轴增加到 4 轴以上。采用先进的通信方式，如以太网总线与工控机的实时通信，提高了数据传输的效率和稳定性。通过与现有工控机和电机的兼容性，实现了与其他系统的无缝集成和协同工作。

运动控制算法的改进：针对缠绕机的运动控制需求，对 PID 算法进行了优化和应用，提高了系统的响应速度和稳定性。此外，通过优化速度曲线的加减速算法和设计分段补偿误差算法，实现了更加精确和平滑的运动控制。

系统性能测试分析的结果表明，经过改进的缠绕机运动控制系统在机械指标、系统指标、按钮操作指标和缠绕软件指标方面均满足要求，能够实现高精度、稳定的运动控制。

综上所述，通过缠绕机运动控制的改进应用，实现了系统性能的提升和运动控制的优化。这些改进措施和验证结果为缠绕机的运动控制提供了有效参考和指导，对于提高缠绕工艺的精度、效率和稳定性具有重要意义。在专用设备生产实践中得到了验证与认可，后续进一步完善和推广这些改进措施，以满足不同领域和应用的需求。

参考文献：

[1]　逄博，陈宇宁，姜珊．基于多轴运动控制器－CK3M 的纤维缠绕机数控系统设计［J］．纤维复合材料，2022，39（1）：5.

[2]　俞建峰，周杰．基于运动控制的纤维缠绕机控制系统设计［J］．江南大学学报（自然科学版），2009，8（2）：5.

Improved application of motion control of winding machine

HUI Guo-yi, TIAN Heng-jie

(Eighth Research Institute of Nuclear Industry, Shanghai 201800, China)

Abstract: The improvement and application of motion control of winding machine are studied. Under the premise of not changing the original system and winding software, keeping the operation process unchanged, compatible with the original servo motor, including all the functions of the original equipment. Through the modular design of motion control, most of the interfaces are integrated, and the Ethernet port is used to communicate with the industrial computer to improve the communication efficiency. The motion control algorithm is improved and PID algorithm is applied to effectively improve the stability and response speed of the system. The acceleration and deceleration calculation method of the velocity curve is optimized to improve the smoothness and efficiency of the motion process. The subsection compensation error algorithm is designed to reduce the error in the process of motion. In the practical application, the winding equipment runs stably, the production products all meet the performance indicators, and the performance of the equipment has been significantly improved.

Key words: Winding machine; Motion control; Control algorithm; Improved application